W0238949

Die Bonus-Seite

Ihr Vorteil als Käufer dieses Buches

Auf der Bonus-Webseite zu diesem Buch finden Sie zusätzliche Informationen und Services. Dazu gehört auch ein kostenloser **Testzugang** zur Online-Fassung Ihres Buches. Und der besondere Vorteil: Wenn Sie Ihr **Online-Buch** auch weiterhin nutzen wollen, erhalten Sie den vollen Zugang zum **Vorzugspreis**.

So nutzen Sie Ihren Vorteil

Halten Sie den unten abgedruckten Zugangscode bereit und gehen Sie auf **www.sap-press.de**. Dort finden Sie den Kasten **Die Bonus-Seite für Buchkäufer**. Klicken Sie auf **Zur Bonus-Seite/ Buch registrieren**, und geben Sie Ihren **Zugangscode** ein. Schon stehen Ihnen die Bonus-Angebote zur Verfügung.

Ihr persönlicher **Zugangscode**

2s5m-3ncv-y4be-xqrk

Berechtigungen in SAP® ERP HCM

SAP PRESS

SAP PRESS ist eine gemeinschaftliche Initiative von SAP und Galileo Press. Ziel ist es, Anwendern qualifiziertes SAP-Wissen zur Verfügung zu stellen. SAP PRESS vereint das fachliche Know-how der SAP und die verlegerische Kompetenz von Galileo Press. Die Bücher bieten Expertenwissen zu technischen wie auch zu betriebswirtschaftlichen SAP-Themen.

Elke Nigge
Organisationsmanagement mit SAP ERP HCM
470 S., 2012, geb.
ISBN 978-3-8362-1733-0

Jörg Edinger, Richard Haßmann, Gerold Heitz
Personalabrechnung mit SAP
735 S., 2., aktualisierte und erweiterte Auflage 2012, geb.
ISBN 978-3-8362-1807-8

Junold, Buckowitz, Cuello, Möller
Praxishandbuch SAP-Personalwirtschaft
548 S., 3., aktualisierte und erweiterte Auflage 2011, geb.
ISBN 978-3-8362-1766-8

Stefan Kauf, Viktoria Papadopoulou
Formulargestaltung in SAP ERP HCM
231 S., 2009, geb.
ISBN 978-3-8362-1220-5

Hans-Jürgen Figaj, Richard Haßmann, Anja Junold
HR-Reporting mit SAP
431 S., 2007, geb.
ISBN 978-3-89842-878-1

Aktuelle Angaben zum gesamten SAP PRESS-Programm finden Sie unter *www.sap-press.de.*

Martin Esch, Anja Junold, Joost Klüßendorf

Berechtigungen in SAP® ERP HCM

Konzeption, Implementierung, Betrieb

Galileo Press

Bonn • Boston

Liebe Leserin, lieber Leser,

vielen Dank, dass Sie sich für ein Buch von SAP PRESS entschieden haben.

Ihre Mitarbeiter setzen sich den Großteil des Tages für Ihr Unternehmen ein und erfüllen ihre Aufgaben sicher und zuverlässig. Neben ihrer Zeit und ihrer Energie vertrauen sie Ihrem Unternehmen ein weiteres wertvolles Gut an: ihre persönlichen Daten. Informationen, zu deren Schutz Sie auch gesetztlich verpflichtet sind. Es ist darum notwendig, die Personaldaten, die in SAP ERP HCM zusammenlaufen, durch Berechtigungen vor unberechtigten Zugriff zu bewahren.

Wie Sie hierbei bestmöglich vorgehen, zeigt Ihnen dieses Buch. Martin Esch, Anja Junold und Joost Klüßendorf erläutern Ihnen in dieser erweiterten und komplett aktualisierten Auflage, welche Möglichkeiten Ihnen zur Verfügung stehen, um ein zuverlässiges Berechtigungskonzept zu entwickeln, und wie Sie es bestmöglich umsetzen. Ich freue mich, Ihnen diese Neuauflage vorstellen zu können, und bin sicher, dass Ihnen dieses Buch wertvolle Dienste leistet.

Wir freuen uns stets über Lob, aber auch über kritische Anmerkungen, die uns helfen, unsere Bücher zu verbessern. Am Ende dieses Buches finden Sie daher eine Postkarte, mit der Sie uns Ihre Meinung mitteilen können. Als Dankeschön verlosen wir unter den Einsendern regelmäßig Gutscheine für SAP PRESS-Bücher.

Ihre Patricia Sprenger
Lektorat SAP PRESS

Galileo Press
Rheinwerkallee 4
53227 Bonn

patricia.sprenger@galileo-press.de
www.sap-press.de

Auf einen Blick

Der Name Galileo Press geht auf den italienischen Mathematiker und Philosophen Galileo Galilei (1564–1642) zurück. Er gilt als Gründungsfigur der neuzeitlichen Wissenschaft und wurde berühmt als Verfechter des modernen, heliozentrischen Weltbilds. Legendär ist sein Ausspruch *Eppur si muove* (Und sie bewegt sich doch). Das Emblem von Galileo Press ist der Jupiter, umkreist von den vier Galileischen Monden. Galilei entdeckte die nach ihm benannten Monde 1610.

Lektorat Patricia Sprenger
Korrektorat Alexandra Müller, Olfen
Einbandgestaltung Janina Conrady
Coverbild iStock_7734403_© yang yu
Typografie und Layout Vera Brauner
Herstellung Lissy Hamann
Satz III-satz, Husby
Druck und Bindung Beltz Druckpartner, Hemsbach

Gerne stehen wir Ihnen mit Rat und Tat zur Seite:
patricia.sprenger@galileo-press.de bei Fragen und Anmerkungen zum Inhalt des Buches
service@galileo-press.de für versandkostenfreie Bestellungen und Reklamationen
thomas.losch@galileo-press.de für Rezensionsexemplare

Bibliografische Information der Deutschen Nationalbibliothek
Die Deutsche Nationalbibliothek verzeichnet diese Publikation in der Deutschen Nationalbibliografie; detaillierte bibliografische Daten sind im Internet über http://dnb.d-nb.de abrufbar.

ISBN 978-3-8362-1826-9

2., aktualisierte und erweiterte Auflage 2012

Inhalt

Vorwort zur 2. Auflage

Wir freuen uns sehr, dass der gute Verkauf unseres Buches eine zweite Auflage möglich gemacht hat. Dass die neue Auflage eine echte Überarbeitung der ersten geworden ist, hat zwei Gründe.

Diese zweite Auflage wurde nicht nur gründlich durchgesehen und aktualisiert, sondern auch an vielen Stellen ergänzt. Auch wenn die zentralen Berechtigungswerkzeuge seit der ersten Auflage dieselben geblieben sind, hat sich eine Vielzahl von kleinen Erweiterungen ergeben, denen wir nun Rechnung tragen. Die Erläuterungen basieren auf SAP ERP 6.0, Erweiterungspaket 4 (EHP4). Darüber hinaus hat sich auch unser Wissen stetig erweitert, sodass wir auch neue Themen und Aspekte in die Darstellung einflechten konnten.

Eine zusätzliche Anreicherung ergab sich dadurch, dass wir unseren Kollegen Joost Klüßendorf als Mitautor gewinnen konnten. Er hat die meisten technischen Abschnitte des Buches gründlich überarbeitet und neue Inhalte hinzugefügt.

So freuen wir uns, Ihnen ein rundum verbessertes Buch präsentieren zu können, das Ihnen hoffentlich eine echte Hilfe bei Ihrer Arbeit mit SAP ERP HCM ist.

Da das Buchthema ein Querschnittsthema ist, betrifft es nicht nur sämtliche Komponenten von SAP ERP HCM, sondern auch die mit ihnen oft eng verknüpften Systemberechtigungen. Und natürlich ist auch bezüglich des HCM-Systems selbst umfassendes Wissen erforderlich. Um alle diese Anforderungen zu erfüllen, war sehr viel Detailwissen erforderlich, das wir Autoren ohne die Hilfe vieler Kolleginnen und Kollegen nicht hätten zusammentragen können. Deshalb möchten wir auch bei der zweiten Auflage wieder einer großen Zahl von Menschen danken, die uns wertvolle Anregungen gegeben, Texte Korrektur gelesen oder auch selbst Abschnitte beigesteuert haben.

Von unseren Kunden haben uns geholfen: Frau Martina Klapproth-Bienert (ThyssenKrupp IT Services GmbH), Herr Michael Engl (Schaeffler KG), Frau Felizia Katzer (SMA Solar Technology AG) und Herr Thomas Gaszczak (B. Braun Melsungen AG).

Aus dem AdManus-Netzwerk haben uns diesmal unterstützt: Herr Jörg Edinger und Herr Jens Richter von der iProCon GmbH sowie Herr Sebastian Schmitt von der Projektkultur GmbH.

Auch Mitarbeiter anderer Beratungsunternehmen außerhalb des AdManus-Netzwerks haben uns geholfen: Frau Gudrun Ringelsiep (*www.abresa.de*), Frau Jana Smolawa (*www.lighthouse-it.de*) und Herr Carsten Petry (*www.gipmbh.de*).

Glücklicherweise haben Kolleginnen und Kollegen von SAP Deutschland letzte Wissenslücken geschlossen und wertvolle Rückmeldungen gegeben. Dies waren Frau Doris Kruck, Herr Reiner Doerr, Herr Stefan Ehrler, Herr Srinivas Singaraju und Herr Reiner Voß.

Last, but not least danken wir dem Team von SAP PRESS. Besonders möchten wir hier Frau Eva Tripp, die das Konzept dieses Buches unterstützt hat, und Frau Patricia Sprenger, die mit Geduld und Nachdruck den Fortschritt des Buches begleitet hat, nennen.

All diesen Menschen gilt unser herzlicher Dank. Wir sehen uns ihnen verbunden in der gemeinsamen Bemühung, Wissen in einem so wichtigen Spezialgebiet öffentlich und verstehbar zu machen.

Martin Esch, Anja Junold und **Joost Klüßendorf**

Worum geht es in diesem Buch? Für wen ist es geschrieben? Wie ist das Buch aufgebaut, und wie können Sie es am besten lesen und verstehen? Diese Fragen klären wir in der Einleitung.

Einleitung

Dieses Buch handelt von einem Stiefkind mit Namen *Berechtigungen*. Wie Aschenputtel im Märchen fristet dieses Thema eine Existenz im Schatten der meisten Projekte für die Einführung und Weiterentwicklung des SAP-Systems. *SAP ERP Human Capital Management* (HCM) bildet dabei (noch) keine Ausnahme. Mit diesem Buch möchten wir daher die Wissenslücken schließen, die die Beschäftigung mit diesem Thema oft so schwierig gestalten.

Der Personalwirtschaftsbereich eignet sich sehr gut für eine erste Beschäftigung mit Berechtigungen, da das Personalwesen eine besonders ausgeprägte Wahrnehmung für die Frage nach den Berechtigungen hat. Die hier gespeicherten Daten sind aus Sicht des Datenschutzes besonders kritisch, da sie die Persönlichkeitsrechte der Mitarbeiter betreffen, die es besonders zu schützen gilt. Und gerade bei diesen Daten achten der einzelne Mitarbeiter und seine Vertretungsorgane oft auch selbst stärker auf möglichen Missbrauch.

Erforderliches Vorwissen für das Verständnis des Buches [+]

Die Kenntnis der grundlegenden SAP-Berechtigungskonzepte und Werkzeuge setzen wir in unserem Buch ebenso voraus wie Grundlagenwissen zu SAP ERP HCM. Weiterführende Literaturhinweise zu diesen Themen finden Sie im Anhang.

In diesem Buch konzentrieren wir uns zum einen auf die Anwendung des allgemeinen Berechtigungskonzepts auf das HCM-System und zum anderen auf drei Berechtigungswerkzeuge, die es nur in SAP ERP HCM gibt:

- die strukturelle Berechtigungsprüfung (Kapitel 3)

- die kontextabhängige Berechtigungsprüfung (Kapitel 4)
- die Prüfverfahren
  (siehe Abschnitt 2.7, »Prüfverfahren (Infotyp 0130)«)

Zweite Auflage

Für die vorliegende zweite Auflage des Buches wurden alle Erläuterungen und sämtliche Bildschirmabgriffe auf den Releasestand SAP ERP 6.0, Erweiterungspaket 4 (EHP4) aktualisiert. Zudem wurde die Darstellung um Erweiterungen, die sich seit der Vorauflage ergeben haben, sowie auch um neue Themen und Aspekte ergänzt, die in die vorhandene Darstellung integriert wurden.

Zielgruppen des Buches

Folgende Zielgruppen werden in diesem Buch wertvolle Informationen finden:

- **Berechtigungsadministratoren**
  Hier sprechen wir zum einen die Personen an, die die Berechtigungsrollen aufbauen. Sie erhalten detailliertes Handwerkszeug und Kenntnisse, um die vorhandenen Werkzeuge optimal für ihr Unternehmen nutzen zu können.

  Wer lediglich die Zuordnung der Rollen zu den Benutzern durchführt, profitiert an vielen Stellen von dem Hintergrundwissen, das dieses Buch zur Verfügung stellt.
- **Projektleiter und Mitglieder des Projektteams**
  Für sie ist es wichtig, auf Basis guter Grundkenntnisse das Thema Berechtigungen während der gesamten Projektlaufzeit angemessen im Blick zu halten. Wer im Umfeld von SAP ERP HCM heute z.B. nichts über strukturelle Berechtigungen weiß, läuft schnell Gefahr, beim Aufbau von Anwendungen gravierende Fehler zu machen.

  Besonders interessant für diese Zielgruppe ist der prozessorientierte Ansatz dieses Buches. Wer Berechtigungen auf diese Weise anpackt, gewinnt Wissen, das auch anderen Aufgaben im Projekt zugute kommt.
- **Programmierer im HCM-Bereich**
  Programmierern haben wir ein eigenes Kapitel gewidmet (Kapitel 8, »Berechtigungen in der Programmierung«). Denn wir halten auch

bei dieser Zielgruppe gutes Grundlagenwissen über die Berechtigungen für unverzichtbar. Auch die Abschnitte zum Debugging im Kapitel über die Fehlersuche könnten sie interessieren.

- **Entscheider in Personal- oder IT-Abteilungen**
  Auch wenn dieses Buch teilweise sehr stark in die Tiefe geht, geben insbesondere die ersten Kapitel sowie Kapitel 6, »Implementieren eines Berechtigungskonzepts«, einen guten Überblick. Hier finden Entscheider auch zahlreiche Anregungen für den Nutzen, den die dargestellten Berechtigungswerkzeuge bieten (siehe auch unsere Anregungen für eilige Leser im Abschnitt »Arbeiten mit dem Buch« am Ende dieser Einleitung).
- **Datenschutzbeauftragte/Datenschutzexperten**
  Da in vielen Unternehmen die meisten Daten in SAP-Systemen gespeichert sind und dabei die Personendaten als besonders schützenswert gelten, hilft die Kenntnis der Werkzeuge und der Fallstricke von Berechtigungen in SAP ERP HCM jedem, der professionell mit Datenschutz zu tun hat.

Aufbau des Buches

Die ersten sechs Kapitel dieses Buches widmen sich umfassend und detailliert dem Thema »Berechtigungen in SAP ERP HCM« im engeren Sinn: Ausgehend von den Anforderungen, die an ein Berechtigungskonzept zu stellen sind, über die technischen Werkzeuge zur Umsetzung dieser Anforderungen bis zu Kapitel 6, das Umsetzung und Redesign in den Blick nimmt. Die Kapitel 7 bis 10 widmen sich darüber hinaus dann noch verschiedenen Problemstellungen, die in der praktischen Arbeit mit Berechtigungen häufig auftreten, und natürlich den entsprechenden Lösungswegen.

Die Kapitel im Einzelnen:

- **Kapitel 1: Prozessorientiertes Berechtigungskonzept**
  Der prozessorientierte Ansatz erhält zunehmend den Stellenwert, den er verdient. Gerade für ein Berechtigungskonzept hat ein solches Vorgehen unübersehbare Vorteile. Das Kapitel untersucht die Anforderungen, die an ein Berechtigungskonzept gestellt werden müssen, und beschreibt ein prozessorientiertes Vorgehen, um ein solches Konzept zu erstellen.

- **Kapitel 2: Allgemeine Berechtigungsprüfung**
  Nach einer kurzen Einführung in das allgemeine Berechtigungskonzept erläutern wir schrittweise die wichtigsten Berechtigungsobjekte des HCM-Systems einschließlich verschiedener Sonderfälle sowie der Erweiterungsmöglichkeiten des Standards. Das Kapitel behandelt vollständig alle zentralen Elemente der allgemeinen Berechtigungsprüfung.
- **Kapitel 3: Strukturelle Berechtigungsprüfung**
  Die auf dem Organisationsmanagement basierende strukturelle Berechtigungsprüfung ist mittlerweile aus den meisten HCM-Installationen nicht mehr wegzudenken. Wir stellen den Standard und dessen Erweiterungsmöglichkeiten ausführlich dar.
- **Kapitel 4: Kontextabhängige Berechtigungsprüfung**
  Ein Kapitel für Fortgeschrittene. Hier kommen strukturelle und allgemeine Berechtigungsprüfung zusammen, um in der kontextabhängigen Berechtigungsprüfung ein Werkzeug bereitzustellen, auf das vor allem bei Unternehmen mit dezentraler Datenpflege kaum verzichtet werden kann. Das Kapitel enthält auch einen Abschnitt zum Redesign von Berechtigungen.
- **Kapitel 5: Berechtigungsrollen in den HCM-Komponenten**
  Nachdem in den Kapiteln 2 bis 4 das Hauptaugenmerk auf den zentralen Komponenten des HCM-Systems lag, insbesondere den Stammdaten und dem Organisationsmanagement, beschäftigt sich dieses Kapitel mit den vielen Teilkomponenten des HCM-Systems von A wie Abrechnung bis V wie Veranstaltungsmanagement/Learning Solution. Das Kapitel ist technisch orientiert und beschreibt für jede Teilkomponente die benötigten Berechtigungsobjekte sowie Aspekte des Customizings, die mit Berechtigungen zu tun haben.
- **Kapitel 6: Implementieren eines Berechtigungskonzepts**
  In diesem Kapitel zeigen wir Ihnen, welche Vorbereitungen im HCM-System für die Implementierung eines Berechtigungskonzepts erforderlich sind, wie Sie bei der Implementierung vorgehen und was Sie beim Redesign eines Berechtigungskonzepts beachten sollten.
- **Kapitel 7: Auswertungen zum Berechtigungswesen**
  Wenn die Berechtigungen einmal aufgebaut sind, ist es interessant und wichtig, die Reports der Berechtigungsverwaltung zu kennen

und damit umgehen zu können, um sich in der Vielzahl der Berechtigungsrollen zurechtzufinden. In diesem Kapitel stellen wir Ihnen eine Auswahl der gebräuchlichsten Auswertungen näher vor.

- **Kapitel 8: Berechtigungen in der Programmierung**
  Hier geht es in erster Linie darum, Programmierern das Handwerkszeug zu geben, um in kundeneigenen Reports oder Anwendungen korrekte Berechtigungsprüfungen durchzuführen. Daneben beschäftigen wir uns auch mit den Berechtigungen für Programmierer.
- **Kapitel 9: Fehlersuche**
  Das beste Konzept und die sorgfältigste Implementierung schützen nicht vor Fehlern. Wie Sie sie finden können und welche Werkzeuge Sie dabei unterstützen, erfahren Sie in diesem Kapitel. Das Kapitel enthält auch einen umfangreichen Abschnitt zum Debugging bei der Fehlersuche.
- **Kapitel 10: Ausgewählte Problemfelder mit Lösungswegen**
  Hier haben wir eine Reihe von speziellen Problemen, meist aus realen Kundenprojekten, gesammelt und ihre Lösungswege beschrieben. Sie finden hier z.B. einen Bericht über eine Kundenlösung für das Reisemanagement.

Anhang

Im Anhang dieses Buches stellen wir Ihnen weiterführende Informationen und ein kleines Nachschlagewerk zur Verfügung:

- Anhang A zeigt alle Transaktionen im Umfeld der Berechtigungsadministration.
- Anhang B enthält alle Berechtigungsobjekte des HCM-Systems mit Referenz auf den jeweiligen Abschnitt.
- Anhang C führt alle Berechtigungsschalter mit Referenz auf den jeweiligen Abschnitt auf.
- Anhang D zeigt die Business Add-ins des HCM-Systems mit Referenz auf den jeweiligen Abschnitt.
- Anhang E enthält wichtige Inhalte für Erweiterungen bei den Berechtigungen im Veranstaltungsmanagement/LSO in der Systemvariablen `SY-PFKEY`.
- Anhang F enthält ein Glossar mit den wichtigsten Begriffen aus dem Berechtigungswesen in SAP ERP HCM.

- Anhang G bietet Ihnen schließlich weiterführende Literaturempfehlungen.

[+]

Kostenloser HR-Newsletter

Als Leser dieses Buches können Sie den kostenlosen HR-Newsletter der Autoren abonnieren. Dieser enthält unter anderem auch aktuelle Tipps zu Berechtigungen in SAP ERP HCM. Schicken Sie einfach eine E-Mail mit dem Betreff *Abo/Buch* an *newsletter@admanus.de*.

Arbeiten mit dem Buch

Vorschlag für eilige Leser

Wem es genügt, zunächst nur das unbedingt Notwendige zu erfahren und alles andere bei Bedarf später nachzulesen, dem sei folgender Pfad durch das Buch vorgeschlagen:

- Kapitel 1, »Prozessorientiertes Berechtigungskonzept«
- Kapitel 2, »Allgemeine Berechtigungsprüfung«
  - Abschnitt 2.1, »Elemente«
  - Abschnitt 2.2, »Rollenpflege«
  - Abschnitt 2.3, »Berechtigungsobjekte«
- Kapitel 3, »Strukturelle Berechtigungsprüfung«
  - Abschnitt 3.1, »Strukturelle Berechtigungsprüfung im Organisationsmanagement«
  - Abschnitt 3.2, »Pflege der strukturellen Profile«
  - Abschnitt 3.3, »Funktionsbausteine«
  - Abschnitt 3.4, »Übertragung auf andere Strukturen in SAP ERP HCM«
  - Abschnitt 3.5, »Nutzung in der Personaladministration«
  - Abschnitt 3.6, »Zuordnung der strukturellen Profile zum Benutzer«
- Kapitel 4, »Kontextabhängige Berechtigungsprüfung«, Abschnitt 4.1, »Wirkungsweise«
- Kapitel 6, »Implementieren eines Berechtigungskonzepts«

Sie können die Kapitel natürlich auch in beliebiger Reihenfolge lesen. Zahlreiche Verweise helfen Ihnen dabei, eventuell fehlende Voraussetzungen an den entsprechenden Stellen nachzulesen.

Spezielle Symbole

Wir verwenden mehrere Orientierungshilfen, die Ihnen die Arbeit mit diesem Buch erleichtern sollen. In grauen Informationskästen sind Inhalte zu finden, die wissenswert und hilfreich sind, aber etwas abseits der eigentlichen Erläuterung stehen. Damit Sie diese Informationen besser einordnen können, haben wir die Kästen mit Symbolen gekennzeichnet:

Achtung [!]

Mit diesem Symbol warnen wir Sie vor häufig gemachten Fehlern oder Problemen, die auftreten können.

Tipp/Hinweis [+]

Mit diesem Symbol werden Tipps markiert, die Ihnen die Arbeit erleichtern werden, und Hinweise, die Ihnen z. B. dabei helfen, weiterführende Informationen zu dem besprochenen Thema zu finden.

Beispiel [zB]

Anhand von Beispielen aus unserer Beratungspraxis erläutern und vertiefen wir das besprochene Thema.

Wenn Sie die Neueinführung von Berechtigungen in SAP ERP HCM oder ein Redesign planen, lohnt es sich, sich zunächst die Prozesse anzuschauen. Auf diese Weise finden Sie leichter den roten Faden.

1 Prozessorientiertes Berechtigungskonzept

Implementierung und Redesign

Um ein erfolgreiches Berechtigungswesen aufbauen zu können, sollten Sie sich nicht nur gut mit SAP ERP HCM auskennen, sondern vor allem einen vollständigen Überblick über Ihre Personalprozesse haben. In diesem Kapitel werden wir Ihnen ein prozessorientiertes Berechtigungskonzept vorstellen, das Ihnen sowohl bei einer erstmaligen Implementierung als auch beim Redesign eines schon bestehenden Berechtigungskonzepts helfen wird:

- Wenn Sie gerade im Begriff sind, ein HCM-System zu implementieren, sind Ihnen die Berechtigungsanforderungen wahrscheinlich noch nicht vollständig bekannt. Dennoch ist es sinnvoll, möglichst frühzeitig ein Berechtigungskonzept zu erstellen und die schon bekannten Anforderungen aufzunehmen und zu systematisieren.
- Wenn Sie bereits ein HCM-System implementiert haben, wird es Sie nicht überraschen, dass die Anforderungen mit der Erweiterung des Systems und der Anbindung neuer Nutzer in der Regel steigen. Gleichzeitig wächst auch die Zahl der Rollen, und das Berechtigungswesen kann dann schnell unübersichtlich werden. Spätestens wenn der Aufwand für Wartung und Pflege die Ressourcen des Berechtigungsadministrators übersteigt, ist es höchste Zeit für ein Redesign.

Konzeptgrundlage und Dokumentation

In den folgenden Abschnitten werden wir Sie an die prozessorientierte Erstellung eines Berechtigungskonzepts heranführen. Dabei handelt es sich um eine Herangehensweise, die sich an den Personalprozessen Ihres Unternehmens orientiert. Warum das sinnvoll ist?

Weil Ihnen die laufenden Prozesse einen ersten Anhaltspunkt für Ihre Arbeit bieten und zudem schon oft die Antwort auf die Frage geben, welche Berechtigungen für welche Nutzer benötigt werden. Sie erkennen so auch leichter, welche Aufgaben Sie in Rollen zusammenfassen sollten und welche nicht.

Schließlich bietet Ihnen dieses Vorgehen nicht nur die Grundlage für ein Konzept, sondern auch gleichzeitig eine Dokumentation darüber, wer in Ihrem HCM-System wozu berechtigt ist.

1.1 Anforderungen an ein Berechtigungskonzept

Welche Bedürfnisse haben die von einem Berechtigungskonzept betroffenen Interessengruppen, und welche inhaltlichen Anforderungen lassen sich daraus für die Erstellung bzw. das Redesign eines solchen Konzepts ableiten?

1.1.1 Interessengruppen

Berechtigungsadministratoren

In erster Linie benötigt der Berechtigungsadministrator selbst einen Zugang zum System, damit er Rollen und Benutzerstämme für weitere Benutzer anlegen kann. In der Regel sind die beiden Funktionen auf zwei Administratoren aufgeteilt. Einer ist verantwortlich für die Pflege der Rollen und ein anderer für die Pflege der Benutzerstammsätze und das Zuordnen der Rollen zum Benutzer. Der Berechtigungsadministrator möchte vor allem ein wartungsarmes Berechtigungswesen mit übersichtlicher Rollenzahl, das alle Anforderungen abdeckt, sodass jeder auch das kann, was er darf.

Personalsachbearbeiter

Als Nächstes ist die Gruppe der Personalsachbearbeiter zu nennen. Diese Mitarbeiter benötigen das System für ihre tägliche Arbeit. Sie geben Personaldaten ein und sorgen damit unter anderem jeden Monat für eine korrekte Gehaltsabrechnung. Den Sachbearbeitern ist zunächst geholfen, wenn das Berechtigungskonzept die Qualitätssicherung der Dateneingaben unterstützt. Die Anforderungen der Sachbearbeiter stehen oft in einem Interessenkonflikt mit den Bestimmungen des Datenschutzbeauftragten. Den Sachbearbeitern würden einige Anwendungen, wie z.B. die Anzeige der Datenbanktabellen, die Arbeit erleichtern. Die Berechtigung dafür wird jedoch selten gewährt, da beim Aufruf der Datenbanktabellen keine Prüfung auf die HCM-Berechtigungsobjekte (siehe Kapitel 2, »Allgemeine Berechtigungsprüfung«) stattfindet. Damit könnte ein Sachbearbeiter, wenn er sonst nur einen Teil der Mitarbeiter sehen darf (z.B. eines bestimmten Personalbereichs), mit einem Schlag alle Mitarbeiter sehen.

Führungskräfte

Führungskräfte wollen aktuelle Daten, wie z.B. Urlaubsübersichten oder Zeitnachweise, für ihren Verantwortungsbereich abrufen und gegebenenfalls Anträge für Geschäftsreisen oder Urlaub im System genehmigen.

Ein spezielles Problem dieser Interessengruppe ist die Vertretungsregelung. Vorgesetzte stellen häufig die Anforderung, dass ihr Vertreter zwar alle Auswertungen und Genehmigungen ausführen, aber die Gehaltsdaten des Vorgesetzten nicht sehen darf.

Personalcontrolling/Unternehmensführung

Mitarbeiter aus dem Personalcontrolling sowie die Unternehmensführung (für strategische Arbeiten) benötigen unterschiedlichste Auswertungen von Personaldaten über das gesamte Unternehmen hinweg. Diese Gruppe hat neben dem Anspruch an Datenaktualität auch den Wunsch nach hoher Performance der Reports. Dies kann insbesondere bei großem Personalbestand in Widerspruch zu komplexen Berechtigungsprüfungen stehen.

Self-Service-Anwender

Nicht zu vergessen sind alle Mitarbeiter, die über Self-Service-Anwendungen eigene Daten, wie z.B. Adresse oder Bankverbindung, pflegen dürfen oder auch ihren Gehaltsnachweis online abrufen können. Für diese Interessengruppe ist es sicherlich wichtig, dass kein anderer Mitarbeiter die eigene Gehaltsabrechnung abruft. Aber neben einem sicheren Zugang ist auch eine unkomplizierte Anmeldung an der Self-Service-Anwendung erforderlich, weil dem Anwender nicht noch ein Benutzername und Passwort mehr zugemutet werden können.

IT-Mitarbeiter und Berater

Mitarbeiter aus der EDV-Abteilung, dem HR Competence Center sowie externe Berater benötigen ebenfalls Zugang zu SAP ERP HCM. Im Unterschied zu den zuvor genannten Nutzergruppen benötigen diese Personen in der Regel aber keinen Zugriff auf Echtdaten. Sie arbeiten gewöhnlich im Entwicklungssystem, um neue oder kundeneigene Anforderungen im Customizing oder als Eigenprogrammierung umzusetzen. Für diese Mitarbeiter ist es daher wichtig, dass sie möglichst umfassende Berechtigungen besitzen, um ungehindert auf sämtliche Datenstrukturen und Umgebungen zugreifen können.

Zusätzlich werden Benutzer mit Zugang zum Transportsystem benötigt, um solche Änderungen im Entwicklungssystem in die weiteren Systeme (Qualitätssicherungs- und Produktivsystem) zu transportieren.

[+]

Berechtigungskonzept nicht isoliert betrachten

Das Berechtigungskonzept darf also nicht isoliert gesehen werden, sondern muss in den Gesamtkontext der Systemarchitektur und der Verfahren zur Systemkonfiguration passen.

Datenschutzbeauftragte, Prüfer und Personalvertreter

Jedes Unternehmen, in dem zehn oder mehr Personen ständig mit der Bearbeitung personenbezogener Daten mittels elektronischer Datenverarbeitung beschäftigt sind, benötigt nach dem Bundesdatenschutzgesetz einen *Datenschutzbeauftragten*. Der Datenschutzbeauftragte ist z.B. verantwortlich für eine transparente und dokumentierte EDV, den Schutz der Daten im Sinne der IT-Sicherheit und die Nachvollziehbarkeit von Zugriffen und Änderungen. Sein Interesse liegt darüber hinaus in der Nachvollziehbarkeit. Es reicht also nicht, dass jeder die »richtigen« Berechtigungen hat, dies muss auch dokumentiert sein. Mitarbeiter aus den Bereichen Datensicherheit und Datenschutz, Revision und Personalvertretung benötigen entsprechende Berechtigungen zur Ausübung ihrer Kontrollaufgaben.

Fassen wir die Bedürfnisse der einzelnen Interessengruppen noch einmal zusammen, bevor wir sie im folgenden Abschnitt im Hinblick auf die inhaltlichen Anforderungen an das Berechtigungskonzept betrachten:

- Jeder muss können, was er darf.
- Es gibt nur wenige und wartungsarme Rollen.
- Die Daten sind sicher.
- Es wird eine hohe Datenqualität gewährleistet.
- Die Performance muss akzeptabel sein.

1.1.2 Inhaltliche Anforderungen

Jeder muss können, was er darf

Damit jeder das im SAP-System ausführen kann, was er für seine tägliche Arbeit benötigt, muss zunächst ermittelt werden, was jeder Einzelne oder die Personalabteilung insgesamt an Tätigkeiten ausübt und wie sie das SAP-System dabei unterstützt. Ziel kann es nicht sein, eine minimale Berechtigung zu erteilen und diese »auf Zuruf« sukzessive weiter aufzustocken – dabei entsteht schnell ein Wirrwarr an Berechtigungen ohne jegliche Struktur. Je detaillierter die erforderlichen Berechtigungen zu Beginn der Konzeption erhoben werden, desto besser kann ein zukunftsfähiges Berechtigungskonzept erarbeitet werden. Wie Sie bei der Analyse der benötigten Berechtigungen vorgehen, erfahren Sie in Abschnitt 1.2, »Prozessanalyse«.

Wenige und wartungsarme Rollen

Eine saubere Anforderungsdefinition hilft ebenfalls bei der Minimierung der Rollenzahl. Wenn Sie eine Übersicht erstellt haben, was benötigt wird, können zunächst einzelne Tätigkeiten in Rollen zusammengefasst werden. Danach wird ersichtlich, ob der Einsatz von Methoden zur Minimierung der Rollenanzahl sinnvoll ist. Je weniger Rollen, desto geringer ist der Wartungsaufwand. Aber auch hier gibt es Methoden in der Rollendefinition, die die Wartung erleichtern. In Abschnitt 1.3, »Rollendefinition«, stellen wir Ihnen kurz die Möglichkeiten vor und verweisen auf die entsprechenden weiterführenden Kapitel dieses Buches.

Datensicherheit

Berechtigungen und Rollen sind nicht zuletzt sehr wichtig, um zu verhindern, dass Anwender Daten pflegen oder ansehen, für die sie eigentlich nicht autorisiert sind. Damit werden nicht nur illegale Handlungen verhindert, sondern es wird auch eine hohe Zahl von Fehlern vermieden. Um dies zu gewährleisten, sollten Sie jedem Anwender insbesondere ein benutzerspezifisches Rollenmenü zur Verfügung stellen, das ausschließlich die erforderlichen Transaktionen und Reports enthält. Darüber hinaus gilt der Grundsatz der Datensparsamkeit: Sie sollten bereits bei der Planung darauf achten, dass nur so viele Daten erhoben und erfasst werden wie unbedingt nötig.

Es sollte also auch eine Aufgabe in der Konzeptionsphase sein, die Pflegeoberflächen, insbesondere die zu berechtigenden Infotypen, bis auf Feldebene zu überprüfen. Feldinhalte, die nicht benötigt werden, brauchen auch nicht erfasst zu werden und sollten deshalb auch von der Oberfläche verschwinden. Auf Infotypebene gibt es im SAP-System dafür das Konzept der Bildmodifikation.

Grundsätzlich sind natürlich die datenschutzrechtlichen Vorgaben zu beachten. Eine frühzeitige Einbindung des betrieblichen Datenschutzbeauftragten, der Revision und des Betriebsrats bzw. Personalrats ist auf jeden Fall ratsam.

Datenqualität

Eine hohe Datenqualität ist wichtig, damit Personalleiter und Personalcontroller aus den Auswertungen die richtigen Schlüsse ziehen können und daraus die richtigen Personalentscheidungen treffen. Berechtigungen tragen ebenfalls ihren Teil dazu bei, die Datenqualität zu erhöhen. Unter anderem unterstützt das Vier-Augen-Prinzip dabei, dass sensible Daten nochmals einer Kontrolle unterzogen werden, bevor sie freigegeben werden. Andere Möglichkeiten liegen z.B. bei der Gestaltung der Benutzeroberfläche, Plausibilitätsprüfungen, dynamischen Maßnahmen, Workflow oder dem Einsatz von intelligenten Testverfahren. Unter *www.iprocon.de/sap-anwendungen-verbessern* finden Sie darüber einen ausführlichen dreiteiligen Bericht.

Performance

Die Berechtigungsprüfung nimmt stets einen großen Zeitanteil von Programmabläufen in Anspruch. Lange Laufzeiten bzw. hohe Antwortzeiten des Systems führen schnell zu Frustration bei den Benutzern und müssen unbedingt vermieden werden. Vor allem beim Einsatz der strukturellen Berechtigungsprüfung und gleichzeitig großer Mitarbeiterzahl können Performanceprobleme auftreten. Sie finden deshalb am Ende von Kapitel 3, »Strukturelle Berechtigungsprüfung«, einen Abschnitt zur Performanceoptimierung. Beachten Sie außerdem die Möglichkeiten des Berechtigungsobjekts P_ABAP (siehe Abschnitt 5.17.3, »Berechtigungsobjekt P_ABAP«), mit dem Sie die Programmausführung beschleunigen können.

1.2 Prozessanalyse

Warum Prozessanalyse?

Für ein effektives Personalmanagement im Allgemeinen und die Erstellung eines Berechtigungskonzepts im Besonderen ist die Kenntnis der Prozesse unabdingbar. Eine Visualisierung der Abläufe unterstützt Sie dabei, betroffene Funktionen und Zusammenhänge schnell und vollständig zu erfassen. Kaum jemand wird alle Prozesse, die sich in der Personalabteilung und darüber hinaus (z.B. in Self-Services) abspielen, im Kopf haben. Ein impliziter Überblick ist zwar meist verstreut in den Köpfen, Arbeitsanweisungen oder Stellenbeschreibungen vorhanden, jedoch für eine gründliche Konzeption unzureichend. Darum sollten Sie vor der Konzeption Ihres Berechtigungskonzepts Ihre Prozesse zusammentragen, analysieren und gegebenenfalls zugunsten einer schlanken Lösung anpassen. Denn bei Konzeptionen jeglicher Art ist es immer mühsamer, im Nachhinein vergessene Prozesse zu integrieren, als sie von vornherein zu berücksichtigen.

Es ist außerdem nicht nur ein Vorteil, wenn die Prozesse bei der erstmaligen Erstellung eines Konzepts bekannt sind, sondern auch dann, wenn dieses Konzept erweitert wird. Selbstverständlich müssen dafür die Prozesse und die Rahmenarchitektur jederzeit aktuell gehalten werden, damit sich der anfängliche Aufwand zur Prozessdefinition auszahlt. Eine detaillierte Modellierung aller Personalwirtschaftsprozesse ist natürlich sehr aufwendig, aber oft auch gar nicht erforderlich. Viel wichtiger ist es, die Prozesse zu kennen und den Umfang der Prozessbetrachtung an den Zielen auszurichten, die Sie mit Ihrem Projekt verfolgen.

1. Schritt: Prozesserhebung

Verschaffen Sie sich zunächst einen vollständigen Überblick über die Prozesse Ihrer Personalabteilung, z.B., falls vorhanden, mithilfe Ihrer Prozessdokumentation. Beim Zusammentragen der Prozesse genügt es, die Prozesse in Form einzelner Leistungseinheiten zu benennen und zu strukturieren. Die detaillierten Abläufe, also Prozessschritte, sind an dieser Stelle uninteressant.

[zB]

Sinnvolle Detaillierung eines Prozesses

Sie sollten z.B. nicht detailliert beschreiben, wie ein Auswahlverfahren – angefangen bei der Erfassung der Bewerbung bis zur Einstellung eines neuen Mitarbeiters – durchgeführt wird. Zu weit gefasst wäre aber wiederum die Leistung »Bewerberadministration« für den gesamten Prozess.

Sinnvoll wäre es, die einzelnen Maßnahmen innerhalb der Leistung »Bewerberadministration« zu benennen, z.B. Schriftverkehr mit Bewerbern, Organisation der Bewerbergespräche, Aktenablage etc.

In Abbildung 1.1 sehen Sie ein gutes und ein schlechtes Beispiel für eine Prozessbetrachtung. Eine solche Erhebung ist zugegebenermaßen eine recht aufwendige Vorarbeit. Sie lohnt sich jedoch auch für sämtliche weiteren Projekte in Bezug auf Änderungen an der Organisation oder einem Personalsystem.

2. Schritt: Betrachtungsumfang bestimmen

Im zweiten Schritt begrenzen Sie den Umfang der Prozessbetrachtung im Hinblick auf Ihr Ziel – die Erstellung eines Berechtigungskonzepts. Reduzieren Sie Ihren Leistungskatalog auf die Leistungen, die durch SAP ERP HCM unterstützt werden (sollen). Im Hinblick auf den Ausschnitt in Tabelle 1.1 würden Sie an dieser Stelle »Aktenablage« und »Beratung der Bewerber« aus dem Überblick streichen, da diese Leistungen keine Systemunterstützung erfordern.

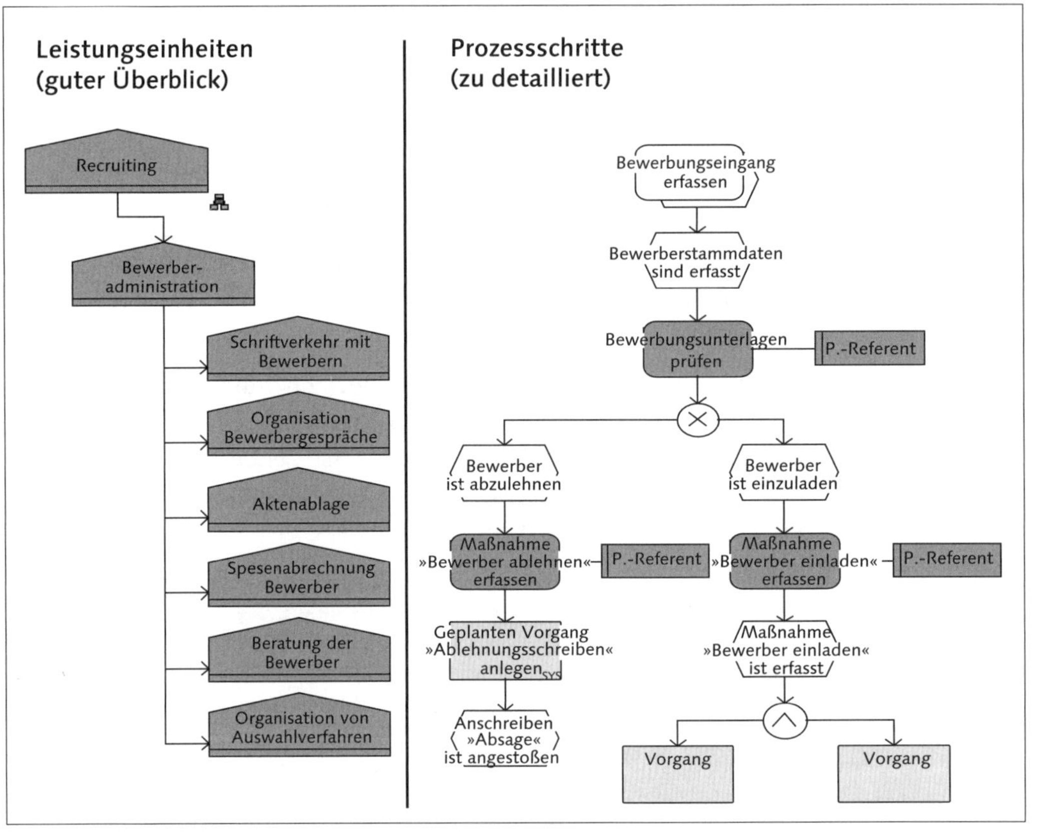

Abbildung 1.1 Gutes und schlechtes Beispiel für eine Prozessbetrachtung

3. Schritt: Informationen zu relevanten Leistungen

Zum Ableiten von Rollen sind weitere Informationen erforderlich, so müssen Sie z.B. Folgendes wissen:

- wer die Tätigkeit ausführt (z.B. die Stelle oder Abteilung)
- welche Transaktion, welcher Report oder welcher Infotyp die Leistung in SAP ERP HCM unterstützt (gegebenenfalls in Verbindung mit einer Anwendung wie z.B. dem Manager Self-Service oder Employee Self-Services)
- ob eine weitere Beschreibung bzw. Modellierung des Prozesses erforderlich ist, weil dieser z.B. von mehreren Stellen durchlaufen wird

Erfassen Sie diese Informationen z.B. in einer Excel-Tabelle für alle relevanten Leistungen. In Tabelle 1.1 sehen Sie ein Beispiel, in dem Teamleitern drei Auswertungen über ihren Verantwortungsbereich bereitgestellt werden. Diese Auswertungen können Sie über den Manager's Desktop (MDT) aufrufen.

Leistung	Anwender-gruppe	Anwen-dung	Trans. Code	Infotyp	Report	Mod.	Aktion
Führungskräfteinfo MA							
Mitarbeiterliste	Teamleiter	MDT			RPLMIT00		
Geburtstagsliste	Teamleiter	MDT			ZHR_GEBURTS-TAGSLISTE		
Be- und Abzüge	Teamleiter	MDT			ZHR_BE_ABZUEGE		
Führen von Stammdaten							
Persönliche Daten des MA führen	SB/FILIAL		PA30	IT 0002			pflegen
Daten zur Behinderung führen	SB/FILIAL		PA30	IT 0004			pflegen
Bankverbindung führen	SB/FILIAL		PA30	IT 0009			pflegen und entsperren
Bankverbindung führen	ESS-Anwender	ESS		IT 0009			gesperrt pflegen
Orgzuordnung führen	SB/FILIAL		PA30	IT 0001		×	pflegen

Tabelle 1.1 Beispielhafter Ausschnitt aus einer Leistungsübersicht mit Systembezug und erlaubter Aktion je Anwendergruppe

Die Stammdaten werden von Filialsachbearbeitern (SB/FILIAL) über den Transaktionscode PA30 erfasst. Die Bankverbindung kann auch im Employee Self-Service (ESS) vom Mitarbeiter (gesperrt) erfasst werden. Das Entsperren erfolgt durch den Filialsachbearbeiter. Das × in der Spalte »Mod.« (für Modellierung) weist darauf hin, dass bei der Pflege der organisatorischen Zuordnung näher beschrieben werden soll, wie die Planstelleninformationen aus der Abteilung Organisation zum Sachbearbeiter gelangen.

4. Schritt: Wer darf welche Aktionen ausführen?

Als Ergebnis einer solchen Leistungsübersicht erhalten Sie:

- alle *Tätigkeiten*, für die eine Berechtigung in SAP ERP HCM erstellt werden muss
- alle *Stellen/Personen*, die eine Berechtigung in SAP ERP HCM benötigen

Jetzt wissen Sie bereits, was welche Stelle/Nutzergruppe im System ausführen darf. Anschließend bestimmen Sie, wie die Benutzer auf die Daten zugreifen dürfen, z.B. schreibend oder nur lesend (siehe Tabelle 1.1, Spalte »Aktion«). Eventuell werden einige Leistungen von mehreren Nutzern ausgeführt. Zum Beispiel können sensible Daten von einem Nutzer gesperrt erfasst und von einem anderen nur freigegeben werden (Vier-Augen-Prinzip).

5. Schritt: Für welchen Verantwortungsbereich?

Schließlich bleibt die Frage, wen die Benutzer bearbeiten oder sehen dürfen – also welche Personen oder welchen Verantwortungsbereich. Dabei sind zwei Konzepte zu unterscheiden: Genügt die allgemeine Berechtigungsprüfung, bei der der Zugriff abhängig von Daten des Infotyps 0001 (Organisatorische Zuordnung) erfolgt, wie z.B. Personalbereich, Mitarbeiterkreis oder zuständiger Sachbearbeiter? Oder bestimmt sich der Verantwortungsbereich aus der Organisationsstruktur? Voraussetzungen für den Einsatz der strukturellen Berechtigungsprüfung sind ein sauberes und stets aktuelles Organisationsmanagement und die Einführung der strukturellen Berechtigung (gegebenenfalls auch der kontextsensitiven Berechtigung).

[+]

Strukturelle Berechtigung

Je größer die Zahl der Benutzer in SAP ERP HCM, z.B. durch zunehmende dezentrale Nutzung, wachsende Funktionsbreite oder die Einbindung weiterer Standorte, desto mehr wird der Einsatz der strukturellen Berechtigungsprüfung notwendig.

Mit steigender Nutzerzahl steigt in der Regel auch die Zahl der Rollen. Vor allem bei dezentralem Einsatz von SAP ERP HCM werden viele Benutzer gleiche Rechte haben, jedoch für einen unterschiedlichen Personenkreis, z.B. Zeitbeauftragte für die eigene Abteilung. Anstatt für jeden dieser Nutzer eine eigene Rolle zu erstellen, genügen eine Rolle und ein strukturelles Profil mit dynamischem Startobjekt (siehe Kapitel 3, »Strukturelle Berechtigungsprüfung«). Der Wartungsaufwand kann also deutlich gesenkt werden, wenn bei einem

Unternehmen mit 10.000 Mitarbeitern die Zahl der unterschiedlichen Rollen/Profile für Zeitbeauftragte von 100 auf 2 reduziert wird.

Erfassen Sie also in der Excel-Tabelle den Verantwortungsbereich. Bei der allgemeinen Berechtigungsprüfung können Sie z.B. für jedes Feld (PERSONALBEREICH, MITARBEITERKREIS etc.) eine Spalte anlegen und für jeden Anwender den Wert eintragen – z.B. den Personalbereich »1000 (Hamburg)« oder den Mitarbeiterkreis »10 (Angestellte)«. Falls die strukturelle Berechtigungsprüfung zum Einsatz kommt, pflegen Sie den Auswertungsweg sowie das Startobjekt, mit dem der Verantwortungsbereich aus der Organisationsstruktur ermittelt wird (siehe Tabelle 1.2).

Leistung	Anwendergruppe	...	Auswertungsweg	Startobjekt
Führungskräfteinfo MA				
Mitarbeiterliste	Teamleiter	...	MDTSBES	dynamisch
Geburtstagsliste	Teamleiter	...	MDTSBES	dynamisch
Be- und Abzüge	Teamleiter	...	MDTSBES	dynamisch
Führen von Stammdaten				
Persönliche Daten des MA führen	SB/FILIAL	...	Z_FILIALSB	dynamisch
Daten zur Behinderung führen	SB/FILIAL	...	Z_FILIALSB	dynamisch
Bankverbindung führen	SB/FILIAL	...	Z_FILIALSB	dynamisch
Bankverbindung führen	ESS-Anwender	...		
Orgzuordnung führen	SB/FILIAL	...	Z_FILIALSB	dynamisch

Tabelle 1.2 Verantwortungsbereich wird über die strukturelle Berechtigung ermittelt

In unserem Beispiel kommt der Manager's Desktop zum Einsatz. Der Verantwortungsbereich bestimmt sich dafür immer über die Organisationsstruktur, und das Startobjekt entspricht dem angemeldeten Benutzer (gilt analog für Manager Self-Services, MSS). Der Verantwortungsbereich für die Filialsachbearbeiter wird ebenfalls über einen Auswertungsweg mit dynamischem Startobjekt (angemeldeter Benutzer) ermittelt, zu sehen in der Spalte »Startobjekt« in Tabelle 1.2. Würde sich der Verantwortungsbereich eines Filialsachbearbeiters aus Feldern des Infotyps 0001 (Organisatorische Zuordnung) oder über ein festes Startobjekt (z.B. Organisationseinheit 57600000) ermitteln, wäre für jeden Sachbearbeiter eine neue Zeile in der Excel-Tabelle erforderlich.

Dieses Beispiel macht deutlich, dass bereits mit intelligentem Einsatz der gegebenen Möglichkeiten der Aufwand in der Berechtigungsadministration gesenkt werden kann.

Sie haben nun eine qualitative Analyse der erforderlichen Berechtigungen erstellt. Die Tabelle mit den relevanten Leistungen und den Daten zu Anwender, Systembezug, Aktion und Verantwortungsbereich ist Grundlage für die Ableitung von Rollen (siehe Abschnitt 1.3, »Rollendefinition«). Gleichzeitig haben Sie bereits eine übersichtliche und vollständige Dokumentation über die zu erteilenden Berechtigungen geschaffen, die sich aus den Prozessen Ihres Personalwesens ableitet.

Beschleuniger HR-Leistungskatalog

Als Beschleuniger bei der Prozesserhebung kann Ihnen der Referenz-Leistungskatalog dienen. Dies ist ein HR-Leistungskatalog mit über 900 Leistungen, die typischerweise von der Personalabteilung erbracht werden. Einen Ausschnitt sehen Sie in Abbildung 1.2. Er hat sich bei zahlreichen Prozessmanagementprojekten bewährt und wird von den Autoren zunehmend eingesetzt und permanent erweitert (unter *www.iprocon.de/referenzmodell* finden Sie weitere Informationen).

Der Einsatz eines solchen Referenzmodells erspart mehrere Workshoptage, an denen sonst der unternehmensspezifische Leistungskatalog erstellt wird. Das Referenzmodell unterstützt Sie außerdem visuell dabei, die Leistungen zusammenzutragen, und erhöht die Qualität, weil weniger Details vergessen werden.

Die Leistungen sind strukturiert in Haupt- und Teilprozesse der Personalarbeit. Auf oberster Ebene sind die Leistungen unterteilt in Altersversorgung, Entgeltabrechnung, Personaladministration, Personalcontrolling, Personalentwicklung, Personalplanung, Recruiting, Reisemanagement, Strukturorganisation und Zeitwirtschaft.

Kommt der Referenz-Leistungskatalog zum Einsatz, muss er zunächst an die Spezifika Ihres Unternehmens angepasst werden. Dabei setzen sich die Mitarbeiter zusammen, die diese Leistungen selbst erbringen, und ergänzen fehlende Leistungen, streichen nicht erbrachte

Leistungen und passen gegebenenfalls Terminologien an. Damit erhalten Sie Ihren unternehmensspezifischen HR-Leistungskatalog und können künftig Aussagen darüber treffen, was Ihre Personalabteilung eigentlich alles leistet.

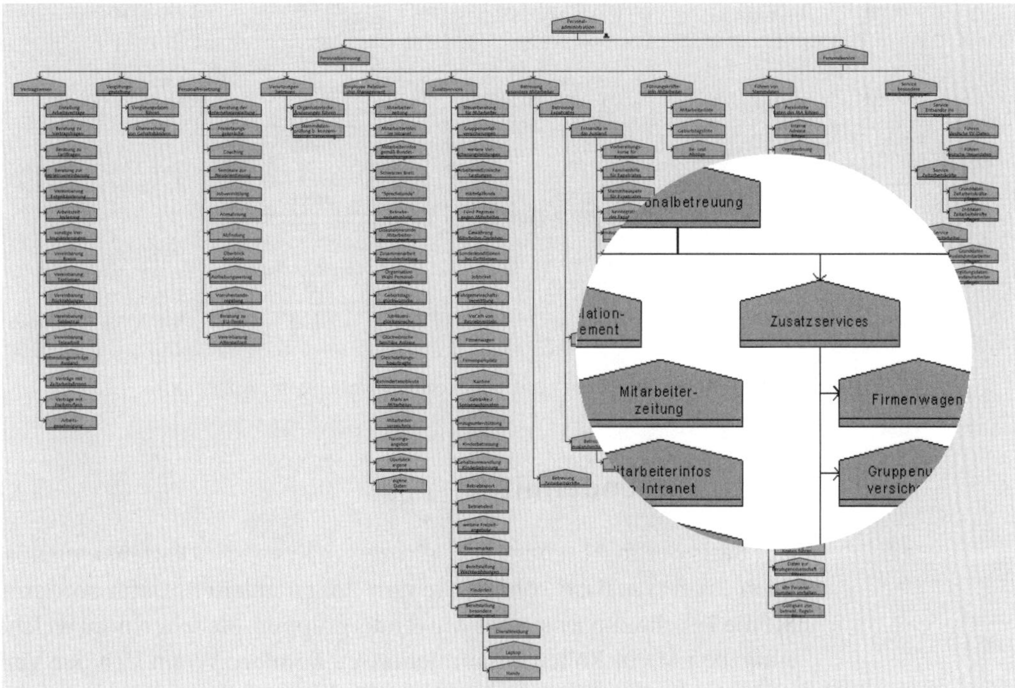

Abbildung 1.2 Ausschnitt aus dem HR-Leistungskatalog HR, Teilbaum »Personaladministration«

Der HR-Leistungskatalog wurde in ARIS, einem datenbankbasierten Modellierungswerkzeug der IDS Scheer AG, erstellt. Er hat den Vorteil, dass Sie die in den Schritten 2 und 3 beschriebenen Informationen direkt in Attributen an der Leistung erfassen und auswerten können. Aus der ARIS-Datenbank lassen sich außerdem Excel-Downloads erstellen. Die Excel-Tabellen können Sie dann Ihren Wünschen entsprechend anpassen und, wie in den Schritten 4 und 5 beschrieben, z.B. erweitern. Ein Beispiel dafür sehen Sie in Abbildung 1.3. Darin ist die Leistung »Org. zuordnung führen« mit einem × gekennzeichnet und mit dem Hinweis versehen, dass es sich hier um eine Schnittstelle zwischen zwei Abteilungen/Verantwortungsbereichen handelt.

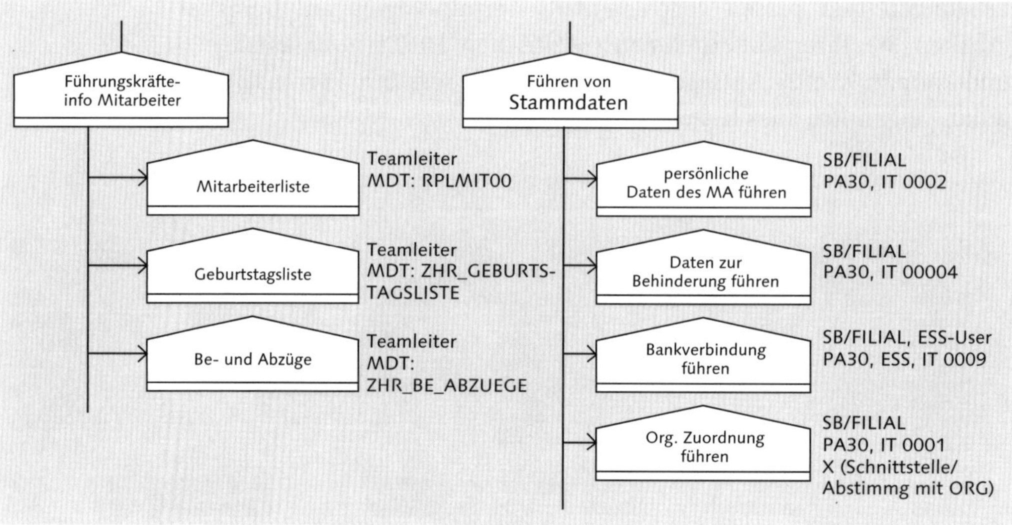

Abbildung 1.3 Ausschnitt aus dem Leistungskatalog mit Attributen

1.3 Rollendefinition

Auf Basis der in Abschnitt 1.2, »Prozessanalyse«, geschaffenen qualitativen Prozessanalyse können Sie nun Rollen ableiten. Dafür sortieren Sie die Tabelle zunächst nach Anwendergruppen. Sie sehen nun, welche Aufgaben Sie in Rollen zusammenfassen können. Wenn sich der Verantwortungsbereich statisch aus der Organisationszuordnung oder einem statischen Startobjekt (bei Einsatz der strukturellen Berechtigung) ermittelt, wird die Anzahl der Rollen bzw. Profile schnell steigen. Untersuchen Sie deshalb den Einsatz der im Buch vorgestellten Konzepte in den Abschnitten 2.8, »Erweiterungen«, und 3.3, »Funktionsbausteine«, um eine Reduktion der Rollenanzahl zu erreichen.

Prozessübergreifende Berechtigungen nicht vergessen

Denken Sie bei der Konzeption der Rollen außerdem an die prozessübergreifenden Berechtigungen, die in einer oder wenigen Rollen zusammengefasst werden. Das sind z.B.:

- Fehleranalyse
- Drucken
- Variantenpflege
- SAPoffice
- Download
- Tabellenanzeige

Wichtig in der Phase der Rollendefinition ist darüber hinaus die Diskussion über Ausnahmefälle wie Vertretungsregelungen, Abordnung, Traineeprogramme, Mehrfachbeschäftigungsverhältnisse und Übergangszeiten. Entscheiden Sie, wie die Fälle im Einzelnen gelöst werden – technisch oder organisatorisch. Wir empfehlen, solche Fälle immer generell und nicht fallweise zu lösen. Vertreter sollten z.B. ständig die erforderliche Berechtigung haben, sonst muss bei Abwesenheit oder Erkrankung immer wieder manuell eingegriffen werden. Das verursacht nicht nur unnötigen Aufwand, sondern ist auch häufig eine Fehlerquelle (z.B. durch die Auswertung der Änderungsbelege).

Ausnahmefälle beachten

[+]

Aufbau und zur Pflege von Rollen

Zum Aufbau und zur Pflege von Rollen finden Sie hilfreiche Informationen in den Kapiteln 2, »Allgemeine Berechtigungsprüfung«, 5, »Berechtigungsrollen in den HCM-Komponenten«, und 7, »Auswertungen zum Berechtigungswesen«.

Vor der Pflege der Rollen im System sollten Sie sich noch Gedanken zu den Namenskonventionen machen. Wichtige Hinweise hierzu erhalten Sie im nächsten Abschnitt.

1.4 Namenskonventionen

Wenn Sie von Anfang an eine eindeutige Struktur für die Namensgebung verwenden, behalten Sie später einen besseren Überblick über die Rollen. Bedenken Sie dabei, dass ein späteres Umbenennen von Rollen nicht möglich ist! Sie können lediglich die Rolle kopieren und die alte löschen. Damit verlieren Sie jedoch die Änderungshistorie und bei der Zentralen Benutzerverwaltung auch die Benutzerzuordnung.

[+]

Zentrale Benutzerverwaltung

Die Zentrale Benutzerverwaltung kommt dann zum Einsatz, wenn gleiche Benutzerstämme in mehreren Systemen mit mehreren Mandanten benötigt werden. Dann können die Benutzerstämme von einem zentralen System aus gepflegt und verteilt werden.

Es empfiehlt sich nicht, die von SAP ausgelieferten Standardrollen anzupassen und zu verwenden, da diese bei Releasewechseln oder Aktualisierungen verändert ausgeliefert werden können. Sie können jedoch Standardrollen kopieren und somit als Vorlage verwenden oder Rollen vollständig neu anlegen.

Bei der Namensgebung sollten Sie eine eindeutige und logische Struktur verwenden, um die Rollenadministration zu vereinfachen. Für alle Objekte im SAP-System gibt es als Abgrenzung zu den SAP-Namensräumen Kundennamensräume. Meistens beginnen diese mit Y und Z. Bei den Rollennamen ist lediglich das Präfix SAP besetzt. Darüber hinaus sind Sie frei in der Bezeichnung. Für den Rollennamen haben Sie insgesamt 30 Stellen zur Verfügung. Eine Auswahl folgender Informationen könnte im Rollennamen erscheinen:

- **Anfangsbuchstabe**
  Hier können Sie z.B. Y oder Z nehmen, um eine eindeutige Abgrenzung zum SAP-Namensraum zu gewährleisten. Dies ist nicht zwingend erforderlich, entscheidend ist jedoch, dass die Rolle nicht mit SAP beginnt.
- **Anwendung**
  Hier können Sie z.B. H für HCM wählen, S für System (oder Basisberechtigung), F für Financials etc.
- **Rollentyp**
  Hier sollten Sie zwischen Einzel-, Sammel- und Referenzrolle unterscheiden, z.B. mit E oder :, S oder &, R oder -. Ein Zeichen anstelle eines Buchstabens erhöht die Übersichtlichkeit des Rollennamens.
- **System**
  Das ist erforderlich, wenn nicht die Zentrale Benutzerverwaltung genutzt wird. Verwenden Sie z.B. P12 für das Produktivsystem mit der Systemnummer 12 etc.
- **Komponente**
  Auf welche Komponente von SAP ERP HCM bezieht sich die Berechtigung – Personaladministration (z.B. PA), Personalentwicklung (z.B. PE) etc.?
- **Organisationsbereich**
  Auf welchen Organisationsbereich, wie z.B. Personalbereich, Mitarbeiterkreis oder Sachbearbeiterzuordnung, wird der Zugriff erlaubt? Verwenden Sie z.B. PB1000 für den Personalbereich 1000 etc.
- **Kurzbezeichnung**
  Wählen Sie eine passende Kurzbezeichnung für die Aufgabe, die durch die Rolle abgedeckt wird, z.B. STAMMDATEN.

- **Funktion**
  Welche Funktion hat der Benutzer der Rolle? Ist er ein Leiter (z.B. L), ein Sachbearbeiter (z.B. SB) oder ein Assistent (z.B. A)?
- **Aktion**
  Mit welchen Aktionen, wie z.B. Lesen oder Schreiben, darf die Aufgabe ausgeführt werden? Verwenden Sie z.B. ALL (für Alles), ANZ (für Anzeigen), AEN (für Ändern) etc.

Referenzrolle [+]

Bei einer Referenzrolle bietet es sich an, das Feld in den Namen aufzunehmen, das zur Organisationsebene definiert wurde (siehe Kapitel 2, »Allgemeine Berechtigungsprüfung«). Angenommen, der Personalbereich wäre eine Organisationsebene, dann könnte anstelle des Organisationsbereichs der Feldname (PERSA) im Rollennamen aufgenommen werden.

Beispiel für eine Einzelrolle

Eine Einzelrolle könnte z.B. folgende Bezeichnung haben:

P:PA_PB1000_LEITER_STAMMD_ANZ

Diese Bezeichnung enthält der besseren Übersicht wegen Trennzeichen; diese sind nicht zwingend erforderlich. Sie ist aufgebaut, wie in Tabelle 1.3 dargestellt.

Position	Beispiel (Kürzel)	Information	Beispiel (Langtext)
1	P	Anwendung	Personal
2	:	Rollentyp	Einzelrolle
3–4	PA	Komponente	Personaladministration
5	_	Trennzeichen	
6–11	PB1000	Organisations-bereich	Personalbereich 1000
12	_	Trennzeichen	
13–18	LEITER	Funktion	Leiter
19	_	Trennzeichen	
20–26	STAMMD	Kurzbezeichnung	Stammdatenbearbeitung
27	_	Trennzeichen	
28–30	ANZ	Aktion	Anzeigen

Tabelle 1.3 Beispielhafter Aufbau einer Einzelrolle

Neben der Definition der Namenskonvention sollte außerdem die organisatorische Festlegung getroffen werden, dass beim Anlegen einer Rolle stets die Beschreibung mitgepflegt wird (siehe Abbildung 1.4). Dies ist erforderlich, damit für Prüfer, Rollen- und Benutzeradministratoren ersichtlich ist, welche Berechtigungen eine Rolle enthält, ohne die Berechtigungsobjekte im Detail studieren zu müssen.

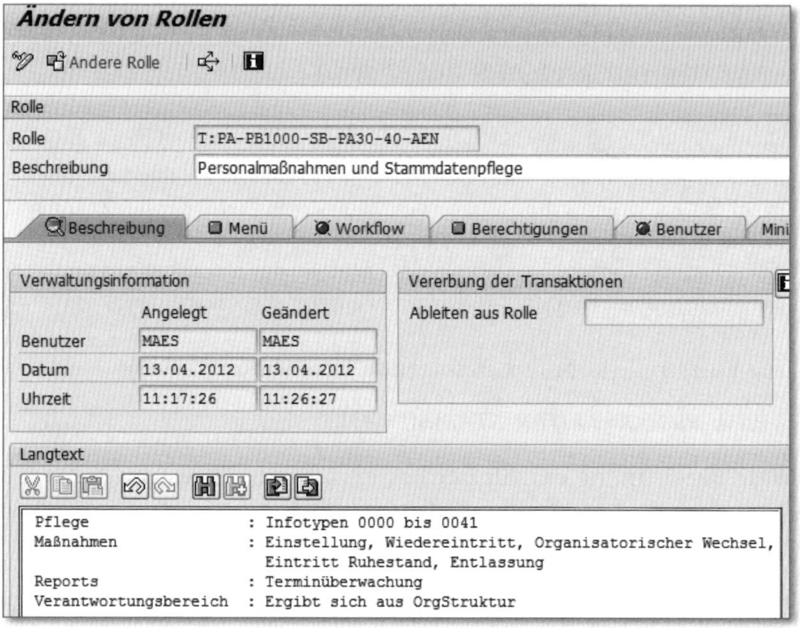

Abbildung 1.4 Beschreibung (Langtext) zur Rolle erfassen

1.5 Kritische Erfolgsfaktoren

Im Folgenden finden Sie kritische Erfolgsfaktoren, auf die Sie besonders achten sollten, wenn Sie ein Berechtigungskonzept neu erstellen bzw. überarbeiten:

- Binden Sie möglichst frühzeitig den Datenschutzbeauftragten, die Revisionsabteilung und den Betriebsrat/Personalrat ein, damit Sie den Anforderungen dieser Interessengruppen von Anfang an gerecht werden können.
- Klären Sie die Prozesse und Zuständigkeiten, bevor Sie mit der Detailarbeit am Berechtigungskonzept beginnen, nur so können Sie eine qualitative Grundlage für die Konzeptarbeit schaffen.
- Wählen Sie für den Entwurf von Rollen jemanden aus, der sich mit den Daten und Prozessen des HCM-Systems auskennt. Das ist

nicht der Job eines Systemadministrators, sondern erfordert jemanden, der ein umfassendes Verständnis der HCM-Berechtigungsobjekte sowie des SAP-Rollen- und Berechtigungskonzepts hat. Nur so können Sie ein Berechtigungswesen aufbauen, das alle Möglichkeiten des HCM-Systems ausschöpft.

- Wählen Sie Konzepte, die Ihnen helfen, die Anzahl der Rollen und strukturellen Profile möglichst gering zu halten. So reduzieren Sie Aufwände in der späteren Wartung.
- Planen Sie ausreichend Zeit für den Test der Rollen ein. In einem größeren Projekt sollten alle Integrationstests und Schulungen mit den Rollen ausgeführt werden, die später auch in der Produktivumgebung genutzt werden. Sie entgehen so unnötiger Verärgerung bei den Anwendern.
- Berücksichtigen Sie Abhängigkeiten zur Systemarchitektur, wie z.B. Transportwege, angebundene Data-Warehouse-Systeme, E-Recruiting, und Strukturen im HCM-System, wie z.B. Personalbereiche und das Organisationsmanagement. Denn abhängig von der Architektur ergeben sich oftmals besondere Anforderungen an das Berechtigungskonzept.
- Hinterfragen Sie hin und wieder komplexe Regelungen, und haben Sie den Mut, »alte Zöpfe« abzuschneiden. Regelungen sind oftmals deshalb komplex, weil sie sich in einem Altsystem nicht anders umsetzen ließen. Daraus ergibt sich häufig die Chance, das Berechtigungswesen zu optimieren.

Die allgemeine Berechtigungsprüfung ist das zentrale Werkzeug im Berechtigungswesen, auf dem alle weiteren Berechtigungskonzepte aufbauen. In diesem Kapitel lernen Sie die wichtigsten Funktionen der Rollenpflege sowie die Verwendung der im HCM-System genutzten Berechtigungsobjekte kennen.

2 Allgemeine Berechtigungsprüfung

Von den drei in SAP ERP HCM zur Verfügung stehenden Berechtigungskonzepten wird die allgemeine Berechtigungsprüfung stets zuerst implementiert, da sie die Grundlage für die weiteren Berechtigungskonzepte ist.

Wir stellen Ihnen in den folgenden Abschnitten zunächst die Bestandteile der allgemeinen Berechtigungsprüfung im Überblick vor, um dann im Detail auf die verschiedenen Rollenarten und ihre Pflege (Transaktion PFCG) sowie die wichtigsten Berechtigungsobjekte einzugehen. In Abschnitt 2.5, »Customizing des Profilgenerators«, erfahren Sie darüber hinaus, wie Sie den Profilgenerator für das Vorschlagen von Berechtigungsobjekten in der Rollenpflege anpassen können. Ein weiterer Abschnitt informiert Sie über die Zeitlogik, die für die Ermittlung der Zuständigkeitszeiträume eine wichtige Rolle spielt (siehe Abschnitt 2.6, »Zuständigkeitszeiträume und Zeitlogik«). Ein wichtiges Instrument der allgemeinen Berechtigungsprüfung sind Prüfverfahren. Ihre Wirkungsweise lernen Sie in Abschnitt 2.7, »Prüfverfahren (Infotyp 0130)«, kennen. Am Ende des Kapitels stellen wir Ihnen schließlich Möglichkeiten zur Erweiterung des Standards vor.

2.1 Elemente

Ziel dieses Abschnitts ist es, eine solide Verständnisgrundlage für die weitere Betrachtung der allgemeinen Berechtigungsprüfung zu schaffen. Wir werden Ihnen daher die wichtigsten Begriffe aus dem SAP-

Berechtigungswesen und deren Zusammenhänge untereinander kurz erläutern, jedoch nicht ausführlich das SAP-Berechtigungskonzept beschreiben.

Bestandteile einer Berechtigungsrolle

Wie alle anderen SAP-Komponenten enthält eine Berechtigungsrolle in SAP ERP HCM Berechtigungsobjekte, Berechtigungen und Berechtigungsprofile. Die Berechtigungsprofile sind dabei lediglich eine technische Größe, die die Verbindung zwischen Rolle und Berechtigung herstellt. Abbildung 2.1 stellt die Beziehungen zwischen den einzelnen Elementen dar.

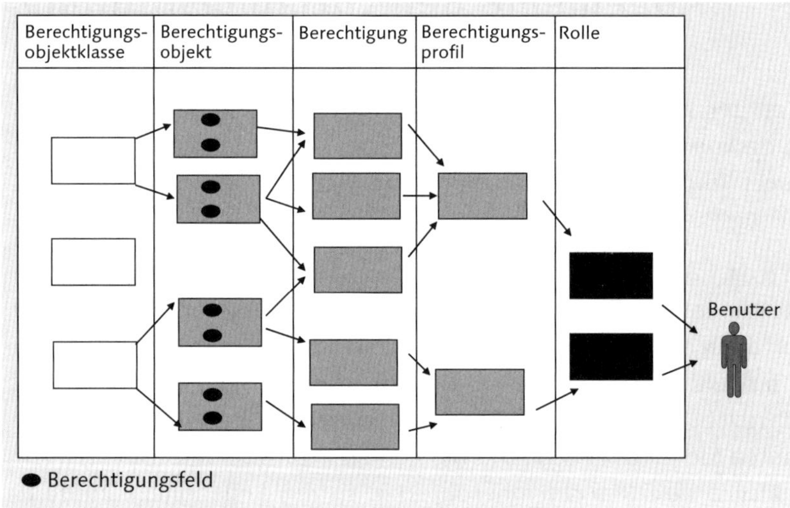

Abbildung 2.1 Elemente der allgemeinen Berechtigungsprüfung

Berechtigungsobjekt und -objektklasse

Berechtigungsobjekte schützen den Zugriff auf einen Funktions- oder Datenbereich des SAP-Systems. Die Überprüfung kann dabei sowohl beim Start einer Transaktion als auch an jeder anderen Stelle des Programms erfolgen. Berechtigungsobjekte besitzen ein bis zehn Felder, die die konkreten Berechtigungen detailliert beschreiben. Damit ist ein Berechtigungsobjekt eine Art Variable mit Feldern, die unterschiedlich gefüllt werden können. Berechtigungsobjekte werden aus Gründen der Übersichtlichkeit in Klassen zusammengefasst; die *Berechtigungsobjektklasse* für SAP ERP HCM heißt *HR-Personalwesen.*

Berechtigung

Ein Berechtigungsobjekt, dessen Felder gefüllt sind, ergibt eine *Berechtigung*. Diese muss manchmal sehr detailliert sein (z.B. die Leseberechtigung auf einen bestimmten Infotyp für einen bestimmten Mitarbeiterkreis), kann aber auch sehr allgemein gehalten sein (z.B. Ausführen aller im Manager's Desktop möglichen Funktionen).

Berechtigungsprofil und Rolle

Die Kombination verschiedener Berechtigungen (bestehend aus Berechtigungsobjekten) ergibt ein *Berechtigungsprofil*. Jede *Rolle* enthält genau ein Berechtigungsprofil. Eine *Rolle* (z.B. Personalsachbearbeiter) entsteht durch den Aufbau eines Benutzermenüs, bestehend aus einer Kombination verschiedener Transaktionen (z.B. PA30 (Personalstammdaten pflegen), PA40 (Personalmaßnahmen) etc.).

[!]

Berechtigungsprofil in älteren Releases

In älteren Releases gab es nur das Profil, das auch direkt dem Benutzer zugeordnet wurde. Heute entsteht das Profil aus der Rolle, und es wird nur noch die Rolle dem Benutzer zugeordnet. Seit Release SAP R/3 4.6B wird das Profil durch das Anlegen einer Rolle generiert.

Im nächsten Abschnitt zeigen wir Ihnen, wie Sie eine Rolle anlegen und diese einem Benutzer zuordnen.

2.2 Rollenpflege

Die Rollenpflege erreichen Sie über das SAP-Easy Access-Menü WERKZEUGE • ADMINISTRATION • BENUTZERPFLEGE • ROLLENVERWALTUNG • ROLLEN bzw. über die Transaktion PFCG. Das Einstiegsbild der Rollenpflege sehen Sie in Abbildung 2.2.

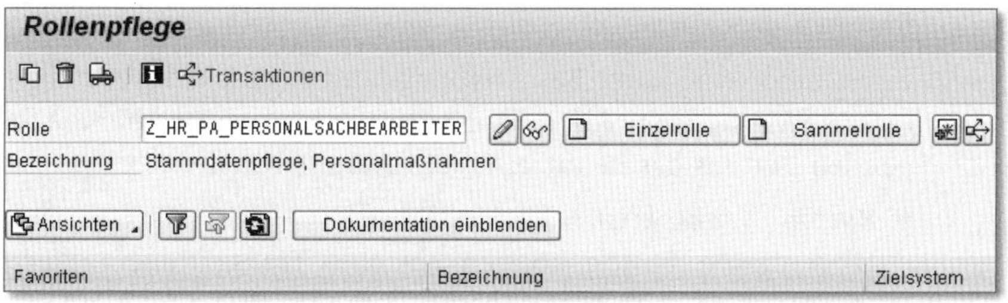

Abbildung 2.2 Einstieg in die Rollenpflege

Über die [F4]-Hilfe des Feldes ROLLE können Sie die von SAP ausgelieferten Standardrollen sehen. Die meisten der für das HCM-System relevanten Rollen beginnen mit SAP_HR*. Wir stellen Ihnen die gebräuchlichsten HCM-Rollen in Kapitel 5, »Berechtigungsrollen in den HCM-Komponenten«, vor.

Über den Button (Aufnehmen in Favoritenliste) können Sie Ihre häufig verwendeten Rollen zur Favoritenliste hinzufügen, und über den Button Ansichten können Sie sich eine Übersicht Ihrer Rollen nach bestimmten Kriterien anzeigen lassen. Unter den möglichen Ansichten befinden sich drei Sichten (Rollen gruppiert nach LAND, BRANCHE, ZIELSYSTEM), die Sie selbst füllen können. Die Gruppierung einer Rolle nehmen Sie über den Pflege-View VAGRATTS vor.

[+]

Customizing des Profilgenerators

Wenn Sie in der Rollenpflege Transaktionen im Menü eintragen und von dort auf die Registerkarte BERECHTIGUNGEN wechseln, kommt der Profilgenerator zum Einsatz. Auf das Customizing des Profilgenerators gehen wir in Abschnitt 2.5, »Customizing des Profilgenerators«, ein, nachdem wir in den Abschnitten 2.3, »Berechtigungsobjekte«, und 2.4, »Erforderliche Systemberechtigungen«, die Berechtigungsobjekte vorgestellt haben, die dort als Vorschlagswerte genannt werden können.

Anlegen einer Rolle

Zum Anlegen einer neuen Rolle können Sie entweder eine Standardrolle als Kopiervorlage verwenden oder über den Button EINZELROLLE eine neue Rolle anlegen (das Thema Sammelrolle erläutern wir Ihnen in Abschnitt 2.2.2, »Sammelrollen«). Falls es in Ihrem Unternehmen bei der Rollenbezeichnung noch keine Namenskonventionen gibt, beachten Sie auch Kapitel 1, »Prozessorientiertes Berechtigungskonzept«.

Gehen Sie zum Anlegen einer neuen Rolle wie folgt vor:

1. Vergeben Sie einen Namen im Feld ROLLE, und klicken Sie auf den Button EINZELROLLE.
2. Erfassen Sie eine kurze Beschreibung, und wechseln Sie zur Registerkarte MENÜ (siehe Abbildung 2.3). Hier können Sie über die folgenden Buttons das Benutzermenü zusammenstellen:
   - *Button »Transaktion«*
     Über diesen Button können einzelne Transaktionen (hierzu müssen Sie den Transaktionscode kennen) eingefügt werden.
   - *Button »Bericht«*
     Über diesen Button können ABAP-Berichte, Querys, Berichte aus SAP NetWeaver Business Warehouse sowie Transaktionscodes mit Variante eingefügt werden (die Erstellung einer Transaktion mit Variante erläutern wir Ihnen in Kapitel 10, »Ausgewählte Problemfelder mit Lösungswegen«).

- *Button »Sonstige«*
  Über diesen Button können Webadressen u. Ä. eingefügt werden.

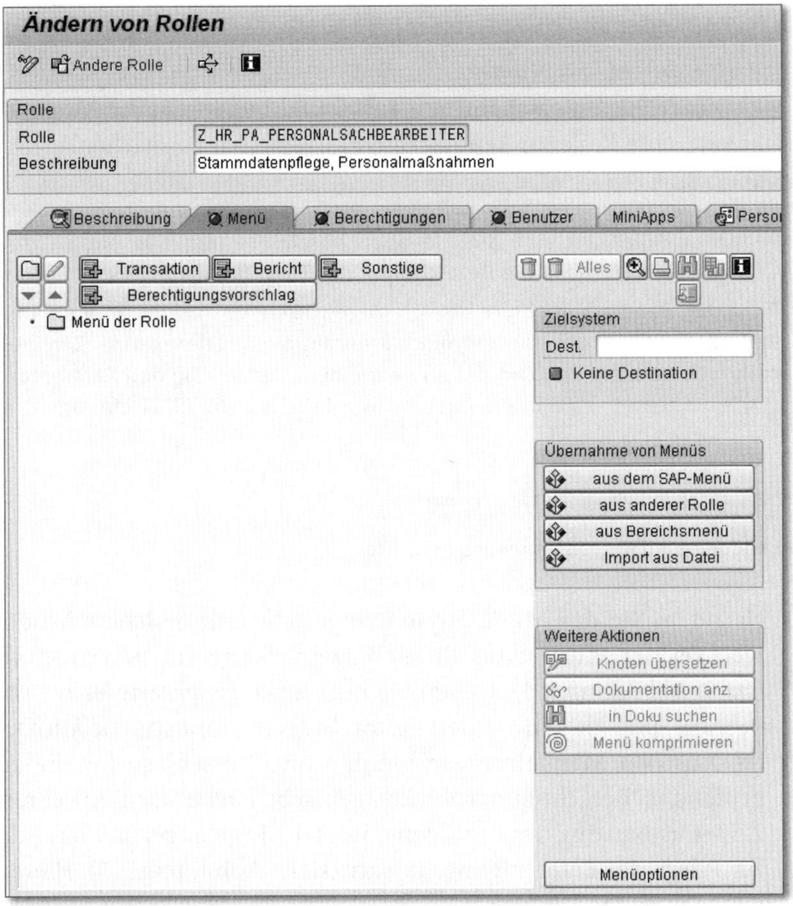

Abbildung 2.3 Aufbau des Menüs einer Rolle

- *Button »Berechtigungsvorschlag«*
  Die über diesen Button eingefügten Transaktionen sind nicht im Menü des Benutzers sichtbar. Dies ist z. B. dann sinnvoll, wenn der Benutzer einen Webbrowser verwendet, der Zugriff auf das Backend-System benötigt. Der Benutzer selbst soll diese Transaktionen jedoch nicht ausführen dürfen. Neben Transaktionen können auch RFC-Funktionen und Webservices eingetragen werden. Die Berechtigungsvorschläge können dann wie gewohnt auf der Registerkarte BERECHTIGUNGEN gepflegt werden.

- *Buttongruppe »Übernahme von Menüs«*
  Über diese Buttons ist das Importieren ganzer Menüteile aus dem SAP Easy Access-Menü, aus einer anderen Rolle, aus dem Bereichsmenü (siehe das SAP PRESS-Buch *HR-Reporting mit SAP*) oder aus einer Datei möglich.
- *Button »Menüoptionen«*
  Dieser Button erscheint mit EHP5 und bietet z.B. die Möglichkeit, eine Rolle im Benutzermenü unsichtbar zu machen.

[+]

Name der Transaktionen

Per Doppelklick auf eine auf die oben beschriebene Weise eingefügte Transaktion ändern Sie die Bezeichnung der Transaktion.

Falls der Benutzer mehrere Rollen zugewiesen bekommt, können im Benutzermenü entweder einzelne Transaktionen oder ganze Zweige mehrfach vorkommen. Um das zu vermeiden, müssen Sie den Parameter `CONDENSE_MENU = YES` in die Customizing-Tabelle SSM_CUST eintragen.

Abbildung 2.4 Pflegestatus der Registerkarten

3. Nachdem Sie das Menü zusammengestellt und gesichert haben, wechset der Pflegestatus dieser Regeisterkarte auf IN ORDNUNG (siehe Abbildung 2.4). Gehen Sie nun zur Registerkarte BERECHTIGUNGEN, und klicken Sie den Button BERECHTIGUNGSDATEN ÄNDERN an. Aus den Menüeinträgen werden nun Vorschläge für die zu prüfenden Berechtigungsobjekte gemacht (siehe auch Abschnitt 2.5, »Customizing des Profilgenerators«). Sie gelangen auf das Bild zur Pflege der Berechtigungsobjekte (siehe Abbildung 2.5). Hierzu einige wichtige Hinweise:
   - Abhängig von den Einstellungen des Profilgenerators werden nicht immer alle zu prüfenden Berechtigungsobjekte vorgeschlagen. Die Vorschläge des Profilgenerators können Sie anpassen (siehe Abschnitt 2.5).
   - Über die Buttons AUSWAHL und MANUELL können Sie weitere Berechtigungsobjekte einfügen.
   - Zum Button ORGEBENEN... beachten Sie bitte Abschnitt 2.2.3, »Referenzrollen«. Dort wird die Ableitung von Rollen mithilfe von Organisationsebenen erläutert.
   - Beachten Sie den Button (Legende). In der Legende werden Ihnen alle Farben und Icons auf diesem Bild erläutert.

- Über den Menüpfad Hilfsmittel • Technische Namen ein können Sie die technischen Namen der Berechtigungsobjekte und -felder einblenden.
- Per Klick auf eine gelbe Ampel (siehe Abbildung 2.5) können Sie auf einen Schlag die Gesamtberechtigung für ein Objekt oder alle Objekte unterhalb der obersten Ampel vergeben, indem Sie den Wert »*« in die Felder setzen.

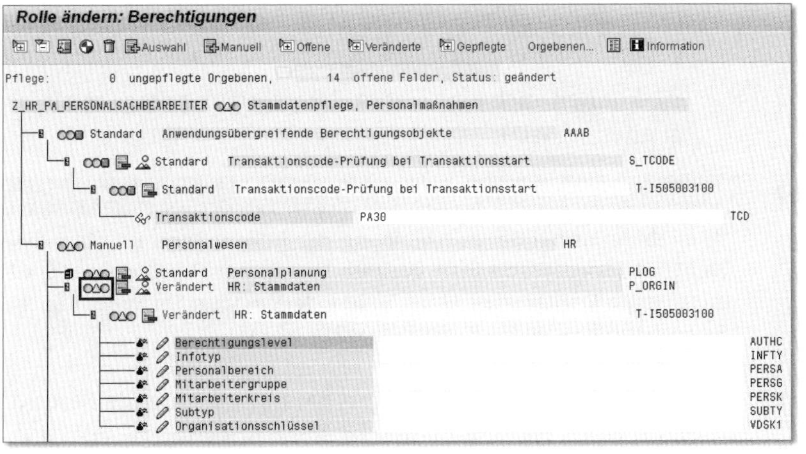

Abbildung 2.5 Berechtigungen pflegen

- Über den Button (Ändern) links vom Berechtigungsfeld können Sie die Berechtigungswerte pflegen. Für manche Felder erhalten Sie die zulässigen Eingabewerte nur über die [F1]-Hilfe (siehe Abbildung 2.6).

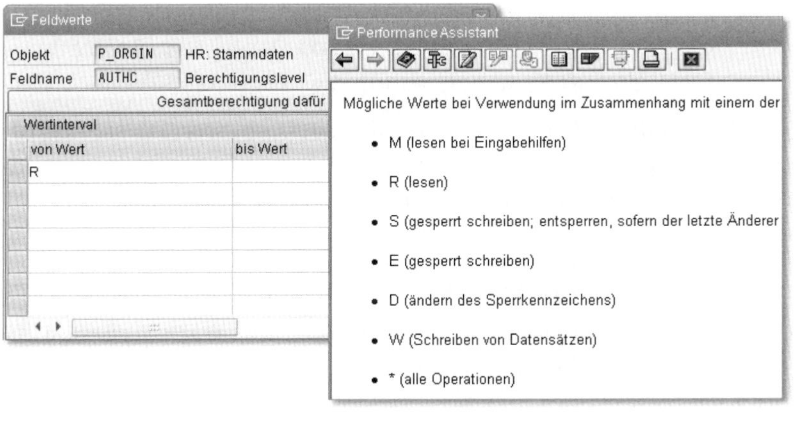

Abbildung 2.6 Feldwerte zum Feld AUTHC des Berechtigungsobjekts P_ORGIN

- Um ein Berechtigungsobjekt aus der Rolle zu löschen, müssen Sie es zunächst über den Button (Inaktivieren) deaktivieren. Erst dann erscheint ein Löschen-Symbol am Berechtigungsobjekt.
- Wenn alle Berechtigungsobjekte gepflegt sind (grüne Ampel), klicken Sie auf den Button GENERIEREN. Ein technischer Name für das Berechtigungsprofil wird vorgeschlagen. Unsere Empfehlung ist, diesen Namen nicht zu ändern, da Sie in der Regel nicht mit Profilen, sondern mit Rollen arbeiten. Den Rollen geben Sie sprechende bzw. systematisch aufgebaute Namen.
- Sie können auch eine Gesamtberechtigung vergeben (siehe folgenden Absatz).

[+]

Hinweis zur folgenden Darstellung

Wir haben uns bei der Beschreibung der Rollenpflege auf die notwendigen Funktionen beschränkt. Weitere Details einschließlich der Erklärung der übrigen Registerkarten der Rollenpflege finden Sie in dem Buch *SAP-Berechtigungswesen* (SAP PRESS 2012).

Rolle SAP_ALL anlegen

Im Entwicklungssystem benötigen Benutzer häufig die Berechtigung für sämtliche Transaktionen und Berechtigungsobjekte, die sogenannte *Gesamtberechtigung*. Am schnellsten legen Sie eine Rolle mit Gesamtberechtigung wie folgt an:

1. Wählen Sie im Bild ROLLE ÄNDERN: BERECHTIGUNGEN (siehe Abbildung 2.5) den Menüpfad BEARBEITEN • EINFÜGEN BERECHT. • GESAMTBERECHTIGUNG.
2. Da Benutzer mit Gesamtberechtigung in der Regel keine Berechtigung für die Benutzerpflege erhalten sollen, deaktivieren Sie in der Objektklasse BASIS-ADMINISTRATION alle Berechtigungsobjekte, die mit Benutzerstammpflege beginnen.
3. Nachdem Sie die Rolle erstellt haben, müssen Sie sie noch Benutzern zuordnen. Dies kann auf verschiedene Arten erfolgen, die wir Ihnen im folgenden Abschnitt erläutern.

2.2.1 Rollenzuordnung

Direkte und indirekte Zuordnung

Rollen können Sie direkt oder indirekt Benutzern zuordnen. Bei der direkten Zuordnung stellen Sie eine Verknüpfung zwischen Rolle und Benutzer her. Bei der indirekten Zuordnung verknüpfen Sie die

Rolle mit einem Organisationsobjekt. Über die Organisationsstruktur wird dann der Person bzw. dem Benutzer die Rolle vererbt.

Vor- und Nachteile

Beides hat Vor- und Nachteile. Bei der direkten Zuordnung passiert es oft, dass Benutzer, die häufig die Abteilung wechseln (z.B. Trainees), eine ganze Reihe von Rollen ansammeln, da meist nur neue Rollen hinzugefügt, aber keine ungültigen Rollen entfernt werden. Am Ende seiner Ausbildung hat der Trainee dann mehr Rechte als sein Mentor. Außerdem hat der Mitarbeiter, anders als bei der indirekten Zuordnung, nicht automatisch die passenden Rechte, wenn er die Abteilung wechselt. Er muss die benötigten Rechte i. d. R. jedes Mal neu anfordern. Dafür können Sie aber flexibel steuern, ab wann und wie lange ein Benutzer bestimmte Rechte haben soll. Zum Beispiel hat ein Mitarbeiter nach einem Aufgabenwechsel oftmals noch Restarbeiten an alten Aufgaben zu verrichten. Dann würde bei der direkten Zuordnung die alte Rolle einfach später abgegrenzt.

Das ist genau der Nachteil bei der Zuordnung über die Organisationsstruktur. Bei einem Wechsel werden automatisch die alten Berechtigungen entzogen und neue erteilt. Welcher Weg der beste ist, hängt davon ab, ob sich in Ihrem Unternehmen die Berechtigungen überwiegend aus der Organisationsstruktur oder überwiegend aus den Personen ableiten.

Direkte Benutzerzuordnung

Aufgrund datenschutzrechtlicher Bestimmungen ist es erforderlich, die Rollenpflege und die Benutzerzuordnung voneinander zu trennen. Das System bietet dennoch zwei Wege der Benutzerzuordnung an:

- die Zuordnung in der Rollenpflege (Transaktion PFCG)
- die Zuordnung im Benutzerstammsatz (Transaktion SU01)

Benutzerzuordnung über Transaktion PFCG

Hat der Rollenadministrator gleichzeitig Berechtigung zur Rollenzuordnung, kann er in der Transaktion PFCG die Zuordnung auf der Registerkarte Benutzer vornehmen. Auf dieser Registerkarte werden die Benutzernamen mit einem Zuordnungszeitraum eingetragen. Klicken Sie anschließend den Button Benutzerabgleich an, damit Profil und Rolle in den Benutzerstammsatz übernommen werden. Alternativ können Sie den Benutzerabgleich auch beim Sichern der Rolle automatisch durchführen lassen. Wählen Sie den Menüpfad HILFSMITTEL • EINSTELLUNGEN und dort die Option zum automatischen Abgleich beim Sichern der Rolle.

[+]

Benutzerabgleich

Änderungen an der Rolle, dem Berechtigungsprofil oder den zugeordneten Benutzern erfordern stets einen Benutzerabgleich.

Benutzerzuordnung über Transaktion SU01

Erfolgt die Benutzerzuordnung getrennt von der Rollenpflege z.B. durch einen Benutzeradministrator, wird dies in der Transaktion SU01 vorgenommen. Hier wird auf der Registerkarte ROLLEN die Einzel- oder Sammelrolle eingetragen. Die zu diesen Rollen gehörenden Profile werden automatisch auf der Registerkarte PROFILE angezeigt. Eine manuelle Zuweisung von Profilen auf der Registerkarte PROFILE, die in der Rollenpflege (PFCG) generiert wurden, sollte hier jedoch – seit Bestehen des Rollenkonzepts – nicht mehr erfolgen. Darüber hinaus wird der Benutzer automatisch in der Rolle auf der Registerkarte BENUTZER eingetragen.

[+]

Literaturempfehlung

Zum Thema Benutzerpflege/Benutzerstammsatz erfahren Sie mehr in dem Buch *SAP-Berechtigungswesen* (SAP PRESS 2012).

Täglichen Benutzerstammabgleich einplanen

Wenn Sie den Zuordnungszeitraum von vornherein beschränken, müssen Sie einen regelmäßigen Benutzerstammabgleich durchführen. Über die Transaktion PFUD oder den Pfad WERKZEUGE • ADMINISTRATION • BENUTZERPFLEGE • ROLLENVERWALTUNG • ABGLEICH VON ROLLEN im SAP-Easy Access-Menü erreichen Sie das Selektionsbild des Reports RHAUTUPD_NEW (siehe Abbildung 2.7).

Planen Sie diesen Report als Job ein, der täglich nachts läuft. Der Report führt einen vollständigen Benutzerstammabgleich für alle Rollen durch und aktualisiert dabei die Benutzerstammsätze bezüglich der Berechtigungen. Es werden Rollen gemäß Zuordnungsende aus dem Benutzerstammsatz gelöscht bzw. gemäß Zuordnungsbeginn in den Benutzerstammsatz eingetragen.

Eine weitere Möglichkeit der Benutzerzuordnung über Objekte des Organisationsmanagements stellen wir Ihnen im folgenden Abschnitt vor.

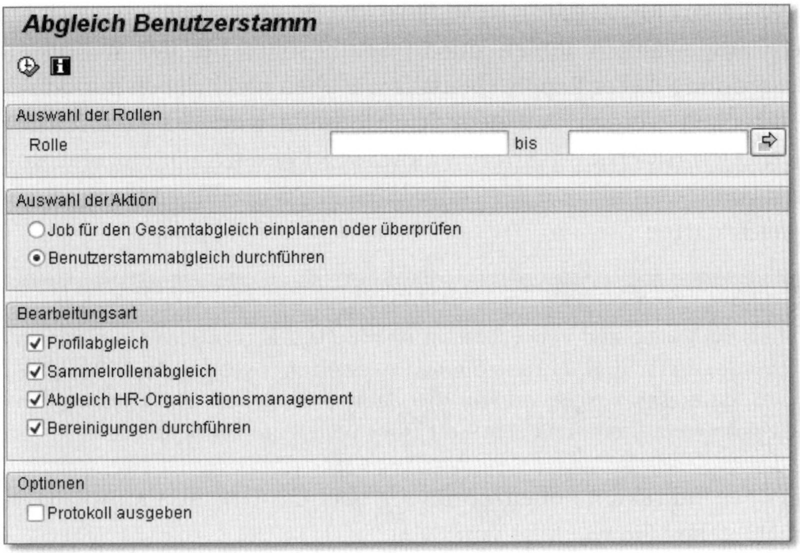

Abbildung 2.7 Selektionsbild des Reports RHAUTUPD_NEW

Indirekte Benutzerzuordnung

Voraussetzungen für Zuordnungen über das OM

Voraussetzungen für die indirekte Zuordnung von Rollen zu Benutzern über die Organisationsstruktur sind eine aktive Planvariante und ein sauber gepflegtes Organisationsmanagement. Außerdem muss der Infotyp 0105 (Kommunikation) mit dem Benutzernamen gepflegt sein, um die Verbindung zwischen Person und User herstellen zu können. Sie können Rollen den in Abbildung 2.8 gezeigten Objekttypen zuordnen.

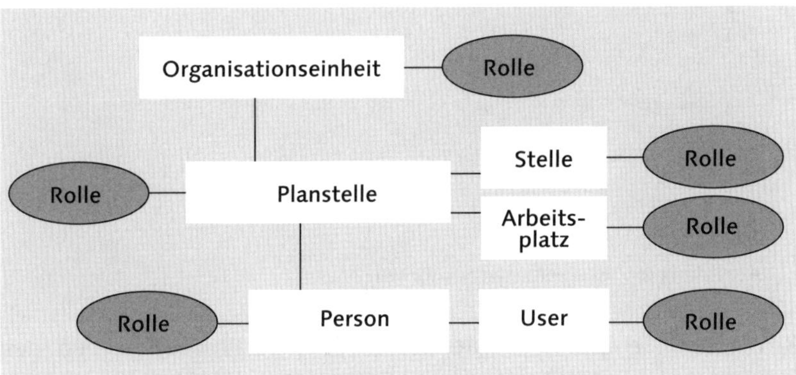

Abbildung 2.8 Mögliche Zuordnung von Rollen zu OM-Objekttypen

Der Report RHAUTUPD_NEW führt den Benutzerstammabgleich für die ausgewählten Rollen durch. Somit sollte bei der indirekten Zuordnung dieser Report ebenfalls wie oben beschrieben periodisch eingeplant werden. Auf dem Selektionsbild wird das Kennzeichen ABGLEICH HR-ORGANISATIONSMANAGEMENT gesetzt. Für einzelne Rollen können Sie auch in der Transaktion PFCG den Benutzerstammabgleich starten.

[+]

Eine Rolle weiteren Objekttypen zuordnen

Falls Sie Rollen anderen als den in Abbildung 2.8 gezeigten Objekttypen zuordnen möchten, müssen Sie den Auswertungsweg US_ACTGR anpassen, da dieser, ausgehend von den darin enthaltenen Objekttypen, den Benutzer ermittelt, um danach die Rolle dem Benutzer zuzuordnen.

Vorgehen bei Zuordnung über das OM

Bei der indirekten Rollenzuordnung über das Organisationsmanagement gehen Sie wie folgt vor:

1. Die Zuordnung der Rolle erfolgt über den Button ORG.MANAGEMENT auf der Registerkarte BENUTZER. Ist der Button nicht sichtbar, wählen Sie im Einstiegsbild der Rollenpflege den Menüpfad SPRINGEN • EINSTELLUNGEN und dort die Option GESAMTSICHT.
2. In der Sicht ROLLE: BEARBEITERZUORDNUNG ÄNDERN wählen Sie dann den Button (Zuordnung anlegen) zum Anlegen der Zuordnung. Es öffnet sich eine Liste mit möglichen Bearbeitertypen, die Sie mit der Rolle verknüpfen können (siehe Abbildung 2.9).

Abbildung 2.9 Bearbeitertyp auswählen

3. Wählen Sie aus der Liste der möglichen Bearbeitertypen den gewünschten Objekttyp aus, und geben Sie schließlich die entsprechende Objekt-ID an. In Abbildung 2.10 sehen Sie die Zuordnung einer Rolle zu Planstellen.

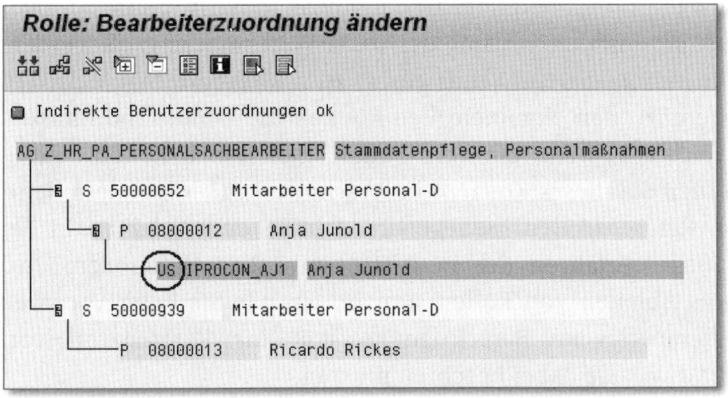

Abbildung 2.10 Zuordnung einer Rolle zu Sachbearbeiter-Planstellen

4. Wählen Sie nun den Button (Abgleich indirekte Benutzerzuordnung), damit ein Abgleich mit dem Benutzerstammsatz erfolgt. Die Ampel wird grün.
5. Das Ergebnis im Beispiel aus Abbildung 2.10 stellt sich folgendermaßen dar: Da nur Frau Junold mit einem Benutzer (US) verknüpft ist (über Infotyp 0105, Subtyp 0001), wird die betreffende Rolle Z_HR_PERSONALSACHBEARBEITER auch nur auf sie vererbt. Herr Rickes erhält keine Berechtigung.

Keine Berechtigung für das Zuordnen von Rollen [!]

Falls Sie fehlende Berechtigung für das Zuordnen von Rollen zu OM-Objekttypen haben sollten, beachten Sie SAP-Hinweis 312682. Gegebenenfalls ist eine Customizing-Einstellung in Tabelle PRGN_CUST erforderlich.

Rollenzuordnung im Organisationsmanagement durchführen [+]

Sie können die Rollenzuordnung auch im Organisationsmanagement (Transaktion PPOME) durchführen. Im Standard ist jedoch der Objekttyp AG (Rolle) nicht verfügbar. SAP-Hinweis 578271 beschreibt ausführlich die erforderlichen Schritte zur Integration des Objekttyps AG in die Transaktion PPOME.

Keine Alternative, Rollen über das Organisationsmanagement zuzuordnen, stellt, anders als in der Dokumentation dargestellt, der Report RHPROFL0 dar. Dieser bietet sich aber, wie in Abschnitt 3.6, »Zuordnung der strukturellen Profile zum Benutzer«, beschrieben, für die Zuordnung struktureller Profile an.

Der Aufwand für Rollenpflege und Benutzeradministration kann vor allem bei dezentraler Nutzung des HCM-Systems sehr groß werden. Zur Reduzierung des Aufwands gibt es zwei Konzepte: Sammelrollen und Referenzrollen. Sammelrollen können die Benutzeradministration erleichtern, wenn mehrere Benutzer dieselben Rollen benötigen. Lernen Sie dieses Konzept in Abschnitt 2.2.2, »Sammelrollen«, kennen. Referenzrollen hingegen reduzieren den Aufwand in der Rollenpflege. Erfahren Sie in Abschnitt 2.2.3, »Referenzrollen«, wann das Ableiten von Rollen sinnvoll ist, wie Sie beim Vererben von Rollenmenüs und Berechtigungen von einer Referenzrolle vorgehen und was Sie dabei beachten müssen.

2.2.2 Sammelrollen

Je mehr Benutzer Sie an Ihr HCM-System anbinden, desto größer wird in der Regel auch die Zahl der Rollen. Haben Sie mehrere Mitarbeiter mit gleichen Funktionen, die mehrere Rollen erhalten (siehe z.B. Abbildung 2.11), können Sie mithilfe des Konzepts der Sammelrolle die Benutzeradministration vereinfachen. Anstatt jedem Benutzer Rollen einzeln zuzuordnen, können Sie diese in einer Sammelrolle zusammenfassen und müssen dann nur noch *eine* Sammelrolle zuordnen. Sammelrollen können beliebig viele Einzelrollen enthalten, und es können jederzeit auch nachträglich weitere Einzelrollen zugeordnet oder wieder entfernt werden. Alle Benutzer mit der Sammelrolle erhalten nach dem Abgleich dann automatisch die neue Einzelrolle.

[!]

Sammelrollen und Berechtigung

Sammelrollen enthalten selbst keine Berechtigungen und können auch nicht zu einer weiteren Sammelrolle zusammengefasst werden.

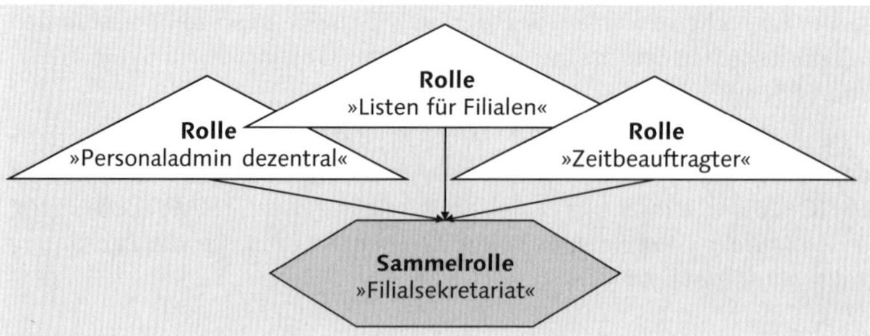

Abbildung 2.11 Beispiel für den Einsatz von Sammelrollen

Abweichende Namenskonvention für Sammelrollen [+]

Vor der Einführung von Sammelrollen sollten Sie sich eine von der Einzelrolle abweichende Namenskonvention überlegen. Das erleichtert Ihre Arbeit, da Sie sonst in der Rollenpflege auf den ersten Blick Einzel- und Sammelrollen nicht voneinander unterscheiden können. Tipps zur Namenskonvention finden Sie in Kapitel 1, »Prozessorientiertes Berechtigungskonzept«.

Mehrere Rollen zu einer Sammelrolle zusammenfassen

Wie gehen Sie nun vor, wenn Sie Rollen zu einer Sammelrolle zusammenfassen möchten?

1. Rufen Sie mit der Transaktion PFCG die Rollenpflege auf.
2. Geben Sie im Feld ROLLE einen Namen für die neue Sammelrolle ein.
3. Klicken Sie auf den Button SAMMELROLLE ANLEGEN.
4. Erfassen Sie im folgenden Bild gegebenenfalls eine Beschreibung der Sammelrolle, und sichern Sie Ihre Eingaben.
5. Wählen Sie die Registerkarte ROLLEN, und tragen Sie hier alle Einzelrollen ein, die Sie zur Sammelrolle zusammenfassen möchten (siehe Abbildung 2.12).

Abbildung 2.12 Einzelrollen in Sammelrollen zusammenfassen

6. Auf der Registerkarte MENÜ können Sie über den Button MENÜ EINLESEN die Menüs der Einzelrollen anzeigen und entsprechend umstrukturieren (siehe Abschnitt 2.2.3, »Referenzrollen«).

7. Ordnen Sie der Sammelrolle, wie in Abschnitt 2.2.1, »Rollenzuordnung«, beschrieben, die Benutzer zu, und klicken Sie zum Abschluss auf den Button BENUTZERABGLEICH.

Nach Abschluss dieser Schritte sind die Benutzer in Ihrem Benutzerstammsatz sowohl der Sammelrolle (🌐) als auch den Einzelrollen (🌐) zugeordnet. Die Benutzer werden außerdem auf den BENUTZER-Registerkarten der Einzelrollen eingetragen, können dort jedoch nicht gepflegt werden.

[+]

Übersicht über Sammelrollen

Eine Übersicht der Sammelrollen und ihrer zugeordneten Einzelrollen erhalten Sie im Einstiegsbild der Rollenpflege über den Button ANSICHTEN • ROLLEN IN SAMMELROLLEN.

Der Einsatz von Sammelrollen ist nach unserer Erfahrung sehr zu empfehlen. Sammelrollen erlauben eine Modularisierung des Rollenkonzepts und erhöhen somit die Übersicht über die Vielzahl der Rollen. Sie vereinfachen außerdem die Benutzerpflege und Wartung für den Berechtigungsadministrator.

Im folgenden Abschnitt lernen Sie ein weiteres Konzept zur Reduzierung von Pflege- und Wartungsaufwand in der Berechtigungsadministration kennen – die Referenzrollen.

2.2.3 Referenzrollen

Während es vor einigen Jahren meist noch wenige SAP-Nutzer in der Unternehmenszentrale gab, kommen seit einiger Zeit immer mehr dezentrale Nutzer hinzu. Meist steigt z.B. bei der Einführung von Self-Services oder der Verlagerung von HCM-Aufgaben in dezentrale Competence Center die Nutzerzahl sprunghaft an. Das hat zur Folge, dass auch die Anzahl der Rollen immer größer und die Administration immer aufwendiger wird. Das Ableiten von Rollen bietet die Möglichkeit, den Pflege- und Wartungsaufwand zu reduzieren. Das Konzept dient somit einer effizienten Berechtigungsverwaltung.

Einsatz von Referenzrollen

Das Ableiten von Rollen ist sinnvoll, wenn mehrere Nutzer das gleiche Benutzermenü mit unterschiedlichen Berechtigungen oder mit gleichen Berechtigungen für unterschiedliche Verantwortungsbereiche (Organisationsebenen) erhalten sollen (siehe Abbildung 2.13).

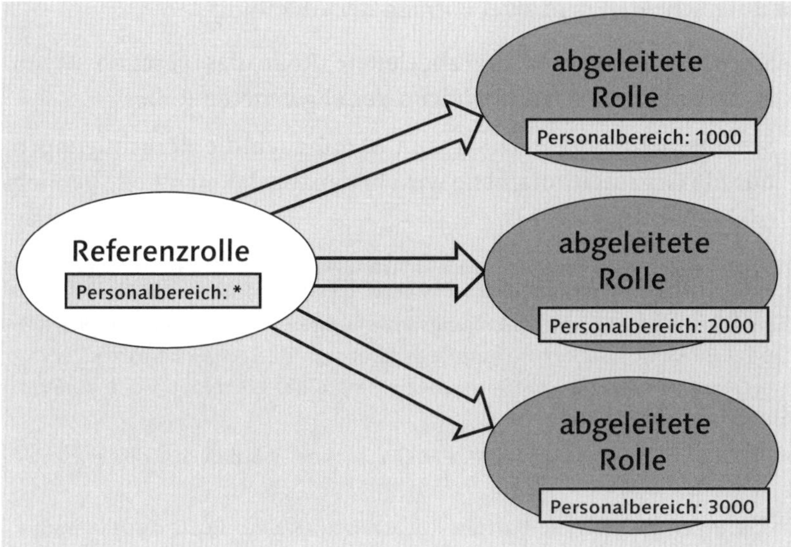

Abbildung 2.13 Referenzrolle mit Organisationsebene »Personalbereich«

Was ist eine Organisationsebene? [+]

Die Organisationsebene entspricht dem Verantwortungsbereich des Mitarbeiters. Für wen hat der Nutzer die Berechtigung, bestimmte Funktionen ausführen zu dürfen? Der Verantwortungsbereich kann z.B. ein Personalbereich sein oder ein Sachbearbeiterschlüssel.

Referenzrolle für Zeitbeauftragte [zB]

Sie haben mehrere Zeitbeauftragte mit identischen Aufgaben. Jeder Zeitbeauftragte hat jedoch einen anderen Zuständigkeitsbereich. Ohne das Ableiten von Rollen müssten Sie für jeden Zeitbeauftragten eine eigene Rolle pflegen und warten. Durch das Ableiten brauchen Sie nur eine Rolle zu pflegen.

Mithilfe des Konzepts der Referenzrollen wird zwar nicht die Anzahl der Rollen verringert, aber anstatt bei einer Änderung des Menüs oder der Berechtigungen mehrere Rollen zu pflegen, muss nur die Referenzrolle angepasst werden. Die Änderungen werden automatisch auf die abgeleiteten Rollen übertragen. Voraussetzung für das Ableiten einer Rolle ist, dass die neue Rolle noch keine Menüeinträge bzw. Berechtigungen enthält.

Zu unterscheiden sind zwei Formen der Ableitung:

- Sie übernehmen für die abgeleitete Rolle das gesamte Menü, ändern aber die Berechtigungen der abgeleiteten Rolle.
- Sie übernehmen zusätzlich zum Menü auch die Berechtigungen, nur die Organisationsebene wird in der abgeleiteten Rolle gepflegt (siehe Abbildung 2.13).

[+]

Übersicht über Vererbungsbeziehungen

Eine Übersicht über die Vererbungsbeziehungen zwischen Rollen erhalten Sie im Einstiegsbild der Rollenpflege über den Button ANSICHTEN • VERERBUNGSHIERARCHIE. Die Vererbungsbeziehung einer einzelnen Rolle können Sie sich wie folgt ansehen:

- Führen Sie die Transaktion PFCG aus, und wählen Sie die entsprechende Rolle aus.
- Springen Sie über die Buttons ROLLE ANZEIGEN oder ROLLE ÄNDERN in das nächste Bild.
- Öffnen Sie hier im Menü den Pfad ROLLE • VERWENDUNGSNACHWEIS. Aus der Vererbungsübersicht können Sie auch direkt in andere Rollen verzweigen.

Um eine Vererbungsbeziehung aufzulösen, wählen Sie in der Rollenpflege der abgeleiteten Rolle auf der Registerkarte BESCHREIBUNG den Button VERERBUNGSBEZIEHUNG AUFLÖSEN.

In den folgenden Abschnitten erfahren Sie, wie Sie beim Ableiten von Rollen vorgehen, was Sie beachten müssen und warum Sie zunächst neue Organisationsebenen definieren müssen.

Vererbung des Menüs

Bei dieser Form der Ableitung wird das Menü mit seinen Transaktionen von der Referenzrolle vererbt. Die Berechtigungen werden in der abgeleiteten Rolle separat gepflegt. Zum Ableiten des Menüs gehen Sie wie folgt vor:

1. Wählen Sie Transaktion PFCG, die Rollenpflege.
2. Legen Sie eine neue Rolle an.
3. In Abbildung 2.14 sehen Sie auf der Registerkarte BESCHREIBUNG den Abschnitt VERERBUNG DER TRANSAKTIONEN. Solange dieser Rolle keine Transaktionen direkt zugeordnet sind, können Sie im Feld ABLEITEN AUS ROLLE die Referenzrolle auswählen. (Eine Rolle

wird zur Referenzrolle, sobald Rollen von ihr abgeleitet worden sind.)

Abbildung 2.14 Vererbung des Menüs

4. Sichern Sie Ihre Eingaben, und pflegen Sie anschließend die Registerkarte BERECHTIGUNGEN, wie in Abschnitt 2.2, »Rollenpflege«, beschrieben. Menüeinträge können Sie in der abgeleiteten Rolle nicht mehr pflegen.

Mit diesen Einstellungen haben Sie erreicht, dass das Menü der Referenzrolle an die abgeleitete Rolle vererbt wird. Künftige Änderungen am Menü der Referenzrolle werden automatisch in der abgeleiteten Rolle nachgezogen. In der abgeleiteten Rolle können jedoch keine Menüeinträge hinzugefügt oder gelöscht werden.

Vererbung des Menüs und der Berechtigungen

Mit folgenden Schritten übertragen Sie auch die Berechtigungen auf die abgeleitete Rolle (siehe Abbildung 2.15):

1. Wählen Sie für die abgeleitete Rolle auf der Registerkarte BERECHTIGUNGEN den Button BERECHTIGUNGSDATEN ÄNDERN aus.
2. Sie finden nur in abgeleiteten Rollen den Button DATEN ÜBERNEHMEN. Über diesen Button übertragen Sie alle Berechtigungen der Referenzrolle mit Ausnahme der Organisationsebenen auf die abgeleitete Rolle.
3. Pflegen Sie nun in jeder abgeleiteten Rolle die Organisationsebene(n), indem Sie den Button ORGEBENEN... anklicken. Beachten Sie dazu die Ausführungen im folgenden Abschnitt.

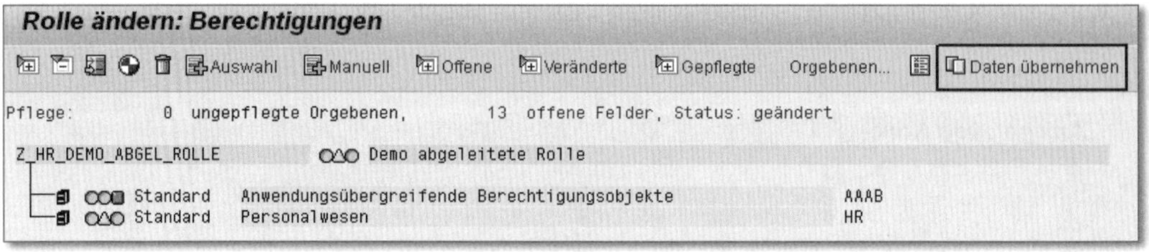

Abbildung 2.15 Berechtigungsdaten in abgeleitete Rolle übernehmen

Alternative

Sie können alternativ zum gerade geschilderten Vorgehen auch ausgehend von der Referenzrolle die Berechtigungen auf mehrere abgeleitete Rollen übertragen:

1. Wählen Sie in der Rollenpflege der Referenzrolle die Registerkarte BERECHTIGUNGEN, und klicken Sie auf den Button BERECHTIGUNGSDATEN ÄNDERN.
2. Sie finden nur in Referenzrollen den Button (Abgeleitete Rollen generieren). Über diesen Button übertragen Sie die Berechtigungen der Referenzrolle mit Ausnahme der Organisationsebenen auf alle abgeleiteten Rollen. Diesen Button müssen Sie auch bei Änderungen an der Referenzrolle nutzen.

[+]

Nicht-Organisationsebenen-Felder in abgeleiteten Rollen ändern

Wenn Sie in abgeleiteten Rollen Nicht-Organisationsebenen-Felder ändern, werden diese beim Übertragen der Berechtigungen von der Referenzrolle (sowohl beim Übernehmen von Daten als auch beim Generieren abgeleiteter Rollen) wieder überschrieben.

Definition von Organisationsebenen

In SAP ERP HCM kennt das Berechtigungskonzept nur die Planvariante als Organisationsebene (siehe Abbildung 2.16). Die Planvariante ist jedoch kein gebräuchliches Feld zur Differenzierung von Verantwortungsbereichen. In anderen Komponenten sind z.B. der Buchungskreis, der Geschäftsbereich oder das Werk als Organisationsebenen definiert. Damit wäre das Konzept der Referenzrolle im HCM-System praktisch nutzlos.

Report PFCG_ORGFIELD_CREATE

Es ist jedoch möglich, mithilfe des Reports PFCG_ORGFIELD_CREATE neue Organsisationsebenenfelder anzulegen. Der Report legt für ein einzelnes zu selektierendes Berechtigungsfeld (z.B. das Berechtigungsfeld PERSA (Personalbereich)) ein Organisationsebenenfeld an.

Theoretisch kann jedes Berechtigungsfeld zum Organisationsebenenfeld definiert werden. Der Report löscht auch im Profilgenerator die Vorschlagswerte zu diesem Feld (siehe Abschnitt 2.5, »Customizing des Profilgenerators«).

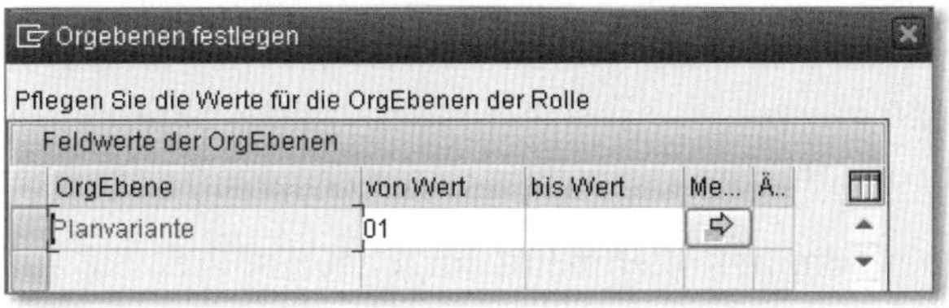

Abbildung 2.16 Die Planvariante ist im Standard die einzige Organisationsebene

Starten Sie zunächst den Report im Testmodus. Sie erhalten anschließend eine ausführliche Liste, aus der Sie ersehen können, wie groß der Anpassungsbedarf wäre. Die Liste enthält alle betroffenen Rollen mit den gepflegten Werten im zu ändernden Berechtigungsobjekt. Wenn die Ampel auf Gelb steht, bedeutet das, dass Sie an einer Rolle manuelle Anpassungen vornehmen müssen. Nach dem Anlegen eines Organisationsebenenfeldes taucht dieses in der Liste der Organisationsebenen mit auf und kann nun in den abgeleiteten Rollen gepflegt werden (siehe Abbildung 2.17).

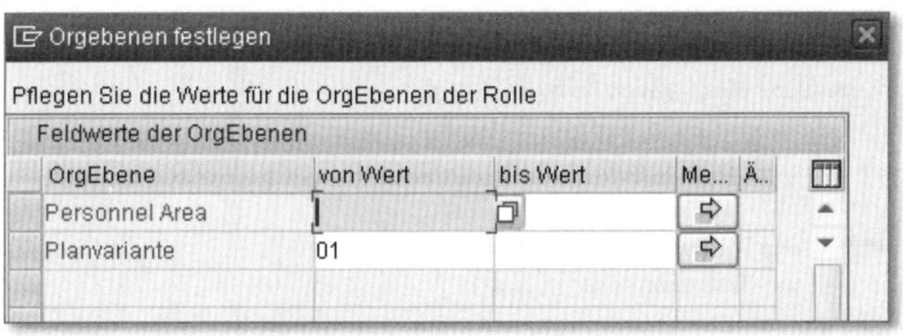

Abbildung 2.17 Definition des Personalbereichs als Organisationsebenen-Feld

Definition von Organisationsebenen [+]

Den Report zum Anlegen von Organisationsebenen-Feldern müssen Sie für alle Mandanten und alle Systeme (Entwicklungssystem, Produktivsystem) separat ausführen. Näheres dazu erfahren Sie in der Programmdokumentation zum Report PFCG_ORGFIELD_CREATE. Zum Löschen eines selbst angelegten Organisationsebenen-Feldes verwenden Sie den Report PFCG_ORGFIELD_DELETE. Nach einem Upgrade starten Sie den Report PFCG_ORGFIELD_UPGRADE, um neu ausgelieferte Berechtigungsdaten mit dem neuen Organisationsebenen-Feld zu versorgen.

2.2.4 Aufbau von Benutzermenüs

Den Aufbau von Benutzermenüs müssen Sie nicht komplett dem System überlassen. Was die Sammelrollen betrifft, können Sie auf der Registerkarte Menü das Menü der Sammelrolle strukturieren. Wenn Sie auf dieser Registerkarte keine Einträge vornehmen und somit kein Sammelrollenmenü aufbauen, werden die Menüs der Einzelrollen im Benutzermenü angezeigt. Andernfalls ersetzt das Sammelrollenmenü die Einzelrollenmenüs.

Haben Sie ein eigenes Sammelrollenmenü aufgebaut, sollten Sie aufmerksam prüfen, wie sich das System verhält, wenn Sie Änderungen an den Einzelrollen vorgenommen haben.

Hier bietet Ihnen das System zwei Möglichkeiten. Nachdem Sie den Button Menü einlesen angeklickt haben (siehe Abbildung 2.18), können Sie wählen, ob Sie das Menü neu einlesen wollen (bei kleineren Änderungen wahrscheinlich eher nicht) oder ob Sie das Menü abmischen möchten. In diesem Fall werden nur die nicht mehr vorhandenen Transaktionen gelöscht und neue Transaktionen in einem Ordner Neu hinzugekommene Menüpunkte gesammelt. Diese Transaktionen können Sie nun entsprechend in Ihre Struktur einsortieren.

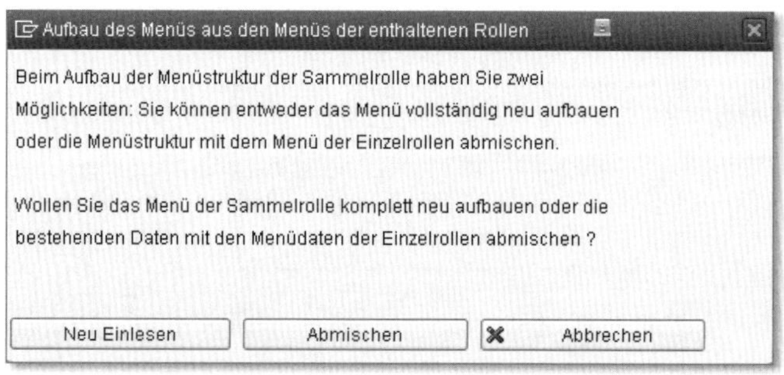

Abbildung 2.18 Wie soll das Menü der Sammelrolle erweitert werden?

Beachten Sie auch die Informationen zum Einlesen von Sammelrollenmenüs und zur Übertragung auf das Benutzermenü, die Sie über den Button (Information) erhalten.

Schalter aus Tabelle SSM_CUST

Mithilfe der folgenden Customizing-Schalter, die in Tabelle SSM_CUST gepflegt werden, lässt sich der Menüaufbau (nicht nur beim Einsatz von Sammelrollen) weiter beeinflussen:

- **Schalter CONDENSE_MENU**
  Dieser Schalter fasst identische Menübereiche zusammen, z.B. werden gleichnamige Ordner zusammengefasst. SAP-Hinweis 357693 gibt Beispiele für die Wirkungsweise dieses Schalters. Wenn Sie die Redundanzvermeidung wünschen, müssen Sie diesen Schalter auf YES setzen.
- **Schalter SORT_USER_MENU**
  Steht dieser Schalter auf YES, werden die Menüeinträge gemäß den Menütexten sortiert. Der Schalter wirkt nur, wenn auch der Schalter CONDENSE_MENU aktiv ist.
- **Schalter DELETE_DOUBLE_TCODES**
  Um doppelte Transaktionen im Benutzermenü zu vermeiden, muss dieser Schalter auf YES gesetzt werden.

Übersicht über die Schalter zum Anzeigen der Einträge [+]

Eine ausführliche Erläuterung der Schalter zum Anzeigen der Einträge im Benutzermenü finden Sie auch im SAP-Hinweis 1246860.

2.3 Berechtigungsobjekte

Keine übergeordnete Systematik

Berechtigungsobjekte stellen das zentrale Element der Berechtigungen dar. Leider gibt es keine übergeordnete Systematik der Berechtigungsobjekte oder der Stellen in den SAP-Transaktionen, wo die Objekte geprüft werden. Je nach Anwendung variieren die zu schützenden Sachverhalte und müssen deshalb auf spezifische Weise geprüft werden.

Umso wichtiger ist es, die Berechtigungsobjekte eines Sachgebiets genau zu kennen. Dieser Aufgabe stellen wir uns nun. Dabei beschränken wir uns an dieser Stelle auf die sieben wichtigsten Objekte von SAP ERP HCM, die wir ausführlich erklären möchten. Die Beschreibung der restlichen Objekte erfolgt im Kontext des jeweiligen HCM-Teilgebiets in Kapitel 5, »Berechtigungsrollen in den HCM-Komponenten«.

Überblick und Dokumentation mit Transaktion SU21

Einen Überblick und die detaillierte Dokumentation zu den Berechtigungsobjekten und ihren Feldern finden Sie in der Transaktion SU21 (Pflege der Berechtigungsobjekte). Abbildung 2.19 zeigt das Resultat der Transaktion: Sie sehen die HCM-Berechtigungsobjekte mit ihrem technischen Namen (Spalte KLASS/OBJEKT) und einem beschreibenden Text.

Klasse/Objekt	Text	Typ
GRPC	SAP GRC Process Control	Objektklasse
GTS	Berechtigungsobjekte für Global Trade Services	Objektklasse
HR	Personalwesen	Objektklasse
P_RCF_ACT	Aktivitäten im E-Recruiting	Berechtigungsobjekt
P_RCF_APPL	Anwendungen im E-Recruiting	Berechtigungsobjekt
S_MWB_FCOD	BC-BMT-OM: Erlaubte Funktionscodes für Managers'...	Berechtigungsobjekt
ZHR_LAZ_ST	Berechtigung Status ändern IT9031	Berechtigungsobjekt
P_LSO_TU	Berechtigung für LSO Contentmanagement	Berechtigungsobjekt
P_PBSPWE	Berechtigung für Process Workbench Engine (PWE)	Berechtigungsobjekt
P_ASRCONT	Berechtigung für Prozessinhalt	Berechtigungsobjekt
ZHR_LAZSTO	Berechtigung für Status Storno setzen im IT9031	Berechtigungsobjekt
Z_IPROPSM	Berechtigung für Vertreterregeln	Berechtigungsobjekt
P_LSO_FOUP	Berechtigungsobjekt für die Nachbereitung einer Tei...	Berechtigungsobjekt
P_HAP_DOC	Beurteilungssysteme: Beurteilung	Berechtigungsobjekt
P_RCF_VIEW	Datenübersicht im E-Recruiting	Berechtigungsobjekt
P_RCF_POOL	Direkter Zugriff auf den Talent Pool	Berechtigungsobjekt
P_EICAU	Employee Interaction Center Activity Authorization	Berechtigungsobjekt
P_AT_BW	HR-AT: Bescheinigungswesen SAPScript	Berechtigungsobjekt
P_B2A	HR-B2A: B2A-Manager	Berechtigungsobjekt

Abbildung 2.19 Überblick über die Berechtigungsobjekte mit Transaktion SU21

Klicken Sie auf eines der Berechtigungsobjekte, und Sie erhalten über den Button DOKUMENTATION ZUM OBJEKT ANZEIGEN die Erläuterung zum Berechtigungsobjekt.

Die sieben wichtigsten Berechtigungsobjekte von SAP ERP HCM stellen wir Ihnen in den folgenden Abschnitten vor.

2.3.1 Transaktionsberechtigungen

Transaktionsberechtigungen sind das einfachste und wirkungsvollste Werkzeug der Berechtigungsprüfung. Wenn Sie einem Benutzer z.B. keine der Transaktionen des Organisationsmanagements erlauben, sind diese Daten für ihn vollständig unzugänglich. Im Folgenden zeigen wir Ihnen, wie die Transaktionsberechtigungen im Zusammenspiel von System- und HCM-Berechtigung funktionieren.

Pflege über Transaktion PFCG

Sie pflegen die Transaktionsberechtigungen in der Regel über die Registerkarte MENÜ in der Rollenpflege (Transaktion PFCG). In Abbildung 2.20 sehen Sie ein Beispiel dazu.

Abbildung 2.20 Pflege der Transaktionsberechtigungen über das Rollenmenü

Jeder Eintrag einer Transaktion an dieser Stelle wird in eine Berechtigung des Systemberechtigungsobjekts S_TCODE (Transaktionscode-Prüfung bei Transaktionsstart) übersetzt. In Abbildung 2.21 sehen Sie die Einträge in S_TCODE für die Transaktionen aus Abbildung 2.20. Sie sehen dort auch, dass die so erzeugten Einträge auf der Registerkarte BERECHTIGUNGEN nicht änderbar sind.

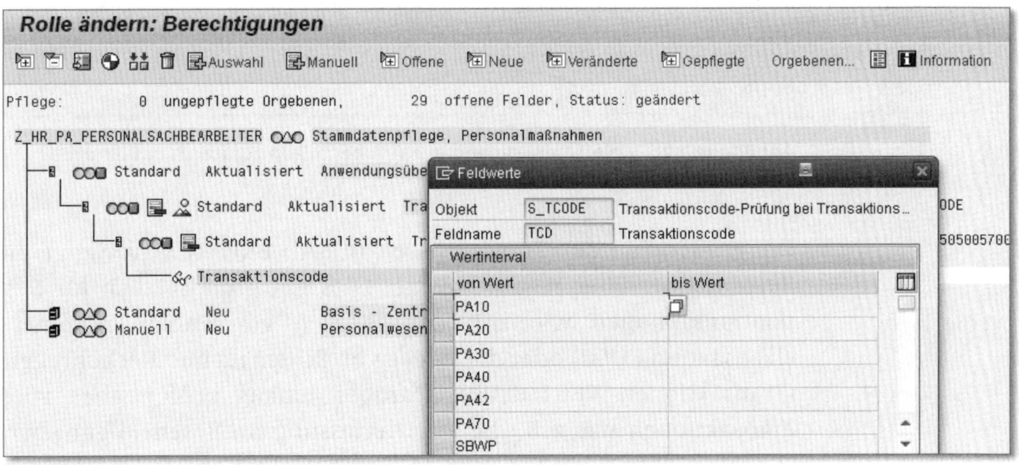

Abbildung 2.21 Einträge im Systemberechtigungsobjekt S_TCODE

Direkte Pflege von Objekt S_TCODE

Um die Bearbeitung jeder einzelnen Transaktion über die Rollenpflege zu vermeiden, kann das Berechtigungsobjekt S_TCODE auch manuell über den Button MANUELL in die Profile übernommen und ohne den Umweg über das Menü gepflegt werden. Hier ist dann auch die Verwendung des Platzhalters »*« möglich, z.B. erlaubt »ZPT*« alle Transaktionen, die mit ZPT beginnen. Dies kann die Pflege der Transaktionsberechtigungen vereinfachen, nimmt Ihnen aber die Vorteile einer übersichtlichen Menüaufteilung für die Rollen.

HCM mit zusätzlicher Transaktionsprüfung über P_TCODE

Über die bisher besprochene Transaktionsberechtigung mit dem Objekt S_TCODE hinaus wird in vielen HCM-Transaktionen beim Transaktionsstart zusätzlich das Objekt P_TCODE (HR: Transaktionscode) geprüft und vom Profilgenerator vorgeschlagen (siehe Abbildung 2.22). Dies mag überflüssig erscheinen, eröffnet aber bei der Pflege der Berechtigungen die Möglichkeit eines Vier-Augen-Prinzips: Das Objekt S_TCODE wird nur von den Verantwortlichen für die Systemberechtigungen gepflegt, das Objekt P_TCODE von den HCM-Berechtigungsverantwortlichen.

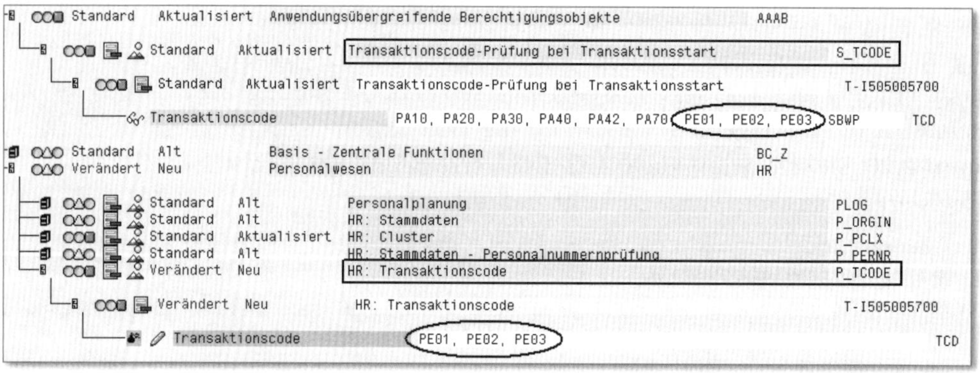

Abbildung 2.22 Viele Transaktionen in HCM benötigen zusätzlich das Berechtigungsobjekt P_TCODE

Ein großer Teil der Transaktionen in SAP ERP HCM verlangt die Berechtigung über beide Objekte. Dies gilt grundsätzlich für Systemtransaktionen wie z.B. das Löschen von Personalnummern (Transaktion PU00) oder die Pflege von Schemata und Rechenregeln (Transaktionen PE01/PE02). Darüber hinaus prüfen aber auch Transaktionen wie z.B. die Einzelerfassung im Bescheinigungswesen (Transaktion PM11) oder die Personaleinsatzplanung (Transaktion PP61) das Vorhandensein der HCM-Transaktionsberechtigung. Somit ist es in der Praxis meist einfacher, das HCM-Transaktionsobjekt grundsätzlich aufzunehmen, anstatt in jedem Einzelfall zu prüfen, ob es wirklich erforderlich ist.

Das Berechtigungsobjekt P_TCODE enthält – wie auch das Objekt S_TCODE – nur ein einziges Feld, nämlich den Transaktionscode. Auch hier kann der Platzhalter »*« verwendet werden.

[+]

Übersicht über alle Transaktionen

Eine Liste aller Transaktionen, die die HCM-Transaktionsberechtigung prüfen, erhalten Sie folgendermaßen: Rufen Sie aus der Transaktionspflege (Transaktion SE93) über Hilfsmittel • Suchen das Repository-Informationssystem auf. Geben Sie unter Transaktion »P*« ein und unter Berechtigungsobjekt »P_TCODE«.

2.3.2 Infotypberechtigungen in der Personaladministration

Objekt P_ORGIN

Das wohl bekannteste Berechtigungsobjekt in SAP ERP HCM ist das Objekt P_ORGIN (HR: Stammdaten). Dieses Objekt prüft die Berechtigung bei allen Zugriffen auf Infotypen der Administration und der Zeitwirtschaft, also technisch beim Zugriff auf die Tabellen mit Präfix PA. In Abbildung 2.23 sehen Sie die Felder des Berechtigungsobjekts P_ORGIN.

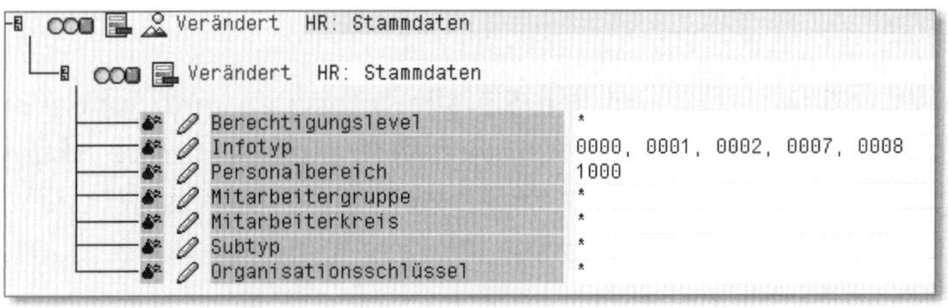

Abbildung 2.23 Beispiel für Berechtigungsobjekt P_ORGIN

Feld »Berechtigungslevel«

Das Feld Berechtigungslevel kann die folgenden Ausprägungen haben:

- M (Lesen bei Eingabehilfen)
- R (Lesen)
- S (gesperrtes Schreiben und Entsperren, sofern der letzte Änderer des Satzes nicht der aktuelle Benutzer ist)
- E (gesperrtes Schreiben)
- D (Ändern des Sperrkennzeichens)
- W (Schreiben)

Sie können die zugelassenen Aktionen einzeln in das Feld eintragen oder, wie in Abbildung 2.22, per »*« alle möglichen Aktionen berechtigen.

[zB]

Vier-Augen-Prinzip

Mithilfe der Optionen des Feldes Berechtigungslevel können Sie z. B. folgendes Vier-Augen-Prinzip bei der Pflege beliebiger Infotypen implementieren:

- Benutzer A hat Berechtigungslevel E. Infotypsätze, die er angelegt hat, müssen von einem anderen Benutzer entsperrt werden.
- Benutzer B hat Berechtigungslevel S. Auch er kann nur gesperrte Sätze schreiben, kann aber gesperrte Sätze entsperren, sofern sie nicht von ihm selbst angelegt wurden.

Beachten Sie, dass in der Zeitauswertung und Abrechnung nur entsperrte Sätze berücksichtigt werden.

Näheres zum Vier-Augen-Prinzip finden Sie in der Rollenpflege (Transaktion PFCG) auf der Registerkarte Berechtigungen • Button Berechtigungsdaten ändern • Berechtigungsobjekt aufklappen. Wenn Sie dort mit dem Cursor auf dem Feld Berechtigungslevel die [F1]-Taste drücken, erhalten Sie die Felddokumentation. Dort klicken Sie auf den markierten Link Vier-Augen-Prinzip.

Felder »Infotyp« und »Subtyp«

Unter Infotyp und Subtyp tragen Sie alle Infotypen und Subtypen der Personaladministration und Zeitwirtschaft ein, für die die Aktionen gemäß Berechtigungslevel zugelassen sind. Im Beispiel (siehe Abbildung 2.23) sind alle Aktionen für die Infotypen 0000, 0001, 0002, 0007 und 0008 mit allen Subtypen zugelassen.

[!]

Feld »Subtyp«

Wenn Sie im Feld Subtyp Einschränkungen vornehmen, also nicht »*« verwenden, müssen Sie darauf achten, den Eintrag » « (Leerzeichen) mit zu berechtigen. Sonst kann es passieren, dass bei Infotypen ohne Subtyp keine Berechtigung vorhanden ist.

Übrige Felder aus Infotyp 0001

Die Felder Personalbereich, Mitarbeitergruppe, Mitarbeiterkreis und Organisationsschlüssel beziehen sich auf den Infotyp 0001 (Organisatorische Zuordnung) der Personalnummer, auf die der Zugriff erfolgt. In Abbildung 2.23 sind für die aufgeführten Infotypen alle Personen des Personalbereichs 1000 ohne weitere Einschränkungen zugänglich.

Erweiterung des Beispiels

Was wäre nun zu tun, wenn der Mitarbeiter abweichend vom gezeigten Beispiel auf den Infotyp 0008 (Basisbezüge) nur lesend und nur auf außertariflich bezahlte Mitarbeiter zugreifen dürfte? Hierfür muss die Berechtigung aufgeteilt werden in zwei Berechtigungen desselben Objekts. Dies ist in Abbildung 2.24 dargestellt.

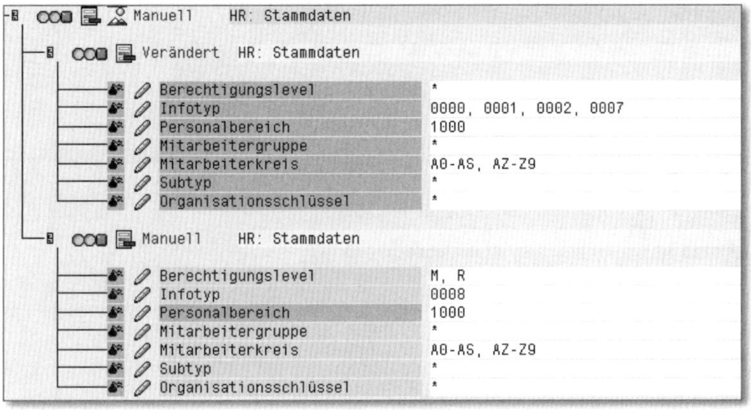

Abbildung 2.24 Besondere Berechtigung für Infotyp 0008

Der Infotyp 0008 wurde aus der ersten Berechtigung entfernt. Eine zweite Berechtigung wurde mit einem rein lesenden Berechtigungslevel und zusätzlich einer Einschränkung der zugelassenen Mitarbeiterkreise aufgebaut.

Zusätzliche Erweiterung des Beispiels

Nun möge den Mitarbeitern, für die diese Berechtigungen gelten, außerdem noch der lesende Zugriff auf einen anderen Personalbereich gestattet sein. Abbildung 2.25 zeigt, dass hierfür eine dritte Ausprägung des Objekts P_ORGIN angelegt werden muss.

[+]

Eintrag » « (Leerzeichen) in ein- oder mehrstelligem Feld

Angenommen, es besteht die Anforderung, dass Mitarbeiter in der Personaladministration nur Zugriff auf bestimmte Mitarbeitergruppen oder -kreise haben sollen. Wenn diese Mitarbeiter auch Einstellungsmaßnahmen durchführen sollen, verlangt das Berechtigungsobjekt P_ORGIN für die Infotypen 0000 und 0001 den Wert » « (Leerzeichen) in den Feldern MITARBEITERGRUPPE, MITARBEITERKREIS sowie PERSONALBEREICH und PERSONALTEILBEREICH.

In mehrstelligen Feldern kann ein » « (Leerzeichen) mit »` `« (Hochkomma, Leerzeichen, Hochkomma) eingegeben werden. Im einstelligen Feld MITARBEITERGRUPPE oder im zweistelligen Feld MITARBEITERKREIS wird ein einfaches Hochkomma vom SAP-System als Leerzeichen interpretiert.

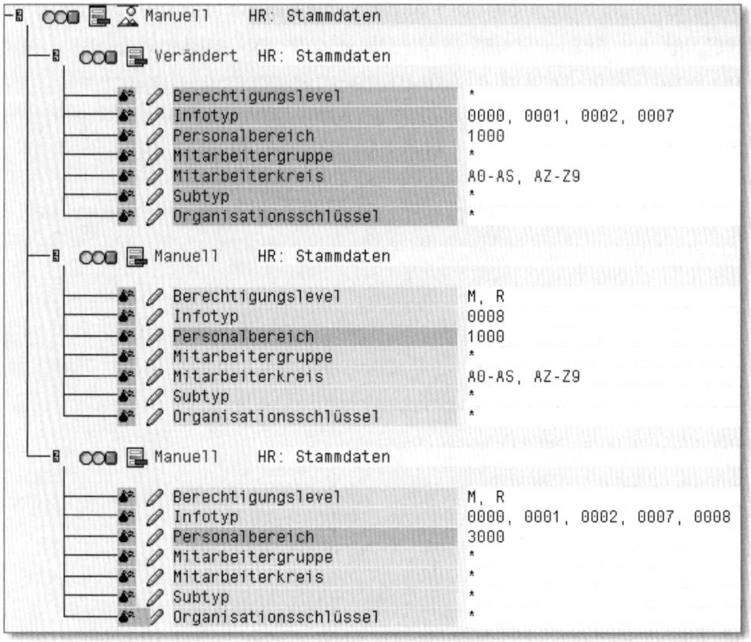

Abbildung 2.25 Leseberechtigung für Personalbereich 3000

ODER-Verknüpfung zwischen den Berechtigungen

Versucht ein Benutzer mit den Berechtigungen aus obigem Beispiel einen Zugriff (z. B. das Anlegen eines Satzes in Infotyp 0007 für Personalbereich 1000, Mitarbeiterkreis AS), sucht das System eine Berechtigung, die dies erlaubt. Der Zugriff muss in mindestens einer der Ausprägungen des Objekts P_ORGIN zugelassen sein. Da die erste Berechtigung alle Pflegeaktionen auf Infotyp 0007 im Personalbereich 1000 zulässt, wird der Zugriff gewährt.

[+]

Übersichtlichkeit bei mehreren Berechtigungen

Es kann vorkommen, dass Berechtigungen sich überschneiden, sodass mehrere Berechtigungen einen Zugriff erlauben. Dies beeinträchtigt das Systemverhalten zwar nicht, kann aber zu Unübersichtlichkeit führen und dadurch die Pflege der Berechtigungen erschweren. In der Regel empfiehlt es sich also, innerhalb einer Rolle eine Berechtigung nur einmal zu vergeben.

Ein weiteres Problem bei der Strukturierung der Berechtigungen des Objekts stellt das Feld SUBTYP dar. Prinzipiell ist es möglich, innerhalb einer Berechtigung Infotypen mit und ohne Subtyp zusammenzufassen, wie dies im Beispiel aus Abbildung 2.26 zu sehen ist.

Dabei müssen Sie allerdings immer einen Subtyp » « (Leerzeichen) eintragen, damit Infotypen ohne Subtyp auch berechtigt werden. Übersichtlicher mag es für Sie sein, Berechtigungen für Infotypen mit Subtyp von Berechtigungen für Infotypen ohne Subtyp zu trennen (schauen Sie sich den gleichen Sachverhalt in Abbildung 2.27 an). Für die Berechtigungsprüfung spielt es keine Rolle, welche Form Sie wählen.

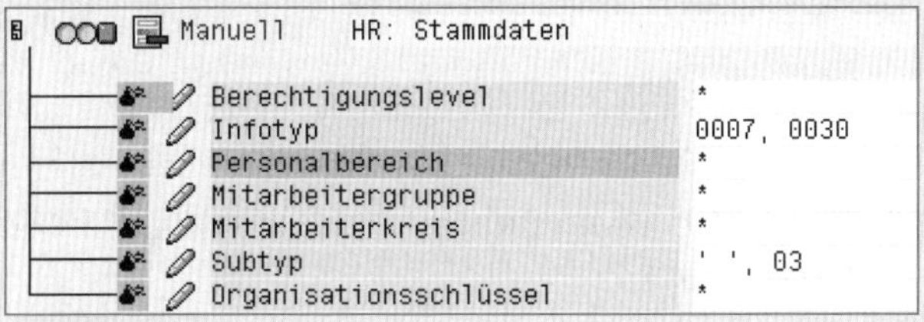

Abbildung 2.26 Arbeit mit Subtypen: Variante 1

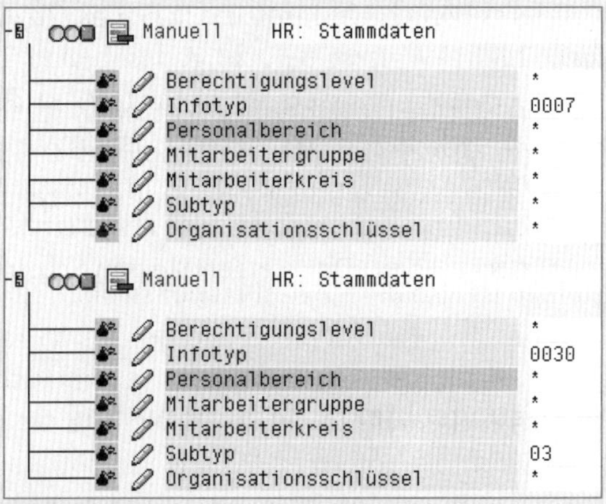

Abbildung 2.27 Arbeit mit Subtypen: Variante 2

Diese Überlegungen gelten im Übrigen auch für andere Berechtigungsobjekte mit Subtypen (wobei Sie beim Objekt PLOG – siehe Abschnitt 2.3.5 – auf den Eintrag » « (Leerzeichen) verzichten können).

»Geheimwaffe« Organisationsschlüssel

Der besondere Charme des Feldes Organisationsschlüssel aus Infotyp 0001 ist, dass Sie damit sämtliche Felder des Infotyps 0001 für die Berechtigungen nutzen können. Per Customizing können Sie den 14-stelligen Organisationsschlüssel beliebig füllen, z.B. mit dem Personalteilbereich oder der Kostenstelle oder einer Kombination von Feldern. Der IMG-Pfad hierfür lautet Personalmanagement •

PERSONALADMINISTRATION • ORGANISATORISCHE DATEN • ORGANISATORISCHE ZUORDNUNG • ORGANISATIONSSCHLÜSSEL AUFBAUEN. In den Berechtigungen des Objekts P_ORGIN könnten Sie dann im Feld ORGANISATIONSSCHLÜSSEL z.B. die Kostenstellen 20000 bis 29999 zulassen.

[+]

Kostenstelle in einer Berechtigung verwenden

Das Feld ORGANISATIONSSCHLÜSSEL ist die einzige Möglichkeit im Standard, die Kostenstelle innerhalb der Berechtigungen zu verwenden. Die strukturelle Berechtigung (siehe Kapitel 3, »Strukturelle Berechtigungsprüfung«) verarbeitet die Kostenstelle nämlich nicht.

Eine weitere Möglichkeit wäre die Aufnahme der Kostenstelle des Infotyps 0001 in das Berechtigungsobjekt P_NNNNN (siehe Abschnitt 2.8.1, »Berechtigungsobjekt P_NNNNN«).

Aktivierung/ Deaktivierung

Das Berechtigungsobjekt P_ORGIN wird von SAP als aktiv ausgeliefert. Um dies durch ein anderes Berechtigungsobjekt (z.B. das Objekt P_ORGXX, siehe Abschnitt 2.3.3, »Weitere Berechtigungsobjekte für Stamm- und Zeitdaten«) zu ersetzen, müssen Sie es im IMG in der Pflege der Berechtigungshauptschalter deaktivieren: PERSONALMANAGEMENT • PERSONALADMINISTRATION • WERKZEUGE • BERECHTIGUNGSVERWALTUNG • BERECHTIGUNGSHAUPTSCHALTER BEARBEITEN • BERECHTIGUNGSHAUPTSCHALTER PFLEGEN. Dort setzen Sie den Schalter AUTSW ORGIN von »1« auf »0«.

2.3.3 Weitere Berechtigungsobjekte für Stamm- und Zeitdaten

Ergänzend oder alternativ zum Berechtigungsobjekt P_ORGIN existieren weitere Berechtigungsobjekte, die zum Zugriff auf die Infotypen berechtigen.

HR: Stammdaten – erweiterte Prüfung (Berechtigungsobjekt P_ORGXX)

Sachbearbeiterfelder Infotyp 0001

Das Objekt P_ORGXX kann alternativ oder ergänzend zum Berechtigungsobjekt P_ORGIN (HR: Stammdaten) eingesetzt werden. Es weitet die für Berechtigungen nutzbaren Felder des Infotyps 0001 (Organisatorische Zuordnung) auf die Sachbearbeiterfelder (siehe Abbildung 2.28) aus.

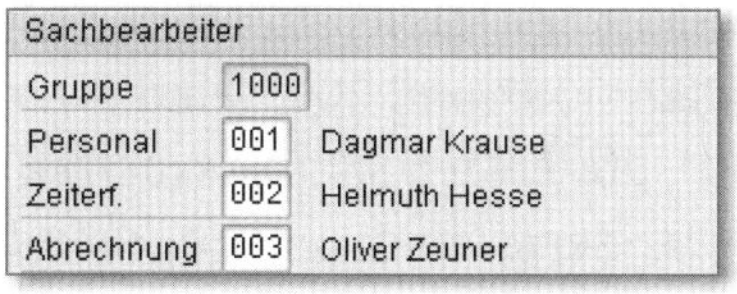

Abbildung 2.28 Sachbearbeiterfelder aus Infotyp 0001

Das Objekt P_ORGXX ist für die dezentrale Datenpflege in Zeitwirtschaft und Administration gut zu nutzen. Es stellt manchmal eine Alternative zu den strukturellen Berechtigungen (siehe Kapitel 3, »Strukturelle Berechtigungsprüfung«) dar, ist aber weniger flexibel, da organisatorische Änderungen sich nur dann auf die Berechtigungen auswirken, wenn zusätzlich die entsprechenden Felder des Infotyps 0001 gepflegt werden.

Felder des Objekts P_ORGXX

Das Objekt P_ORGXX muss im Customizing aktiviert werden, indem Sie bei den Berechtigungshauptschaltern der Tabelle T77S0 unter dem Eintrag AUTSW ORGXX (HR: Stammdaten – erweiterte Prüfung) eine »1« eintragen. Folgende Felder werden geprüft:

- **Infotyp/Subtyp**
  Die Prüfung läuft analog zum Berechtigungsobjekt P_ORGIN (HR: Stammdaten) ab (siehe Abschnitt 2.3.2, »Infotypberechtigungen in der Personaladministration«).
- **Berechtigungslevel**
  Die Prüfung läuft analog zum Berechtigungsobjekt P_ORGIN ab.
- **Sachbearbeiter für Abrechnung/Personalstammdaten/Zeiterfassung, Sachbearbeitergruppe**
  Die Prüfung bezieht sich auf den Infotyp 0001 (Organisatorische Zuordnung).

Zusammenspiel der Berechtigungsobjekte P_ORGIN und P_ORGXX [+]

Wenn Sie sowohl das Berechtigungsobjekt P_ORGIN als auch das Objekt P_ORGXX aktiviert haben, müssen Sie beachten, dass die Berechtigungsprüfung hier als UND-Verknüpfung erfolgt: Die Berechtigung muss sowohl in dem einen als auch in dem anderen Objekt erteilt werden. Das führt zu (unnötig) aufgeblähten Rollen und lässt sich durch den Einsatz des kundeneigenen Berechtigungsobjekts P_NNNNN vermeiden (siehe Abschnitt 2.8.1, »Berechtigungsobjekt P_NNNNN«).

Wie aus Abbildung 2.29 hervorgeht, erhält der Mitarbeiter Berechtigung für die Infotypen 0000, 0001, 0002, 0007 und 2001, und zwar nur für Personen, die im Infotyp 0001 die Felder SACHBEARBEITERGRUPPE und SACHBEARBEITER für ZEITERFASSUNG entsprechend gepflegt haben.

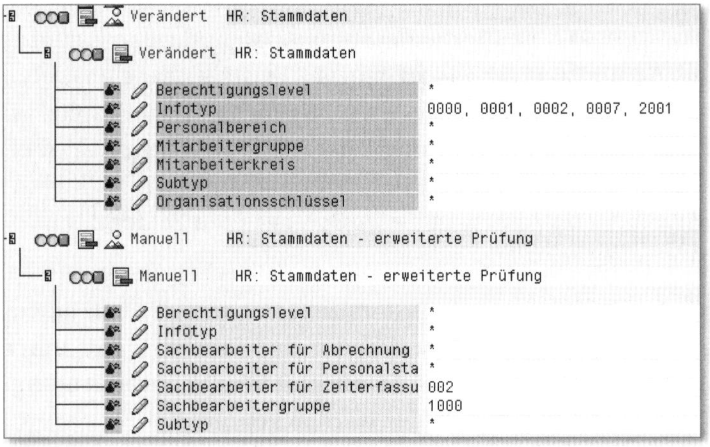

Abbildung 2.29 Zusammenspiel der Objekte von P_ORGIN und P_ORGXX

HR: Stammdaten – Personalnummernprüfung (Berechtigungsobjekt P_PERNR)

Berechtigung für Infotypen der Administration und Zeitwirtschaft

Das Objekt P_PERNR erlaubt eine zusätzliche Berechtigung für Infotypen der Administration und Zeitwirtschaft, und zwar ausgehend von der eigenen Personalnummer des Benutzers. Es wird zum einen in Employee-Self-Service-Szenarien verwendet und zum anderen dort, wo Personalsachbearbeiter für die eigenen Daten geringere Rechte erhalten sollen als die, die sie üblicherweise haben (z.B. nicht das eigene Gehalt ändern zu dürfen).

Neben den nun schon bekannten Feldern BERECHTIGUNGSLEVEL und INFOTYP/SUBTYP enthält das Berechtigungsobjekt lediglich das Feld INTERPRETATION EINER ZUGEORDNETEN PERSONALNUMMER mit folgenden möglichen Inhalten:

- E (ausgeschlossene Berechtigungen für die zugeordnete Personalnummer)
- I (zusätzliche Berechtigungen für die zugeordnete Personalnummer)

Wenn Sie sowohl die Ausprägung I als auch die Ausprägung E eingeben, wird stets die Ausprägung E bevorzugt. Die Ausprägung »*« wird in diesem Zusammenhang nicht unterstützt.

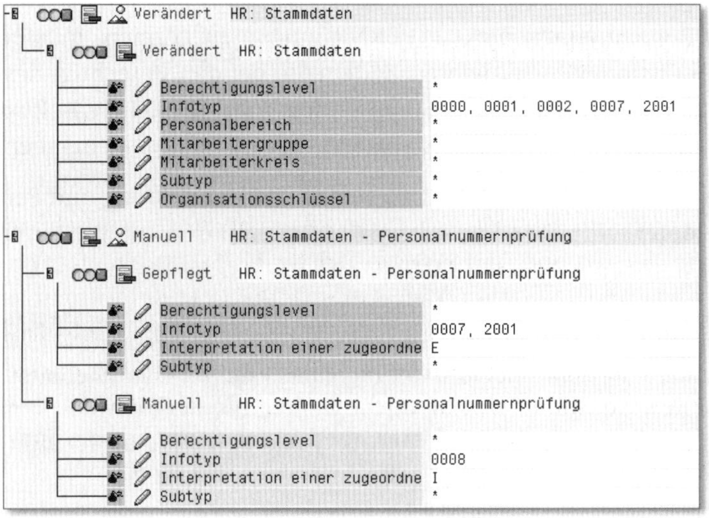

Abbildung 2.30 Wirkungsweise von P_PERNR

Abbildung 2.30 zeigt die beiden unterschiedlichen Wirkungsweisen des Objekts HR: STAMMDATEN • PERSONALNUMMERNPRÜFUNG.

- **Ausschluss der eigenen Personalnummer (E)**
  Parameter E sorgt dafür, dass die zuvor im Objekt P_ORGIN erteilten Infotypberechtigungen für die eigene Personalnummer (und nur für diese) wieder zurückgenommen werden. Konsequenz im Beispiel: Nur die Infotypen 0000, 0001 und 0002 können uneingeschränkt bearbeitet werden, die Infotypen 0007 und 2001 können für alle Personalnummern mit Ausnahme der eigenen bearbeitet werden.
- **Zusätzliche Rechte für die eigene Personalnummer (I)**
  Parameter I sorgt dafür, dass zusätzlich zu den in anderen Berechtigungsobjekten erteilten Rechten weitere Zugriffe ausschließlich für die eigene Personalnummer erteilt werden. Das Beispiel in Abbildung 2.30 erlaubt über die in dem Objekt P_ORGIN zugelassenen Infotypen hinaus die uneingeschränkte Pflege des Infotyps 0008 (Basisbezüge) für die eigene Personalnummer – ein nicht ganz ernst gemeintes Beispiel.

Wie bei den oben besprochenen Berechtigungsobjekten P_ORGIN und P_ORGXX können auch im Objekt P_PERNR mehrere Berechtigungen vergeben werden und damit Lese- und Schreibrechte je Infotyp und Subtyp ganz differenziert inkludiert oder exkludiert werden.

Um das Berechtigungsobjekt P_PERNR nutzen zu können, müssen Sie es im Customizing aktivieren, indem Sie bei den Berechtigungshauptschaltern der Tabelle T77S0 unter dem Eintrag AUTSW PERNR (HR: STAMMDATEN • PERSONALNUMMERNPRÜFUNG) eine »1« eingeben.

Verbindung Benutzer – Personalnummer

Die Verbindung zwischen Benutzer gemäß SAP-Anmeldung und Personalnummer wird über den Infotyp 0105 (Kommunikation), Subtyp 0001 (Systembenutzername SAP), ermittelt.

[+]

Customizing zum Infotyp 0105 (Kommunikation)

Das Customizing zum Infotyp 0105 (Kommunikation) finden Sie unter PERSONALMANAGEMENT • PERSONALADMINISTRATION • KOMMUNIKATION. Bei Problemen können Sie dort nachlesen, wie die Kennzeichnung des Subtyps 0001 als Systembenutzername SAP beschaffen sein muss.

2.3.4 HR: Cluster – Cluster-Berechtigungsobjekt (Berechtigungsobjekt P_PCLX)

Cluster sind in SAP ERP HCM weit verbreitet. Sie sind eine Form der Datenspeicherung, die häufig komplex und schwer zu verstehen ist. In den »klassischen« HCM-Komponenten geht nichts ohne die Cluster; an prominenter Stelle ist hier die Speicherung der Ergebnisse von Abrechnung und Zeitwirtschaft zu nennen. Neuere Komponenten des HCM-Systems verzichten zunehmend auf die Speicherung in Clustern zugunsten von transparenten Tabellen.

Felder des Berechtigungsobjekts P_PCLX

Das Berechtigungsobjekt P_PCLX prüft immer dort, wo Cluster gelesen oder geschrieben werden. Es kann weder aktiviert noch deaktiviert werden. Zwei Felder werden geprüft:

- **Bereichskennung für Cluster in den Tabellen PCLX**
  Hier werden die zweistelligen Cluster-Kürzel bzw. »*« eingetragen.
- **Berechtigungslevel**
  Hier werden folgende Berechtigungslevel geprüft:
  - R (Lesen)
  - U (Ändern auf der Datenbank)

- S (Export in den Puffer ohne Datenbankänderung für Simulationen)

Auf die Namen der wichtigsten Cluster je Anwendungsgebiet gehen wir im Detail in Kapitel 5, »Berechtigungsrollen in den HCM-Komponenten«, ein. Eine vollständige Liste aller Cluster liefert die Wertehilfe des Feldes BEREICHSKENNUNG für CLUSTER ... in der Berechtigungspflege.

Häufig verwendete Cluster

Drei häufig verwendete Cluster bzw. Cluster-Gruppen stellen wir Ihnen an dieser Stelle vor:

- **Cluster PC: Persönlicher Kalender**
  Cluster PC enthält die einstelligen Kürzel für An- und Abwesenheiten, die im Monatskalender der Zeitwirtschaft und in zahlreichen Auswertungen gezeigt werden. Ohne die Schreibberechtigung auf dieses Cluster können die Infotypen 2001 und 2002 (Ab-/Anwesenheiten) nicht gepflegt werden.
- **Cluster TX: Infotyptexte**
  Die Freitexte, die Sie zu jedem einzelnen Infotypsatz anlegen und pflegen können, werden nicht in den Infotypen selbst, sondern im Cluster TX (TY für Bewerber-Infotypen) abgelegt. Wer diese Texte lesen bzw. pflegen will, braucht entsprechende Rechte für das Cluster TX bzw. TY.
- **Cluster LA/SA: Änderungsbelege**
  Wenn Sie die Protokollierung von Infotypänderungen in den Stammdaten aktiviert haben, dann wird jede Änderung der hierfür ausgewählten Infotypen in das Cluster LA für Langzeitbelege oder SA für Kurzzeitbelege geschrieben (bei Bewerberstammdaten in die Cluster LB bzw. SB). Der Benutzer, der die Datenänderungen durchführt, benötigt keine Rechte für diese Cluster, wohl aber derjenige, der die Änderungsbelege auswertet.

Vereinfachung bei der Vergabe von Cluster-Berechtigungen [+]

Jeder HCM-Benutzer, der mit Clustern umgeht – und das ist so gut wie jeder – muss eine Berechtigung im Objekt P_PCLX haben. Eine aus technischer Sicht gut mögliche Option zur Vereinfachung der Berechtigungspflege wäre, in beiden Feldern dieses Objekts »*« einzutragen und diese Berechtigung jedem Benutzer zu erteilen.

Die Cluster werden in der Regel in Verbindung mit Infotypen gelesen. Wenn also der Infotypzugriff über andere Berechtigungsobjekte geschützt ist, müsste man ihn nicht im Objekt P_PCLX wiederholen. Das Schreiben der Cluster erfolgt im Standard in besonderen Reports (z.B. der Zeitauswertung), deren Ausführung man oft nur ausgewählten Benutzern gestattet.

Wenn Sie diese Option verwenden, stellen Sie sicher, dass insbesondere im Reporting der Schutz über Infotypen lückenlos ist. Manche Reports, die Cluster lesen, enthalten keine Berechtigungsprüfung auf Infotypen. Reports ohne Infotypenberechtigung dürften den Anwendern dann nicht zur Verfügung gestellt werden. Siehe hierzu auch Abschnitt 5.17.2, »SAP-Reports ohne logische Datenbank«.

Außerdem empfiehlt es sich, für das Berechtigungsobjekt P_PCLX die Vorschlagswerte des Profilgenerators zu deaktivieren (siehe Abschnitt 2.5).

2.3.5 Personalplanung (Berechtigungsobjekt PLOG)

Wo wird das Objekt PLOG benötigt?

Der Name *Personalplanung* täuscht für dieses Berechtigungsobjekt, da es nicht nur dort, sondern in einer ganzen Anzahl von Teilkomponenten des HCM-Systems eine Rolle spielt. Technisch geht es hier um die Datenbanktabellen, die mit HRP beginnen. Inhaltlich sind die folgenden HCM-Komponenten betroffen:

- Organisationsmanagement
- Personalentwicklung, also überall dort, wo Qualifikationen und Entwicklungspläne eine Rolle spielen
- Talent Management
- Veranstaltungsmanagement, inklusive der Komponente Learning Solution
- Performance Management
- Personaleinsatzplanung
- E-Recruiting
- Unternehmensvergütungsmanagement
- Stellenwirtschaft/Budgetplanung und -bewirtschaftung öffentlicher Dienst
- Management globaler Mitarbeiter

Details zu den einzelnen HCM-Komponenten finden Sie in Kapitel 5, »Berechtigungsrollen in den HCM-Komponenten«.

Felder des Objekts PLOG

Die Felder des Objekts PLOG ähneln denen des Objekts P_ORGIN aus der Personaladministration. Auch hier geht es um Infotypen und Subtypen. Insgesamt werden folgende Felder geprüft:

- **Planvariante**
  Das ist der zentrale Schlüsselbestandteil aller Datensätze der Tabellen HRP*, in der Regel steht hier »01« oder »*«.
- **Objekttyp**
  Im Unterschied zur Personaladministration (Objekttyp P) wird der Objekttyp in diesem Berechtigungsobjekt explizit geprüft. Damit ist es z.B. möglich, Organisationseinheiten (Objekttyp O) nur zu lesen und Planstellen (Objekttyp S) zu schreiben. Sogenannte *externe Objekttypen* (z.B. die Kostenstelle) werden hier nicht geprüft. Einzige Ausnahme: P (Person) wird geprüft, wenn die strukturelle Berechtigung für Personen aktiviert ist (siehe Kapitel 3, »Strukturelle Berechtigungsprüfung«).
- **Infotyp/Subtyp**
  Hier handelt es sich um zugelassene Infotypen/Subtypen, passend zum Objekttyp. Das Feld SUBTYP ist für die Verknüpfungen (Subtypen des Infotyps 1001) von zentraler Bedeutung, wobei hier auch die Richtung (A oder B) der Verknüpfung zu beachten ist.
- **Planungsstatus**
  Planungsstatus sind die zugelassenen Status. Wenn Sie, wie die meisten, hier nicht differenzieren, ist der Eintrag »*« das Mittel der Wahl.
- **Funktionscode**
  Hier stehen für die Bearbeitung zugelassene Funktionscodes. Dieses Feld entspricht dem Feld BERECHTIGUNGSLEVEL im Objekt P_ORGIN, differenziert aber wesentlich feiner, da jeder Funktionscode hier explizit zugelassen werden muss.

Abbildung 2.31 zeigt die besondere Bedeutung der Subtypen von Infotyp 1001 im Berechtigungsobjekt PLOG. Abgebildet ist die Berechtigung, Planstellen (S) mit allen Infotypen vollständig zu pflegen und Organisationseinheiten lediglich anzuzeigen. Da aber die Pflege einer Planstelle (S) auch die Verknüpfung mit einer Organisationseinheit beinhaltet, muss der Subtyp B003 des Infotyps 1001 beim Objekttyp O (Organisationseinheit) zur Pflege erlaubt werden.

Wie auch bei allen anderen Berechtigungsobjekten gilt hier: Die Berechtigung für eine bestimmte Aktion muss nur in einer Berechtigung des jeweiligen Objekts hinterlegt sein und nicht in allen.

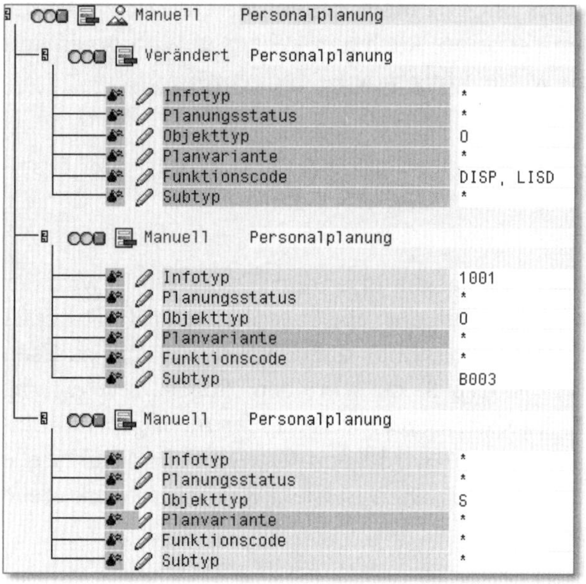

Abbildung 2.31 Subtyp des Infotyps 1001 in PLOG

[+]

Was Sie im Feld »Funktionscode« für das Anzeigen und Löschen beachten müssen

In vielen Pflegetransaktionen des Organisationsmanagements ist der Aufruf von Überblicksbildern mit eigenen Funktionscodes belegt. Somit ist z.B. eine Anzeigeberechtigung in der Regel nur mit den Funktionscodes DISP (für die Einzelanzeige) und LISD (für das Überblicksbild) sinnvoll.

In einigen dieser Transaktionen wird außerdem beim Löschen zwischen dem Löschen eines einzelnen Infotyps (Funktionscode DEL) und dem Löschen des gesamten Objekts (DELO) unterschieden.

[!]

Lücke im System bei Subtypen mit dem Schlüssel » « (Leerzeichen)

Im Berechtigungsobjekt PLOG kommt es bei der Prüfung auf einen Subtyp zum Problem, wenn einer der Subtypen ein » « (Leerzeichen) als Schlüssel hat. Dies ist z.B. bei Infotyp 1028 (Adresse) der Fall. Subtyp Erstadresse hat ein Leerzeichen als Schlüssel, der Subtyp Zweitadresse hat den Schlüssel 0002.

Die Anforderung ist folgende: Ein Mitarbeiter darf ausschließlich die Zweitadresse (oder einen kundeneigenen Subtyp des Infotyps 1028) pflegen. Diese Anforderung lässt sich jedoch im Standard nicht realisieren. Denn trotz der Beschränkung auf den Subtyp 0002, wie in Abbildung 2.32 dargestellt, wird die Pflege des Subtyps Erstadresse aufgrund des Leerzeichen-Schlüssels zugelassen.

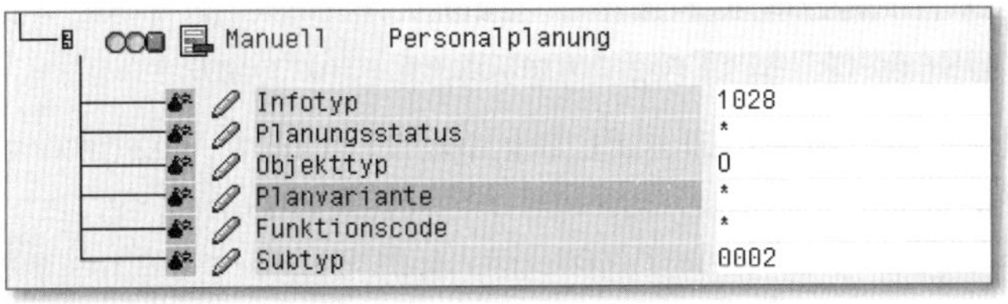

Abbildung 2.32 Pflege des Subtyps »Erstadresse« mit Schlüssel »Leerzeichen« ist trotzdem möglich

Objekt PLOG nur zusammen mit struktureller Berechtigung

Beim Berechtigungsobjekt PLOG lässt sich leicht erkennen, dass die hier hinterlegbaren Berechtigungen eher formaler Natur sind. Denn sie beschreiben nicht, welchen Teil der Organisationsstruktur oder des Veranstaltungskatalogs ein Benutzer bearbeiten darf. Deshalb ist dieses Berechtigungsobjekt nicht komplett ohne die strukturelle Berechtigungsprüfung, die wir in Kapitel 3, »Strukturelle Berechtigungsprüfung«, behandeln.

Lediglich beim Objekttyp P gibt es hier eine Wahl, die in Abschnitt 3.5, »Nutzung in der Personaladministration«, beschrieben ist.

2.4 Erforderliche Systemberechtigungen

In diesem Abschnitt gehen wir auf die für HCM wichtigsten Berechtigungsobjekte der Basis ein. Dabei klammern wir alle Komponenten aus, die zur normalen Grundausstattung jedes Benutzers gehören, wie z.B. die Nutzung von SAPoffice.

Zunächst stellen wir Ihnen Berechtigungsobjekte vor, die für das Reporting und für Query-Auswertungen benötigt werden. Die im Folgenden beschriebenen Berechtigungsobjekte werden vornehmlich an Komponentenbetreuer (verantwortlich für das Customizing des HCM-Systems) und Systemadministratoren (verantwortlich für die Systembasis) vergeben.

2.4.1 Prüfung beim Aufrufen von Reports (Berechtigungsobjekt S_PROGRAM)

In der Regel sollten Sie den Aufruf von Reports durch Transaktionen schützen, wie es in Abschnitt 2.3.1, »Transaktionsberechtigungen«, beschrieben wurde. Wenn Sie – vielleicht auch nur für einzelne Benutzergruppen – den Aufruf von Reports über die Transaktion

SA38 (System • Dienste • Reporting) zulassen, benötigen Sie das Objekt S_PROGRAM (ABAP: Programmablaufprüfungen).

Felder des Objekts S_PROGRAM

In diesem Objekt erlauben Sie die Benutzeraktionen Ausführen, Einplanen für Hintergrundverarbeitung und Variantenpflege. Die erlaubten Benutzeraktionen beziehen sich darüber hinaus auf bestimmte Berechtigungsgruppen, das zweite Feld dieses Berechtigungsobjekts.

[!]

Feld »Berechtigungsgruppe«

Programme, bei denen das Feld Berechtigungsgruppe nicht gepflegt ist, können von jedem Benutzer, der Transaktion SA38 und irgendeine Berechtigung im Berechtigungsobjekt S_PROGRAM hat, aufgerufen werden.

Pflege der Berechtigungsgruppen

Die Berechtigungsgruppe gehört zu den Programmattributen, die beim Anlegen eines Reports gepflegt werden können. Da in vielen SAP-Standardprogrammen die Berechtigungsgruppe nicht gepflegt ist (oder nicht so, wie es für Sie passt), müssen Sie dies für Reports, die Sie per Transaktion SA38 berechtigen, nachholen. Das Pflegen der Berechtigungsgruppe erfolgt über den Report RSCSAUTH (Pflege/Restore Berechtigungsgruppen) (siehe Abbildung 2.33).

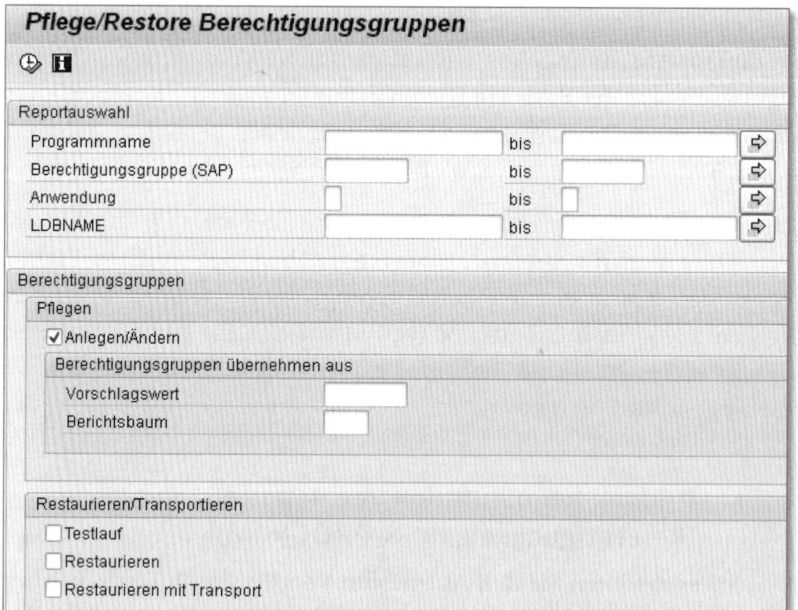

Abbildung 2.33 Pflege der Berechtigungsgruppen

Im Bildschirmbereich REPORTAUSWAHL wählen Sie die Standardreports nach bestimmten Kriterien aus, denen Sie die unter dem Eingabefeld VORSCHLAGSWERT eingetragene Berechtigungsgruppe zuordnen wollen. Wenn Sie noch Berechtigungsgruppen in Berichtsbäumen abgelegt haben, übernehmen Sie diese mit der Option BERICHTSBAUM im Bildschirmbereich BERECHTIGUNGSGRUPPEN.

Die Optionen zum RESTAURIEREN/TRANSPORTIEREN benötigen Sie nach Releasewechseln und sonstigen Neuauslieferungen der Standardprogramme.

[+]

Prüfung des Objekts S_PROGRAM auch bei Transaktionsstart

In einigen Reports, die üblicherweise nicht von Endanwendern ausgeführt werden (z.B. Buchungslauf in FI), wird das Berechtigungsobjekt S_PROGRAM auch dann geprüft, wenn Sie den Report über einen Transaktionscode aufrufen.

Um zu ermitteln, um welche Transaktionen es sich hier handelt, rufen Sie die in Abschnitt 2.5, »Customizing des Profilgenerators«, beschriebene Transaktion SU24 auf, wählen im Einstiegsbild (siehe Abbildung 2.44) die Registerkarte BERECHTIGUNGSOBJEKT und tragen dort »S_PROGRAM« ein. Sie erhalten eine Liste aller Transaktionen, in denen dieses Objekt geprüft wird.

Schutz der Variantenpflege

Die Möglichkeit, Varianten zu pflegen, wird durch das eben beschriebene Berechtigungsobjekt geschützt. Wenn Sie einen Report über eine Transaktion aufrufen, in der das Objekt S_PROGRAM nicht geprüft wird, ist die Variantenpflege für jeden Benutzer frei nutzbar. Ein Schutz kann hier auf zweierlei Arten erfolgen:

- Der Benutzer, der die Variante anlegt, schützt die Variante selbst, indem er in der Variantenpflege das Häkchen vor VARIANTE SCHÜTZEN setzt (siehe Abbildung 2.34).
- Der Variantenname beginnt mit CUS& oder SAP. Solche Variantennamen sind automatisch vor Änderungen durch andere Benutzer geschützt.

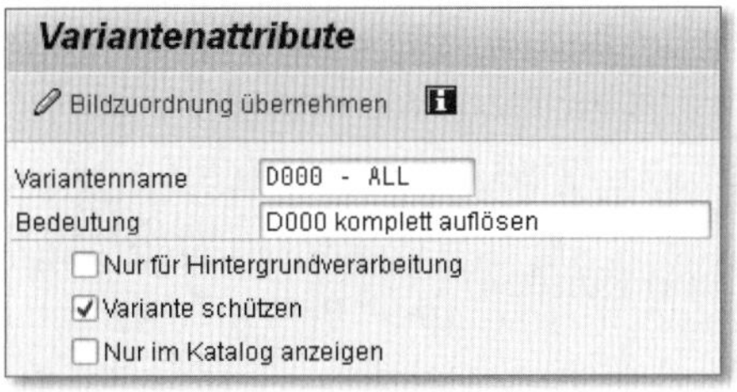

Abbildung 2.34 Eigene Variante schützen

[!]

Geschützte Varianten

Varianten, die einmal geschützt wurden, können nur durch den Benutzer geändert oder gelöscht werden, der die Variante angelegt hat. Dies kann schnell zu »Datenmüll« führen. Mithilfe des Reports RSVARENT kann für solche Fälle der Schutz von Varianten aufgehoben werden.

Berechtigungen im Reporting-Umfeld

Andere Berechtigungen im Umfeld des Reportings sollten in aller Regel nur an Systemadministratoren, Komponentenbetreuer oder ähnliche ausgewählte Benutzer vergeben werden. Hierzu gehören Folgende:

- **Einplanen von Jobs**
  Benötigt werden hierzu die Transaktionen SM36 (Batch-Anforderung) und SM37 (Übersicht über Jobauswahl). Transaktion SM36 muss mit besonderer Vorsicht vergeben werden, da hier die Möglichkeit besteht, ein externes Kommando einzugeben und damit unerlaubte Tätigkeiten im SAP-System durchzuführen.

  Die relevanten Berechtigungsobjekte sind folgende:

  - S_BTCH_ADM (Batch-Verarbeitung: Batch-Administrator)
  - S_BTCH_JOB (Batch-Verarbeitung: Operationen auf Batch-Jobs)
  - S_BTCH_NAM (Batch-Verarbeitung: Angabe eines Batch-Benutzernamens)

[!]

Berechtigungsobjekt S_BTCH_NAM

Das Objekt S_BTCH_NAM muss mit besonderer Vorsicht vergeben werden, da dieses Objekt dazu berechtigt, einen Job im Namen eines anderen Benutzers (also mit dessen Berechtigungen) zu starten und damit das Berechtigungskonzept zu umgehen.

- **Ausführen von Programmen im Hintergrund**
  Die Berechtigung hierzu erfolgt über das Objekt S_BTCH_JOB (Batch-Verarbeitung: Operationen auf Batch-Jobs) mit dem Eintrag RELE im Feld OPERATIONEN AUF EINEM JOB.

  Wie Sie durch eine kundeneigene Lösung die Schwierigkeiten der Berechtigungsvergabe bei der Jobeinplanung und dem Starten von Programmen im Hintergrund lösen können, erfahren Sie in Abschnitt 10.2, »Starten von Reports per Kundenprogramm (ThyssenKrupp IT Services GmbH und Kunden)«.

- **Zugriff auf die Spool-Aufträge**
  Der Zugriff auf eigene Spool-Aufträge erfolgt im Standard ohne Berechtigungsprüfung. Die Möglichkeit, Spool-Aufträge anderer Benutzer einzusehen, gibt das Berechtigungsobjekt S_SPO_ACT (Spooler: Aktionen).
- **Drucken**
  Das Berechtigungsobjekt S_SPO_DEV (Spooler: Geräteberechtigungen) enthält die Druckernamen, auf die ein Benutzer Listen ausgeben darf. Hier muss aus Datenschutzgründen sorgfältig geprüft werden, wo geschützte Daten ausgegeben werden dürfen.
- **Pflege benutzerunabhängiger Varianten in ALV-Grids**
  Das Berechtigungsobjekt S_ALV_LAYO (ALV-Standardlayout) erlaubt es, die in Abbildung 2.35 am Beispiel des Reports MITARBEITERLISTE gezeigte Layoutvariante benutzerunabhängig zu speichern. Diese Berechtigung sollte nur Komponentenbetreuern bzw. Systemadministratoren zugewiesen werden.

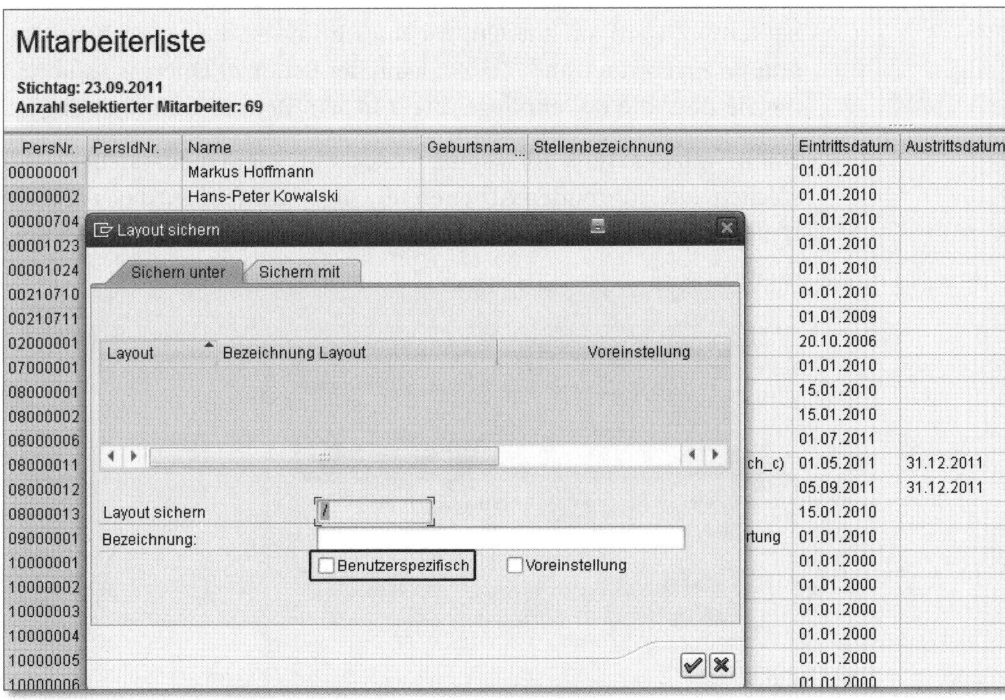

Abbildung 2.35 Benutzerunabhängige Layouts im ALV-Grid pflegen

2.4.2 Zugriff auf InfoSets und Querys

Für den Zugriff auf InfoSets gibt es im Query-Umfeld eine spezielle Berechtigung, die Sie zusätzlich zur Rollenpflege einrichten müssen. Dabei können Sie über verschiedene Benutzergruppen steuern, welche Benutzer mit denselben InfoSets arbeiten dürfen. Sie können unterscheiden, ob der Benutzer Querys dieses InfoSets ändern und neu anlegen oder nur ausführen darf. Sie erreichen die (Query-) Benutzerpflege über folgenden Pfad im SAP Easy Access-Menü: PERSONAL • INFORMATIONSSYSTEM • REPORTING-WERKZEUGE • SAP QUERY • UMFELD • BENUTZERGRUPPEN. Wenn Sie eine Benutzergruppe definiert und dieser Gruppe Benutzer zugeordnet haben, müssen Sie anschließend noch das InfoSet zuordnen (siehe auch das Buch *HR-Reporting mit SAP* von SAP PRESS).

Sobald ein Benutzer einer Query-Benutzergruppe zugeordnet ist und Transaktionsberechtigung für die SAP Query (Transaktion SQ01) oder die Ad-hoc Query (Transaktion S_PH0_48000513) hat, z.B. über sein Benutzermenü, kann er Querys bereits ausführen: Der Benutzer hat dann Zugriff auf alle Querys eines InfoSets, die seiner Benutzergruppe zugeordnet sind. Zudem kann der Benutzer Querys ausführen, die Sie über die Rollenpflege direkt in sein Benutzermenü einfügen.

Der Benutzer kann jedoch keine Änderungen der Querys sichern. Für solche weiterführenden Arbeiten im Query-Umfeld wird das Berechtigungsobjekt S_QUERY (SAP Query) benötigt (siehe Abbildung 2.36).

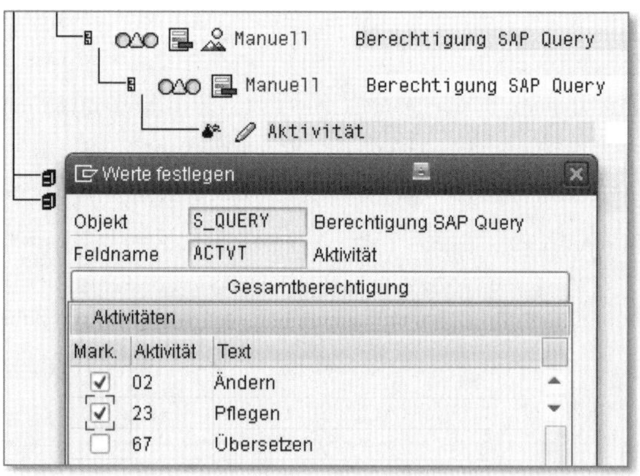

Abbildung 2.36 Berechtigungsobjekt S_QUERY

Feld des Objekts S_QUERY

In dem einzigen Feld dieses Objekts, dem Feld Aktivität, stehen folgende Optionen zur Verfügung:

- **02 (Ändern)**
  Der Benutzer kann neue Querys auf Basis der InfoSets seiner Benutzergruppe(n) anlegen und Änderungen bestehender Querys sichern. Das Ändern von Querys können Sie in der Benutzergruppenzuordnung für einzelne Benutzergruppen aufheben.
- **23 (Pflegen)**
  Der Benutzer kann die Transaktionen SQ02 (InfoSet-Pflege) und SQ03 (Benutzergruppenpflege) sowie Transporte ausführen. Endanwender sollten diese Berechtigung möglichst nicht haben. Zur Erweiterung von InfoSets mit ABAP-Coding wird zusätzlich das Berechtigungsobjekt S_DEVELOP mit den Ausprägungen AQ* für das Feld Objektname und der Ausprägung PROG für das Feld Objekttyp benötigt.
- **67 (Übersetzen)**
  Hier können Sie einen Sprachabgleich für Objekte der Transaktion SQ01 (SAP Query) einstellen.

[+]

InfoSet-Pflege

Die InfoSet-Pflege (S_QUERY mit Aktivität 23 (Pflegen)) sollte grundsätzlich nur im Entwicklungssystem erfolgen und per Transport ins Produktivsystem gelangen. Arbeiten am InfoSet im Produktivsystem verursachen sonst Fehler beim Ausführen der Querys.

Hat der Benutzer Berechtigung zum Anlegen und Ändern von Querys und zur Pflege von InfoSets und Benutzergruppen (S_QUERY und Aktivitäten 02 und 23, siehe Abbildung 2.36), hat er Zugriff auf alle Querys – ohne dass sein Benutzer jeder (Query-)Benutzergruppe zugeordnet ist. Ohne diese umfassende Berechtigung muss der Benutzer immer einer (Query-)Berechtigungsgruppe zugeordnet sein, um bestimmte Querys ausführen zu können. Greift die Query auf Tabellen außerhalb der logischen Datenbank zu, wird außerdem das Berechtigungsobjekt S_TABU_DIS geprüft.

Der Zugriff auf die auszuwertenden Personaldaten wird über die üblichen HCM-Berechtigungsobjekte und die strukturelle bzw. kontextsensitive Berechtigungsprüfung geregelt.

[+]

Keine Berechtigungsprüfung auf Zusatzfelder im Infoset

Wird ein Feld nicht über die logische Datenbank, sondern als Zusatzfeld durch direktes Lesen der Datenbanktabelle in das InfoSet eingebaut, erfolgt keine Berechtigungsprüfung.

Durch das Hinzulesen eines Zusatzfeldes im InfoSet können Sie z.B. folgende Anforderung erfüllen: Ein Benutzer soll die interne Adresse aus Infotyp 0032 (Betriebsinterne Daten) auswerten, darf aber die Daten zum Firmenwagen nicht sehen und damit nicht die komplette Berechtigung für den Infotyp haben.

2.4.3 Tabellenpflege

Für die Pflege von SAP- und kundeneigenen Customizing-Tabellen war bis Ende 2010 das Berechtigungsobjekt S_TABU_DIS (Tabellenpflege) die einzige Option, sofern die Pflege mit Standardmitteln wie z.B. der Transaktion SM30 (IMG-Pfad System • Dienste • Tabellenpflege) erfolgt. Mit SAP-Hinweis 1481950 ist das Berechtigungsobjekt S_TABU NAM neu hinzugekommen.

Felder des Objekts S_TABU_DIS

Über das Berechtigungsobjekt S_TABU_DIS wird die Aktivität (Ändern, Anzeigen, Pflege über Systemgrenzen hinweg) für das Feld Tabellenberechtigungsgruppe geprüft. Die Berechtigungsgruppe einer Tabelle entspricht ihrer Berechtigungsklasse gemäß Tabelle TDDAT.

Berechtigungsobjekt S_TABU_NAM

Nachteil des Objekts S_TABU_DIS war und ist, dass Tabellen hier nur anhand ihrer Berechtigungsgruppe geschützt werden können. Mit dem SAP-Hinweis 1481950 wurde Ende 2010 zusätzlich das Berechtigungsobjekt S_TABU_NAM (Tabellenzugriff über generische Standardtools) ausgeliefert. Voraussetzung für die Nutzung des neuen Berechtigungsobjekts ist, dass mindestens Release 700 der SAP-Basiskomponente verwendet wird.

Anstelle der Tabellenberechtigungsgruppe kann nun eine einzelne Tabelle direkt berechtigt werden. Damit stellt das neue Objekt für Anwender, die mit Transaktion SM30 und/oder Transaktion SE16 arbeiten, eine Alternative zum Objekt S_TABU_DIS dar. Benutzer, die eine Berechtigung über das Objekt S_TABU_NAM erhalten, benötigen dann keine Berechtigung über das Objekt S_TABU_DIS mehr.

Eine vollständige Umstellung auf das Berechtigungsobjekt S_TABU_DIS ist aber zurzeit nicht zu empfehlen. Dies liegt daran, dass es noch eine ganze Reihe hart codierter Prüfungen auf das Berechtigungsobjekt S_TABU_DIS gibt. Wie damit umzugehen ist und was zu tun ist, um die neue Funktion zu implementieren, erläutert Hinweis 1434284.

Während die Berechtigungsobjekte S_TABU_DIS und S_TABU_NAM nur Schutz für ganze Tabellen liefern, können Sie mit dem Objekt S_TABU_LIN (Berechtigung für organisatorische Einheit) auch Teile einer Tabelle schützen bzw. zur Anzeige oder Pflege freigeben. Ein Beispiel sehen Sie in Abbildung 2.37. Hier wird die Pflegeerlaubnis (Aktivität 02) für die Gruppierung für Arbeitszeitpläne (MOSID 01) gegeben.

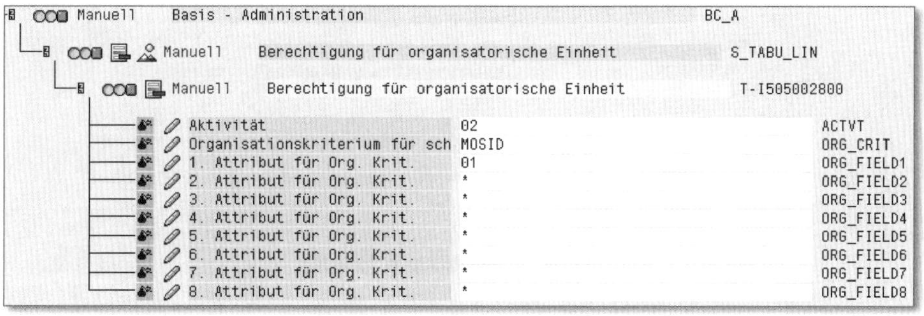

Abbildung 2.37 Pflegerecht: Gruppierung für Arbeitszeitpläne 01

Customizing zum Objekt S_TABU_LIN

S_TABU_LIN arbeitet mit sogenannten *Organisationskriterien*. Diese werden im Customizing definiert und aktiviert, und zwar in den IMG-Pfaden SAP NetWeaver • Application Server • Systemadministration • Benutzer und Berechtigungen • Zeilenbezogene Berechtigungen • Organisationskriterien definieren bzw. aktivieren. Die von SAP zur Verfügung gestellten Organisationskriterien sehen Sie in Abbildung 2.38. Sie haben auch die Möglichkeit, eigene Organisationskriterien zu definieren.

Wenn Sie Rechte mit dem Berechtigungsobjekt S_TABU_LIN vergeben, müssen Sie die Tabelle zusätzlich über die Berechtigungsobjekte S_TABU_DIS oder S_TABU_NAM berechtigen. Umgekehrt wird das Objekt S_TABU_LIN nur dann geprüft, wenn für Schlüsselfelder der ausgewählten Tabelle Organisationskriterien definiert wurden.

In der ersten Auflage dieses Buches haben wir noch den Tipp gegeben, die Pflege von Tabellen über eigene Pflegetransaktionen zu berechtigen. Dies ist natürlich weiterhin möglich. Die Notwendigkeit dazu ist allerdings mit den geschilderten neuen Möglichkeiten des Standards erheblich geringer geworden.

Aktivierung von Organisationskriterien

Org. Krit.	Org. Bez.	aktiv
/BI0/0RSPL_PLSES	Planungsrunde	☐
/BI0/0RSPL_SUBPL	Plan	☐
CAREA	Vergütungsbereich	☐
MOABW	PTB Gruppierung für Ab-/Anwesenheitsarten	☐
MOBDE	PTB Gruppierung für Zeiterfassung	☐
MOLGA	Ländergruppierung HR	☐
MOPTB	PTB Gruppierung für Prämien	☐
MOSID	PTB Gruppierung für Arbeitszeitpläne	☐
MOVER	PTB Grp. Vertretungs- /Bereitschaftsarten	☐
MOZKO	PTB Gruppierung für Zeitkontingenttypen	☐
PERSA	Personalbereich	☐
POSITION	test	☐
SHIFTGROUP	Einsatzgruppe zu Organisationseinheiten	☐
TMW_TDLANGU	Definitionsbereich für Kurzbezeichnungen	☐
TMW_TDSUBLANAM	Teilmenge des Definitionsbereichs für Kuzbezeichn...	☐
TRFAR	Tarifart	☐
TRFGB	Tarifgebiet	☐

Abbildung 2.38 Organisationskriterien für die zeilenbezogene Berechtigung

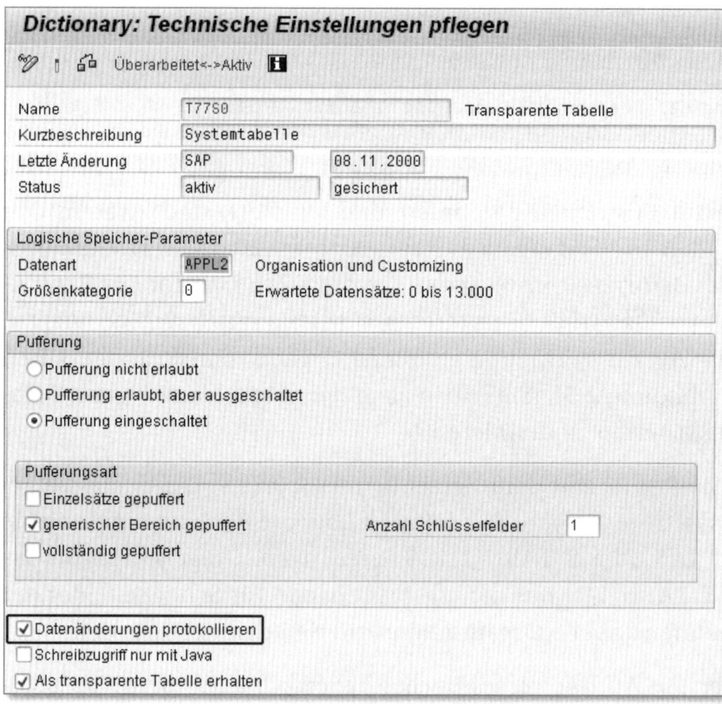

Abbildung 2.39 Änderungsprotokollierung von Tabellen

Als eine weitere Option, die Tabellenpflege zu schützen, bietet sich die Protokollierung der Änderungen in Tabellen an. Voraussetzung ist, dass der Profilparameter REC/CLIENT (Transaktion RZ11, Pflege der Profilparameter) aktiviert ist. Darüber hinaus müssen Sie in Transaktion SE13 (Speicher-Param. für Tabellen pflegen) den in Abbildung 2.39 dargestellten Auswahlschalter DATENÄNDERUNGEN PROTOKOLLIEREN aktivieren.

Änderungen in Tabellen protokollieren

Einem zusätzlichen Schutz unterliegen mandantenunabhängige Tabellen. Nur Benutzer mit dem Berechtigungsobjekt S_TABU_CLI (Tabellenpflege mandantenunabhängiger Tabellen) dürfen in solchen Tabellen pflegen.

Mandanten-unabhängige Tabellen

2.4.4 Customizing-Berechtigungen im Einführungsleitfaden (IMG)

Grundsätzlich erfolgt das Customizing im Entwicklungssystem und wird durch Transportaufträge ins Produktionssystem überführt.

In SAP ERP HCM kann es vorkommen, dass eine größere Anzahl von Anwendern Customizing-Berechtigungen benötigt, z.B. für die dezentrale Pflege von Arbeitszeitplänen. Hier legen Sie in der Regel einen Projekt-IMG für die speziellen Aktivitäten, also z.B. das Customizing der Tabellen im Umfeld der Arbeitszeitpläne, an. Sie können einen solchen Projekt-IMG in der Rollenpflege (Transaktion PFCG) für die Generierung der erforderlichen Berechtigungen nutzen.

Über den in Abbildung 2.40 gezeigten Menüpfad erreichen Sie, dass alle Transaktionen ins Menü eingestellt werden, die für dieses Customizing-Projekt erforderlich sind. Hierzu gehören die IMG-Transaktion SPRO selbst, Tabellenpflegeberechtigungen (siehe Abschnitt 2.4.3, »Tabellenpflege«) sowie die Rechte für die jeweiligen Pflegetransaktionen (z.B. OOOT für die Objekttypen des Organisationsmanagements).

Der Profilgenerator schlägt dann auf der Registerkarte BERECHTIGUNGEN gegebenenfalls weitere benötigte Berechtigungsobjekte vor. Hierzu gehört in jedem Fall das Berechtigungsobjekt S_PROJECT (Projektverwaltung: Berechtigung zum Arbeiten mit Projekten). Hier sind nur die Felder AKTIVITÄT und NAME DES PROJEKTS für die Customizing-Rechte relevant.

Berechtigungsobjekt S_PROJECT

Abbildung 2.40 Customizing-Berechtigung einrichten

Ein weiteres in diesem Zusammenhang wichtiges Berechtigungsobjekt ist S_IMG_ACTV (IMG- Berechtigung zum Durchführen von Funktionen im IMG). Es berechtigt z.B. das Anlegen von Notizen in Projekten.

2.4.5 Batch-Input-Berechtigungen

Für das Abspielen von Batch-Input-Mappen ebenso wie für andere Aktionen bei der Arbeit mit Batch-Input-Mappen wird das Berechtigungsobjekt S_BDC_MONI (Batch-Input Berechtigungen) benötigt (siehe Abbildung 2.41).

Abbildung 2.41 Zugelassene Aktivitäten mit Batch-Input-Mappen

Felder des Objekts S_BDC_MONI

Das Feld BATCH-INPUT, MONITORING AKTIVITÄTEN lässt die verschiedenen Aktionen im Zusammenhang mit Batch-Input-Mappen zu. Über das Feld MAPPENNAME wird gegebenenfalls generisch angegeben, welche Mappen entsprechend bearbeitet werden dürfen. Das bedeutet, dass beim Anlegen von Batch-Input-Mappen auf die Namenskonventionen geachtet werden muss, damit die Verantwortlichen die Mappen bearbeiten können.

[+]

Zuständigkeiten für das Abspielen von Mappen dezentral verteilen

Wenn Sie die Zuständigkeiten für das Abspielen von Mappen dezentral verteilen, sollten Sie sich frühzeitig eine Systematik Ihrer Mappennamen überlegen, damit die Rechte an dieser Stelle generisch vergeben werden können.

2.4.6 Berechtigung zum Download und Upload

Beide dieser oft vom Datenschutz sehr kritisch gesehenen Rechte müssen explizit vergeben werden, und zwar mit dem Berechtigungsobjekt S_GUI (Berechtigung für GUI-Aktivitäten).

Feld des Objekts S_GUI

Das Objekt S_GUI enthält nur das Feld AKTIVITÄT, das die Export- und Importberechtigung beinhaltet. Mit dem Objekt S_GUI können Sie nicht nur den expliziten Download, z.B. nach MS Excel, schützen, sondern auch das Kopieren von Daten aus dem SAP-System per Tastenkombination Strg+Y in die Zwischenablage.

Der Download aus dem Bescheinigungswesen (siehe Kapitel 5, »Berechtigungsrollen in den HCM-Komponenten«) muss ebenfalls über dieses Objekt berechtigt werden.

Leider kann die Download-Berechtigung im Standard nur ganz oder gar nicht erteilt werden, d.h. entweder für alle Reports bzw. Transaktionen oder für keine. Abschnitt 2.8.4, »User-Exit für die Download-Berechtigung«, informiert Sie über Erweiterungsmöglichkeiten, mit denen Sie zwischen dem Download nach Report und nach Transaktion differenzieren können.

Analog zur Exportberechtigung müssen Sie auch die Importberechtigung mit großer Sorgfalt vergeben. Schließlich gefährdet jeder nicht autorisierte und nicht fachmännisch durchgeführte Datenimport ins SAP-System die Konsistenz der vorhandenen Daten.

2.4.7 Work Items und Vertreterregelung

Der Zentrale Arbeitsvorrat im SAP NetWeaver Portal gewinnt zunehmend an Bedeutung. Immer mehr Anwendungen nutzen den Workflow für Genehmigungs- und Prüfzwecke. Die Work Items gelangen in den Zentralen Arbeitsvorrat des zuständigen Benutzers und warten auf eine Benutzerentscheidung, damit der Workflow weiterläuft.

Berechtigungsobjekt S_WF_WI – Bearbeitung von Work Items

Wenn es darum geht, diese Work Items zu administrieren (z.B. Work Items von abwesenden Bearbeitern weiterzuleiten), kann das Berechtigungsobjekt S_WF_WI von Nutzen sein. Mithilfe dieses Berechtigungsobjekts können Sie die Bearbeitung der Work Items je nach Zuständigkeit einschränken. Im Auslieferungszustand sind die Standardaufgaben grundsätzlich nicht nach Aufgabenklassen differenziert.

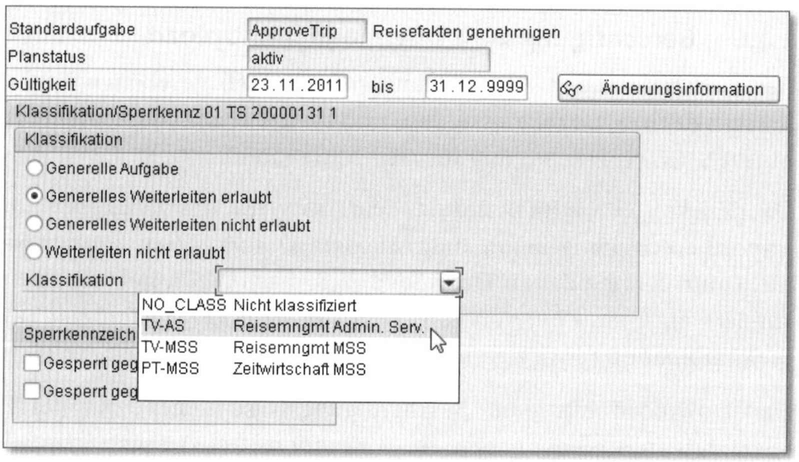

Abbildung 2.42 Pflege der Aufgabenklassifikation in Transaktion PP01

Voraussetzung für eine Differenzierung aber ist, dass der Workflow-Aufgabe eine Aufgabenklassifikation zugeordnet ist (siehe Abbildung 2.42). Erst dann lässt sich unterscheiden, dass z.B. nur bestimmte Administratoren die Work Items des Reisemanagements und andere die Work Items der Zeitwirtschaft bearbeiten dürfen (siehe Abbildung 2.43).

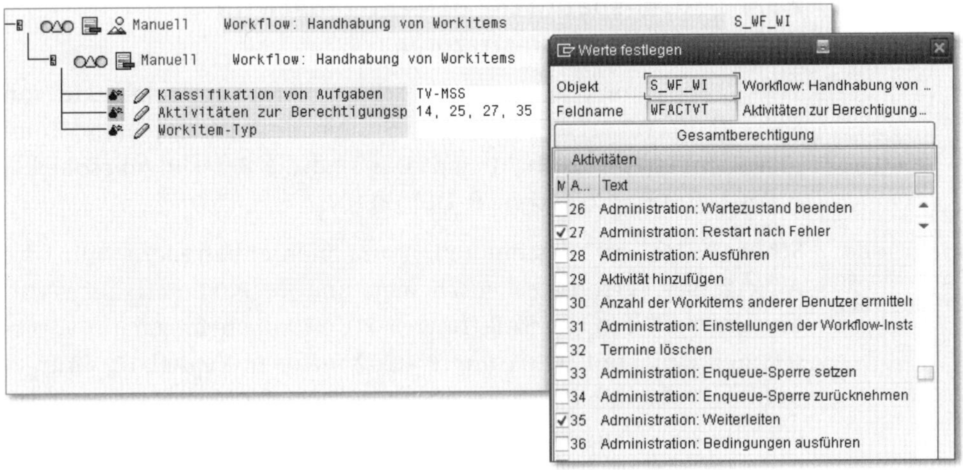

Abbildung 2.43 Erlaubte Aktivitäten für Work Items der Klassifikation TV-MSS zuordnen

[+]

Weiterleiten von Work Items durch einen Administrator

Beim Weiterleiten von Work Items durch den Administrator (z.B. per Transaktion SWIA) werden die Aktivitäten 14, 25 und 35 geprüft.

Objekt S_WF_SUBST – Bearbeitung von Vertretungsregeln

Das Berechtigungsobjekt S_WF_SUBST besteht lediglich aus dem Berechtigungsfeld Aktivität. Hiermit kann unterschieden werden, ob der Anwender auch für andere Benutzer Vertretungsregeln anlegen bzw. ändern, löschen oder nur anzeigen kann. Das Berechtigungsobjekt hat keine Relevanz, wenn es um die Pflege der eigenen Vertretungsregeln geht.

2.4.8 Nummernkreispflege

Zu pflegende Transaktion

Die Nummernkreise werden über die folgenden Transaktionen gepflegt:

- PA04 (Personaladministration)
- PB04 (alte Personalbeschaffung)
- OONR (Organisationsmanagement und gleichartige Objekttypen)

Für alle diese Transaktionen benötigen Sie das Systemberechtigungsobjekt S_NUMBER (Nummernkreispflege).

2.4.9 HCM-spezifische Berechtigungen für Systemadministratoren

Wir stellen Ihnen in diesem Abschnitt Berechtigungsobjekte von SAP ERP HCM vor, die speziell für Systemadministratoren und Komponentenbetreuer gedacht sind. Das sind die Berechtigungsobjekte P_PE01 und P_PE02 sowie P_DEL_PERN.

Anzeige in den Transaktionen PE01 und PE02

Schön wäre es, bestimmten Komponentenbetreuern nur die Anzeige der Personalrechenschemata und -regeln zu erlauben. Leider funktionieren laut SAP-Hinweis 709949 die beiden dafür vorgesehenen Objekte P_PE01 und P_PE02 nicht. In Kapitel 10, »Ausgewählte Problemfelder mit Lösungswegen«, erfahren Sie, wie Sie mithilfe von Transaktionsvarianten für die Transaktionen PE01 und PE02 (Pflege der Personalrechenschemata und -regeln) dieses Problem lösen können.

Löschen von Personalnummern

Das endgültige Löschen von Personalnummern auf einem Produktivsystem darf nur in Ausnahmefällen durchgeführt werden. Daher gibt es das Berechtigungsobjekt P_DEL_PERN (Löschen von Personalnummern auf Produktivsystemen). Die Löschung kann nach dem Vier-Augen-Prinzip erfolgen, indem eine Rolle für die Beantragung der Löschung und die zweite Rolle für die Löschung selbst zugelassen wird. Die Prüfung dieser Berechtigung erfolgt im Report RPUDELPP. Folgendes Feld wird geprüft: ROLLENDEFINITION ZUM LÖSCHEN VON PERSONALNUMMERN AUF PRODUKTIVSYSTEMEN (Beantragung, Löschung).

Vernichten von Abwesenheiten aus Datenschutzgründen

Aus Datenschutzgründen möchten manche Kunden Abwesenheiten gezielt aus dem Produktivsystem löschen. Dies kann je nach Abwesenheitsart und z.B. Mitarbeitergruppe/-kreis unterschiedlich umgesetzt werden. Der Report RPUDESTROY_ABSENCE bietet hierfür umfassende Funktionen an. Zur Absicherung des Prozesses wird eine Berechtigungsprüfung auf das Objekt P_DEL_PERN (Löschen von Personalnummern auf Produktivsystemen) vorgenommen.

Analog zum oben beschriebenen Verfahren gibt es auch hier entweder die Berechtigung zum Beantragen einer Datenvernichtung oder zum Durchführen der Datenvernichtung. Das System prüft, dass ein Benutzer nur eine der beiden Berechtigungen nutzen kann. Weitere Details zur Funktion des neuen Reports finden Sie in SAP-Hinweis 1322754.

Auswertung der Änderungsbelege

Für die Auswertung der sogenannten *Änderungsbelege*, also der Protokollierung von Infotypänderungen, werden Leserechte auf die Cluster LA und LB (Langzeitbelege Stammdaten bzw. Bewerber) sowie SA und SB (Kurzzeitbelege Stammdaten bzw. Bewerber) benötigt.

Eine Diskussion der Anforderungen an die Berechtigungsprüfung in kundeneigenen Reports finden Sie in Kapitel 8, »Berechtigungen in der Programmierung«. Dort setzen wir uns auch mit der Problematik von Berechtigungen für Programmierer auseinander.

Nachdem wir Ihnen nun die wichtigsten Berechtigungsobjekte aus HCM und Systembasis vorgestellt haben, erfahren Sie im nächsten Abschnitt, wie Sie Vorschlagswerte für diese Berechtigungsobjekte pflegen können.

2.5 Customizing des Profilgenerators

Der Profilgenerator kommt dann zum Einsatz, wenn Sie in der Rollenpflege Transaktionen im Menü eingetragen haben und von dort auf die Registerkarte Berechtigungen wechseln. In diesem Schritt zieht der Profilgenerator Vorschlagswerte für Berechtigungsobjekte mit bestimmten Einträgen auf Basis der im Menü eingegebenen Transaktionen.

Transaktion SU24

Sie erreichen den Profilgenerator über die Transaktion SU24 oder im IMG über den Pfad Personalmanagement • Personaladministration • Werkzeuge • Berechtigungen • Berechtigungshauptschalter • Profilgeneratorvorgaben anpassen. Das Einstiegsbild sehen Sie in Abbildung 2.44.

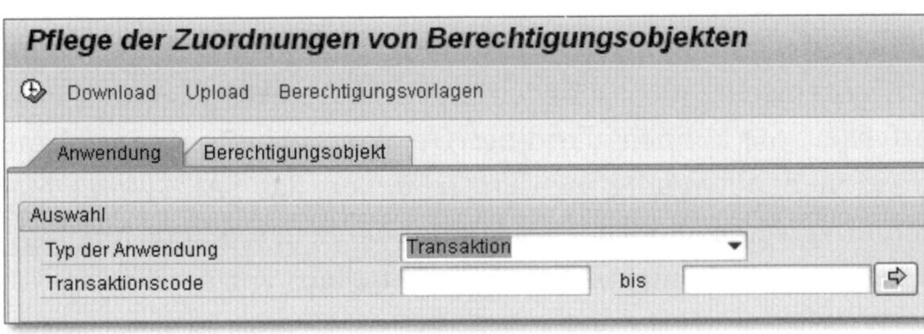

Abbildung 2.44 Einstiegsbild des Profilgenerators

Es gibt zwei Möglichkeiten, von hier aus weiterzugehen: Entweder Sie lassen alle Transaktionen auflisten, in denen ein bestimmtes Berechtigungsobjekt geprüft wird (Registerkarte BERECHTIGUNGSOBJEKT), oder Sie benötigen eine Liste aller Berechtigungsobjekte, die in einer bestimmten Transaktion geprüft werden (Registerkarte ANWENDUNG). Abbildung 2.45 zeigt den Beginn der Liste nach Eingabe von »PA20« auf der Registerkarte ANWENDUNG.

Status	Objekt	Objektbezeichnung	TSTCA	Prfkz.	Vorschlag
	P_ABAP	HR: Reporting		prüfen	NEIN
	P_APPL	HR: Bewerber		prüfen	NEIN
	P_ORGIN	HR: Stammdaten		prüfen	NEIN
	P_ORGINCON	HR: Stammdaten mit Kontext		prüfen	NEIN
	P_ORGXX	HR: Stammdaten - erweiterte Prüfung		prüfen	NEIN
	P_PCLX	HR: Cluster		prüfen	JA
	P_PERNR	HR: Stammdaten - Personalnummernprüfung		prüfen	JA
	P_PYEVRUN	HR: Buchungslauf		prüfen	NEIN
	P_RU_0294C			prüfen	
	P_TCODE	HR: Transaktionscode		prüfen	NEIN
	PLOG	Personalplanung		prüfen	JA

Abbildung 2.45 Auszug der in der Transaktion PA20 geprüften Berechtigungsobjekte

Ob ein Berechtigungsobjekt in einer Transaktion geprüft wird, hängt davon ab, ob das Objekt der Transaktion zugeordnet ist und ob das Kennzeichen PRÜFEN unter PRFKZ. gesetzt ist. Wenn Sie nicht sicher sind, ob ein bestimmtes Objekt an einer bestimmten Stelle überhaupt geprüft wird, können Sie dies in der Transaktion SU24 feststellen.

HCM-Objekte nicht deaktivierbar

Eine Pflege des Prüfkennzeichens erübrigt sich in aller Regel, zumal es auch systemseitig nicht möglich ist, HCM-Objekte aus dieser Liste zu entfernen. Sie können allerdings Objekte hinzufügen. Dies kann in Situationen notwendig werden, in denen das SAP-System hier einen Eintrag vergessen hat. Dies kommt bei neueren Berechtigungsobjekten, z.B. den kontextabhängigen, durchaus vor.

Während Sie also das Prüfkennzeichen in der Regel unangetastet lassen sollten, ist das Kennzeichen für den Vorschlagswert eine nähere Betrachtung wert. Wechseln Sie über den Button in den Änderungsmodus. Dort können Sie das Feld VORSCHLAG von JA auf NEIN setzen oder umgekehrt. Überall dort, wo JA steht, werden Einträge dieser Berechtigungsobjekte in der Rollenpflege vorgeschlagen, wenn Sie dort unter MENÜ die jeweilige Transaktion, hier also »PA20«, eingeben. Wenn Sie also keinen Vorschlag zu diesem Berechtigungsobjekt möchten, tragen Sie NEIN ein.

Wenn Sie wissen möchten, welche Inhalte in dem Vorschlag stehen, klicken Sie im Änderungsmodus den Button FELDWERTE an. In Abbildung 2.46 sehen Sie, welche Berechtigungen für die Transaktion PA20 vorgeschlagen werden.

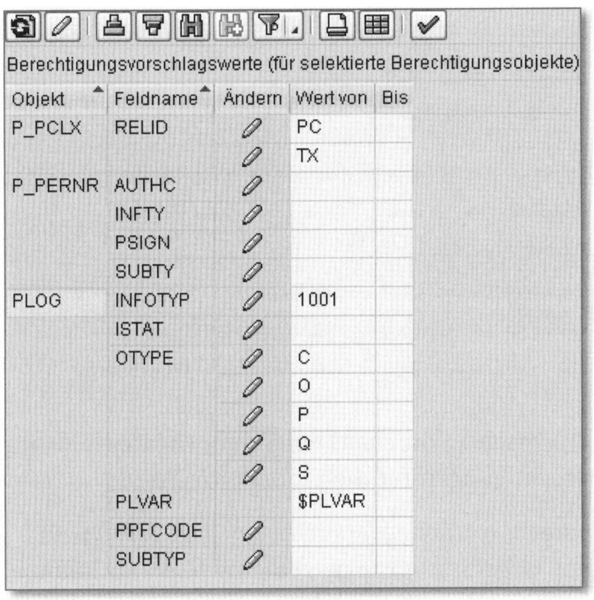

Berechtigungsvorschlagswerte (für selektierte Berechtigungsobjekte)

Objekt	Feldname	Ändern	Wert von	Bis
P_PCLX	RELID		PC	
			TX	
P_PERNR	AUTHC			
	INFTY			
	PSIGN			
	SUBTY			
PLOG	INFOTYP		1001	
	ISTAT			
	OTYPE		C	
			O	
			P	
			Q	
			S	
	PLVAR		$PLVAR	
	PPFCODE			
	SUBTYP			

Abbildung 2.46 Vorschlagswerte für Transaktion PA20

Abbildung 2.46 zeigt, dass je Berechtigungsobjekt, für das im Feld VORSCHLAG ein JA steht, jedes Feld dieses Objekts mindestens einmal vorgeschlagen wird. Der Vorschlag kann Inhalte haben oder auch nicht. Es können mehrere Einträge je Feld vorgeschlagen werden, wie im Beispiel für das Feld OTYPE im Objekt PLOG. Wie die in Abbildung 2.46 dargestellten Feldwerte in der Rollenpflege umgesetzt werden, zeigt Abbildung 2.47.

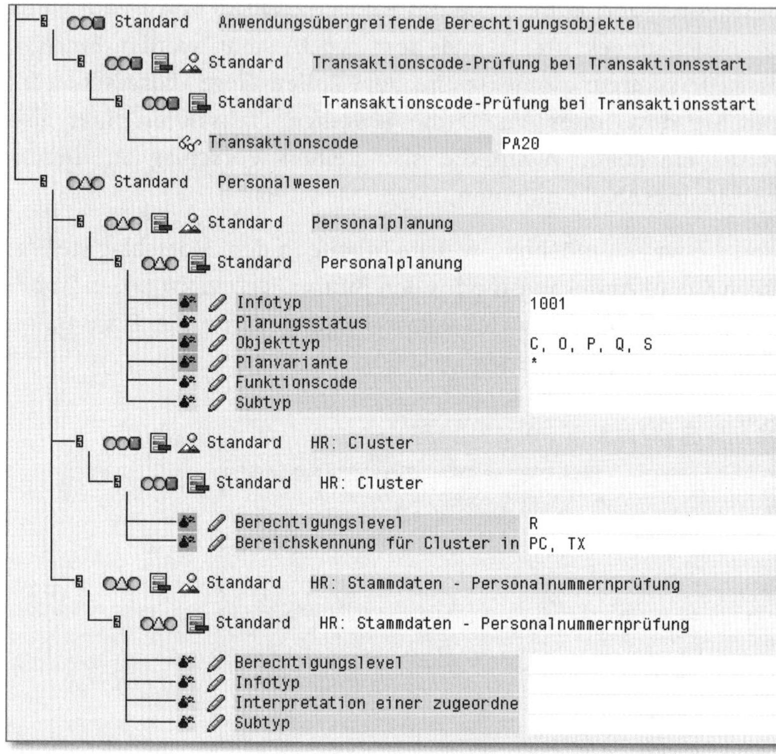

Abbildung 2.47 Vorschlagswerte des Profilgenerators für Transaktion PA20

Vorschlag liefert Einstieg in die Berechtigungspflege

Inhaltlich liefert der Vorschlag durchaus einen brauchbaren Einstieg in die Pflege der Berechtigungen für die Transaktion PA20:

- PLOG-Berechtigungen werden gebraucht, um aus Infotyp 0001 Informationen des Organisationsmanagements lesen zu können, sowie für die Pflege der Verknüpfung PERSON ZU PLANSTELLE. Auf diesen Aspekt gehen wir in Abschnitt 5.13, »Personaladministration«, noch detailliert ein.
- Berechtigungen für die Infotypen, die man mit der Transaktion PA20 sehen kann, sind ebenfalls notwendig. Allerdings werden hier nur zwei der möglichen vier Stammdatenobjekte vorgeschlagen. Hier müssen Sie also gegebenenfalls nachbessern.
- Cluster-Berechtigungen (P_PCLX) für die aufgeführten Cluster PC (Kürzel An-/Abwesenheiten) und TX (Infotyptexte) sind in der Regel ebenfalls unverzichtbar.

- Für das Objekt P_TCODE gibt es keinen Vorschlagswert. Das ist sinnvoll, da hier kein Eintrag für die Transaktion PA20 erforderlich ist.

Vorschlagswerte stehenlassen

Sie können die Vorschlagswerte des Profilgenerators so lassen, wie sie sind. Dann pflegen Sie die Abweichungen und Ergänzungen in jedem Einzelfall in der Rollenpflege.

Keine Vorschlagswerte löschen

Löschen Sie auf keinen Fall Vorschlagswerte aus dem Profilgenerator. Wenn Sie das tun, werden die Vorschlagswerte bei jeder (wirklich jeder) Änderung im Menü immer wieder neu zu den Berechtigungen hinzugefügt. Setzen Sie also die Vorschlagswerte, die Sie nicht verwenden, immer auf INAKTIV. Damit ist dieser Mechanismus unterbrochen.

Profilgenerator anpassen

Darüber hinaus können Sie in der Transaktion SU24 die Vorschlagswerte nach Ihren Bedürfnissen anpassen. Zum Beispiel könnten Sie die Vorschlagswerte für das Objekt PLOG nach Subtypen des Infotyps 1001 verfeinern. Dies erspart zumindest einen Teil der Anpassungen in der Rollenpflege.

Profilgenerator ist unabhängig von Berechtigungshauptschaltern [!]

Leider reagiert der Profilgenerator überhaupt nicht auf die Einstellungen der Berechtigungshauptschalter. Unabhängig davon, ob Sie z.B. das Berechtigungsobjekt P_PERNR nutzen oder nicht, erfolgt in der Rollenpflege immer ein Vorschlag (siehe Abbildung 2.47) aufgrund des Customizings im Profilgenerator (siehe Abbildung 2.46).

Daher sollten Sie, wenn Sie für die Stammdatenprüfung andere Berechtigungsobjekte als P_ORGIN und P_PERNR nutzen, den Profilgenerator an die bei Ihnen genutzten Objekte anpassen.

Bearbeiten Sie die Vorschlagswerte auf folgende Weise: Fügen Sie einen weiteren Berechtigungswert hinzu, indem Sie den Cursor auf das betreffende Feld setzen und den Button (Feldwerte ändern) anklicken. Wenn Sie z.B. das Feld P_PCLX RELID ausgewählt haben (siehe Abbildung 2.48), erscheint ein Pflege-Popup für die Werte. Das kennen Sie bereits aus der Rollenpflegetransaktion PFCG (siehe Abbildung 2.6). Tragen Sie hier einen neuen Wert ein, erscheint dieser in der Liste der Vorschläge.

Auf dieselbe Weise entfernen Sie Berechtigungsvorschläge. Wenn Sie einen Berechtigungsvorschlag ganz entfernen möchten, ändern Sie das Kennzeichen VORSCHLAG von JA auf NEIN, wie oben beschrieben.

Felder, die Organisationsebenen enthalten (siehe Abschnitt 2.2.3, »Referenzrollen«), erhalten automatisch den Eintrag $<Feldname>. Daran können Sie hier nichts ändern. Der Wert kann dann nur in der Rolle selbst gepflegt werden.

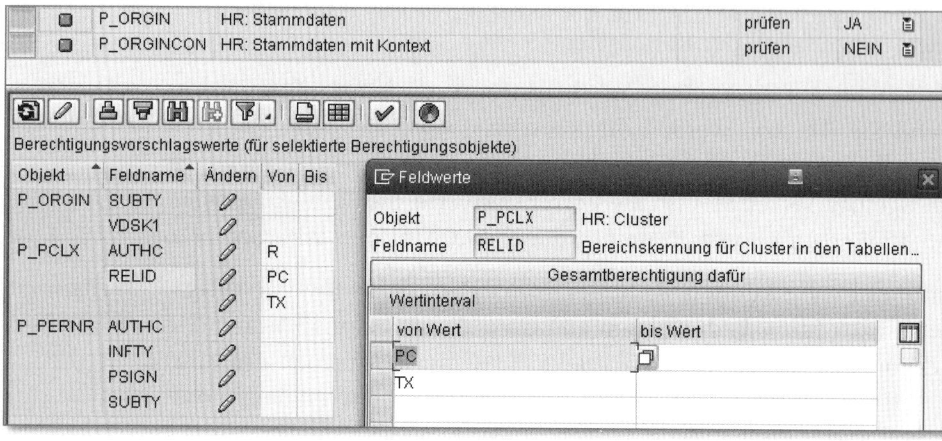

Abbildung 2.48 Hinzufügen von Vorschlagswerten im Profilgenerator

Wenn Sie kundeneigene Berechtigungsobjekte verwenden, können Sie diese ebenfalls im Profilgenerator zu den Transaktionen hinzufügen. Dies wirkt sich nicht automatisch auf die Berechtigungsprüfung aus, wohl aber auf die Vorschlagswerte in der Rollenpflege. Wenn Sie also z.B. in User-Exits der Personalstammdaten ein kundeneigenes Berechtigungsobjekt prüfen, können Sie dieses im Profilgenerator für die Transaktionen PA20 und PA30 hinzufügen, um in der Rollenpflege dieses Objekt vorgeschlagen zu bekommen.

Vorschlagswerte abschalten

Je nach der eigenen Arbeitsweise kann es auch das Beste sein, die Vorschlagswerte ganz wegfallen zu lassen. Oft behindern sie bei der Arbeit. Wenn Sie z.B. in einer Rolle, die bereits die Transaktion PA30 enthält, noch die Transaktion PA20 hinzufügen, werden alle zur Transaktion PA20 gehörigen Vorschlagswerte neu aufgebaut, auch wenn alle diese Berechtigungen schon in der Rolle vorhanden sind. Da kann es einfacher sein, gar keinen Vorschlag zu bekommen.

Das Löschen der Vorschlagswerte können Sie entweder je Transaktion oder je Berechtigungsobjekt vornehmen. Markieren Sie gegebenenfalls alle Einträge der Liste mit der Tastenkombination Strg+A, und setzen Sie dann das Vorschlagskennzeichen über den Button Vorschlag um.

Wenn Sie sich für die Abschaltung der Vorschlagswerte entscheiden, nachdem Sie bereits längere Zeit mit dem Profilgenerator gearbeitet haben, sollten Sie schrittweise vorgehen, da der Verzicht auf den Profilgenerator die Arbeitsweise in der Berechtigungspflege stark verändert.

Profilgenerator nur teilweise abschalten [+]

Wir empfehlen Ihnen, den Profilgenerator vorrangig bei den Berechtigungsobjekten P_ORGIN, P_PERNR und PLOG zu deaktivieren. Dies sind die Objekte, die in einer Vielzahl von HCM-Transaktionen verwendet werden. Diese Objekte prägt man in der Regel einmal gezielt aus; danach ist der Profilgenerator für diese Berechtigungsobjekte eher störend.

Auch wenn Sie sich dafür entscheiden, die Vorschlagswerte ganz abzuschalten, sollten Sie eventuell beim Berechtigungsobjekt P_TCODE eine Ausnahme machen. Hier arbeitet der Profilgenerator nach unserer Erfahrung sehr präzise und erspart die lästige Doppelpflege, z. B. zusätzlich zum Eintrag im Menü bzw. im Objekt S_TCODE.

Wenn Sie Änderungen in den Einstellungen des Profilgenerators vorgenommen haben, müssen Sie beim Releasewechsel die Transaktion SU25 (Releasewechsel: Upgrade und Erstinstallation), und zwar die Schritte 2a bis 2d, ausführen. Hierbei geht es um den Abgleich der neu von SAP ausgelieferten Einstellungen des Profilgenerators mit Ihren Kundeneinstellungen.

2.6 Zuständigkeitszeiträume und Zeitlogik

Der Zugriff auf einen Verantwortungsbereich besteht niemals uneingeschränkt vom 01.01.1800 bis 31.12.9999. Vielmehr gilt für jede einzelne Person, auf die ein Benutzer Zugriff hat, ein Zuständigkeitszeitraum. Woraus sich dieser ableitet und mit welcher (Zeit-)Logik das HCM-System die Zuständigkeitszeiträume ermittelt, erfahren Sie in diesem Abschnitt.

Die wichtigsten Berechtigungsobjekte P_ORGIN und P_ORGXX (siehe Abschnitte 2.3.2, »Infotypberechtigung in der Personaladministration«, und 2.3.3, »Weitere Berechtigungsobjekte für Stamm- und Zeitdaten«) werden mit Daten des Infotyps 0001 gefüllt. Aus diesen Berechtigungsfeldern wird der Verantwortungsbereich abgeleitet (z. B. vom Personalbereich). Jeder Mitarbeiter, der in seinem Infotyp

0001 dem berechtigten Personalbereich zugeordnet ist, kann vom Benutzer bearbeitet werden. Wechselt der Mitarbeiter den Personalbereich, endet der Zuständigkeitszeitraum für den einen Benutzer, und ein neuer Zuständigkeitszeitraum beginnt für einen anderen.

Toleranzzeit nach Wechsel der Zuständigkeit

Ein Ende der Zuständigkeit zum Datum des Wechsels ist mitunter hinderlich, da oftmals noch Arbeiten für den Mitarbeiter nach dem Wechsel anfallen, die vom »alten« Sachbearbeiter auszuführen sind. In SAP ERP HCM gibt es dafür den Berechtigungshauptschalter AUTSW ADAYS. Diesen erreichen Sie über den IMG-Pfad Personalmanagement • Personaladministration • Werkzeuge • Berechtigungsverwaltung • Berechtigungshauptschalter bearbeiten • Berechtigungshauptschalter pflegen. Darüber kann die Toleranzzeit eingestellt werden, die den Zuständigkeitszeitraum über den Wechsel hinaus verlängert. Im Standard sind 15 Tage eingestellt.

Zusätzlich erfolgt die datumsabhängige Prüfung im Standard nicht für jeden Infotyp. Auf unkritische Infotypen wie z.B. IT0002 (Daten zur Person) kann ein Sachbearbeiter immer zugreifen, falls die Zuständigkeit zu irgendeinem Zeitpunkt vorhanden war oder sein wird. Bei den meisten Infotypen ist die datumsabhängige Prüfung jedoch gesetzt. Die Einstellung können Sie im Tabellen-View V_T582A mit dem Kennzeichen ZugrBerecht ändern (siehe Abbildung 2.49).

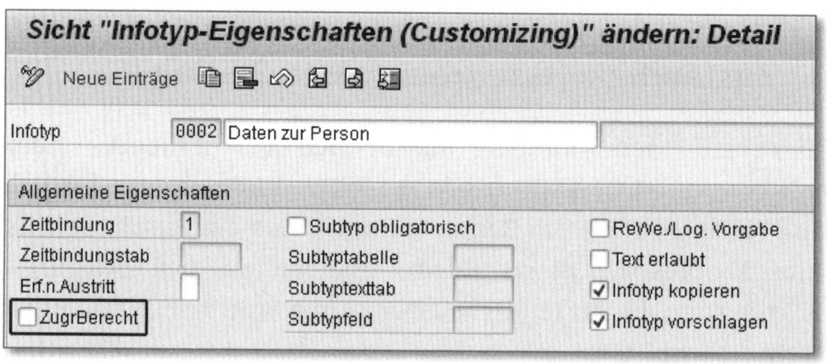

Abbildung 2.49 Für Infotyp IT0002 ist die datumsabhängige Prüfung im Standard deaktiviert

Ermittlung des Zuständigkeitszeitraums

Wie der Zuständigkeitszeitraum ermittelt wird, möchten wir anhand des folgenden Beispiels verdeutlichen:

Angenommen, das Berechtigungsobjekt P_ORGIN wird eingesetzt. Ein Sachbearbeiter ist für alle Mitarbeiter eines bestimmten Personalbereichs zuständig. Er hat also in seiner Rolle das Berechtigungsobjekt P_ORGIN gefüllt mit dem Personalbereich 1000.

Meldet sich der Benutzer nun am System an, werden zunächst alle organisatorischen Zuordnungen mit Personalbereich 1000 ermittelt. Diese Zuordnungen haben Gültigkcitszeiträume gemäß Beginn und Ende des IT0001. Die Gültigkeitszeiträume ergeben zunächst die Zuständigkeitsintervalle. Ist die Toleranzzeit > 0, dann verlängert sich das jeweilige Zuständigkeitsintervall um diese Toleranzzeit.

Bestehen grundsätzlich Zuständigkeitsintervalle, dann werden diese zur Ermittlung des Zuständigkeitszeitraums an die Zeitlogik übergeben.

Dabei wird zunächst geprüft, ob eine datumsabhängige Prüfung (gemäß T582A, wie oben beschrieben) erfolgen soll. Soll keine datumsabhängige Prüfung erfolgen, hat der Benutzer Lese- oder Schreibzugriff vom 01.01.1800 bis 31.12.9999 (das entspricht der maximalen System-Zeitspanne im SAP-System).

Zeitlogik für den Lese- und Schreibzugriff

Lese- und Schreibzugriff folgen einer unterschiedlichen Logik. Voraussetzung ist zunächst, dass grundsätzlich ein Zuständigkeitszeitraum besteht oder bestanden hat (siehe Abbildung 2.50):

- Darf der Benutzer Daten des Mitarbeiters *lesen*, und ...
  - ... es besteht zurzeit eine Zuständigkeit, darf er Daten vom 1.1.1800 bis 31.12.9999 ansehen.
  - ... es besteht zurzeit keine Zuständigkeit, darf er Daten mit Gültigkeitsbeginn zwischen dem 1.1.1800 und dem Enddatum der Zuständigkeit ansehen.
- Darf der Benutzer Daten des Mitarbeiters *pflegen*, und ...
  - ... es besteht zurzeit eine Zuständigkeit, darf er Daten mit Gültigkeitsbeginn zwischen dem 1.1.1800 und dem Enddatum der Zuständigkeit pflegen.
  - ... es besteht keine Zuständigkeit mehr (auch die Toleranzzeit ist abgelaufen), darf er keine Daten mehr pflegen.

[!]

Zuständigkeitszeitraum

Es wird der Beginn des Zuständigkeitszeitraums nur dann auf den 01.01.1800 vorverlegt, wenn der Sachbearbeiter von Beginn an (ab Einstellung) für den Mitarbeiter zuständig ist, sonst gilt der Beginn des Gültigkeitszeitraums.

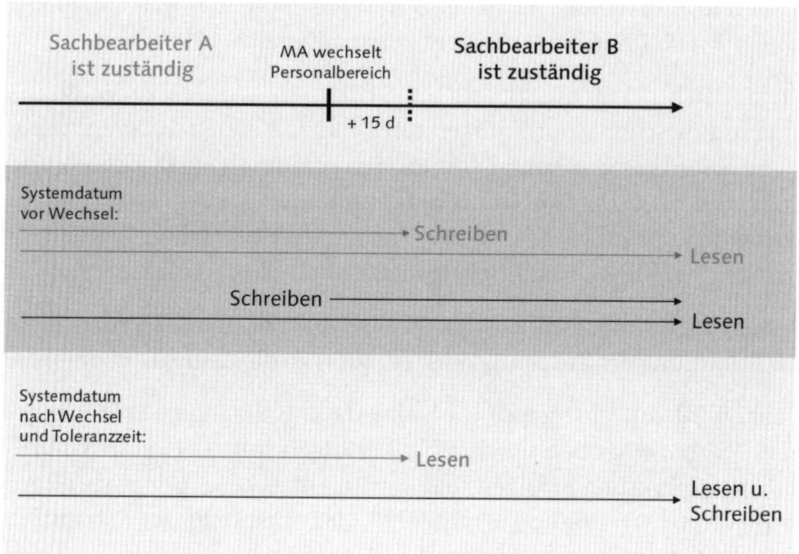

Abbildung 2.50 Zuständigkeiten der Sachbearbeiter vor und nach Wechsel des Personalbereichs

Zusammenfassend werden die in Tabelle 2.1 dargestellten Zuständigkeitszeiträume ermittelt, wenn Zuständigkeitsintervalle bestehen.

Voraussetzung	Zuständigkeitszeitraum
keine datumsabhängige Prüfung, Lesen oder Schreiben	01.01.1800 bis 31.12.9999
datumsabhängig, Leseberechtigung, aktuelles Datum liegt innerhalb eines Zuständigkeitsintervalls	01.01.1800 bis 31.12.9999
datumsabhängig, Leseberechtigung, aktuelles Datum liegt außerhalb aller Zuständigkeitsintervalle	01.01.1800 bis Ende Zuständigkeit
datumsabhängig, Schreibberechtigung, aktuelles Datum liegt innerhalb eines Zuständigkeitsintervalls, 1. Tag der organisatorischen Zuordnung = Beginn der Zuständigkeit	01.01.1800 bis 31.12.9999
datumsabhängig, Schreibberechtigung, aktuelles Datum liegt innerhalb eines Zuständigkeitsintervalls, 1. Tag der organisatorischen Zuordnung ungleich Beginn der Zuständigkeit	Beginn der Zuständigkeit bis 31.12.9999

Tabelle 2.1 Zusammenfassung der Zuständigkeitsräume

Voraussetzung	Zuständigkeitszeitraum
datumsabhängig, Schreibberechtigung, aktuelles Datum liegt außerhalb eines Zuständigkeitsintervalls	keine Zuständigkeit

Tabelle 2.1 Zusammenfassung der Zuständigkeitsräume (Forts.)

Erweiterung in der Zeitlogik

Für die Umsetzung einer kundenindividuellen Zeitlogik in der allgemeinen Berechtigungsprüfung gibt es seit SAP R/3-Release 4.6C ein eigenes Business Add-in (BAdI), das BAdI `HRPAD00CHECK_TIME`.

Mit BAdIs haben Sie die Möglichkeit, über den SAP-Standard hinausgehende Anforderungen an die Berechtigungsprüfung umzusetzen, ohne dafür Modifikationen vornehmen zu müssen. BAdIs erlauben es, an von SAP vordefinierten Stellen in das Standard-Coding einzugreifen und kundeneigene Prüfungen zu implementieren.

[+]

BAdI »HRPAD00CHECK_TIME«

Zum BAdI `HRPAD00CHECK_TIME` finden Sie eine ausführliche Beschreibung mit Beispielimplementierung im SAP-Hinweis 570161.

Das BAdI kann z.B. für folgende Anforderung eingesetzt werden: Abweichend von der Standardlogik soll bei Zugriff auf den Infotyp 0008 (Basisbezüge) der Zuständigkeitszeitraum bei Schreibzugriff mit SY-DATUM (Datum des aktuellen Tages) innerhalb eines Zuständigkeitsintervalls immer für die gesamte Zeit, also vom 01.01.1800 bis 31.12.9999, erteilt werden, und bei SY-DATUM außerhalb eines Zuständigkeitsintervalls soll gar kein Schreib- oder Lesezugriff möglich sein.

Wenn Sie für einzelne Infotypen zu einem bestimmten Zeitraum nur das Ändern verbieten möchten, können Sie den Infotyp 0130 (Prüfverfahren) verwenden. Dieses Konzept stellen wir Ihnen im folgenden Abschnitt vor.

2.7 Prüfverfahren (Infotyp 0130)

Der Infotyp 0130 (Prüfverfahren) ist ein weiteres Instrument der Berechtigungsprüfung, das nur in HCM verwendet werden kann.

Innerhalb von HCM wird es ausschließlich für Infotypen der Personaladministration und der Zeitwirtschaft (Datenbanktabellen PA*) unterstützt.

2.7.1 Notwendigkeit und Wirkungsweise

Zeitraumbezogener Schutz durch Prüfverfahren

Die Prüfverfahren füllen eine Lücke in den Standardberechtigungen. Wenn dort der Zugriff auf einen Infotyp für z.B. einen bestimmten Mitarbeiterkreis erlaubt ist, gilt das immer für alle Datensätze dieses Infotyps, unabhängig vom Gültigkeitsdatum des Infotypsatzes. Wenn der Benutzer organisatorisch für den jeweiligen Mitarbeiter zuständig ist, darf er von der Vergangenheit bis in die Zukunft alle Daten bearbeiten.

[zB]

Änderung zeitraumbezogener Daten

In der Zeitwirtschaft ist es häufig erforderlich, dass dezentrale Zeitbeauftragte ihre Zeitdaten (z.B. die Infotypen 2001 und 2002) nur so lange ändern können, wie diese noch nicht abgerechnet sind. Die Änderung bereits abgerechneter Zeitdaten behält sich oft die zentrale Personalabteilung vor, da deren Mitarbeiter die Konsequenzen auf die Abrechnungstatbestände meist besser überblicken können.

Für Fälle wie die oben beschriebenen kann der Infotyp 0130 (Prüfverfahren) herangezogen werden. Ein derartiges Prüfverfahren verknüpft einen Datensatz des Infotyps 0130 mit einem bestimmten Subtyp, z.B. dem Subtyp T1 (Zeitdaten 1. Stufe), mit den zu schützenden Infotypen z.B. der Zeitwirtschaft. Der Satz des Infotyps 0130 enthält ein Datum, das angibt, bis zu welchem Tag die mit diesem Prüfverfahren verbundenen Zeitdaten bereits geprüft wurden. Damit gibt dieses Datum für die betroffenen Infotypen an, dass hier ein besonderer Berechtigungsschutz vorliegt.

Abbildung 2.51 zeigt das Vorgehen der Berechtigungsprüfung mit Prüfverfahren: Sobald für eine Personalnummer ein Satz des Infotyps 0130 existiert, wird bei Änderungen von Zeitdaten, die mit diesem Satz per Customizing verbunden sind, geprüft, ob ihre Gültigkeit hinter dem Datum des Prüfverfahrens liegt. Wenn nein, werden Änderungen abgelehnt. Dies gilt natürlich nur für die Zeitbeauftragten. Für die Mitarbeiter der Personalabteilung wird durch eine zusätzliche Berechtigung die Änderung erlaubt (siehe Abschnitt 2.7.3, »Berechtigungsvergabe«).

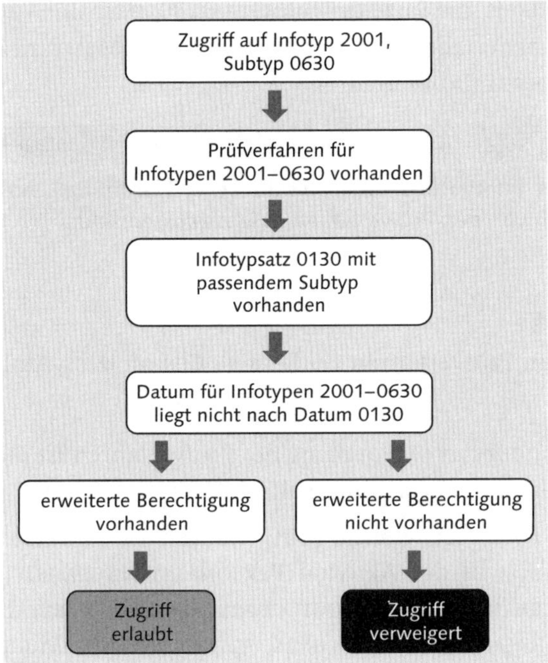

Abbildung 2.51 Überblick über den Ablauf des Prüfverfahrens

Der in Abbildung 2.52 dargestellte Datensatz wurde manuell angelegt. Dies sieht man daran, dass unter GEPRÜFT MITTELS das Programm MP013000 zu sehen ist. MP013000 ist das Dialogprogramm für die Pflege des Infotyps 0130.

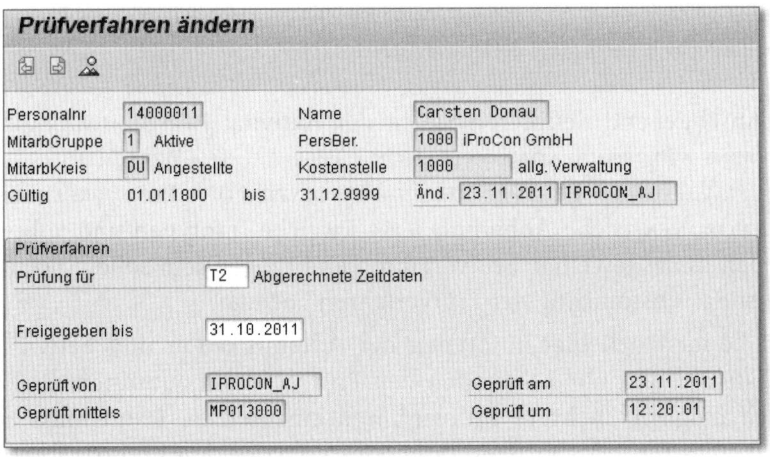

Abbildung 2.52 Beispiel für Infotyp 0130 (Prüfverfahren)

Es besteht die Möglichkeit, die Sätze des Infotyps 0130 maschinell zu schreiben. Mehr darüber erfahren Sie in Abschnitt 2.7.4, »Maschinelles Schreiben des Infotyps ›Prüfverfahren‹«.

[+]

Vom Prüfverfahren ausgeschlossene Infotypen

Beachten Sie, dass der Infotyp 0001 (Organisatorische Zuordnung) und alle Bewerberinfotypen von den Prüfverfahren ausgeschlossen sind.

2.7.2 Customizing

Berechtigungshauptschalter Prüfverfahren

Für das Einrichten von Prüfverfahren sind einige Customizing-Aktivitäten erforderlich:

1. Erste Voraussetzung für das Customizing der Prüfverfahren ist die Aktivierung des Berechtigungshauptschalters AUTSW APPRO.
2. Nun legen Sie im IMG fest, welche Prüfverfahren Sie einsetzen möchten. Dies erfolgt in der Aktivität Personalmanagement • Personaladministration • Werkzeuge • Berechtigungsverwaltung • Prüfverfahren • Prüfverfahren festlegen (Abbildung 2.53).

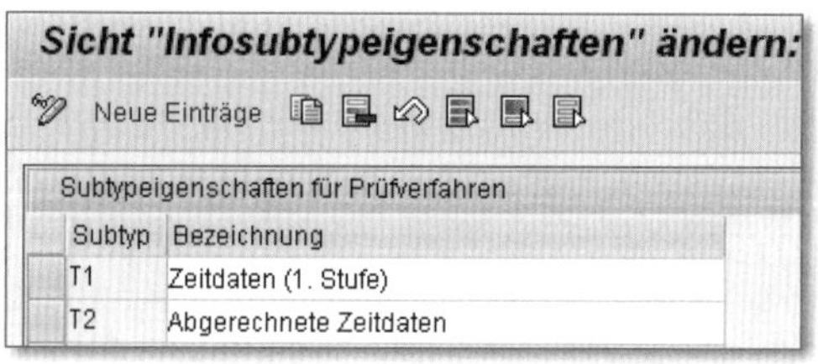

Abbildung 2.53 Festlegung der Prüfverfahren

3. Anschließend definieren Sie in der Aktivität Personalmanagement • Personaladministration • Werkzeuge • Berechtigungsverwaltung • Prüfverfahren • Infotypen den Prüfverfahren zuordnen (siehe Abbildung 2.54), welche Infotypen und Subtypen in das jeweilige Prüfverfahren einbezogen sein sollen. Damit ist das Customizing der Prüfverfahren beendet.

Mehrere Prüfverfahren möglich

Sie können beliebige Infotypen der Administration und Zeitwirtschaft mit und ohne Subtypen den Prüfverfahren zuordnen. Es ist auch möglich, mehrere Prüfverfahren einzusetzen. Dann muss es allerdings für jedes Prüfverfahren einen Satz des Infotyps 0130 mit entsprechendem Subtyp geben.

Abbildung 2.54 Zuordnung der Prüfverfahren zu Infotypen und Subtypen

Ein und derselbe Infotyp/Subtyp kann durchaus mehreren Prüfverfahren zugeordnet werden. Ist dies der Fall, wird gegebenenfalls eine Berechtigung nicht erteilt, sobald nur einer der beteiligten Subtypen des Infotyps 0130 vom Datum her den Zugriff ausschließt.

2.7.3 Berechtigungsvergabe

Von den Prüfverfahren betroffen sind die Infotypen der Personaladministration und Zeitwirtschaft. Diese tauchen in den folgenden Berechtigungsobjekten auf:

- P_ORGIN (HR: Stammdaten)
- P_ORGINCON (HR: Stammdaten mit Kontext)
- ORGXX (HR: Stammdaten – erweiterte Prüfung)
- P_ORGXXCON
  (HR: Stammdaten – erweiterte Prüfung mit Kontext)
- P_PERNR (HR: Stammdaten – Personalnummernprüfung)

Zusatzberechtigung für das Ändern geprüfter Sätze

In diesen Berechtigungsobjekten werden die Berechtigungen für den Zugriff auf die Infotypen und Subtypen explizit vergeben. Überall dort, wo ein Infotyp/Subtyp mit einem Prüfverfahren verknüpft ist, wird keine Berechtigung auf diesen Infotyp/Subtyp erteilt, wenn er den Zeitraum eines Prüfverfahrens mit mindestens einem Tag überschreitet. Um den Infotyp/Subtyp dennoch zu ändern, ist eine Schreibberechtigung auf den Infotyp 0130 (wie in Abbildung 2.55 im Objekt P_ORGIN gezeigt) notwendig.

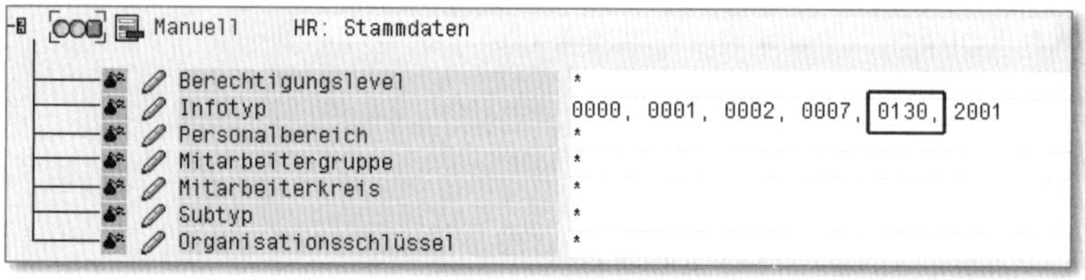

Abbildung 2.55 Schreibberechtigung für Prüfverfahren

Haben Sie mehrere Prüfverfahren im Einsatz, können Sie auch die Schreibberechtigung für Infotyp 0130 nach Subtypen differenzieren.

2.7.4 Maschinelles Schreiben des Infotyps »Prüfverfahren«

Ohne Satz des Infotyps 0130 keine Prüfung

Wichtig für den konsequenten Berechtigungsschutz mit dem Infotyp 0130 (Prüfverfahren) ist, dass alle betroffenen Personalnummern einen entsprechenden Satz des Infotyps 0130 haben. Wenn kein Infotypsatz vorhanden ist, wird vom System nicht geprüft.

Somit ist die maschinelle Versorgung dieses Infotyps in aller Regel zwingend notwendig. SAP liefert als Muster für diesen Zweck den Report RPTAPPU0 (Report zum Zeitabgleich) aus (siehe Abbildung 2.56).

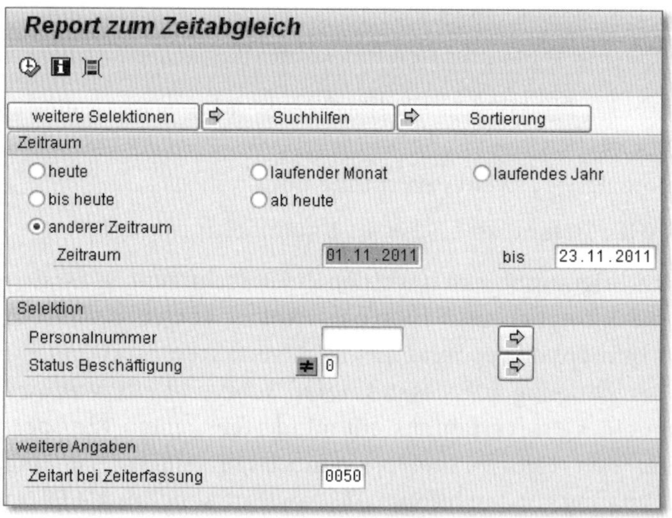

Abbildung 2.56 Musterreport zum Schreiben des Infotyps »Prüfverfahren«

Der Musterreport bezieht sich speziell auf Zeitdaten und unterstützt den folgenden Prozess: SAP-Musterreport

1. Aufruf des Reports zum Zeitabgleich durch den zuständigen Sachbearbeiter
2. Prüfen der Liste von Zeitarten, die der Report aus dem Cluster der Zeitwirtschaft in einer Liste zur Verfügung stellt
3. Freigabe der Daten je Mitarbeiter in der Liste und damit Schreiben des Infotyps 0130 (Prüfverfahren) im Hintergrund

Best Practice für den Einsatz von Prüfverfahren [+]

Dieses Verfahren ist zugegebenermaßen nur selten praktikabel. Die Anforderungen gehen in der Regel dahin, dass grundsätzlich alle abgerechneten Daten für die dezentrale Pflege gesperrt werden sollen. Dafür müssen Sie einen eigenen Report erstellen, der nach der Abrechnung für alle Mitarbeiter den Infotyp 0130 auf das Bis-Datum der Abrechnung setzt.

2.8 Erweiterungen

Während Sie mit den Standardtools irgendwann an Grenzen stoßen, können Sie mit den folgenden Erweiterungen nahezu jede Anforderung umsetzen: Berechtigungsobjekt P_NNNNN, kundeneigene Berechtigungsobjekte und Business Add-ins. Die Frage ist nur, ob sich der Aufwand dafür lohnt. Wir beschreiben Ihnen in diesem Abschnitt die Möglichkeiten zur Erweiterung und geben verschiedene Einsatzbeispiele.

2.8.1 Berechtigungsobjekt P_NNNNN

Die Berechtigungsobjekte P_ORGIN und P_ORGXX prüfen auf die Felder Personalbereich, Organisationsschlüssel und Sachbearbeiter Personal. Wenn die Prüfung auf weitere Felder des Infotyps 0001, wie z.B. Kostenstelle oder Personalteilbereich, erwünscht ist, kann das Berechtigungsobjekt P_NNNNN verwendet werden. Sie können dieses Berechtigungsobjekt selbst aufbauen und mit allen Feldern des Infotyps 0001 – auch kundeneigenen Zusatzfeldern – bestücken.

Beachten Sie, dass Sie stets nur ein kundeneigenes Berechtigungsobjekt auf Basis des Infotyps 0001 einsetzen können. Mithilfe eines Reports wird das Coding für die Berechtigungsprüfung des neuen Berechtigungsobjekts in die Standardberechtigungsprüfung integriert und somit automatisch wie auch die anderen Objekte mitgeprüft. Dieser Vorgang ist zwar formal eine Modifikation, wird jedoch von SAP ausdrücklich unterstützt. Sie müssen hier nicht mit erhöhtem Wartungsaufwand rechnen.

Berechtigungsobjekt anlegen

Zum Anlegen des kundeneigenen Berechtigungsobjekts gehen Sie wie folgt vor:

1. Wählen Sie folgenden Pfad im SAP-Easy Access-Menü: Werkzeuge • ABAP Workbench • Entwicklung • Weitere Werkzeuge • Berechtigungsobjekte • Objekte, oder starten Sie die Transaktion SU21.
2. Sie befinden sich nun in der Pflege der Berechtigungsobjekte. Das Berechtigungsobjekt P_NNNNN werden Sie jedoch in der Liste der bestehenden Berechtigungsobjekte nicht finden. Es existiert nicht als solches, sondern ist eher als eine Art Platzhalter zu sehen. Wählen Sie im Bild Pflege der Berechtigungsobjekte den Button Anlegen • Berechtigungsobjekt aus.
3. Geben Sie im Bild Berechtigungsobjekt anlegen einen Namen beginnend mit Y oder Z ein, und wählen Sie die Klasse `HR`.
4. Geben Sie nun im selben Bild die Berechtigungsfelder an. Damit das neue Berechtigungsobjekt im Rahmen der Stammdatenprüfung verwendet werden kann, muss es auf jeden Fall die Felder INFTY, SUBTY und AUTHC enthalten (siehe Abbildung 2.57).

[+]

Berechtigungsfelder TCD und INFSU

Sie können außerdem die Felder TCD (zur Prüfung auf eine Transaktion) sowie INFSU (ein acht Zeichen langes Feld, bestehend aus Infotyp und Subtyp) verwenden.

5. Nach dem Speichern des neuen Berechtigungsobjekts klicken Sie den Button SAP_ALL nachgenerieren an, damit das neue Berechtigungsobjekt in der Rolle SAP_ALL mit voller Berechtigung eingetragen wird.
6. Nach dem Generieren rufen Sie im Menü den Pfad System • Dienste • Reporting auf oder starten die Transaktion SA38 und geben den Reportnamen »RPUACG00« ein.

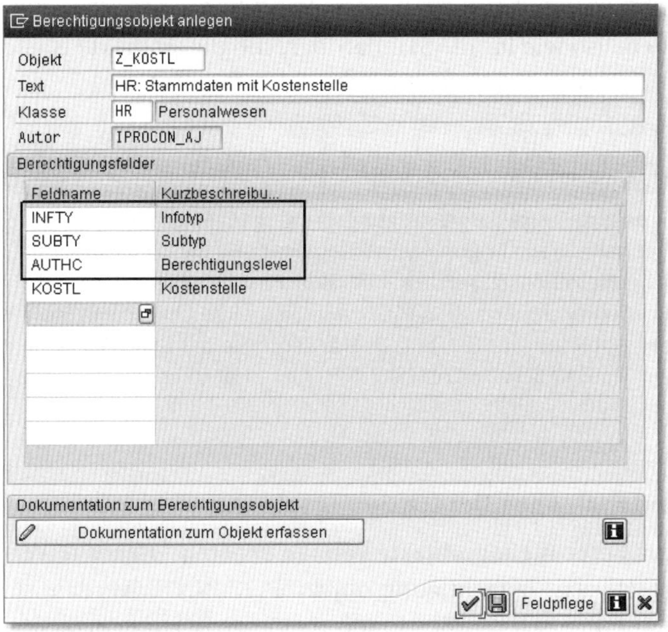

Abbildung 2.57 Anlegen eines kundeneigenen Berechtigungsobjekts mit Prüfung auf die Kostenstelle

7. Geben Sie den Namen des neuen Berechtigungsobjekts und Ihren Benutzernamen als Passwort ein. Beim Ausführen ohne Häkchen in der Checkbox TEST werden Sie um einen Zugangsschlüssel gebeten (siehe Abbildung 2.58).

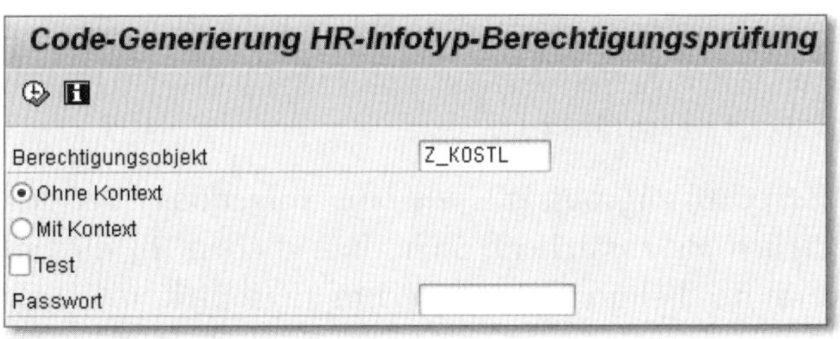

Abbildung 2.58 Report zur Generierung eines kundeneigenen Berechtigungsobjekts (ohne Kontextsensitivität)

8. Rufen Sie im Menü die Transaktion ERWEITERTE TABELLENPFLEGE über den Pfad SYSTEM • DIENSTE • TABELLENPFLEGE • ERWEIT. TAB.PFLEGE oder den Transaktionscode SM31 auf, und aktivieren Sie das neue Berechtigungsobjekt in der Tabelle T77S0, indem Sie den Schalter AUTSW NNNNN auf »1« setzen.

Zeitlogik und Zuständigkeitszeiträume gelten für das neue Berechtigungsobjekt ebenso wie für die Standardberechtigungsobjekte (siehe Abschnitt 2.6, »Zuständigkeitszeiträume und Zeitlogik«).

[!]

Feld PROFL bei kontextsensitiver Berechtigungsprüfung nicht vergessen

Falls Sie die kontextsensitive Berechtigungsprüfung im Einsatz haben oder auf kontextsensitive Berechtigung umstellen, müssen Sie das kundeneigene Berechtigungsobjekt zusätzlich mit dem Feld PROFL füllen. Beim Start des Generierungsreports RPUACG0 wählen Sie die Option MIT KONTEXT AUS (siehe Abbildung 2.58). Danach aktivieren Sie das Berechtigungsobjekt, indem Sie den Schalter AUTSW NNCON in der Tabelle V_T77S0 auf »1« setzen.

2.8.2 Kundeneigenes Berechtigungsobjekt

Kundeneigene Berechtigungsobjekte können beliebig aufgebaut werden. Anders als das Berechtigungsobjekt P_NNNNN werden sie jedoch nicht automatisch geprüft, sondern müssen in kundeneigenen Programmen oder BAdIs abgefragt werden. In den Beispielen zur Erweiterung der Standardberechtigungsprüfung mithilfe von BAdIs in Abschnitt 2.8.3, »BAdI für die allgemeine Berechtigungsprüfung«, kommen auch kundeneigene Berechtigungsobjekte zum Einsatz.

Transaktion SU21

Ein kundeneigenes Berechtigungsobjekt wird, wie in Abschnitt 2.8.1, »Berechtigungsobjekt P_NNNNN«, beschrieben, über die Transaktion SU21 angelegt und kann ein bis zehn Felder enthalten. Dabei gibt es keine Anforderungen an die Feldauswahl, d.h., Sie sind nicht wie bei dem Objekt P_NNNNN auf den Infotyp 0001 (Organisatorische Zuordnung) beschränkt.

So kann das Berechtigungsobjekt, wie im folgenden Beispiel beschrieben, lediglich als zusätzliche Sicherheit dienen. In diesem Fall reicht es, wenn der Benutzer das Berechtigungsobjekt in seiner Rolle enthält. Deshalb wird es mit einem Dummy-Feld bestückt (siehe Abbildung 2.59).

[+]

Einsatz eines kundeneigenen Berechtigungsobjekts

Einige dezentrale Sachbearbeiter sollen aus einem Reportergebnis (z.B. einer Mitarbeiterliste) einen bestimmten Infotyp anlegen bzw. pflegen können. Berechtigung für die Transaktion PA30 soll jedoch nicht erteilt werden, da dies aus datenschutzrechtlichen Gründen nicht gewünscht ist.

Für die Pflege des Infotyps ist jedoch eine Berechtigung für einige Stammdaten-Infotypen wie z.B. IT0001, IT0008 etc. zwingend erforderlich. Diese Prüfung beim Absprung aus dem Report kann mithilfe des BAdIs `HRPAD00AUTH_CHECK` (siehe Abschnitt 2.8.3, »BAdI für die allgemeine Berechtigungsprüfung«) abgeschaltet werden. Zur Sicherheit kann zusätzlich ein kundeneigenes Berechtigungsobjekt mit einem Dummy-Feld mit Festwert »*« eingerichtet, dem Benutzer über eine Rolle zugeordnet und im BAdI abgefragt werden.

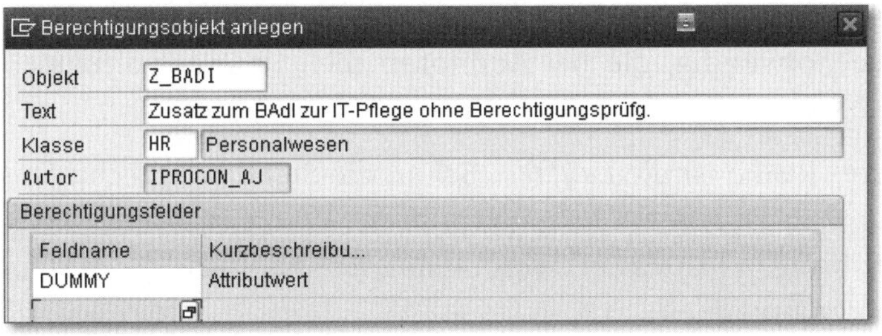

Abbildung 2.59 Kundeneigenes Berechtigungsobjekt mit Dummy-Feld

2.8.3 BAdI für die allgemeine Berechtigungsprüfung

Prüfungen selbst programmieren

Seit SAP R/3-Release 4.6C bietet die Berechtigungsprüfung das BAdI `HRPAD00AUTH_CHECK` für die allgemeine Berechtigungsprüfung an. Dieses BAdI erlaubt es, bei Zugriffen auf Infotypen beliebige Prüfungen selbst zu programmieren.

Sie finden das BAdI `HRPAD00AUTH_CHECK` im IMG unter PERSONALMANAGEMENT • PERSONALADMINISTRATION • WERKZEUGE • BERECHTIGUNGSVERWALTUNG • BADI: KUNDENINDIVIDUELLE BERECHTIGUNGSPRÜFUNG EINRICHTEN. Hier ist auch die Dokumentation zum BAdI hinterlegt.

Generell ermöglicht die Verwendung von Berechtigungs-BAdIs, auch komplexe Prüfregeln oder Ausnahmen abzubilden. Der Einsatz birgt allerdings auch Risiken. Bevor wir auf die Implementierung des BAdIs für die allgemeine Berechtigungsprüfung eingehen, wollen wir auf die Risiken hinweisen, die auch für die später beschriebenen BAdIs gelten.

Risiken beim Einsatz von BAdIs

Verlust der Übersichtlichkeit

Beim Einsatz von BAdIs leidet die *Übersichtlichkeit* sehr schnell. Durch eine Analyse der vergebenen Rollen lässt sich das Systemverhalten nicht mehr voraussagen. Auch die verschiedenen Reports zur Berechtigungsanalyse können das Verhalten eines BAdIs nicht berücksichtigen.

Fehleranfälligkeit Bei der ABAP-Programmierung schleichen sich oft *Fehler* ein. So kann ein einzelnes "`X`" an der falschen Stelle die ganze Prüfung unterlaufen. Wenn viele verschiedene Regeln in BAdIs behandelt werden – die vielleicht auch Wechselwirkungen hervorrufen – ist es für einen Prüfer oft schwer zu erkennen, ob die Programmierung korrekt ist. Generell sind dann für eine Prüfung von Berechtigungen ABAP-Kenntnisse notwendig, die bei Auditoren nicht immer vorhanden sind.

Längere Laufzeit Ein weiteres Risiko ist die *Laufzeit*. Schon die Standardberechtigungen können zu längeren Laufzeiten führen. Wenn zusätzlich noch weitere Prüfungen prozessiert werden müssen, kann das das System erheblich verlangsamen.

Sicherlich wiegt die durch den Einsatz der BAdIs gewonnene Flexibilität oft schwerer als die Risiken. Aber man sollte nicht leichtfertig alle auftretenden Fälle in BAdIs lösen. Besonders wichtig sind hier eine saubere, übersichtliche Programmierung und eine gute Dokumentation.

[+] **Übersichtlichkeit erhöhen**

Eine gute Möglichkeit, um die Übersichtlichkeit trotz des Einsatzes von BAdIs zu erhöhen, ist die Verwendung von kundeneigenen Berechtigungsobjekten. So wird bei einer Analyse von Rollen sichtbar, dass kundeneigene Programmierung vorhanden ist. Über den Verwendungsnachweis auf das Objekt kann dann das genaue BAdI ermittelt werden.

Implementierung des BAdIs HRPAD00AUTH_CHECK

Wie gehen Sie nun vor, um das BAdI für die allgemeine Berechtigungsprüfung `HRPAD00AUTH_CHECK` zu implementieren?

Zuallererst müssen Sie beachten, dass dieses BAdI als Alternative zur Standardberechtigungsprüfung vorgesehen ist. Wenn Sie das BAdI aktivieren, schalten Sie damit die Standardprüfung ab, und zur Berechtigungskontrolle wird *nur noch* das BAdI durchlaufen. In den meisten Fällen ist dieser Effekt nicht gewünscht, es sollen vielmehr die Standardprüfung und *zusätzlich* das BAdI durchlaufen werden. Um das zu erreichen, muss in dem BAdI die Standardprüfung aufgerufen werden. Der einfachste Weg hierfür wäre, das gesamte Coding der Standardprüfung in das BAdI zu kopieren. Dann müssten Sie jedoch alle Korrekturen und Weiterentwicklungen an der Standardprüfung manuell nachtragen.

Daher ist es sinnvoller, die Standardprüfung aus dem BAdI heraus aufzurufen. Dieses Vorgehen erfordert drei Arbeitsschritte und wird im Folgenden beschrieben.

Standardprüfung hinterlegen

Im *ersten Schritt* muss die Standardberechtigungsprüfung als Attribut an der BAdI-Implementierung hinterlegt werden. Dazu öffnen Sie die BAdI-Implementierung und klicken doppelt auf den Namen der zu implementierenden Klasse (siehe Abbildung 2.60 und hier die Klasse ZCL_IM_PK_BERECHT_HRDAP). Diese Klasse wird daraufhin im Class Builder geöffnet.

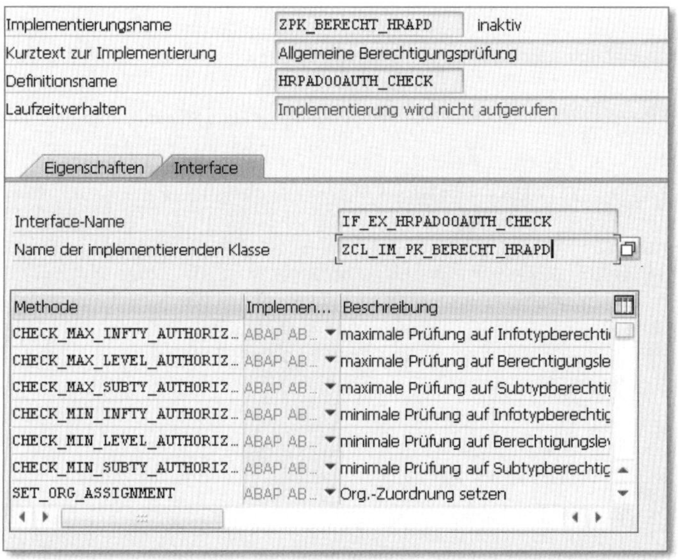

Abbildung 2.60 Sicht beim Einstieg in das BAdI

Hier müssen Sie auf der Registerkarte ATTRIBUTE ein neues Attribut als Instanzattribut mit der Typisierungsart TYPE REF TO und dem Bezugstyp IF_EX_HRPAD00AUTH_CHECK anlegen. Die Verwendung dieses Bezugstyps (ein Interface) vereinfacht später den Aufruf der Standardfunktionen.

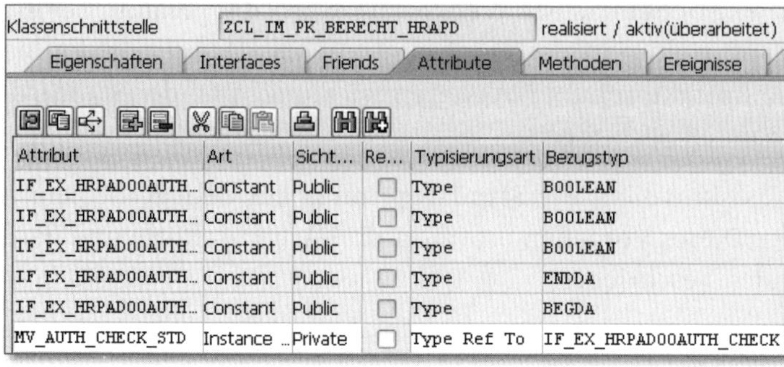

Abbildung 2.61 Standardberechtigungsklasse als Attribut

Objekt erzeugen

Im *zweiten Schritt* müssen Sie zu diesem Instanzattribut ein Objekt erzeugen. Dazu fügen Sie Coding in die Implementierungsklasse in der Methode IF_EX_HRPAD00AUTH_CHECK~DELAYED_CONSTRUCTOR ein (siehe Listing 2.1).

```
IF me->mo_auth_check_sap IS INITIAL.

  " Prüfen, ob das Berechtigungsobjekt P_ABAP
  " relevant ist
  AUTHORITY-CHECK OBJECT 'P_ABAP'
                  ID 'REPID' FIELD sy-cprog
                  ID 'COARS' FIELD '1'.
  IF sy-subrc = 0.
    CREATE OBJECT me->mo_auth_check_sap TYPE  cl_
hrpad00auth_check_fast.
  ELSE.
    CREATE OBJECT me->mo_auth_check_sap TYPE cl_
hrpad00auth_check_std.
  ENDIF.

ENDIF.
```

Listing 2.1 Instanziierung der Standardprüfung

Standardmethode aufrufen

Dieses Coding dient zur Unterscheidung, ob die »normale« Standardprüfung (über die Klasse CL_HRPAD00AUTH_CHECK_STD) oder die beschleunigte Prüfung unter Verwendung des Berechtigungsobjekts P_ABAP (Klasse CL_HRPAD00AUTH_CHECK_FAST) durchlaufen werden soll (siehe Abschnitt 5.17.3, »Berechtigungsobjekt P_ABAP«).

Im *dritten Arbeitsschritt* müssen Sie in jeder einzelnen Methode des BAdIs (außer der Methode CHECK_PERNR_AUTHORIZATION) die entsprechende Standardmethode aufrufen. Dazu verwenden Sie am besten die Funktion Muster einfügen und dort die Option Muster zu ABAP Objects (siehe Abbildungen 2.62 und 2.63).

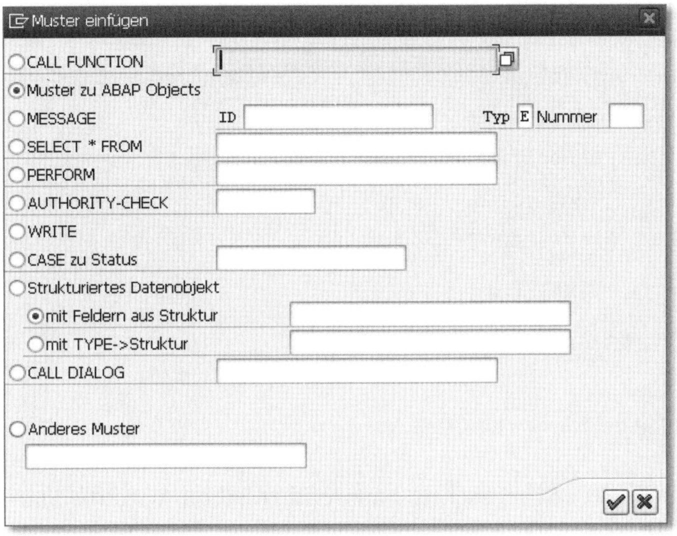

Abbildung 2.62 Funktion »Muster einfügen«

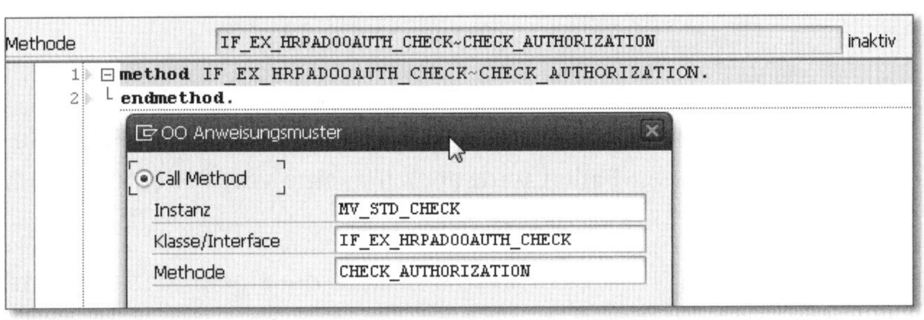

Abbildung 2.63 Anweisungsmuster für objektorientierte Methoden

Jeder neu aufgerufenen Methode werden die Parameter aus der Signatur übergeben. Folgender Code ist für die Methode `IF_EX_HRPAD00AUTH_CHECK~CHECK_AUTHORIZATION` notwendig (siehe Listing 2.2):

```
CALL METHOD mo_auth_check_sap->check_authorization
  EXPORTING
    level                        = level
    tclas                        = tclas
    pernr                        = pernr
    infty                        = infty
    subty                        = subty
```

```
      begda                         = begda
      endda                         = endda
      uname                         = uname
      process_only_partial_checks = process_only_partial_
checks
    IMPORTING
      is_authorized                 = is_authorized
    EXCEPTIONS
      invalid                       = 1
      internal_error                = 2.

  CASE sy-subrc.
    WHEN 0. " Nichts tun

    WHEN 1.      RAISE invalid.

    WHEN OTHERS. RAISE internal_error.
  ENDCASE.
```

Listing 2.2 Aufruf der Standardfunktion

Wenn Sie diese drei Arbeitsschritte ausgeführt haben, wird die Standardberechtigungsprüfung auch bei Aktivierung des BAdIs ausgeführt. Sie können jetzt mit der Programmierung der von Ihnen gewünschten Funktion beginnen.

Programmierung

Allgemeine Berechtigungsprüfung

Das BAdI enthält verschiedene Methoden, in die Sie eingreifen können. In den meisten Fällen wird aber nur eine von Bedeutung sein, die Methode `CHECK_AUTHORIZATION`.

In der Methode `CHECK_AUTHORIZATION` wird die eigentliche Berechtigungsprüfung durchgeführt. Sie prüft für jeden Infotypsatz die Kombination aus Berechtigungslevel, Mitarbeiter/Bewerber, Personalnummer, Infotyp, Subtyp, Beginn- und Enddatum. Die Methode hat nur einen Exportparameter, nämlich `IS_AUTHORIZED`. Wenn Sie diesen Parameter mit `X` füllen, ist die Berechtigung erteilt. Wenn Sie ihn leer lassen, ist die Berechtigung verweigert.

Der Infotyp 0130 (Prüfverfahren) steuert die Freigabeprüfung und nimmt hier eine Sonderstellung ein. Die Berechtigungsprüfung wird bei Schreibzugriffen auf diesen Infotyp nicht mit Beginn- und Enddatum versorgt. Stattdessen erfolgt der Aufruf mit Beginndatum = Enddatum = Freigabedatum (Technischer Feldname des Freigabedatums lautet RELDT).

Damit die Methode CHECK_AUTHORIZATION übersichtlich bleibt – und damit nicht aus Versehen der Aufruf der Standardprüfung überschrieben wird – sollten Sie eigene Prüfungen auch in eigenen Methoden kapseln.

Weitere Methoden des BAdIs

Über die Methode CHECK_AUTHORIZATION hinaus enthält das BAdI HRPAD00AUTH_CHECK weitere Methoden:

- **CHECK_MIN_INFTY/LEVEL/SUBTY_AUTHORIZATION und CHECK_MAX_INFTY/LEVEL/SUBTY_AUTHORIZATION: Methoden zur Optimierung der Performance**
  Diese Methoden zur Optimierung der Performance prüfen, ob der Benutzer irgendeine Berechtigung hat (Methoden mit CHECK_MIN_...) oder ob er Maximalberechtigungen mit »*« hat (also für alles, Methoden mit CHECK_MAX_...).

  Diese Methoden werden vor der detaillierten Berechtigungsprüfung ausgeführt. Wenn der Benutzer nicht einmal rudimentäre Berechtigungen hat (Methoden mit CHECK_MIN_...), kann die Berechtigung verweigert werden, ohne die laufzeitintensiven Detailprüfungen auszuführen. Wenn der Benutzer Maximalberechtigung hat (CHECK_MAX_...), kann ohne weitere Prüfung die Berechtigung erteilt werden.

  Diese Methoden brauchen üblicherweise nicht angepasst zu werden.
- **CHECK_PERNR_AUTHORIZATION: Prüfung auf Personalnummernberechtigung**
  Diese Methode prüft außerhalb des Infotypkonzepts, ob Zugriff auf die Personalnummer erlaubt ist (z.B. aus dem Rechnungswesen). Sie ruft im Standard die Methode CHECK_AUTHORIZATION mit leerem Infotyp/Subtyp auf. Um die kundeneigenen Erweiterungen der Berechtigungsprüfung zu berücksichtigen, sollte hier nicht, wie unter »Implementierung des BAdIs HRPAD00AUTH_CHECK« beschrieben, die Standardprüfung aufgerufen werden. Vielmehr können Sie mithilfe des Befehls CALL METHOD me->check_authorization Ihre kundeneigene Prüfung aufrufen.
- **SET_ORG_ASSIGNMENT/SET_PARTIAL_ORG_ASSIGNMENT: Organisatorische Zuordnung (partiell) setzen**
  Diese Methoden füllen den Puffer mit Datensätzen des Infotyps 0001 (Organisatorische Zuordnung) zur Optimierung der Perfor-

mance. Die PARTIAL-Methode behandelt den Infotyp 0001 bei Einstellungsmaßnahmen.

Hier sind üblicherweise keine Anpassungen notwendig.

- **DELAYED_CONSTRUCTOR: Ersatz für den CONSTRUCTOR**
  Diese Methode ermöglicht es, die Berechtigungsprüfung in einem gewissen Rahmen abhängig von der Aufrufumgebung durchzuführen (je nachdem, ob sie z.B. aus einer logischen Datenbank oder einem Funktionsbaustein aufgerufen wird). SAP empfiehlt, keine eigenen Kontextabhängigkeiten zu verwenden, sodass auch hier kein Coding hinterlegt werden muss.

Beispiele zum BAdI HRPAD00AUTH_CHECK

Wir beschreiben nun zwei praktische Beispiele, in denen das BAdI HRPAD00AUTH_CHECK genutzt wird.

Zeitwirtschaft

Auf Anforderung des Betriebsrats soll der Zugriff auf An- und Abwesenheiten für bestimmte Zeitsachbearbeiter eingeschränkt werden. Ein kundeneigenes Berechtigungsobjekt prüft, auf welche Infotypen und mit welchem Berechtigungslevel der Sachbearbeiter zugreifen darf. Im BAdI HRPAD00AUTH_CHECK werden zunächst sämtliche Standardprüfungen durchlaufen. Wenn diese erfolgreich sind, wird das kundeneigene Objekt geprüft. Durch diese Prüfung wird verhindert, dass An-/Abwesenheiten aus der Zeit, bevor der Sachbearbeiter die Zuständigkeit erhielt, angesehen bzw. gepflegt werden können. Die Methode CHECK_AUTHORIZATION könnte in diesem Beispiel folgendermaßen aussehen, wobei die eigentliche Logik des Beispiels in der Methode Z_CHECK_AUTH_XXX_TIME gekapselt wird (siehe Listing 2.3).

```
METHOD if_ex_hrpad00auth_check~check_authorization.
**********************************************************
* Standardberechtigungsprüfung
**********************************************************
  CLEAR is_authorized.
  CALL METHOD mo_auth_check_sap->check_authorization
    EXPORTING
      level                        = level
      tclas                        = tclas
      pernr                        = pernr
      infty                        = infty
      subty                        = subty
      begda                        = begda
      endda                        = endda
      uname                        = uname
```

```
    process_only_partial_checks = process_only_partial_
checks
    IMPORTING
      is_authorized             = is_authorized
    EXCEPTIONS
      invalid                   = 1
      internal_error            = 2.

  CASE sy-subrc.
    WHEN 0. " Nichts tun

    WHEN 1.      RAISE invalid.

    WHEN OTHERS. RAISE internal_error.
  ENDCASE.

************************************************************
* Erweiterung der Berechtigungsprüfung Zeitwirtschaft
************************************************************
  IF tclas = 'A'.
    CALL METHOD z_check_auth_xxx_time
      EXPORTING
        level                     = level
        tclas                     = tclas
        pernr                     = pernr
        infty                     = infty
        subty                     = subty
        begda                     = begda
        endda                     = endda

        process_only_partial_checks = process_only_partial_
checks
      CHANGING
        is_authorized             = is_authorized
      EXCEPTIONS
        invalid                   = 1
        internal_error            = 2.

  CASE sy-subrc.
    WHEN 0. " Nichts tun

    WHEN 1.      RAISE invalid.

    WHEN OTHERS. RAISE internal_error.
  ENDCASE.
```

Listing 2.3 Beispiel für das BAdI HRPAD00AUTH_CHECK und die Methode CHECK_AUTHORIZATION

Dezentrales Berichtswesen

Die Assistenten oder Vertreter sollen in den Reports des Manager's Desktops nicht die Gehaltsdaten ihrer Vorgesetzten sehen. Im BAdI `HRPAD00AUTH_CHECK` und der Methode `CHECK_MAX_PERNR_AUTHORIZATION` wird geprüft, ob der Benutzer einen bestimmten Mitarbeiter sehen darf, und in der Methode CHECK_AUTHORIZATION wird geprüft, was der Benutzer von den Personen sehen darf, für die er berechtigt ist. Die betroffenen Personen werden durch kundeneigene Verknüpfungen zwischen den Planstellen des Sekretariats/der Assistenz und des Vorgesetzten erkannt. Die kritischen Infotypen werden über eine kundeneigene Tabelle gefunden.

2.8.4 User-Exits für die Download-Berechtigung

Wie in Abschnitt 2.4.6 beschrieben, ist die Vergabe von Download-Berechtigungen aus Datenschutzgründen oft kritisch. Im Standard kann die Berechtigung nur systemweit vergeben werden. Eine Einschränkung auf organisatorische Bereiche, Transaktionen o. Ä. ist über das Berechtigungsobjekt S_GUI nicht möglich.

Einschränkung der Download-Berechtigung

Es gibt zwei User-Exits, die die Download-Berechtigung nachträglich einschränken können: SGRPDL00 und HRPC0001. Nach Aktivierung eines der beiden User-Exits wird bei jedem Download zusätzlich zur Prüfung des Berechtigungsobjekts S_GUI (mit der Aktivität 61, Download) eine von Ihnen programmierte Prüfung ausgeführt. In dieser Prüfung können Sie die Download-Berechtigung auf ausgewählte Konstellationen einschränken.

Auf das Hochladen von Daten (Aktivität 60, Upload) haben die folgenden beiden User-Exits keine Auswirkungen:

- **SGRPDL00: Berechtigung und Trace bei Download auf PC**
  Dieser User-Exit wird bei jedem Download aufgerufen. Der entsprechende Funktionsbaustein stellt zwei Parameter zur Verfügung:
  - Der Parameter IS_LIST_DOWNLOAD zeigt an, ob der Download aus einer Liste (ABAP-Liste oder SAP List Viewer (ALV)) aufgerufen wird.
  - Der Parameter NO_AUTH_CHECK zeigt an, ob bei einem Download (z.B. über den Funktionsbaustein GUI_DOWNLOAD) die Berechtigungsprüfung »ausgeschaltet« wurde. Die Download-Berechtigung kann in diesem User-Exit aber auch bei gesetztem NO_AUTH_CHECK verweigert werden.

  Über die Systemstruktur ‚SY' können Sie weitere Informationen über die Laufzeitumgebung ermitteln (z.B. die aktuelle Transaktion über SY-TCODE oder den Benutzer über SY-UNAME). Mithilfe dieser Informationen können Sie eine Prüfung programmieren, die entscheidet, ob der angeforderte Download verboten werden soll. Sie verbieten einen Download, indem Sie den Befehl `RAISE no_authority` ausführen.

- **HRPC0001: HR: PC-Download-Berechtigung**
  Über diesen User-Exit können Sie die Download-Berechtigungen in Reports steuern, die die logischen Datenbanken PNP oder PAP verwenden. Die Prüfung wird nicht im Exit selbst durchgeführt, sondern Sie übergeben im Exit den Namen eines Reports sowie einer Formroutine, in der Sie die Berechtigungsprüfung programmiert haben. Dies wird meistens der Report sein, aus dem der Download möglich ist.

  In der Formroutine stehen Ihnen dann alle Variablen zur Verfügung, die in dem Report global verfügbar sind. Die Routine muss einen `USING`-Parameter besitzen. Wenn Sie den Download verweigern wollen, müssen Sie diesem Parameter einen Wert ungleich 0 mitgeben.

Ablauf der Prüfung auf Download-Berechtigung

Nun stellt sich noch die Frage, wie die Prüfung genau abläuft, wenn ein Benutzer einen Download durchführen möchte:

1. Zuerst wird eine Prüfung auf das Berechtigungsobjekt S_GUI durchgeführt. Wenn diese Berichtigung nicht vergeben ist, wird der Download verweigert.
2. Danach wird in Reports mit der logischen Datenbank PNP die im User-Exit HRPC0001 angegebene Formroutine geprüft. Wird ein Ergebnis ungleich 0 zurückgeliefert, wird der Download verweigert.
3. Zum Schluss wird der User-Exit SGRPDL00 ausgeführt. Wenn dieser Exit die Ausnahme `no_authority` auslöst, wird der Download verweigert.

Nur falls alle drei Prüfungen erfolgreich durchlaufen werden, kann der Download ausgeführt werden.

[+]

Kopieren von Bildschirminhalten verhindern

Die User-Exits können auch das Kopieren von Bildschirminhalten mit der Tastenkombination [Strg]+[C] in die Zwischenablage verhindern. Dazu muss per Kundenmodifikation das Attribut `M_APPLY_SAPLGRAP` in der Klasse `CL_ALV_VARIANT` auf den Initialwert ‚`X`‘ gesetzt werden (siehe dazu den SAP-Hinweis 997201).

2.9 Kritische Erfolgsfaktoren

Im Folgenden haben wir kritische Erfolgsfaktoren zusammengefasst, auf die Sie besonders achten sollten, wenn Sie die allgemeine Berechtigungsprüfung einsetzen:

- Nutzen Sie alle erdenklichen Formen der Vereinfachung der Pflege, um den Wartungsaufwand so weit wie möglich zu reduzieren: Sammelrollen, Referenzrollen und zusätzliche Organisationsebenen.
- Treffen Sie eine zukunftsfähige Entscheidung zur Auswahl der Berechtigungsobjekte für die Stammdaten unter Berücksichtigung der Kapitel 3, »Strukturelle Berechtigungsprüfung«, und 4, »Kontextabhängige Berechtigungsprüfung«.
- Klären Sie, ebenfalls unter Berücksichtigung der Kapitel 3 und 4, welche organisatorischen Prüfgrößen Sie für die Abbildung der Zuständigkeiten in Ihrem Unternehmen verwenden wollen, und wählen Sie die zu verwendenden Berechtigungsobjekte und die zu versorgenden Felder dementsprechend aus.
- Definieren Sie den Umgang mit kritischen Systemberechtigungen, insbesondere Aufruf von Reports, Tabellenpflege und -anzeige, Query und Download.
- Entscheiden Sie frühzeitig, wie mit dem Profilgenerator umgegangen werden soll, und setzen Sie das im Customizing um.
- Machen Sie sich Gedanken über den Zeitraumbezug bei den Zuständigkeiten, und planen Sie gegebenenfalls die Nutzung der notwendigen Verfahren (z.B. Infotyp 0130 (Prüfverfahren)) in Ihr Berechtigungskonzept ein.

Ohne die strukturelle Berechtigungsprüfung ist vieles in SAP ERP HCM gar nicht möglich – oder nur mit großem Pflegeaufwand. Welchen Nutzen die strukturellen Berechtigungen haben und wie und wo Sie sie optimal einsetzen, erfahren Sie in diesem Kapitel.

3 Strukturelle Berechtigungsprüfung

Die strukturelle Berechtigungsprüfung ergänzt die allgemeine Berechtigungsprüfung und nutzt die Ordnung und Flexibilität von Strukturen im HCM-System zur Vereinfachung und Dynamisierung der Berechtigungsprofile. Die strukturelle Berechtigungsprüfung hat drei wichtige Anwendungsbereiche:

- Anzeige und Pflege von Objekten des Organisationsmanagements (OM)
- Anzeige und Pflege aller übrigen HCM-Objekte, die in Tabellen der Struktur HRP* abgelegt sind
- organisatorische Einschränkung der Anzeige und Pflege von Daten der Personaladministration

Nur in SAP ERP HCM

Eine strukturelle Berechtigungsprüfung in der hier beschriebenen Form gibt es ausschließlich in SAP ERP HCM. Die strukturelle Berechtigung für die Anzeige und Pflege von Objekten, die in den HRP*-Tabellen abgelegt sind, ist grundsätzlich aktiv. Die strukturelle Berechtigung für Personen hingegen ist zunächst inaktiv.

Im Folgenden erläutern wir das Prinzip der strukturellen Berechtigung zunächst im Organisationsmanagement. Nach der Darstellung, wie eine strukturelle Berechtigung einzurichten ist, beschreiben wir weitere Anwendungsfelder. Dem Abschnitt zur Pflege der strukturellen Berechtigung durch ihre Zuordnung zum Benutzer folgen einige Abschnitte mit Spezialproblemen, bis wir am Ende wieder auf Erweiterungsoptionen eingehen.

3.1 Strukturelle Berechtigungsprüfung im Organisationsmanagement

Objekt PLOG prüft nicht inhaltlich

Bei Betrachtung des Berechtigungsobjekts PLOG fällt auf, dass die Möglichkeit fehlt, bestimmte Objekte vom Zugriff auszuschließen bzw. dafür zuzulassen. Wenn z.B. die Berechtigung für den Infotyp 1000 des Objekttyps S erteilt ist, gilt dies für alle Planstellen des Unternehmens. Im Berechtigungsobjekt PLOG fehlt die Möglichkeit einer inhaltlichen Festlegung, für welche Bereiche des Unternehmens Planstellen angezeigt oder verwaltet werden dürfen. Genau das können Sie aber mit der strukturellen Berechtigungsprüfung erreichen.

OM-Werkzeug: Auswertungsweg

In ihrer Grundform nutzt die strukturelle Berechtigung das Mittel der Auswertungswege (nähere Informationen hierzu finden Sie im Buch *Personalplanung und -entwicklung mit SAP ERP HCM* (SAP PRESS 2009). Ausgehend von einem Wurzelobjekt, das mit seiner achtstelligen Objekt-ID angegeben wird, ermittelt der Auswertungsweg alle Objekte in der Struktur unterhalb des Wurzelobjekts. Für alle diese Objekte wird Berechtigung erteilt.

Abbildung 3.1 zeigt beispielhaft den Auswertungsweg O-O-S, der den Zugriff auf alle Planstellen ermöglicht, die unterhalb einer Hierarchie von Organisationseinheiten angesiedelt sind.

Auswertungsweg | O-O-S | Alle Planst. die in der Org.str.unter einer Org.einheit hängen

Nr.	Objektt...	A/B	Verknüpfung	Verknüpfungsbezeich.	Priorität	Typ verk. Obj.	Skip
5	O	B	002	ist Linien-Vorgesetzter v	*	O	☐
10	O	B	003	umfaßt	*	S	☐

Abbildung 3.1 Auswertungsweg O-O-S

Abbildung 3.2 zeigt beispielhaft eine Struktur von Organisationseinheiten (Objekttyp O), Planstellen (Objekttyp S) und Personen (Objekttyp P). Genau diese Objekttypen werden vom Auswertungsweg O-O-S beschrieben. Wird in der strukturellen Berechtigung das Wurzelobjekt 80000815 mit dem Auswertungsweg O-O-S verbunden, sind alle in Abbildung 3.2 dargestellten Objekte zugelassen. Wenn als Wurzelobjekt 80004711 angegeben wird, dann wird nur für die weißen Objekte Berechtigung erteilt.

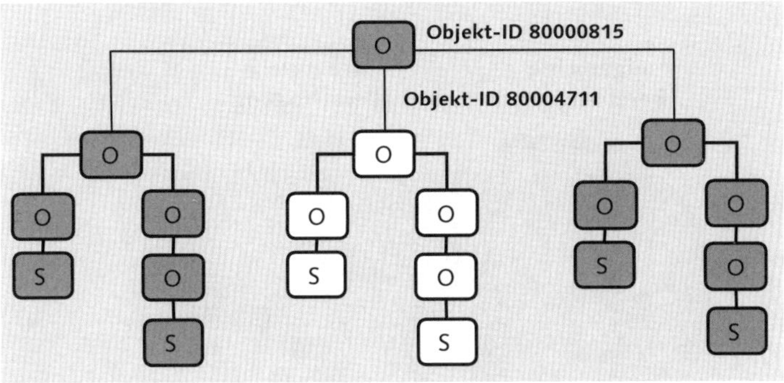

Abbildung 3.2 Beispiel für eine strukturelle Berechtigungsprüfung

Flexibilität der strukturellen Prüfung

Eine derartige Berechtigungsprüfung ist vollkommen flexibel bei Änderungen der Struktur. Wird z.B. ab dem 01.04.2012 dem Wurzelobjekt eine neue Organisationseinheit zugeordnet – direkt oder indirekt –, gehören diese Organisationseinheit und alle mit ihr verknüpften Planstellen ab dem 01.04.2012 mit zu den zugelassenen Objekten.

[+]

Überspringen von Objekttypen

Was wäre zu tun, wenn die Berechtigung lediglich für die Planstellen, nicht aber für die Organisationseinheiten erteilt werden soll? Und wenn dennoch der Einstieg in die Struktur über die Organisationseinheit erfolgen muss, da keine hierarchische Verknüpfung von Planstellen existiert? In so einem Fall könnte das Skip-Kennzeichen des Auswertungswegs genutzt werden. Setzt man in der ersten Zeile des Auswertungswegs O-O-S (bzw. in einer Kopie) in der Spalte SKIP ein Häkchen, sind lediglich die Planstellen (Objekttyp S) zugelassene Objekte, nicht aber die Organisationseinheiten.

Abbildung 3.3 zeigt im Überblick das Zusammenspiel der allgemeinen und der strukturellen Berechtigungsprüfung. Bei jedem Datenzugriff auf Objekte der Datenbanktabellen HRP* wird sowohl strukturell geprüft als auch mit den Mitteln der allgemeinen Berechtigung (in diesem Fall über das Berechtigungsobjekt PLOG). Nur wenn beide Prüfungen positiv verlaufen, wird Berechtigung erteilt.

Nachdem deutlich geworden ist, nach welchem Prinzip strukturelle Berechtigungen funktionieren, erläutern wir nun, wie Sie strukturelle Berechtigungen einrichten.

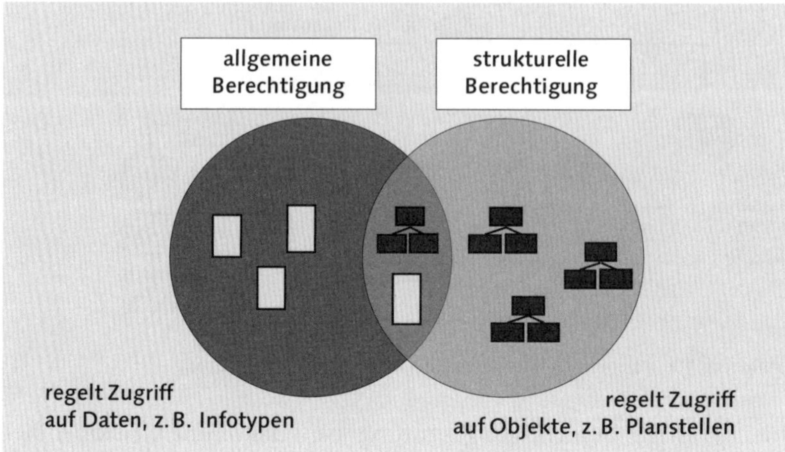

Abbildung 3.3 Zusammenspiel von allgemeiner und struktureller Berechtigungsprüfung

3.2 Pflege der strukturellen Profile

Transaktion OOSP

Die Pflege der strukturellen Profile erfolgt außerhalb der Rollenpflege (Transaktion PFCG) in einer eigenen Transaktion mit Namen Berechtigungsprofil (OOSP). Auch hier werden die Profile zunächst benutzerunabhängig angelegt und im zweiten Schritt den Usern zugeordnet (siehe Abschnitt 3.6, »Zuordnung der strukturellen Profile zum Benutzer«).

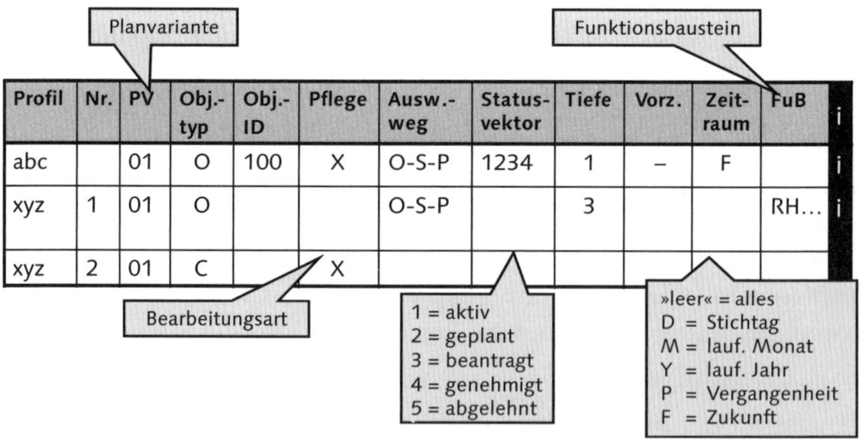

Abbildung 3.4 Pflegeparameter in der Berechtigungsprofilpflege

In Abbildung 3.4 sehen Sie die Pflegeparameter in der Berechtigungsprofilpflege. Im Folgenden beschreiben wir die Felder, sofern diese Beschreibung nicht in der Abbildung enthalten ist:

Pflegeparameter der Berechtigungsprofilpflege

- **Planvariante**
  Kann leer gelassen werden. Die Berechtigung gilt dann für alle Planvarianten. Der Eintrag 01 in Abbildung 3.4 enthält die aktive Planvariante.
- **Objekttyp**
  Hier werden (fast) nur interne Objekttypen des HCM-Systems inklusive P (Person) und AP (Bewerber) eingetragen. Externe Objekte werden nur in Ausnahmefällen (z.B. LA-Logistikarbeitsplatz) strukturell geprüft.

[+]

Externe Objekttypen in der strukturellen Berechtigung

Um festzustellen, ob ein externer Objekttyp strukturell geprüft wird, schauen Sie im IMG unter Personalmanagement • Organisationsmanagement • Grundeinstellungen • Erweiterung Datenmodellierung • Objekttypen pflegen • Externe Objekttypen nach. Nur, wenn dort im Feld Keysstrukt. (Schlüsselstruktur) der Eintrag PKEYS steht und außerdem hinter Umkehrvkn. (Umkehrverknüpfung) ein Häkchen gesetzt ist, können Sie diesen externen Objekttyp in der strukturellen Berechtigung nutzen. Wenn Sie dies z.B. bei der Kostenstelle nachprüfen, werden Sie feststellen, dass diese im Standard nicht strukturell geprüft werden kann.

- **Pflege**
  Das Objekt kann nicht nur angezeigt, sondern entsprechende Infotypen des Objekts können auch gepflegt werden. Welche Funktionen als Pflegefunktionen anzusehen sind, ergibt sich aus der Tabelle T77FC. Das Häkchen in der Spalte Pflege wirkt nur dann, wenn die Pflege des Objekts auch in der allgemeinen Berechtigung erlaubt ist.
- **Tiefe**
  0 oder ein Leerzeichen in dieser Spalte bedeutet, dass alle Ebenen unterhalb des Wurzelobjekts zugelassen sind, eine Ziffer benennt die Anzahl der zugelassenen Ebenen unterhalb des Wurzelobjekts (siehe Abbildung 3.5).
- **Vorzeichen**
  Kehrt die Richtung für die Zählung der Tiefe um (siehe Abbildung 3.5). Sie tragen »–« ein, wenn Sie die Richtung der Zählung umkehren wollen. Ansonsten bleibt das Feld leer.

Profil	Auswertungsweg	Tiefe	Vorzeichen
A	O-S-P		
B	O-S-P	1	
C	O-S-P	4	
D	O-S-P	1	–

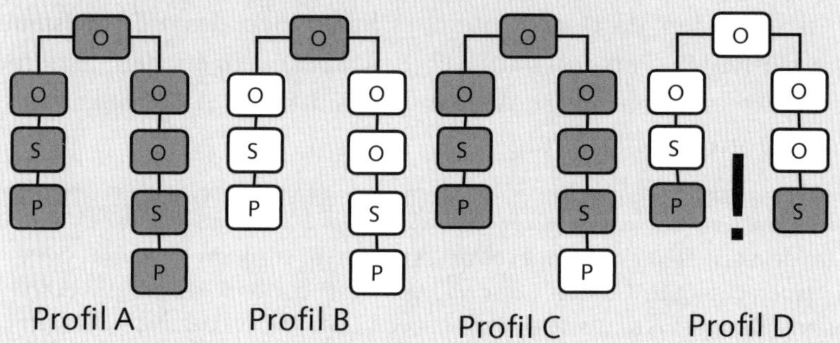

Abbildung 3.5 Auswirkungen von Tiefe und Vorzeichen

- **Zeitraum**
  Hier wird angegeben, wie die Zuständigkeit der strukturellen Berechtigung geprüft wird; ob der Benutzer z.B. exakt zum Stichtag des Zugriffs berechtigt sein muss oder nur innerhalb des Jahres, in dem er zugreift. Darauf gehen wir in Abschnitt 3.7, »Zuständigkeitszeiträume und Zeitlogik«, noch genauer ein.
- **Funktionsbaustein**
  Dieses Feld wird anstelle der Objekt-ID gepflegt, siehe dazu Abschnitt 3.3, »Funktionsbausteine«.

Zugelassene Objekte prüfen

Den Button finden Sie hinter der Profilbezeichnung (siehe Abbildung 3.9). Über diesen Button wird der Report RHAUTH01 aufgerufen, der die im strukturellen Profil enthaltenen Objekte auflistet und die Gesamtanzahl nennt. Dieser Button bietet eine hervorragende Prüfung, ob das strukturelle Profil alle erwarteten Objekttypen und Objekt-IDs enthält. Beachten Sie jedoch, dass Ihre Personalnummer im Entwicklungssystem oder Testsystem auch einer entsprechenden Person im Organisationsmanagement zugeordnet sein muss, falls das strukturelle Profil die erlaubten Objekte ausgehend vom angemeldeten Benutzer ermittelt (wenn Sie mit Funktionsbausteinen arbeiten, wie in Abschnitt 3.3, »Funktionsbausteine«, beschrieben).

Im nächsten Abschnitt erläutern wir, wie ein strukturelles Profil das Startobjekt dynamisch ermitteln kann, anstatt eine feste ID im Feld ObjektId einzutragen.

3.3 Funktionsbausteine

Bei aller Flexibilität der strukturellen Berechtigung ist die Eingabe einer festen Objekt-ID als Wurzelobjekt eine starre und deshalb pflegeintensive Angelegenheit. Bei Änderungen der Zuständigkeit im Rahmen organisatorischer Umstrukturierungen sind häufig die strukturellen Profile betroffen und hier insbesondere die Objekt-IDs.

Deshalb wird beim Design der strukturellen Berechtigungen immer die Frage zu stellen sein, ob die Menge der zulässigen Objekte des Organisationsmanagements nicht anders ermittelt werden kann als auf die bisher beschriebene Weise. Hierzu zeigen wir Ihnen im Folgenden zwei Beispiele.

3.3.1 Beispiel »Manager«

Zugriff auf die unterstellten Mitarbeiter

Im ersten Beispiel soll ein Manager, der den Manager's Desktop oder den Manager Self-Service nutzt, Zugriff auf die ihm unterstellten Mitarbeiter erhalten.

Diese Zuständigkeit des Managers ist in der Regel bereits im Organisationsmanagement abgebildet: Der Manager ist Inhaber einer Planstelle, die als Leiterplanstelle mit der Organisationseinheit verknüpft ist, für die er verantwortlich ist. Mit seiner Organisationseinheit sind weitere Planstellen und gegebenenfalls weitere Organisationseinheiten mit Planstellen verknüpft. Und auf diesen Planstellen sitzen die Mitarbeiter, die der Manager leitet.

Standardfunktionsbaustein RH_GET_MANAGER_ASSIGNMENT

Mit diesen Informationen aus dem Organisationsmanagement lässt sich nicht nur die Menge der zulässigen Personen, sondern auch das Wurzelobjekt dynamisch ermitteln. Genau das erledigt der Standardfunktionsbaustein `RH_GET_MANAGER_ASSIGNMENT`. Dieser wird im strukturellen Profil anstelle der Objekt-ID verwendet (siehe Abbildung 3.6).

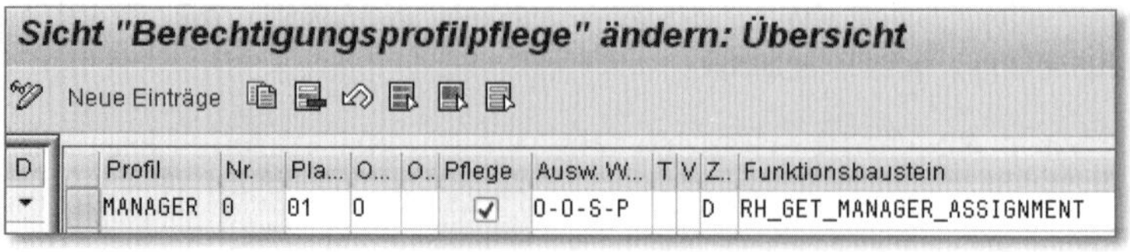

Abbildung 3.6 Strukturelles Profil mit Funktionsbaustein

Jeder Manager erhält dasselbe strukturelle Profil. Der Funktionsbaustein ermittelt das Wurzelobjekt folgendermaßen:

1. Ermittlung der zum Anmelde-Benutzer zugehörigen Personalnummer über den Infotyp 0105 (Kommunikation), Subtyp SAP-Benutzername (in der Regel 0001)
2. Lesen der Planstelle, deren Inhaber die Person ist
3. Feststellen der Organisationseinheit, mit der diese Planstelle als Leiter verknüpft ist – diese Organisationseinheit wird an das strukturelle Profil zurückgemeldet.
4. Die so identifizierte Objekt-ID bildet dann das Wurzelobjekt für den hinterlegten Auswertungsweg, im obigen Beispiel O-O-S-P, der die mit der Wurzel-Organisationseinheit verknüpften Organisationseinheiten, Planstellen und Personen ermittelt.

Funktionsbausteine reduzieren Anzahl der Profile

Mit den Funktionsbausteinen ist also die Flexibilität der strukturellen Berechtigung deutlich erhöht worden, denn es werden nicht nur sämtliche Änderungen unterhalb des Wurzelobjekts automatisch berücksichtigt – das Profil kann ebenfalls unverändert bleiben, wenn der Manager die Planstelle wechselt (sofern er Manager bleibt) oder wenn er bzw. seine Planstelle eine andere Organisationseinheit leitet. Und nicht zuletzt benötigen Sie nur ein einziges strukturelles Profil für alle Manager.

Der zweite für diese Zwecke von SAP ausgelieferte Funktionsbaustein heißt `RH_GET_ORG_ASSIGNMENT`. Dieser ermittelt ebenfalls eine Organisationseinheit als Wurzelobjekt, allerdings nicht über die Leiterverknüpfung. Vielmehr definiert hier die einfache Zuordnung »Planstelle gehört zu Organisationseinheit« das Wurzelobjekt.

3.3.2 Beispiel »Zeitbeauftragte«

Im zweiten Beispiel sollen Zeitbeauftragte Daten für die Mitarbeiter ihrer eigenen Organisationseinheit pflegen dürfen.

Kundeneigene Funktionsbausteine

Wenn die Zeitbeauftragten auch für Organisationseinheiten zuständig sind, denen sie nicht direkt zugeordnet sind, müssen Sie einen eigenen Funktionsbaustein erstellen. Das ist sehr einfach. Sie legen zunächst eine neue Verknüpfung an (z.B. »ist Zeitbeauftragter für«) und verbinden damit die Planstelle des Zeitbeauftragten mit einer weiteren Organisationseinheit. Danach erstellen Sie einen neuen Auswertungsweg, indem Sie den Standardauswertungsweg ORGASS kopieren und um die kundeneigene Verknüpfung erweitern. Dann kopieren Sie den Standardfunktionsbaustein `RH_GET_ORG_ASSIGNMENT` und ersetzen darin lediglich den Auswertungsweg.

Derartige Funktionsbausteine für die Ermittlung des Wurzelobjekts können sich beliebiger Daten aus dem HCM-System oder aus kundeneigenen Tabellen bedienen.

[+]

Funktionsbaustein und Wurzelobjekt

Ein solcher Funktionsbaustein kann auch mehr als ein Wurzelobjekt zurückgeben. Damit können Sie bei Bedarf sämtliche berechtigten Objekte durch den Funktionsbaustein ermitteln lassen und auf die Angabe eines Auswertungsweges verzichten. Dabei können diese Objekte sogar beliebige Objekttypen haben, auch abweichend vom Objekttypeintrag im strukturellen Profil.

[+]

Kennzeichen »Zeitraum« im strukturellen Profil

Funktionsbausteine, die alle erlaubten Objekte zurückgeben und somit auf einen Auswertungsweg verzichten, haben eine Besonderheit: Das Kennzeichen ZEITRAUM im strukturellen Profil wird nicht mehr interpretiert. Sie müssen in solchen Fällen die Logik der Zeitraumkennzeichen in Ihrem Funktionsbaustein programmieren.

Tabelle YSTRUK anstelle kundeneigener Verknüpfungen

Die oben beschriebene Nutzung kundeneigener Verknüpfungen für besondere Zuständigkeiten hat den Vorteil, dass diese als Bestandteil des Organisationsmanagements gepflegt werden können. Mit geringem Aufwand lassen sie sich auch in die Pflegeoberflächen einbauen, z.B. mithilfe der Transaktion PPOME (Organisation und Besetzung).

Nachteil dieses Verfahrens kann genau der eben diskutierte Vorteil sein: Die Gefahr, das Organisationsmanagement zu überfrachten mit Themen, die dort originär nicht hingehören, ist nicht zu unterschätzen.

Hinzu kommt die Notwendigkeit, die Pflege der kundeneigenen Verknüpfungen speziell zu berechtigen. Dies ist immer dort, wo dezentral gepflegt wird, aufwendig.

Alternativ kann eine kundeneigene Tabelle (z.B. mit dem Namen YSTRUK) aufgebaut werden, die alle speziellen Zuständigkeiten von Benutzern für bestimmte Personen, Planstellen und Organisationseinheiten enthält. Diese wäre dann von einem kundeneigenen Funktionsbaustein auszulesen.

3.4 Übertragung auf andere Strukturen in SAP ERP HCM

Überall dort, wo Daten in den Tabellen HRP* gespeichert sind, spielen die strukturellen Berechtigungsprüfungen eine Rolle. Die Verwendung der Felder in der Profilpflege entspricht vollständig der in Abschnitt 3.2, »Pflege der strukturellen Profile«, beschriebenen. Auch hier sind Funktionsbausteine, wie dort beschrieben, einsetzbar.

Komponenten des HCM-Systems mit struktureller Prüfung

Folgende HCM-Komponenten außerhalb des Organisationsmanagements nutzen die strukturelle Berechtigung:

- **Veranstaltungsmanagement inklusive Learning Solution**
  Hier bildet der Veranstaltungskatalog die Struktur. Ein Beispiel für die Einschränkung des Zugriffs auf einen Teilkatalog zeigt Abbildung 3.7.

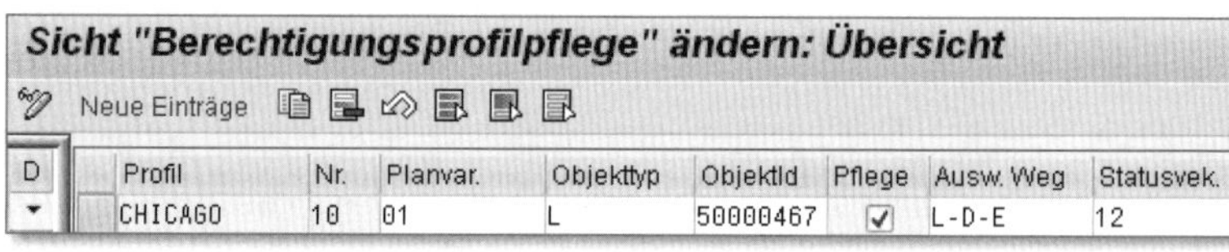

Abbildung 3.7 Strukturelles Profil mit Einschränkung auf Teilkatalog

  Das Wurzelobjekt ist in diesem Fall eine Veranstaltungsgruppe mit der Objekt-ID 50000467, Objekttypen sind L (Veranstaltungsgruppe), D (Veranstaltungstyp) und E (Veranstaltung).

- **Qualifikationen**
  Auch hier existiert ein Katalog, der die Struktur vorgibt: der Qualifikationskatalog mit den Objekttypen QK (Qualifikationsgruppe), Q (Qualifikation) und gegebenenfalls QB (Qualifikationsblock).

- **Budgetplanung und -bewirtschaftung (Öffentlicher Dienst)**
  Der Objekttyp BU (Haushaltselement) ist hierarchisch gegliedert und kann über einen Auswertungsweg strukturell berechtigt werden.

Die bisher genannten HCM-Komponenten verfügen jeweils über eine eigene hierarchische Struktur. Die Berechtigungen hierauf bedienen sich der Mittel Auswertungsweg, Startobjekt-ID oder Funktionsbaustein.

Darüber hinaus gibt es Anwendungen in SAP ERP HCM ohne eigene Struktur, die aber dennoch einen Eintrag – und zwar ohne Auswertungsweg – in den strukturellen Profilen benötigen (ein Beispiel finden Sie in Abbildung 3.8). Dies sind alle bisher nicht erwähnten Teilkomponenten, die unter die Zuständigkeit des Berechtigungsobjekts PLOG (siehe Abschnitt 2.3.5, »Personalplanung (Berechtigungsobjekt PLOG)«) fallen, also folgende:

- Entwicklungspläne mit dem Objekttyp B (Entwicklungsplan)
- Personaleinsatzplanung mit dem Objekttyp SR (Bedarf, siehe Abbildung 3.8)
- Performance Management mit den Objekttypen VA (Formular), VB (Kriteriengruppe) und VC (Kriterium)
- Management globaler Mitarbeiter mit dem Objekttyp CP (zentrale Person)

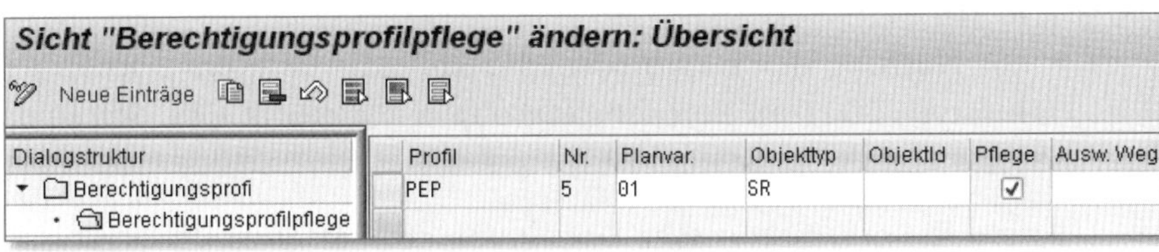

Abbildung 3.8 Strukturelle Berechtigung für Objekttyp SR (Bedarf)

Strukturelle Prüfung hier nicht deaktivierbar

In den eben beschriebenen HCM-Komponenten ist die strukturelle Berechtigung eine notwendige Ergänzung zum einzigen Berechtigungsobjekt des Organisationsmanagements, dem Berechtigungsobjekt Personalplanung (PLOG, siehe Abschnitt 2.3.5, »Personalplanung (Berechtigungsobjekt PLOG)«). Alle Daten, die damit geprüft werden, unterliegen zwangsweise auch der strukturellen Berechtigungsprüfung. Eine Deaktivierung dieser Prüfung ist im Standard nicht möglich.

Dies verhält sich anders in der Personaladministration. Dort ist die strukturelle Berechtigungsprüfung lediglich eine Option. Diese beschreiben wir im folgenden Abschnitt.

3.5 Nutzung in der Personaladministration

Berechtigungshauptschalter

Wenn die Integration zwischen Organisationsmanagement und Personaladministration aktiv ist, lassen sich die strukturellen Berechtigungen auch für die Personaladministration (Objekttyp P) nutzen. Voraussetzung hierfür ist, dass der Berechtigungshauptschalter ORGPD in der Gruppe AUTSW der Tabelle T77S0 auf einem Wert zwischen »1« und »4« steht (Transaktion OOAC (HR: Berechtigungshauptschalter)). Durch Zuweisung eines Wertes, der von 0 abweicht, aktivieren Sie also die strukturelle Berechtigung für die Personaladministration. Auf die unterschiedliche Bedeutung der Werte »1« bis »4« gehen wir in Abschnitt 3.8, »Strukturelle Berechtigungsprüfung bei nicht integrierten Personen«, ein.

Strukturelle Berechtigungsprüfung als Alternative

Die strukturelle Berechtigungsprüfung in der Personaladministration nutzt die bereits beschriebene Flexibilität der strukturellen Berechtigung auch für die Personalstammdaten und Zeitdaten. Sie stellt eine Alternative zu folgenden Fällen dar:

- zur Nutzung des Feldes Organisationsschlüssel im Berechtigungsobjekt P_ORGIN (HR: Stammdaten)
- zur Nutzung der verschiedenen Sachbearbeiter-Kennzeichen des Infotyps 0001 im Berechtigungsobjekt P_ORGXX (HR: Stammdaten – erweiterte Prüfung)

Sofern die organisatorische Zuordnung der Personen im Organisationsmanagement zuverlässig gepflegt wird, erspart die Nutzung der strukturellen Berechtigung die zusätzliche Pflege der genannten Felder im Infotyp 0001 und verringert damit i. d. R. erheblich die Anzahl der Rollen.

[zB]

Ermittlung des Vorgesetzten über strukturelle Berechtigung

Ein Manager darf eine bestimmte Auswahl von Infotypen für die Mitarbeiter seiner Organisationseinheit sehen.

Hier wird zum einen das in Abschnitt 3.3, »Funktionsbausteine«, beschriebene strukturelle Profil MANAGER benötigt. Im Berechtigungsobjekt P_ORGIN (HR: Stammdaten) genügt dann die Aufzählung der Infotypen unter INFTY sowie der Berechtigungslevel R. Eine organisatorische Einschränkung ist nicht erforderlich.

Für die Pflege der strukturellen Profile in Zusammenhang mit den Infotypen der Personaladministration ist Folgendes zu beachten:

- Der Auswertungsweg in der Profilpflege muss den Objekttyp P enthalten.
- Die Kombination der strukturellen Berechtigung mit den organisatorischen Feldern der Berechtigungsobjekte P_ORGIN (HR: Stammdaten) und P_ORGXX (HR: Stammdaten – erweiterte Prüfung) ist eine UND-Verknüpfung. Das heißt, sowohl die Prüfung des Standardobjekts als auch die strukturelle Prüfung müssen erfolgreich sein, um Berechtigung zu erteilen.

Nachteile der strukturellen Berechtigungsprüfung

Auch wenn in den meisten Fällen die strukturelle Berechtigung das Mittel der Wahl für die Personaladministration darstellt, ist Folgendes zu beachten: Zum einen ist die 100%ig korrekte Pflege des Organisationsmanagements zwingende Voraussetzung für einen lückenlosen strukturellen Berechtigungsschutz. Zum anderen ist zu beachten, dass die strukturelle Berechtigung komplexer ist als die allgemeine Berechtigung allein. Somit ist der Lernaufwand bei den betroffenen Betreuern höher und oft auch der Testaufwand bei Einrichtung und Änderung der Berechtigungen.

[+]

Strukturelle Berechtigungsprüfung in Personalbeschaffung und Reisemanagement

Auch in der (klassischen) Personalbeschaffung kann die strukturelle Berechtigungsprüfung durch einen Schalter aktiviert werden. Hierauf gehen wir in Abschnitt 5.14, »Personalbeschaffung (klassisch)«, genauer ein.

Im Reisemanagement greift die strukturelle Berechtigung nicht, es sei denn, Sie verwenden das BAdI `FITV_PERSNO_AUTH_CHK` (siehe Abschnitt 3.10.3, »Strukturelle Berechtigung im Reisemanagement«). Eine Ausnahme ist die Überleitung aus dem Reisemanagement an die FI-Komponente in SAP ERP Financials. Hier greift die Standardberechtigungsprüfung. Mehr dazu erfahren Sie in Abschnitt 5.21, »Travel Management«.

3.6 Zuordnung der strukturellen Profile zum Benutzer

Die Zuordnung der Profile zum Benutzer erfolgt in der Transaktion OOSB (Benutzerberechtigungen). Sie ist in Abbildung 3.9 zu sehen.

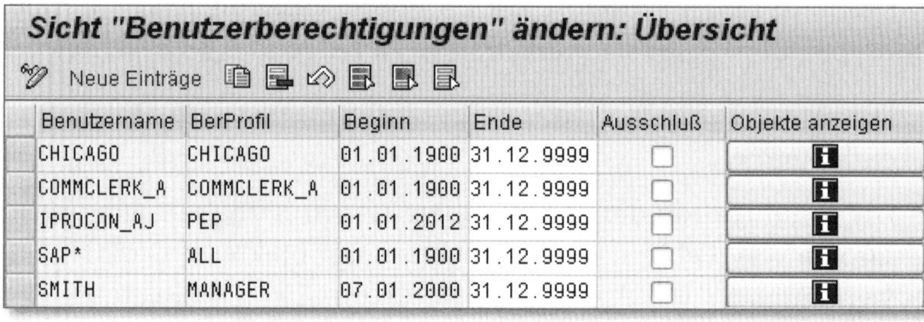

Benutzername	BerProfil	Beginn	Ende	Ausschluß	Objekte anzeigen
CHICAGO	CHICAGO	01.01.1900	31.12.9999	☐	
COMMCLERK_A	COMMCLERK_A	01.01.1900	31.12.9999	☐	
IPROCON_AJ	PEP	01.01.2012	31.12.9999	☐	
SAP*	ALL	01.01.1900	31.12.9999	☐	
SMITH	MANAGER	07.01.2000	31.12.9999	☐	

Abbildung 3.9 Zuordnung der Profile zum Benutzer

Hier werden – zusammen mit einem Gültigkeitszeitraum – die strukturellen Profile den Benutzern zugeordnet. Ein Benutzer kann mehrere strukturelle Profile erhalten.

Wird das Feld Ausschluss angekreuzt, wirkt das Profil negativ, d.h., es bezeichnet alle die Objekte, die der Benutzer *nicht* sehen und bearbeiten darf. Der Informationsbutton ( ) hat dieselbe Wirkung wie in der Profilpflege, er zeigt die zulässigen Objekte an.

Fallback auf SAP*

Was passiert, wenn in dieser Tabelle zu einem bestimmten Benutzer keine Einträge vorhanden sind? Dann verwendet die Berechtigungsprüfung den Eintrag für den Benutzer SAP*. Das hierzu hinterlegte Profil ist also das, was gültig ist, wenn ein Eintrag vergessen wird. Hinsichtlich des Fallbacks auf den Benutzer SAP* haben Sie zwei Alternativen:

- **Alternative 1**
  Sie lassen alles so, wie es von SAP ausgeliefert wurde: Hinter SAP* steht das Profil ALL, das die vollständige strukturelle Berechtigung auf alle Objekttypen enthält. Dies empfiehlt sich, wenn Sie die strukturelle Berechtigung nur für einen überschaubaren Nutzerkreis verwenden und die anderen Nutzer ohnehin eine unbeschränkte strukturelle Berechtigung erhalten würden.
- **Alternative 2**
  Wenn Sie verhindern wollen, dass aus Versehen die Zuordnung eines Users zu einem Profil unterbleibt, wenn Sie also möchten,

dass in einem solchen Fall keine strukturelle Berechtigung erteilt wird, dann erstellen Sie ein »leeres Profil« und ordnen es dem User SAP* zu. Das »leere Profil« könnte z.B. ausschließlich einen bei Ihnen nicht genutzten Objekttyp enthalten. Alternativ können Sie auch den Eintrag zu SAP* löschen. Auch in diesem Fall erhält ein Benutzer, dem kein strukturelles Profil zugeordnet ist, keine Berechtigung.

Die zweite Alternative ist immer dann sinnvoll, wenn Sie viele strukturelle Berechtigungen zu pflegen haben. Sie verhindert, dass aus Versehen Benutzer die SAP*-Berechtigung erhalten, die dies eigentlich gar nicht dürften.

SAP*-Berechtigung mit Bedacht vergeben [!]

SAP*-Berechtigungen mit Bedacht zu vergeben ist umso wichtiger, als die Eingabe des Benutzers in der Transaktion OOSB (Benutzerberechtigungen) NICHT geprüft wird.

Zuordnung eines Profils zum User SAP* [+]

Wenn die überwiegende Anzahl der Benutzer ein und dasselbe Profil bekommen soll, kann es sinnvoll sein, dieses Profil dem User SAP* zuzuordnen.

Hierzu ein Beispiel: Alle Zeitbeauftragten haben die Berechtigung, Daten der Mitarbeiter ihrer eigenen Organisationseinheit zu bearbeiten. Bei einer Unternehmensgröße von 10.000 Mitarbeitern würden wahrscheinlich an die 100 Zeitbeauftragte ein und dasselbe strukturelle Profil mit dem Funktionsbaustein `RH_GET_ORG_ASSIGNMENT` erhalten. Wenn Sie anstelle der 100 Einträge das Profil des Zeitbeauftragten dem Benutzer SAP* zuordnen, können Sie sich eine Menge Pflegeaufwand sparen. Und es wäre zugleich ein minimales Fallback-Profil für Benutzer, deren Zuordnung vergessen wird.

Zuordnung über das Organisationsmanagement

Alternativ zur direkten Zuordnung von strukturellen Profilen zum Benutzer gibt es die Möglichkeit, strukturelle Profile über das Organisationsmanagement zuzuordnen. Abbildung 3.10 zeigt den Infotyp 1017 (PD-Profile), der hier am Objekttyp STELLE gepflegt wurde. Der Report RHPROFL0 (Benutzerberechtigungen generieren) erzeugt aus den Daten des Infotyps 1017 Einträge in der Tabelle OOSB für alle Benutzer, deren Planstellen mit dieser Stelle verknüpft sind. Der Report RHPROFL0 ergänzt die Zuordnung der Rollen zum Benutzer aus dem Organisationsmanagement, wie sie in Abschnitt 2.2.1, »Rollenzuordnung«, beschrieben wurde.

Abbildung 3.10 Infotyp 1017 zum Objekttyp »Stelle«

3.7 Zuständigkeitszeiträume und Zeitlogik

Im Organisationsmanagement haben alle Verknüpfungen einen Gültigkeitszeitraum. Wechselt z.B. ein Mitarbeiter die Organisationseinheit und wird auf eine neue Planstelle versetzt, dann beginnt ein neuer Verknüpfungszeitraum mit der neuen Planstelle. Abbildung 3.11 zeigt, dass die Mitarbeiterin Bettina Müller zum 01.02.2012 die Organisationseinheit wechselt.

Abbildung 3.11 Wechsel der Organisationseinheit

Bei der Pflege der strukturellen Profile (Transaktion OOSP) kann der Gültigkeitszeitraum der Struktur eingeschränkt werden: auf den aktuellen Stichtag (siehe Abbildung 3.12), den aktuellen Monat, das aktuelle Jahr, die Vergangenheit oder die Zukunft (siehe Abschnitt 3.2, »Pflege der strukturellen Profile«).

Profil	Nr.	Obj...	Pflege	Ausw. Weg	Zeitraum	Funktionsbaustein
MANAGER	0	0	☑	PERSON	D	RH_GET_MANAGER_ASSIGNMENT

Abbildung 3.12 Auswertung aller dem Leiter untergeordneten Personen zum Stichtag (D)

Damit wird stets für diese Einschränkung geprüft, ob es entlang der Struktur Schnittmengen mit den Verknüpfungszeiträumen gibt. Gelangt die Prüfung bis zur untersten Ebene – der Person –, ist der Zuständigkeitszeitraum gleich dem letzten Verknüpfungszeitraum (zwischen Person und Planstelle).

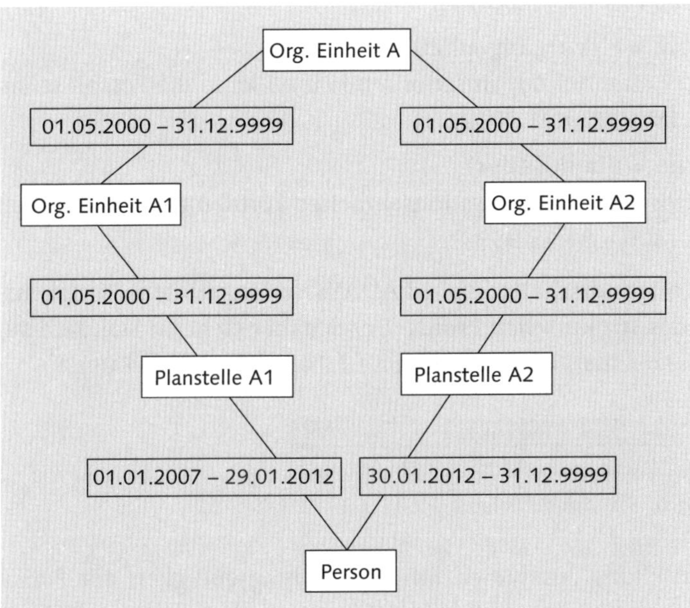

Abbildung 3.13 Organisationswechsel zum 30.01.2012 – schematisch

Die Ausprägung in der Spalte Zeitraum hat Einfluss auf den Zuständigkeitszeitraum. Der Zuständigkeitszeitraum ergibt sich zudem aus den Verknüpfungszeiträumen der Objekte im Organisationsmanagement. In Abbildung 3.13 sehen Sie, dass die Person am 30.01.2012 von der Planstelle A1 auf die Planstelle A2 gewechselt ist. Somit ergeben sich für die Leiter der Organisationseinheiten A1 und A2 unterschiedliche Zuständigkeitszeiträume, die zusätzlich abhängig sind von der Ausprägung ZEITRAUM im strukturellen Profil:

- **Zeitraum = D (Stichtag)**
  Nur der Leiter der Organisationseinheit A2 kann die Person sehen (30.01.2012).
- **Zeitraum = F (Zukunft)**
  Nur der Leiter der Organisationseinheit A2 kann die Person sehen (30.01.2012 – 31.12.9999).
- **Zeitraum = M (Monat)**
  Die Leiter beider Organisationseinheiten können die Person sehen (01.01.2012 – 31.01.2012).
- **Zeitraum = Y (Jahr)**
  Die Leiter beider Organisationseinheiten können die Person sehen (01.01.2012 – 31.12.2012).
- **Zeitraum = P (Vergangenheit)**
  Nur der Leiter der Organisationseinheit A1 kann die Person sehen (01.01.1800 – 29.01.2012).
- **Zeitraum = Blank (Alles)**
  Die Leiter beider Organisationseinheiten können die Person sehen (01.01.1800 – 31.12.9999).

Karenzzeit für Strukturzeitraum

Der Berechtigungsschalter PLOGI ADAYS verlängert den Gültigkeitszeitraum des strukturellen Profils. Der Schalter steht im Standard auf Blank (Leerzeichen) (siehe Abbildung 3.14, Spalte WERT KÜRZ.).

Gruppe	sm. Kürzel	Wert Kürz.	Beschreibung
PLOGI	ADAYS		Karenzzeit Personalplanung

Abbildung 3.14 Standardauslieferung von PLOGI ADAYS

Diese Einstellung zusammen mit der Stichtagsgültigkeit der Personenauswertung (siehe Abbildung 3.11) würde dazu führen, dass der Leiter A1 (siehe Abbildung 3.13) seine Mitarbeiterin Bettina Müller schon am 30.01.2012 nicht mehr sieht. Das können Sie am schnellsten überprüfen, wenn Sie in der Zuordnung des Profils zum Benutzer (Transaktion OOSB) den -Button anklicken oder alternativ den Report RHAUTH01 (Berechtigungssichten anzeigen) starten. Das Ergebnis sehen Sie in Abbildung 3.15: Der Leiter A1 sieht ab 30.01.2012 seine Mitarbeiterin mit der Personalnummer 14000002 nicht mehr.

Berechtigungssichten zeigen

Benutzer: IPROCON_AJ
Anzahl der Objekte: 8
Berechtigungsprofile des Benutzers: MANAGER

BerechtProfil	OT	ObjektId	Wurz.objectID	Zeitraum	Begda	Endda	Ausw. Weg	Funktionsbaustein
MANAGER	O	50000100	50000100	D	01.01.1900	31.12.9999	PERSON	RH_GET_MANAGER_ASSIGNMENT
MANAGER	P	14000003	50000100	D	01.11.2011	31.12.9999	PERSON	RH_GET_MANAGER_ASSIGNMENT
MANAGER		14000004	50000100	D	15.01.2010	31.12.9999	PERSON	RH_GET_MANAGER_ASSIGNMENT
MANAGER	S	50000101	50000100	D	01.01.2010	31.12.9999	PERSON	RH_GET_MANAGER_ASSIGNMENT

Abbildung 3.15 Ergebnis ohne Karenzzeit

Setzen Sie die Karenzzeit über den Berechtigungsschalter PLOGI ADAYS z.B. auf zwanzig Tage (siehe Abbildung 3.16), kann auch der Leiter A1 seine Mitarbeiterin (Personalnummer 14000002) wieder sehen, da er sie noch zwanzig Tage im Zugriff hat (siehe Abbildung 3.17).

Gruppe	sm. Kürzel	Wert Kürz.	Beschreibung
PLOGI	ADAYS	20	Karenzzeit Personalplanung

Abbildung 3.16 Karenzzeit von 20 Tagen

Berechtigungssichten zeigen

Benutzer: IPROCON_AJ
Anzahl der Objekte: 9
Berechtigungsprofile des Benutzers: MANAGER

BerechtProfil	OT	ObjektId	Wurz.objectID	Zeitraum	Begda	Endda	Ausw. Weg	Funktionsbaustein
MANAGER	O	50000100	50000100	D	01.01.1900	31.12.9999	PERSON	RH_GET_MANAGER_ASSIGNMENT
MANAGER	P	14000002	50000100	D	15.01.2010	29.01.2012	PERSON	RH_GET_MANAGER_ASSIGNMENT
MANAGER		14000003	50000100	D	01.11.2011	31.12.9999	PERSON	RH_GET_MANAGER_ASSIGNMENT
MANAGER		14000004	50000100	D	15.01.2010	31.12.9999	PERSON	RH_GET_MANAGER_ASSIGNMENT
MANAGER	S	50000101	50000100	D	01.01.2010	31.12.9999	PERSON	RH_GET_MANAGER_ASSIGNMENT

Abbildung 3.17 Ergebnis mit einer Karenzzeit von 20 Tagen

Pflege des Berechtigungshauptschalters PLOGI ADAYS [!]

Den Berechtigungshauptschalter PLOGI ADAYS finden Sie nicht in der IMG-Aktivität BERECHTIGUNGSHAUPTSCHALTER PFLEGEN unter den übrigen Schaltern der Gruppe AUTSW. Um den Schalter PLOGI ADAYS zu pflegen, gehen Sie direkt in die Tabellenpflege der T77S0. Lassen Sie sich außerdem nicht von der Dokumentation zu diesem Schalter (F1-Hilfe) verwirren. Diese ist fälschlicherweise identisch mit der für den Berechtigungshauptschalter AUTSW ADAYS (siehe Abschnitt 2.6, »Zuständigkeitszeiträume und Zeitlogik«). Im SAP-Hinweis 375216 erfahren Sie die richtige Wirkungsweise dieses Schalters, der erst seit Release 6.20 zur Verfügung steht.

Schalter AUTSW ADAYS und PLOGI ADAYS zusammen verwenden

Für den Einsatz der allgemeinen und strukturellen Berechtigung unter Nutzung beider Berechtigungshauptschalter gilt für unser Beispiel des *Organisationswechsels* zum 30.01.2012 mit dem Stichtag 30.01.2012 Folgendes:

1. Solange der Leiter die Mitarbeiterin Bettina Müller nicht über das strukturelle Profil sieht, kann er gar nichts tun.
2. Wird das strukturelle Profil über den Berechtigungshauptschalter PLOGI ADAYS um eine Karenzzeit erweitert, kann der Leiter Bettina Müller zunächst sehen und für die Vergangenheit lesen/auswerten. Er kann jedoch für Bettina Müller keine Infotypen (für die die Zugriffsberechtigung in Tabelle T582A aktiviert ist) pflegen.
3. Wird nun zusätzlich der Zuständigkeitszeitraum der allgemeinen Berechtigung über den Berechtigungshauptschalter AUTSW ADAYS verlängert, kann der Leiter für diese Toleranzzeit Infotypen für Bettina Müller pflegen.

Best Practice

Bei den strukturellen Profilen von Zentralbereichen kommen Sie in der Regel mit einem Leerzeichen im Datumsfeld gut zurecht. Bei dezentralen Profilen nutzen Sie zur stärkeren Einschränkung ein Y für Benutzer mit lesenden Zugriffen und ein D für Benutzer mit schreibenden Zugriffen.

Zusammenfassung

Wir fassen die wichtigsten Punkte für die Zuständigkeitszeiträume und die Zeitlogik noch einmal zusammen:

- Die Zeitraumprüfung der strukturellen Berechtigung findet vor der Zeitraumprüfung der allgemeinen Berechtigung statt.
- Der Zuständigkeitszeitraum der strukturellen Berechtigung ergibt sich bei positiver Prüfung aus dem letzten Verknüpfungszeitraum.
- Dieser wird an die allgemeine Berechtigung übergeben und gegebenenfalls weiter eingeschränkt.
- Die Zeitraumprüfung kann um eine Toleranzzeit erweitert werden – in der allgemeinen Berechtigung über den Berechtigungshauptschalter AUTSW ADAYS und in der strukturellen Berechtigung über den Berechtigungshauptschalter PLOGI ADAYS.

Die Zuständigkeits- und Zeitraumprüfung kann selbstverständlich nur für Personen erfolgen, die auch mit der Organisationsstruktur verknüpft sind. Oftmals sind jedoch bestimmte Personengruppen (z.B. Auszubildende oder Rentner) nicht Bestandteil der Organisationsstruktur. Erfahren Sie im nächsten Abschnitt, wie sich das System bei nicht integrierten Personen verhält.

3.8 Strukturelle Berechtigungsprüfung bei nicht integrierten Personen

Die strukturelle Berechtigung erfasst ausschließlich Personen, die mit dem Organisationsmanagement integriert sind. Nicht integrierte Personen werden in der strukturellen Prüfung nicht berücksichtigt. Das Kriterium, ob eine Personalnummer »nicht integriert« ist, ist folgendes: Die Planstelle im Infotyp 0001 steht auf dem Default-Wert (in der Regel 99999999). Es nützt auch nichts, die nicht integrierten Personen über besondere Auswertungswege mit der Organisationsstruktur zu verknüpfen, z.B. über die Abordnungsverknüpfung. Auch dann werden nicht integrierte Personen von der strukturellen Prüfung ignoriert.

Die einfachste Lösung, um alle Personen durch strukturelle Berechtigungen zu erfassen, wäre die, grundsätzlich alle Personen in das Organisationsmanagement zu integrieren. Hier können in manchen Fällen Sammelplanstellen eine Hilfe sein. Dennoch gibt es in der Praxis immer wieder Fälle, in denen nicht integrierte Personalnummern unvermeidbar sind, z.B. wenn ganze Firmen ohne Organisationsmanagement in SAP ERP HCM übernommen werden müssen.

Berechtigungshauptschalter

Um zu steuern, wie mit diesen Personen berechtigungstechnisch verfahren wird, gibt es die Berechtigungshauptschalter AUTSW ORGPD und AUTSW DFCON. Beide Schalter haben in ihren Ausprägungen 1 bis 4 die gleichen Bedeutungen. (Informationen zu den Ausnahmen finden Sie im Kasten am Ende dieses Abschnitts). Der Berechtigungshauptschalter AUTSW ORGPD regelt die normale Berechtigungsprüfung, der Berechtigungshauptschalter AUTSW DFCON regelt die kontextsensitive Prüfung. Zur Pflege der Schalter gelangen Sie über den IMG-Pfad Personalmanagement • Personaladministration • Werkzeuge • Berechtigungsverwaltung • Berechtigungshauptschalter bearbeiten • Berechtigungshauptschalter pflegen.

Regeln für die Prüfung bei nicht integrierten Personen

Die vier Schalterstellungen bieten u.a. die Möglichkeit, das Feld Organisationseinheit des Infotyps 0001 für die Berechtigungsprüfung der nicht integrierten Personen zu nutzen. Dort können beliebige Organisationseinheiten des Organisationsmanagements ebenso eingetragen werden wie auch Organisationseinheiten, die ausschließlich in der Customizing-Tabelle T527X stehen.

Wenn Sie diese Option nutzen möchten, müssen alle berechtigten Organisationseinheiten einzeln in das strukturelle Profil eingetragen werden (siehe Beispiel in Abbildung 3.18). Danach müssen Sie entscheiden, ob die Berechtigung im Falle einer fehlenden Organisationseinheit abgelehnt oder erteilt wird. Daraus ergeben sich die folgenden Kombinationen:

- **Schalterstellung 1**
  Organisationseinheit wird ausgewertet; wenn die Organisationseinheit nicht gepflegt ist, wird keine Berechtigung erteilt.
- **Schalterstellung 2**
  Keine Auswertung der Organisationseinheit; Berechtigung für Personen ohne integrierte Planstelle wird grundsätzlich abgelehnt (nur sinnvoll, wenn alle Personen an der Integration teilnehmen).
- **Schalterstellung 3**
  Organisationseinheit wird ausgewertet; wenn die Organisationseinheit nicht gepflegt ist, wird Berechtigung erteilt.
- **Schalterstellung 4**
  Keine Auswertung der Organisationseinheit; Berechtigung für Personen ohne integrierte Planstelle wird grundsätzlich erteilt.

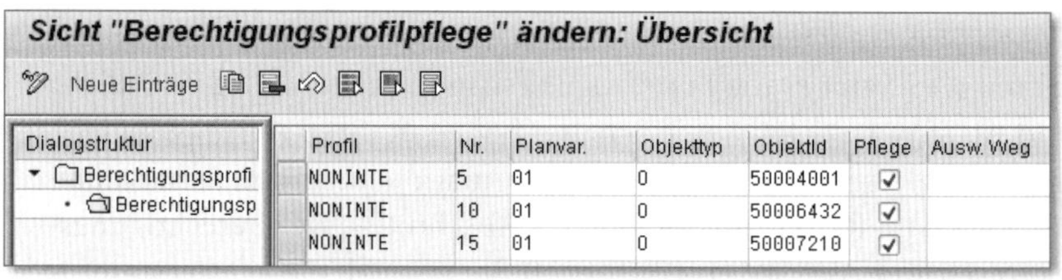

Abbildung 3.18 Organisationseinheiten für nicht integrierte Personen

[+]

Ausnahme beim Berechtigungshauptschalter AUTSW DFCON

Während beim Schalter AUTSW ORGPD die Schalterstellung 0 die strukturelle Berechtigungsprüfung für Personalstammdaten abschaltet, wird beim Berechtigungshauptschalter AUTSW DFCON zwischen 0 und 1 wie folgt unterschieden (siehe auch SAP-Hinweis 647278):

- **Schalterstellung 1**
  Nur Benutzer mit uneingeschränktem Zugriff (d.h. »*« in allen Feldern des kontextabhängigen Berechtigungsobjekts einschließlich des Feldes PROFL) haben Zugriff auf nicht integrierte Personen, deren Organisationseinheit nicht gepflegt ist.
- **Schalterstellung 0**
  Auch Benutzer mit eingeschränktem Stammdatenzugriff (z.B. auf Personalbereiche), aber »*« im Feld PROFL haben Zugriff auf nicht integrierte Personen, deren Organisationseinheit nicht gepflegt ist.

Funktionsbausteine

Eine echte Alternative zur Nutzung der beschriebenen Schalterstellungen ist der Zugriff auf die nicht integrierten Personalnummern über einen oder mehrere kundeneigene Funktionsbausteine. Diese können alle nicht integrierten Personen pauschal lesen oder aber nach Merkmalen differenzieren.

Dadurch werden alle nicht integrierten Personen vollständig von der strukturellen Berechtigungsprüfung erfasst. Die Schalterstellung der Berechtigungshauptschalter AUTSW ORGPD bzw. DFCON sollte dann 2 sein.

3.9 Performanceoptimierung

Die Performance der strukturellen Berechtigungsprüfung ergibt sich zunächst aus der Menge der Lesezugriffe, die notwendig ist, um festzustellen, ob ein bestimmtes Objekt zugelassen ist oder nicht. Je mehr verschiedene Objekttypen mit verschiedenen Auswertungswegen im Profil vorkommen und je größer die Menge der Objekte unterhalb der Wurzelobjekte ist, desto länger dauert der Zugriff.

Sparsamer Einsatz von Auswertungswegen

Dürfen einige Objekttypen vollständig gesehen werden, z.B. der gesamte Qualifikationskatalog, sollte das strukturelle Profil auch kein Wurzelobjekt und keinen Auswertungsweg enthalten (siehe Abbildung 3.19).

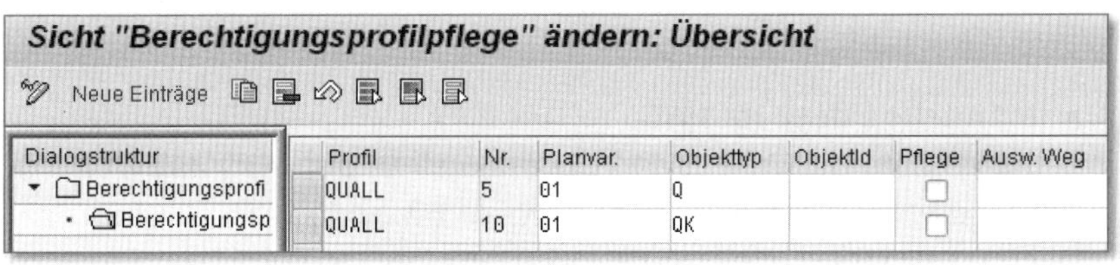

Abbildung 3.19 Profil ohne Auswertungsweg

Eine weitere Optimierung erreichen Sie dadurch, dass Sie so wenige Auswertungswege wie möglich verwenden. Fassen Sie z.B. alle Objekttypen, die Sie über die Organisationsstruktur ermitteln, in einem Auswertungsweg zusammen. Lassen Sie die strukturelle Prüfung nur einmal die Organisationshierarchie durchlesen und dabei alle zugelassenen Organisationseinheiten, Planstellen, Personen, gegebenenfalls Stellen, Arbeitsplätze etc. ermitteln.

Achten Sie auch darauf, dass Sie nur Auswertungswege mit einem spezifizierten Zielobjekt verwenden. Der in Abbildung 3.20 gezeigte Auswertungsweg SBESX listet z.B. alle mit der Planstelle verknüpften Objekte auf. Dies können je nach Systemlandschaft z.B. auch die Objekttypen US (User) oder BP (Geschäftspartner) sein, die dann unnötigerweise in der strukturellen Prüfung eingelesen würden.

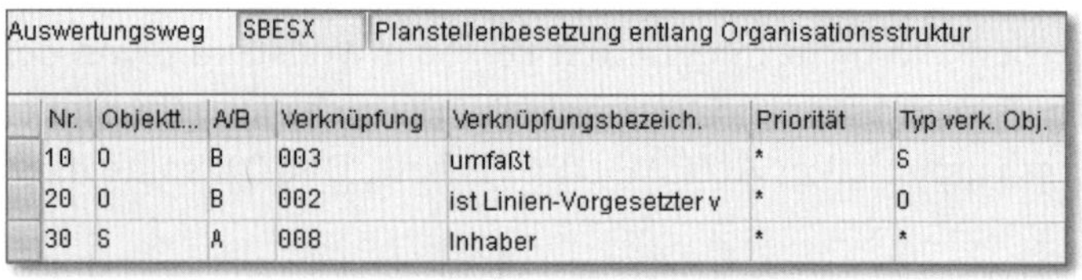
Auswertungsweg SBESX Planstellenbesetzung entlang Organisationsstruktur

Nr.	Objektt...	A/B	Verknüpfung	Verknüpfungsbezeich.	Priorität	Typ verk. Obj.
10	O	B	003	umfaßt	*	S
20	O	B	002	ist Linien-Vorgesetzter v	*	O
30	S	A	008	Inhaber	*	*

Abbildung 3.20 Auswertungsweg mit nicht spezifiziertem Zielobjekt

Große Datenmengen puffern

Die bisher beschriebenen Optimierungsmaßnahmen erreichen ihre Grenze dann, wenn Benutzer eine große Menge von Objekten der strukturellen Prüfung sehen oder bearbeiten dürfen. Hier führt die immer wieder neu und online durchgeführte strukturelle Prüfung zu unzumutbaren Antwortzeiten. Für solche Situationen sieht der Standard ein Verfahren vor, das es erlaubt, die Information über die zugelassenen Objekte eines Benutzers auf der Datenbank in der Cluster-Tabelle INDX zu speichern. Die Zugriffe auf die Tabelle INDX sind dann sehr performant.

Tabelle T77UU pflegen

Voraussetzung für diese Vorgehensweise ist, dass die betroffenen Benutzer (und dies müssen und sollten durchaus nicht alle Benutzer sein) in die Tabelle T77UU eingetragen werden. Dabei haben Sie zwei Alternativen:

- **Manuelle Pflege im IMG**
  Sie können die Tabelle T77UU manuell in der IMG-Aktivität Personalmanagement • Organisationsmanagement • Grundeinstellungen • Berechtigungsverwaltung • Strukturelle Berech-

TIGUNG • BENUTZERDATEN IM SAP-MEMORY SPEICHERN pflegen. Hier tragen Sie die Anzahl der Tage ein, die zwischen den automatischen Aktualisierungen des SAP-Memorys für diesen Benutzer vergehen sollen. Außerdem wird hier das Datum der letzten Aktualisierung vom System abgelegt (siehe Abbildung 3.21).

Abbildung 3.21 Pflege der Tabelle T77UU – Benutzer mit SAP-Memory

- **Automatische Pflege mit RHBAUS02**
  Anstatt manuell zu pflegen, können Sie die Tabelle T77UU auch durch das Programm RHBAUS02 (Prüfen und Abgleichen T77UU (Benutzerdaten im SAP-Memory)) versorgen lassen. Der Report kann im Standard nur über SYSTEM • DIENSTE • REPORTING (Transaktion SA38) gestartet werden und pflegt die Tabelle T77UU anhand eines Schwellenwerts. Der Wert ergibt sich aus der Anzahl der zugelassenen Objekte entsprechend der strukturellen Berechtigung. Beim Ausführen des Reports trägt das System, wie in Abbildung 3.22 dargestellt, alle Benutzer mit einer Objektmenge größer 1.000 in die Tabelle T77UU ein oder löscht sie aus der Tabelle bei kleinerer Objektzahl.

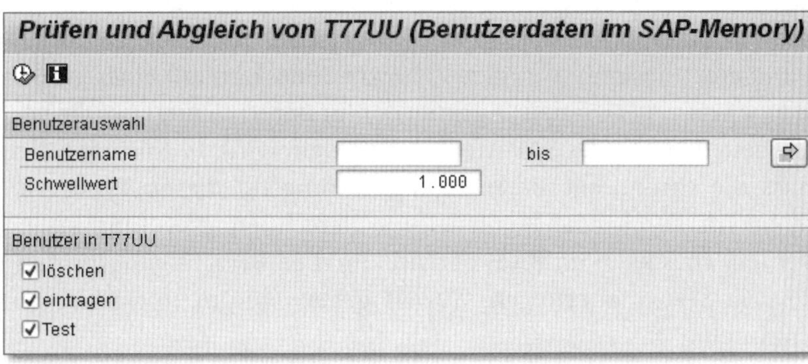

Abbildung 3.22 Programm RHBAUS02 – Prüfen und Abgleichen der Tabelle T77UU

Unabhängig davon, ob Sie die Tabelle T77UU über die manuelle oder die automatische Pflege gefüllt haben: Wenn Sie das Feld Tage (siehe Abbildung 3.21) leer lassen, erfolgt keine automatische Versorgung der Tabelle INDX. Stattdessen müssen Sie dafür sorgen, dass der Report RHBAUS00 (Neugenerierung INDX für Strukturberechtigung) läuft. Er kann sowohl regelmäßig im Batch gestartet werden (z.B. stündlich) als auch bei Bedarf online laufen. Er läuft für die in der Selektionsmaske angegebenen Benutzer.

Abschnitt 3.10.2, »BAdI HRBAS00_RHBAUS00 für den Report RHBAUS00«, beschreibt, wie Sie durch Einsatz des BAdIs `HRBAS00_RHBAUS00` die Tabelle INDX optimieren, indem Sie überflüssige Objekte entfernen.

Konsequenz aller beschriebenen Verfahren, um die Tabelle INDX einem regelmäßigen Update zu unterziehen, ist, dass für die hiervon erfassten Benutzer Änderungen in den Objekten z.B. der Organisationsstruktur nur mit Verzögerung in den Berechtigungen ankommen.

[+]

Tabelle INDX

Die Online-Aktualisierung der Tabelle INDX wird im Standard nicht unterstützt. In SAP-Hinweis 421399 finden Sie Informationen, wie Sie dies durch eine Modifikation des Standards ändern können.

In Abschnitt 7.2, »HR-Berechtigungs-Workbench: Überblick und Berechtigungsanalyse je Benutzer«, erfahren Sie, wie Sie obsolete Einträge aus der Tabelle T77UU löschen.

Tabelle INDX – Performance-engpässe

Es gibt Situationen, in denen auch die Nutzung der Tabelle INDX an ihre Performancegrenzen stößt. Dies ist dann der Fall, wenn aufgrund einer besonders großen Zahl von Benutzern mit einer großen Menge von zugelassenen Objekten der für Berechtigungszwecke vorgesehene Bereich des SAP-Memorys zu klein wird. In solchen Fällen muss die strukturelle Berechtigungsprüfung für diesen Typus von Benutzern durch eine kundeneigene Berechtigungsprüfung ersetzt werden. Dies kann im BAdI der strukturellen Berechtigungsprüfung `HRBAS00_STRUAUTH` erfolgen. Darauf gehen wir im folgenden Abschnitt ein.

Eine zweite Alternative stellt der durch SAP-Hinweis 1463065 näher erläuterte Report RHBAUS_PARALLEL dar. Dieser optimiert die Laufzeit des Reports RHBAUS00 durch Verteilung auf mehrere Prozesse.

Darüber hinaus arbeitet SAP zurzeit an einer Nutzung des schnellen Speichersystems HANA für die strukturellen Berechtigungen.

3.10 Erweiterungen

Mit Business Add-ins (BAdIs) haben Sie die Möglichkeit, über den SAP-Standard hinausgehende Anforderungen an die Berechtigungsprüfung umzusetzen, ohne dafür Modifikationen am Standard vornehmen zu müssen. BAdIs erlauben es, an von SAP vordefinierten Stellen in das Standard-Coding einzugreifen und kundeneigene Prüfungen zu implementieren.

Seit SAP R//3-Release 4.6C bietet die Berechtigungsprüfung zwei BAdIs für die strukturelle Berechtigungsprüfung an. Dabei sollten Sie wie bei allen BAdIs die gewonnene Flexibilität gegen die in Abschnitt 2.8.3, »BAdI für die allgemeine Berechtigungsprüfung«, beschriebenen Risiken abwägen.

3.10.1 BAdI HRBAS00_STRUAUTH für die strukturelle Berechtigung

Das BAdI `HRBAS00_STRUAUTH` wird bei jeder strukturellen Berechtigungsprüfung aufgerufen, und zwar bevor diese durchgeführt wird. Das BAdI erlaubt dann, unter Umgehung der Standardprüfungen die strukturelle Berechtigung zu erteilen oder zu verweigern.

Aufruf im IMG

Sie finden das BAdI im IMG unter Personalmanagement • Organisationsmanagement • Grundeinstellungen • Berechtigungsverwaltung • Strukturelle Berechtigung • BAdI: Strukturelle Berechtigung. Sie finden hier ebenfalls die dazugehörige Dokumentation.

Das BAdI `HRBAS00_STRUAUTH` beinhaltet sechs Methoden. Die Methode `CHECK_AUTHORITY_VIEW` erlaubt es, die Berechtigungsprüfung generell zu erweitern und wird nach unserer Erfahrung am häufigsten eingesetzt:

- **CHECK_AUTHORITY_VIEW**
  Diese Methode dient dazu, die strukturelle Berechtigung eines Users für ein Objekt zu prüfen. Sie können aus dieser Methode heraus (über den Befehl `RAISE no_authority`) die Berechtigung verweigern, oder Sie können über die Methode `CHECK_OBJECT_OUT`

ein anderes Objekt übergeben, das geprüft werden soll (z.B. wenn Sie die Berechtigung auf eine Planstelle davon abhängig machen wollen, ob der Benutzer Berechtigung auf die zugeordnete Organisationseinheit hat). Außerdem können Sie über den Parameter `EXIT_FLAG` einstellen, ob nach dem BAdI `HRBAS00_STRUAUTH` noch die Standardprüfung laufen soll. Wenn der Parameter `EXIT_FLAG` mit »`X`« belegt wird, wird die Standardprüfung nicht ausgeführt.

Bestimmte Kombinationen sind unsinnig: Wenn die Methode `CHECK_OBJECT_OUT` gefüllt ist, muss der Parameter `EXIT_FLAG` leer bleiben, da das Objekt sonst nicht geprüft wird. Und wenn Sie die Berechtigung verweigern, müssen Sie mit dem Eintrag »`X`« im Parameter `EXIT_FLAG` die Standardprüfung abschalten, sonst wird dort eventuell die Berechtigung erteilt. Bei der Implementierung der Methode `CHECK_AUTHORITY_VIEW` sollten Sie besonders auf die Laufzeit achten, da sie bei vielen angefragten Objekten sehr oft aufgerufen wird. Bei der Infotyppflege wird diese Methode nicht aufgerufen.

- **FILL_DATE_VIEW**
  In dieser Methode wird eine Tabelle gefüllt, die besagt, für welche Zeiträume der Benutzer Berechtigung auf ein Objekt hat. Diese Tabelle wird u.a. in der Transaktion PP01 beim Anzeigen des Infotypüberblicks verwendet.
- **FILL_HYPER_VIEW**
  Diese Methode dient dazu, die Tabelle der Verknüpfungen zu füllen, für die ein User Berechtigung hat. Diese Tabelle der erlaubten Verknüpfungen (HYPER_VIEW) wird z.B. beim Anlegen neuer OM-Objekte geprüft (nicht jedoch beim Pflegen von Verknüpfungen).
- **CHECK_AUTH_PLAN1**
  Wenn Sie die strukturelle Berechtigung für die Prüfung von Personalnummern bei der Infotyppflege erweitern möchten, können Sie diese Methode einsetzen. Die Schnittstelle ähnelt der Methode `CHECK_AUTHORITY_VIEW`, es werden aber zusätzlich der Gültigkeitsbeginn und das Gültigkeitsende der angefragten Personalnummer mitgeliefert. Neben den bereits beschriebenen Ausgabeparametern `EXIT_FLAG` und `CHECK_OBJECT_OUT` muss zusätzlich die Ausgabetabelle PERIODS mit den Zeiträumen gefüllt werden, für die der Benutzer Berechtigung auf die Personalnummer hat.

- **GET_PROFILES**
  Bei der kontextabhängigen Berechtigungsprüfung (siehe Kapitel 4) wird die Methode GET_PROFILES aufgerufen. Mit ihrer Hilfe kann die Ermittlung von Berechtigungsprofilen, die für ein Objekt gültig sind, erweitert werden. Die Methode GET_PROFILES wird in der Infotyppflege (wenn die Kontextprüfung aktiviert ist) sowie im Performance Management (siehe Abschnitt 5.19, »Personalzeitwirtschaft«) aufgerufen.
- **CHECK_AUTHORITY_SEARCH**
  Diese Methode dient dazu, innerhalb der Suchfunktion bzw. der Wertehilfe die strukturelle Berechtigung zu prüfen. Dazu ist die komplette Trefferliste als änderbare Tabelle OBJECTS verfügbar. Wird in der Methode der Ausgabeparameter SKIP_STANDARD auf den Wert »X« gesetzt, führt die Suchfunktion keine weitere strukturelle Berechtigungsprüfung durch. Bei SKIP_STANDARD = » « (Leerzeichen) wird die Standardprüfung der strukturellen Berechtigungen durchgeführt.

Beispiele für das BAdI HRBAS00_STRUAUTH

Wir möchten Ihnen nun einige Beispiele für den Einsatz des BAdIs HRBAS00_STRUAUTH geben.

Unzureichendes SAP-Memory

Für Benutzer mit zentralen Berechtigungen im Organisationsmanagement waren die Antwortzeiten trotz Nutzung des SAP-Memorys unzureichend. Dies lag vermutlich an der großen Anzahl derartiger User.

Deshalb wurde für einen bestimmten Benutzerkreis innerhalb des BAdIs die strukturelle Berechtigungsprüfung außer Kraft gesetzt und durch eine eigene Berechtigungsprüfung ersetzt. Diese Benutzer wurden in der Pflege der strukturellen Profile durch ein bestimmtes Profil kenntlich gemacht, das uneingeschränkte strukturelle Rechte vergibt, also die Tabelle der zugelassenen Objekte nicht füllt.

Am Namen dieses Profils erkennt das BAdI HRBAS00_STRUAUTH, dass die strukturelle Prüfung nicht durchgeführt wurde, und verzweigt in die Prüfung eines kundeneigenen Berechtigungsobjekts. Dieses enthält die für den Benutzer zugelassenen Buchungskreise. Das BAdI prüft, ob das gerade zu prüfende Objekt des Organisationsmanagements mit einem zugelassenen Buchungskreis verknüpft ist. Ist dies nicht der Fall, wird keine Berechtigung erteilt.

Der Buchungskreis ist ein Standardobjekttyp des Organisationsmanagements mit dem Namen IC. Die Verknüpfung mit dem Buchungskreis wird mit einem regelmäßig laufenden, kundeneigenen Programm geschrieben.

Learning Solution

Damit ein Sachbearbeiter oder eine Sekretärin einen Mitarbeiter auf ein Training buchen kann, benötigt er oder sie Pflegeberechtigung für das Training. Wird das Trainingsangebot jedoch ausschließlich zentral gepflegt, entsteht ein Konflikt in der Berechtigungsvergabe.

Über Transaktionen kann die Berechtigung nicht gesteuert werden, da sowohl das Buchen von Teilnahmen als auch die Pflege von Trainings in der Learning Solution aus einer einzelnen Transaktion ausgeführt werden.

In der Methode `CHECK_AUTHORITY_VIEW` können bestimmte Aktionen für dezentral arbeitende Mitarbeiter erlaubt werden (z.B. Buchen auf Trainings), ohne über ein Berechtigungsobjekt die Pflegeberechtigung auf Trainings zu gewähren. Die Information, welche Aktion gerade ausgeführt werden soll, steht im Parameter `FCODE` zur Verfügung (eine Liste von möglichen `FCODE`-Parametern finden Sie in Anhang E).

Fehlendes Organisationsmanagement

Sekretärinnen sollen Reisen für ausgewählte Personen pflegen dürfen. Das Organisationsmanagement ist jedoch nicht im Einsatz. Somit ist auch keine Berechtigungsprüfung über die Organisationsstruktur möglich. In einer Customizing-Tabelle werden der Sekretärin die zulässigen Personalnummern zugeordnet. Diese Tabelle wird im BAdI `HRBAS00_STRUAUTH` abgefragt.

[+]

Methoden des BAdIs HRBAS00_STRUAUTH

Für das BAdI `HRBAS00_STRUAUTH` müssen stets alle Methoden implementiert werden. Ein Beispiel-Coding finden Sie direkt nach dem Anlegen der Implementierung im Menü über Springen • Beispiel-Coding • Anzeigen oder in der Klasse `CL_EXM_IM_HRBAS00_STRUAUTH`.

3.10.2 BAdI HRBAS00_RHBAUS00für den Report RHBAUS00

In Abschnitt 3.9, »Performanceoptimierung«, haben Sie erfahren, wie Sie die für einen User zugelassenen Objekte im SAP-Memory puffern können. Mit dem BAdI `HRBAS00_RHBAUS00` können Sie diese Liste der Objekte bearbeiten, bevor sie im Zwischenspeicher abgelegt wird. Das BAdI HRBAS00_RHBAUS00 enthält dabei ausschließlich die Methode MODIFY_VIEW_RHBAUS. In dieser Methode wird im Parameter IV_UNAME der Benutzername übergeben, für den die Liste zusammengestellt wurde. Im Changing-Parameter VIEW wird die Liste der zugelassenen Objekte für den Benutzer übergeben. Aus dieser Liste können Einträge entfernt oder neue Einträge hinzugefügt werden.

Konsolidierung der zugelassenen Objekte

Ein möglicher Einsatz dieses BAdIs ist die Konsolidierung der zugelassenen Objekte. Es kommt häufig vor, dass das gleiche Objekt von unterschiedlichen Profilen mehrfach erlaubt wird. Über das BAdI können Sie solche Fälle zusammenfassen, die Liste verkleinern und damit ihre Performance erhöhen.

Von einer Implementierung von neuen Berechtigungsregeln in diesem BAdI raten wir Ihnen eher ab. Zum einen ist die Gefahr groß, dass das BAdI bei einer Fehleranalyse übersehen wird. Zum anderen würde die Regel nur für User gelten, für die die zugelassenen Objekte gepuffert werden.

Analyse der Berechtigungen

Eine weitere Einsatzmöglichkeit ist die Analyse der Berechtigungen. Die Liste der zugelassenen Objekte kann nicht nur verändert, sondern auch ausgewertet, auf besondere Konstellationen hin untersucht oder protokolliert werden.

Ein Beispiel-Coding finden Sie direkt nach dem Anlegen der Implementierung im Menü über SPRINGEN • BEISPIEL-CODING • ANZEIGEN oder in der Klasse CL_EXM_IM_HRBAS00_RHBAUS00. In dem Beispiel-Coding werden doppelte Einträge gelöscht und direkt zeitlich aufeinanderfolgende Einträge verschmolzen.

3.10.3 Strukturelle Berechtigung im Reisemanagement

BAdI FITV_PERSNO_AUTH_CHK

Um die strukturelle Berechtigung im Reisemanagement zu nutzen, muss das BAdI FITV_PERSNO_AUTH_CHK implementiert werden. Im IMG finden Sie das BAdI unter FINANZWESEN • REISEMANAGEMENT • BUSINESS ADD-INS UND USER-EXITS IM REISEMANAGEMENT • BADI: VERPROBUNG DER PERSONALNUMMER.

Das BAdI hat nur eine Methode CHECK_AUTHORITY. In dieser Methode wird für jede aufgerufene Personalnummer (auch die eigene) die Berechtigung geprüft. Anders, als es in der Dokumentation beschrieben ist, bietet sich das Coding aus Listing 3.1 für die Methode CHECK_AUTHORITY an.

```
METHOD if_ex_fitv_persno_auth_chk~check_authority.

  CHECK i_persno <> space.

  e_rcode = 0.

  CALL FUNCTION 'HR_CHECK_AUTHORITY_INFTY'
    EXPORTING
*     TCLAS                      = 'A'
      pernr                      = i_persno
      infty                      = '0017'
      subty                      = space
*     BEGDA                      = SY-DATUM
*     ENDDA                      = SY-DATUM
*     LEVEL                      = 'R'
*     UNAME                      = SY-UNAME
*   TABLES
*     I0001                      =
    EXCEPTIONS
      no_authorization         = 1
      internal_error           = 2
      OTHERS                   = 3
          .
  IF sy-subrc <> 0.
    e_rcode = 4.
  ENDIF.

ENDMETHOD.
```

Listing 3.1 Mögliche Ausprägung der Methode CHECK_AUTHORITY für die strukturelle Berechtigungsprüfung im Reisemanagement

Damit können nur Personen bearbeitet werden, für die neben dem Berechtigungsobjekt P_TRAVL mindestens auch der Infotyp 0017 aufgrund von struktureller und Stammdatenberechtigung mit Leserecht vorhanden ist. Falls die kontextsensitive Berechtigung im Einsatz ist, ist es damit auch möglich, der Reiseassistentin für das Reisemanagement Zugriff auf eine gesonderte Personengruppe zu geben, falls sie noch weitere Funktionen für andere Bereiche des Unternehmens innehat. Der Infotyp 0017 wird in diesem Fall zusammen mit dem strukturellen Profil für das Reisemanagement im Berechtigungsobjekt P_ORGINCON verknüpft.

Eine weitere Möglichkeit, wie Sie das BAdI FITV_PERSNO_AUTH_CHK effizient einsetzen können, wird in einer Kundenlösung von SMA Solar Technology AG in Abschnitt 10.4, »Schlanke Berechtigung für Reiseassistenten (SMA Solar Technology AG)«, beschrieben.

3.11 Kritische Erfolgsfaktoren

Im Folgenden finden Sie kritische Erfolgsfaktoren, auf die Sie besonders achten sollten, wenn Sie die strukturelle Berechtigungsprüfung einsetzen:

- Sorgen Sie dafür, dass Ihr Organisationsmanagement sorgfältig und zeitnah gepflegt ist. Die Pflege funktioniert nur dann zuverlässig, wenn das Organisationsmanagement mit der Personaladministration integriert ist. Sobald die strukturelle Berechtigung im Einsatz ist, kann die Pflege im Organisationsmanagement unmittelbare Auswirkungen auf die Berechtigungen haben.
- Nutzen Sie in der strukturellen Berechtigungsprüfung so viele Funktionsbausteine wie möglich, und vereinfachen Sie dadurch die Pflege. Dabei ist es immer nützlich, durch Funktionsbausteine die vorhandenen Informationen des Organisationsmanagements zu verwenden.
- Achten Sie vor allem bei Benutzern, die auf viele Objekte zugreifen können, sorgsam auf die Antwortzeiten, und nutzen Sie gegebenenfalls die in Abschnitt 3.9, »Performanceoptimierung«, beschriebenen Optimierungsmöglichkeiten. Da Ihr Organisationsmanagement in der Regel wächst, je mehr Komponenten von SAP ERP HCM Sie implementieren und je länger Sie es nutzen, sollten Sie die Performance bei kritischen Benutzern in gewissen Abständen sorgfältig prüfen.
- Überlegen Sie sich genau, welche der in Abschnitt 3.6, »Zuordnung der strukturellen Profile zum Benutzer«, beschriebenen Varianten des Umgangs mit dem Benutzer SAP* Sie wählen, und stellen Sie in jedem Fall sicher, dass nicht ungewollt zu viele Rechte erteilt werden.
- Vergessen Sie nicht, für Personen, die nicht mit dem Organisationsmanagement integriert sind, einen adäquaten Berechtigungsschutz zu implementieren (siehe Abschnitt 3.8, »Strukturelle Berechtigungsprüfung bei nicht integrierten Personen«).

Die kontextabhängige Berechtigungsprüfung verwenden Sie immer dort, wo Mitarbeiter verschiedene Aufgaben für unterschiedliche Verantwortungsbereiche ausführen. In diesem Kapitel erfahren Sie, wie die kontextabhängige Berechtigungsprüfung funktioniert und wie Sie sie effektiv einsetzen.

4 Kontextabhängige Berechtigungsprüfung

Die kontextabhängige Berechtigungsprüfung wurde mit SAP R/3 (Enterprise) eingeführt und stellt eine besondere Form des Zusammenspiels von allgemeiner und struktureller Berechtigungsprüfung dar. Im Folgenden zeigen wir zunächst, in welchem Zusammenhang dieses Konzept zum Tragen kommt, bevor wir die Einrichtung und Pflege der kontextabhängigen Berechtigungsprüfung mit Beispielen erläutern. Die Diskussion von Schwächen der Kontextberechtigung und deren mögliche Behebung rundet die Anwendung dieses Werkzeugs auf die klassischen PA-Infotypen ab. Zum Schluss gehen wir auf Kontextberechtigungen in anderen HCM-Modulen ein.

4.1 Wirkungsweise

Zusammenwirken von allgemeiner und struktureller Berechtigungsprüfung

Zunächst möchten wir Ihnen noch einmal vor Augen führen, wie das Zusammenwirken von allgemeiner und struktureller Berechtigungsprüfung aussieht: Sobald Sie die strukturellen Berechtigungen verwenden, müssen bei jedem Objekt, auf das ein Benutzer zugreift, zwei Berechtigungen existieren – eine allgemeine und eine strukturelle. Innerhalb beider Berechtigungsprüfungen genügt es, wenn das geprüfte Objekt mindestens einmal zugelassen ist.

Dieses Prinzip funktioniert gut, wenn jede Person nur in einer Funktion für einen Verantwortungsbereich tätig ist. Was aber passiert, wenn eine Person mehrere Funktionen für unterschiedliche Verantwortungsbereiche ausführen soll?

[zB]

Mitarbeiter übt mehrere Funktionen für mehrere Verantwortungsbereiche aus

Eine Teamleiterin hat lesenden Zugriff auf die Gehaltsdaten ihres Teams. Gleichzeitig bearbeitet sie in ihrer Rolle als Zeitbeauftragte die Zeitdaten ihrer gesamten Abteilung. Hier soll sie keine Gehaltsdaten sehen dürfen.

Ohne die kontextabhängige Berechtigung würden die Berechtigungen in diesem Fall wie in Abbildung 4.1 aussehen.

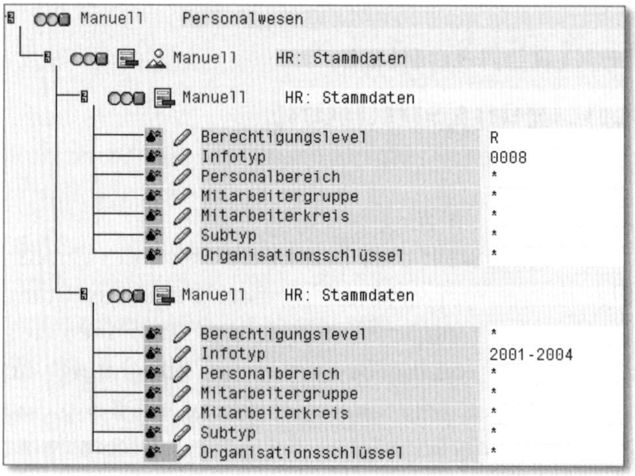

Abbildung 4.1 Lese- und Schreibberechtigung differenziert nach Infotypen

Allgemeine Berechtigung ohne Kontext

Wie Abbildung 4.1 zeigt, wird in der ersten allgemeinen Berechtigung das Lesen des Infotyps 0008 (Basisbezüge) mit den Gehaltsdaten zugelassen und in der zweiten allgemeinen Berechtigung das Schreiben der Zeitwirtschaftsinfotypen 2001 bis 2004 erlaubt.

Strukturelle Berechtigungen

Hinzu kommen die beiden strukturellen Profile ZB_EIGEN für das eigene Team und ZPA01_GESAMT für Ihre gesamte Abteilung, die Sie in Abbildung 4.2 und Abbildung 4.3 sehen.

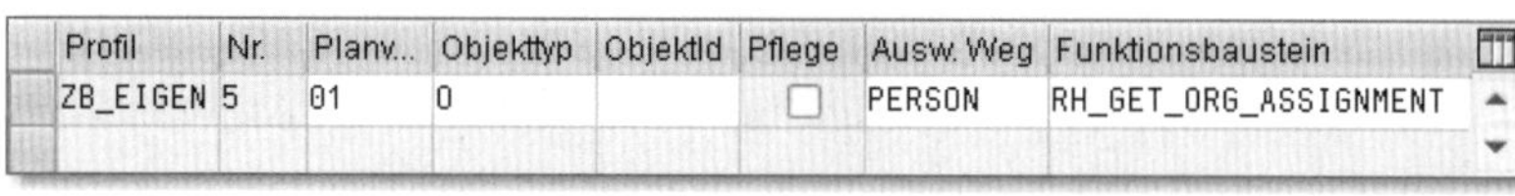

Profil	Nr.	Planv...	Objekttyp	ObjektId	Pflege	Ausw. Weg	Funktionsbaustein
ZB_EIGEN	5	01	O		☐	PERSON	RH_GET_ORG_ASSIGNMENT

Abbildung 4.2 Leseberechtigung für die eigene Organisationseinheit

Das strukturelle Profil ZB_EIGEN (siehe Abbildung 4.2) arbeitet mit einem Funktionsbaustein, der die eigene Organisationseinheit als

Wurzelobjekt zurückliefert. Das Häkchen in der Spalte PFLEGE ist hier nicht gesetzt, es ist also nur die Anzeige der Daten zugelassen.

Profil	Nr.	Planv...	Objekttyp	ObjektId	Pflege	Ausw. Weg	Funktionsbaustein
ZPA01_GESAMT	5	01	O	50004001	☑	PERSON	

Abbildung 4.3 Pflegeberechtigung für die gesamte Abteilung

Im strukturellen Profil ZPA01_GESAMT (siehe Abbildung 4.3) werden die zugehörigen Personen ausgehend von einem festen Wurzelobjekt ermittelt, das die gesamte Abteilung der Teamleiterin umfasst. Das Häkchen in der Spalte PFLEGE ist hier gesetzt, die Pflege von Daten also möglich.

Die Konsequenz einer derartigen Vergabe von Berechtigungen sehen Sie in Abbildung 4.4. Werden die beiden verschiedenen Berechtigungen ANZEIGE GEHALTSDATEN und ZEITDATENPFLEGE und beide strukturellen Profile TEAM und ABTEILUNG einem einzelnen Benutzer zugeordnet, vermischen sich die Berechtigungen, und der Benutzer darf also für die gesamte Abteilung sowohl die Zeitdaten pflegen als auch die Gehaltsdaten sehen. Der Grund hierfür ist, dass die Infotypberechtigungen aus Abbildung 4.1 immer für alle strukturellen Profile gelten.

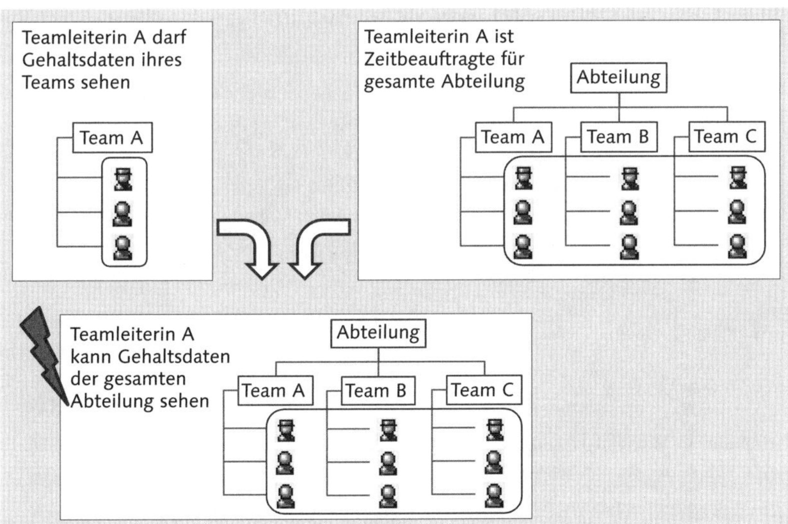

Abbildung 4.4 Vermischen der Berechtigungen

Ein solches Systemverhalten ist in der Regel jedoch nicht gewünscht und führt in der Praxis zu Problemen, die mit der strukturellen und allgemeinen Berechtigung allein nicht zu lösen sind. Auch die Vergabe von zwei verschiedenen Benutzerkennungen, um zu verhindern, dass sich die Berechtigungen vermischen, wäre lediglich eine Behelfslösung.

Differenzierung mit kontextabhängiger Berechtigungsprüfung

Eine »saubere« Lösung bietet hier die kontextabhängige Berechtigungsprüfung. Diese differenziert das Zusammenspiel von allgemeiner und struktureller Prüfung, indem sie die Verbindung zwischen Rolle und strukturellem Profil herstellt, damit es nicht zu einer Vermischung kommt. Durch die kontextabhängige Berechtigungsprüfung wird dafür gesorgt, dass die in den allgemeinen Stammdatenberechtigungen vergebenen Lese- und Schreibrechte für bestimmte Infotypen und Subtypen nicht mehr uneingeschränkt für jedes strukturelle Profil des Benutzers gelten. Stattdessen wird die Zulassung bestimmter Stammdatenberechtigungen auf bestimmte strukturelle Profile eingeschränkt.

Dies geschieht technisch gesehen durch die Einführung einer neuen Gruppe von Berechtigungsobjekten, die allesamt ein Feld enthalten, das das strukturelle Profil zeigt, für das diese Berechtigung gilt. Zum Beispiel wird das Stammdatenberechtigungsobjekt P_ORGIN aus Abbildung 4.1 durch das kontextabhängige Berechtigungsobjekt P_ORGINCON ersetzt, das Sie in Abbildung 4.5 sehen.

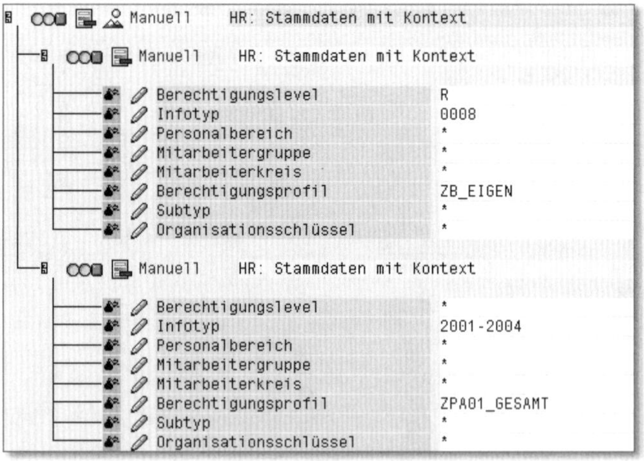

Abbildung 4.5 Lese- und Schreibberechtigung differenziert nach strukturellem Profil

Strukturelles Profil im Berechtigungsobjekt

In Abbildung 4.5 sehen Sie, wie das Beispiel der Teamleiterin in der Rollenpflege mit Kontextberechtigungsobjekten umgesetzt werden müsste: Die erste Berechtigung enthält die Anzeige der Gehaltsdaten, die zweite Berechtigung die Bearbeitung der Zeitdaten. Durch das neue Feld BERECHTIGUNGSPROFIL kann nun differenziert werden, welche Berechtigungen für welchen Teil der Organisationsstruktur ausgeübt werden dürfen. Die dort eingetragenen strukturellen Profile sind dieselben geblieben (siehe Abbildungen 4.2 und 4.3). Es ist lediglich die Anwendung des strukturellen Profils eingeschränkt worden, und zwar auf eine bestimmte Stammdatenberechtigung.

Damit ist es nun möglich, innerhalb eines Benutzers unterschiedliche Rollen zu berechtigen. Für das Beispiel der Teamleiterin bedeutet das Folgendes: Die Teamleiterin darf die Zeitdaten der gesamten Abteilung sehen und ändern; aber nur von ihrer eigenen Organisationseinheit darf sie die Gehaltsdaten sehen.

Auf dieser technischen Basis können die unterschiedlichsten Rollen einem einzelnen User zugeordnet werden, auch wenn sie sich funktional und organisatorisch überschneiden.

[!]

Kontext bedeutet Infotyp/Subtyp, nicht Transaktion

Wie aus dem bisher Gesagten hervorgeht, ist der *Kontext* für die kontextabhängige Berechtigungsprüfung immer der Infotyp und gegebenenfalls der Subtyp. Der Zugriff auf einen oder mehrere Infotypen/Subtypen wird auf ein bestimmtes strukturelles Profil eingeschränkt. Diese Art des Zugriffs gilt für alle Transaktionen, in denen Infotypen/Subtypen bearbeitet werden.

Nicht vorgesehen im Konzept der kontextabhängigen Berechtigung ist eine Differenzierung nach Transaktionen, etwa dass die Anzeige von Infotyp 0006 in einer Auswertung der Reisekosten zugelassen und gleichzeitig das Lesen von Infotyp 0006 in der Transaktion PA20 untersagt wird.

Der nächste Abschnitt erklärt, wie Sie die kontextabhängige Berechtigungsprüfung implementieren und wie Sie am besten Ihre bestehenden Rollen auf die neuen kontextabhängigen Berechtigungsobjekte umstellen.

4.2 Einrichtung und Pflege

Für die kontextabhängige Prüfung bei Personalstammdaten wird jeweils das herkömmliche Berechtigungsobjekt durch ein kontextabhängiges Berechtigungsobjekt ersetzt. Tabelle 4.1 zeigt, um welche Berechtigungsobjekte es sich handelt und wie der Berechtigungshauptschalter heißt, der für die Aktivierung des jeweiligen Kontextobjekts zuständig ist.

Objekt ohne Kontext	Objekt mit Kontext	Berechtigungs-hauptschalter mit Kontext	Berechtigungs-hauptschalter ohne Kontext
P_ORGIN (siehe Abschnitt 2.3.2)	P_ORGINCON	AUTSW INCON	AUTSW ORGIN
P_ORGXX (siehe Abschnitt 2.3.3)	P_ORGXXCON	AUTSW XXCON	AUTSW ORGXX
P_NNNNN (siehe Abschnitt 2.8.1)	P_NNNNNCON	AUTSW NNCON	AUTSW NNNNN

Tabelle 4.1 Kontextabhängige Berechtigungsobjekte in den Personalstammdaten

Ebenfalls muss – auch das ist in Tabelle 4.1 zu sehen – in den Berechtigungshauptschaltern das nicht kontextabhängige Objekt abgeschaltet werden. Auch wenn es theoretisch möglich ist, beide Berechtigungsobjekte eines Typs (also z.B. P_ORGIN und P_ORGINCON) gemeinsam einzusetzen, raten wir Ihnen davon ab. Diese Möglichkeit wäre sehr aufwendig und fehleranfällig.

Als zweite Customizing-Einstellung müssen Sie die Werte für den Schalter AUTSW ORGPD in den Schalter AUTSW DFCON übertragen. Hier geht es um den Umgang mit Personalnummern, die nicht in das Organisationsmanagement integriert sind. Näheres hierzu erfahren Sie in Abschnitt 3.8, »Strukturelle Berechtigungsprüfung bei nicht integrierten Personen«. Beachten Sie dabei die Besonderheit bei Schalterstellung 0/1. Hieraus kann sich in Einzelfällen ergeben, dass der Schalter AUTSW DFCON vom Schalter AUTSW ORGPD abweicht.

[!]

Objekt P_ORGXXCON im Profilgenerator

Vor allem beim Objekt P_ORGXXCON empfiehlt es sich, in der Transaktion SU24 (Pflege der Zuordnung von Berechtigungsobjekten) nachzuprüfen, ob das jeweilige Kontextobjekt wirklich auch überall dort geprüft wird, wo Sie es benötigen. Abbildung 4.6 zeigt, dass etwa das Objekt P_ORGXXCON in der Transaktion PP61 nicht geprüft wird. Bei Bedarf müssten Sie also die Prüfung für das Objekt P_ORGXXCON mit dem Button OBJEKT überall dort hinzufügen, wo Sie es benötigen. Näheres zur Transaktion PP61 erfahren Sie in Abschnitt 2.5, »Customizing des Profilgenerators«.

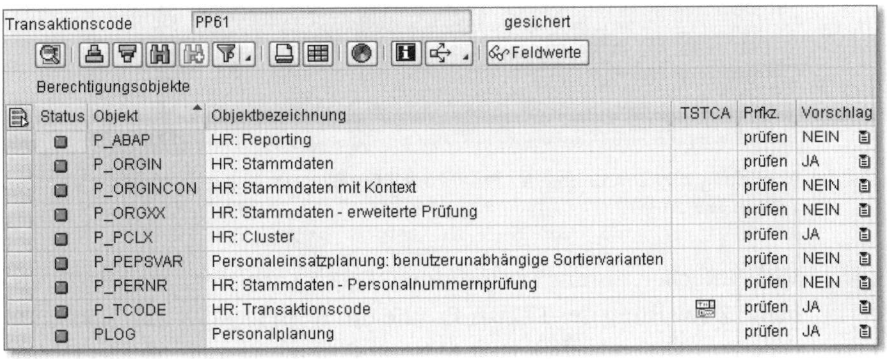

Transaktionscode PP61 gesichert

Feldwerte

Berechtigungsobjekte

Status	Objekt	Objektbezeichnung	TSTCA	Prfkz.	Vorschlag
	P_ABAP	HR: Reporting		prüfen	NEIN
	P_ORGIN	HR: Stammdaten		prüfen	JA
	P_ORGINCON	HR: Stammdaten mit Kontext		prüfen	NEIN
	P_ORGXX	HR: Stammdaten - erweiterte Prüfung		prüfen	NEIN
	P_PCLX	HR: Cluster		prüfen	JA
	P_PEPSVAR	Personaleinsatzplanung: benutzerunabhängige Sortiervarianten		prüfen	NEIN
	P_PERNR	HR: Stammdaten - Personalnummernprüfung		prüfen	NEIN
	P_TCODE	HR: Transaktionscode		prüfen	JA
	PLOG	Personalplanung		prüfen	JA

Abbildung 4.6 Geprüfte HCM-Berechtigungsobjekte in Transaktion PP61

Umstellung der Rollen

Wie gehen Sie mit Ihren vorhandenen Berechtigungsrollen um, wenn Sie die kontextabhängige Berechtigungsprüfung verwenden möchten? Einfach ist das für die Benutzer mit SAP*-Rechten. Sollten diese nicht problemlos in der gewohnten Weise funktionieren, müssen Sie eventuell das Berechtigungsprofil SAP_ALL neu generieren.

Für die Umstellung der normalen Rollen empfiehlt es sich, zunächst die nicht kontextbezogenen Berechtigungsobjekte in den Rollen zu belassen und die kontextabhängigen Objekte einfach hinzuzufügen. Erst dann sollten die oben beschriebenen Schalter umgestellt werden. Bei größeren Anlaufschwierigkeiten mit den neuen Objekten könnten Sie dann problemlos die Schalter zurücksetzen und erst einmal mit den alten Objekten weiterarbeiten.

[+]

Umstellung der Rollen

Für die Umstellung auf Kontextberechtigungen ist es erforderlich, in allen verwendeten Rollen das alte Berechtigungsobjekt durch das neue Kontextobjekt zu ersetzen. Ansonsten wird die Berechtigung nicht erteilt.

Doppelte Pflege der Profile

Im von SAP ausgelieferten Standard genügt es nicht, die strukturellen Profile in dem jeweiligen Berechtigungsobjekt einzutragen, wie es z.B. in Abbildung 4.5 zu sehen ist. Darüber hinaus müssen die Profile auch über die Transaktion OOSB (Benutzerberechtigungen ändern) den einzelnen Benutzern zugeordnet werden, wie es in Abbildung 4.7 für den Benutzer IPROCON_AJ dargestellt ist.

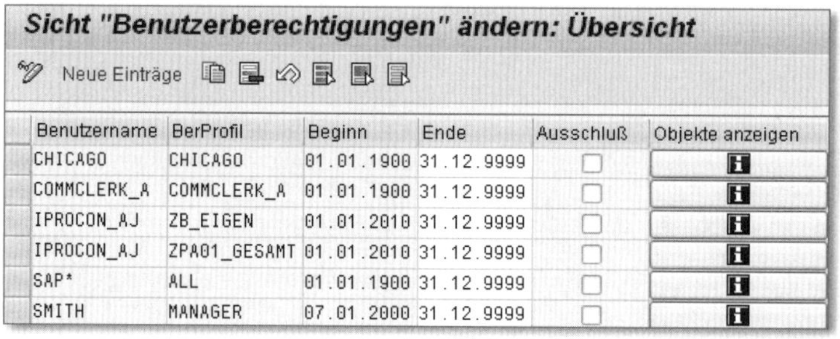

Sicht "Benutzerberechtigungen" ändern: Übersicht

Neue Einträge

Benutzername	BerProfil	Beginn	Ende	Ausschluß	Objekte anzeigen
CHICAGO	CHICAGO	01.01.1900	31.12.9999	☐	
COMMCLERK_A	COMMCLERK_A	01.01.1900	31.12.9999	☐	
IPROCON_AJ	ZB_EIGEN	01.01.2010	31.12.9999	☐	
IPROCON_AJ	ZPA01_GESAMT	01.01.2010	31.12.9999	☐	
SAP*	ALL	01.01.1900	31.12.9999	☐	
SMITH	MANAGER	07.01.2000	31.12.9999	☐	

Abbildung 4.7 Zuordnung der Profile auch bei kontextabhängiger Prüfung in Tabelle T77UA

Viel einfacher, als mit Transaktion OOSB zu arbeiten, ist aber die virtuelle Zuweisung der T77UA-Profile mit BAdI `HRBAS00_GET_PROFL`. In dem von SAP ausgelieferten Beispiel-Coding werden für das Objekt P_ORGINCON die Profile statt aus der Tabelle T77UA direkt aus dem Berechtigungsobjekt gelesen. Nur dieses BAdI erlaubt Ihnen die Nutzung des Ausschlusskennzeichens bei den strukturellen Profilen auch in der Kontextberechtigung.

[+]

Vereinfachung der Rollenpflege

Das beste Vorgehen zur Vereinfachung der Rollenpflege ist die Reduktion der Anzahl der Rollen. Dies gelingt dann, wenn Sie die strukturellen Profile mittels Funktionsbausteinen generisch aufbauen (gegebenenfalls mithilfe einer kundeneigenen Tabelle (siehe Abschnitt 3.3, »Funktionsbausteine«)), um auf diese Weise die Anzahl der strukturellen Profile und damit auch der Rollen zu minimieren. Eine zweite Möglichkeit bietet die Definition des Berechtigungsprofils als Organisationsebene:

Angenommen, eine Vielzahl von Benutzern benötigt die gleichen Berechtigungen für einen unterschiedlichen Verantwortungsbereich (der sich aus dem Berechtigungsprofil ergibt). In diesem Fall kann der Einsatz von Referenzrollen (siehe Abschnitt 2.2.3) die Rollenadministration sehr erleichtern. Sie müssen lediglich das Berechtigungsprofil als Organisationsebene definieren. Dazu verwenden Sie den Report PFCG_ORGFIELD_CREATE (Profilgenerator: Neues OrgEbenen-Feld anlegen), den Sie in allen Systemen für das Feld PROFL ausführen müssen.

Nun steht das Feld PROFL überall dort als Organisationsebene zur Verfügung, wo Sie mit kontextabhängigen Berechtigungsobjekten arbeiten (siehe Abbildung 4.8).

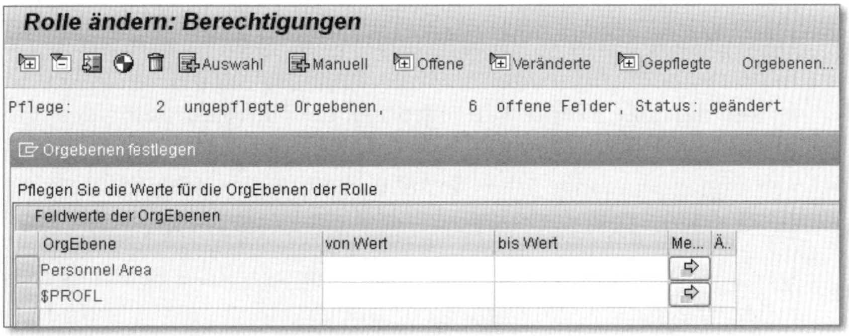

Abbildung 4.8 Feld PROFL als Organisationsebene

Vorgehen bei der Einführung

Die folgende Reihenfolge bei der Einführung der Kontextberechtigung hat sich bewährt:

1. Programmierung und Test der neuen generischen Funktionsbausteine für die strukturellen Profile
2. Kopie der Einträge aus den alten Berechtigungsobjekten in das zugehörige kontextabhängige Objekt in *allen* Rollen (zunächst im Feld PROFL für das strukturelle Profil mit Gesamtberechtigung, Eintrag »*«). Damit ist die Funktionsweise des Berechtigungsobjekts auch unter Kontextbedingungen identisch mit der des alten Objekts.
3. Umstellung der Berechtigungshauptschalter
4. Aktivierung des BAdIs `HRBAS00_GET_PROFL`
5. Schrittweise Umstellung der Rollen durch Füllen des Feldes PROFL

4.3 Mögliche Schwächen der Kontextberechtigungen

Die Einführung der Kontextberechtigungen stellt hohe Anforderungen an Ihr Berechtigungskonzept. Deswegen müssen Sie vor dem Start eines solchen Projekts sorgfältig prüfen, ob die Kontextberechtigung überhaupt das Mittel der Wahl ist.

Organisationsschlüssel statt Kontextberechtigung

Kunden, die bisher ganz ohne strukturelle Berechtigungen in der Personaladministration und Zeitwirtschaft arbeiten, haben als Alternative zur Kontextberechtigung immer die Nutzung des Feldes VDSK1 (Organisationsschlüssel) aus dem Berechtigungsobjekt P_ORGIN. Der Organisationsschlüssel enthält je nach Customizing beliebige Felder des Infotyps 0001. Hier könnte also z.B. die Kostenstelle zu finden sein, die für dezentrale Berechtigungen oft ein sinnvolles Kriterium darstellt. Damit wäre eventuell die Differenzierung der Infotypberechtigungen ohne Aufbau struktureller Profile und die damit verbundene umfangreiche Umstellung der Rollen möglich.

Nachteil bei der Nutzung der Kostenstelle

Ein Nachteil der Lösung über Kostenstelle/Feld VDSK1 ist, dass bei jeder Änderung der Kostenstellenstruktur sämtliche Berechtigungsrollen angepasst werden müssen. Die Organisationsstruktur, die ja bei der Kontextberechtigung analog genutzt wird, ist da in der Regel stabiler.

Darüber hinaus kann die Kontextberechtigung über die einfachen generischen Funktionsbausteine des Standards schon den Zugriff auf die eigene Organisationseinheit bzw. die vom Benutzer geleitete Organisationseinheit deutlich vereinfachen. Ebenfalls macht die Nutzung des Organisationsmanagements die Kontextlösung erheblich flexibler, z.B. dadurch, dass die Informationen der Hierarchie genutzt werden können (und nicht jede Kostenstelle einzeln in die Rolle eingetragen werden muss).

Lücken im Standard

Entscheiden Sie sich nun dennoch für die Einführung der Kontextberechtigung, bedeutet das zum einen gegebenenfalls die Einführung der strukturellen Berechtigungen (wenn Sie noch keine strukturellen Berechtigungen verwenden), was die Berücksichtigung aller in Kapitel 3, »Strukturelle Berechtigungsprüfung«, aufgeführten Themen beinhaltet. Zum anderen müssen Sie bei der Kontextberechtigung mit folgenden Lücken im Standard rechnen, bei denen eventuell kundeneigene Programmierung notwendig ist:

- Die Umsetzung sämtlicher Berechtigungen aus dem alten Berechtigungsobjekt in das neue kontextabhängige Berechtigungsobjekt bedarf bei großen Mengen an Rollen der maschinellen Unterstützung, die es im Standard nicht gibt.
- Für die Kontextberechtigung sind generische Profile kaum verzichtbar. Immer dann, wenn es eine größere Anzahl von Zuständigkeiten gibt, die sich nicht aus dem Organisationsmanagement

ablesen lassen (wie z. B. Vertretungszuständigkeiten), brauchen Sie klug konzipierte kundeneigene Funktionsbausteine.

- Und schließlich arbeitet die Kontextberechtigung im Standard nicht mit dem Ausschlusskennzeichen. Dort, wo Sie dies brauchen, ist ebenfalls kundeneigene Programmierung notwendig, und zwar im BAdI HRBAS00_GET_PROFL.

Eine Lösung, die Ihnen die eigene Programmierung erspart oder erleichtert, bietet das Produkt »Kontextberechtigungen« der Projektkultur GmbH (*www.projektkultur.com*).

Performanceoptimierung [+]

Gelegentlich kommt es bei einer sehr großen Anzahl von strukturellen Profilen innerhalb der Kontextberechtigung und einer großen Zahl von Sätzen des Infotyps 0001 zu Performanceproblemen. Zur Optimierung liefert SAP über den SAP-Hinweis 1624564 das BAdI HRPADAUTH_AC_UNIT aus.

4.4 Weitere kontextabhängige Berechtigungsobjekte

Neben den beschriebenen kontextabhängigen Berechtigungsobjekten der Personaladministration (siehe Tabelle zu Beginn von Abschnitt 4.2, »Einrichtung und Pflege«) gibt es nur noch ein einziges kontextabhängiges Berechtigungsobjekt: P_HAP_DOC (Beurteilungssysteme: Beurteilung). In diesem Objekt wird je Beurteilungsformular (bzw. Kategorien oder Kategoriengruppen) ein strukturelles Profil gepflegt, das die für dieses Formular erlaubten Personen definiert. Das Feld Profil funktioniert genauso wie in den entsprechenden Objekten der Personaladministration. Näheres zu diesem Berechtigungsobjekt finden Sie in Abschnitt 5.12, »Performance Management«.

BAdI HRBAS00_GET_PROFL [+]

Wenn Sie das BAdI HRBAS00_GET_PROFL nutzen, um sich die zusätzliche Pflege der strukturellen Profile in T77UA zu ersparen, und das Berechtigungsobjekt P_HAP_DOC verwenden möchten, müssen Sie das BAdI HRBAS00_GET_PROFL um das Berechtigungsobjekt P_HAP_DOC erweitern.

Objekt PLOG_CON funktioniert nicht

Leider ist das kontextabhängige Pendant zum Berechtigungsobjekt PLOG (Personalplanung), das Berechtigungsobjekt PLOG_CON (Personalplanung mit Kontext), zwar von SAP ausgeliefert worden, aber laut eigenem Bekunden nicht fehlerfrei. Somit ist eine kontextabhängige Prüfung innerhalb des Organisationsmanagements, des Veranstaltungsmanagements, der Personalentwicklung etc. im Standard nicht möglich. Anforderungen in diesem Umfeld können nur durch Erweiterungen mit dem BAdI `HRBAS00_STRUAUTH` umgesetzt werden.

4.5 Kritische Erfolgsfaktoren

Im Folgenden finden Sie kritische Erfolgsfaktoren, auf die Sie besonders achten sollten, wenn Sie die kontextsensitive Berechtigungsprüfung einsetzen bzw. einsetzen wollen:

- Setzen Sie auf die zukunftsfähige Kontextprüfung: Je mehr Funktionen Sie in SAP ERP HCM nutzen, desto komplexer werden die Anforderungen an Ihr Berechtigungskonzept. Ohne die kontextabhängige Prüfung gelangen Sie schnell ans Ende Ihrer Möglichkeiten. Es spricht daher viel dafür, von Anfang an mit den kontextabhängigen Berechtigungsobjekten zu arbeiten, auch wenn ihr Einsatz zunächst nicht benötigt wird.
- Erfüllen Sie alle Voraussetzungen für die Nutzung der strukturellen Berechtigungsprüfung, denn erst dann können Sie den Einsatz der kontextabhängigen Berechtigung überhaupt in Erwägung ziehen. Sorgen Sie also insbesondere für ein korrekt gepflegtes Organisationsmanagement.
- Verzichten Sie auf das Objekt PLOG_CON. Auch wenn es an vielen Stellen benötigt würde – SAP selbst rät von seinem Einsatz ab. Dort, wo keine organisatorischen Regelungen helfen, müssen kontextabhängige Prüfungen im BAdI `HRBAS00_STRUAUTH` selbst programmiert werden.
- Verwenden Sie sprechende Profilnamen. Strukturelle Profile können manchmal zahlreich sein und haben vom System her keine Ordnung. Somit hilft nur eine transparente Namensgebung, um den Überblick bei der Pflege zu behalten.

In diesem Kapitel können Sie nachschlagen, welches Berechtigungswerkzeug sich für welches HCM-Fachgebiet anbietet: Was gibt es, was ist sinnvoll, und welche Besonderheiten sind zu beachten? Sie lernen zusätzlich eine Auswahl der von SAP ausgelieferten Rollen und ihre Anwendbarkeit in der Praxis kennen.

5 Berechtigungsrollen in den HCM-Komponenten

Nachdem wir Ihnen bisher die verschiedenen Werkzeuge der Berechtigungsprüfung vorgestellt haben, wenden wir diese Kenntnisse nun konkret auf die einzelnen Komponenten des HCM-Systems an. Diese Komponenten haben wir alphabetisch geordnet. Zunächst stellen wir Ihnen die von SAP ausgelieferten Musterrollen vor, die Ihnen in der Regel als Kopiervorlage für Ihre individuellen Rollen dienen können.

5.1 SAP-Rollen

SAP liefert eine Reihe von Rollen aus. Einen Überblick über alle für das HCM-System relevanten Rollen finden Sie in der Auswertung ROLLEN NACH KOMPLEXEN SELEKTIONSKRITERIEN. Diese erreichen Sie über das SAP Easy Access-Menü über den Pfad WERKZEUGE • ADMINISTRATION • BENUTZERPFLEGE • INFOSYSTEM • ROLLEN. Um eine Übersicht der verfügbaren Rollen zu erhalten, suchen Sie dort mit dem Platzhalter SAP*HR* (siehe Abbildung 5.1). Zusätzlich finden Sie mit dem Platzhalter SAP*RCF* Rollen für das E-Recruiting und mit dem Platzhalter SAP*TV* Rollen des Travel Managements.

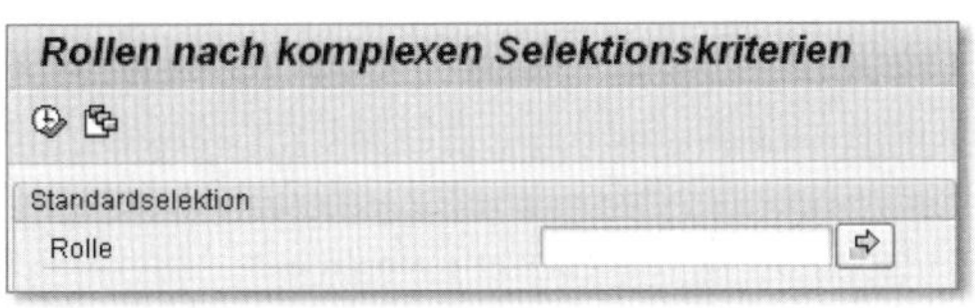

Abbildung 5.1 Suche nach für das HCM-System relevanten SAP-Rollen

Menüeinträge in den SAP-Rollen

Die SAP-Rollen enthalten in der Regel eine Reihe von sinnvollen Einträgen unter MENÜ, die Sie gleichwohl an Ihre Belange anpassen müssen. Zur Funktionsweise der mit den Menüeinträgen verknüpften Berechtigungsobjekte S_TCODE und P_TCODE erfahren Sie mehr in Abschnitt 2.3.1, »Transaktionsberechtigungen«.

Stammdatenberechtigungen in SAP-Rollen

Darüber hinaus gibt es in den meisten SAP-Rollen Einträge zu Stammdatenberechtigungen. Diese konzentrieren sich auf die Berechtigungsobjekte P_ORGIN und manchmal P_PERNR. Die ausgelieferten Berechtigungen sind zumeist unvollständig, da das SAP-System nicht entscheiden kann, nach welchen Kriterien Sie hier Ihre Berechtigungen vergeben. Diese Berechtigungen müssen Sie also generell überarbeiten, besonders dann, wenn Sie andere Berechtigungsobjekte für die Stammdaten verwenden. Mehr zu den Berechtigungsobjekten für die Stammdaten erfahren Sie in Abschnitt 2.3.2, »Infotypberechtigungen in der Personaladministration«.

Wenn wir im Folgenden die SAP-Rollen je Komponente kritisch prüfen, gehen wir auf die Transaktions- und Stammdatenberechtigungen nur aus besonderen Gründen ein.

5.2 Abrechnung und Folgeaktivitäten

Die SAP-Rollen im Bereich Abrechnung folgen der Namenskonvention SAP_HR_PY*. Wir gehen hier exemplarisch auf die Rolle SAP_HR_PY_DE_PAYROLL-ADM (Sachbearbeiter Abrechnung Deutschland) ein, die Sie in Abbildung 5.2 sehen.

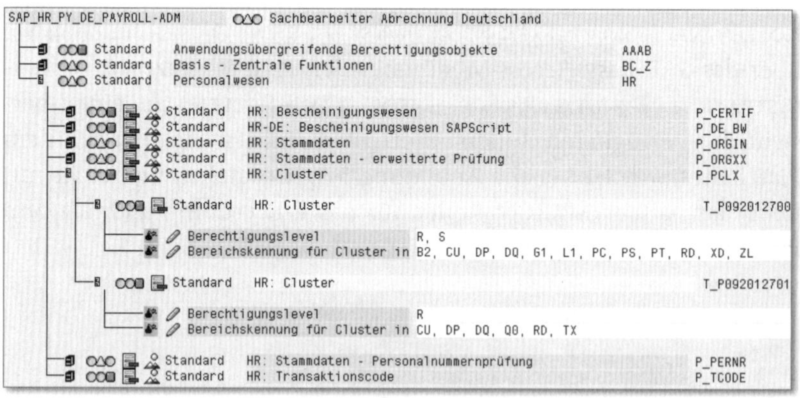

Abbildung 5.2 SAP-Rolle »Sachbearbeiter Abrechnung Deutschland«

In der Rolle *Sachbearbeiter Abrechnung Deutschland* finden Sie folgende Berechtigungsobjekte:

Rolle »Sachbearbeiter Abrechnung Deutschland«

- **Berechtigungsobjekt S_WFAR_PRI**
  (SAP ArchiveLink: Berechtigung zum Zugriff auf Drucklisten)
  Dieses Objekt berechtigt Funktionen in SAP NetWeaver Folders Management. Zur vollständigen Nutzung z.B. der elektronischen Personalakte sind noch weitere Berechtigungen von SAP ArchiveLink erforderlich.
- **Berechtigungsobjekt P_DE_BW**
  (HR-DE: Bescheinigungswesen SAPscript)
  Die Berechtigungsobjekte des Bescheinigungswesens besprechen wir in Abschnitt 5.2.2, »Berechtigungen im Bescheinigungswesen«.
- **Cluster-Berechtigungen**
  Trotz leichter Redundanzen geben die vorgeschlagenen Cluster einen guten Überblick über alles, was Sie eventuell benötigen könnten. Geschrieben werden die Cluster hauptsächlich vom Abrechnungstreiber, z.B. aber auch vom Vorprogramm »Datenträgeraustausch«. Folgende Cluster stehen zur Verfügung:
  - B2 (Ergebnisse der Zeitauswertung)
  - CU (Cluster Directory Abrechnung)
  - DP (Pfändungen DE) (AE für Österreich)
  - DQ (Directory Pfändung) (AF für Österreich)
  - G1 (Gruppen-Leistungslohn)
  - L1 (Einzel-Leistungslohn)
  - OD (Zeitversetzte Bezahlung im öffentlichen Dienst)
  - PC (Persönlicher Kalender) (wichtig für An-/Abwesenheiten)
  - PS (Schema Abrechnung)
  - PT (Schema Zeitauswertung)
  - Q0 (Bescheinigungswesen international)
  - RD (Abrechnungsergebnis D) (RA für Österreich, RC für Schweiz)
  - TX (Infotyptexte)
  - XD (Abrechnungsergebnis Sonderzahlung D) (XA für Österreich)
  - ZL (Zeitlohnarten/Schichtplan)

Nach Bedarf müssen Sie eventuell Berechtigungen des Organisationsmanagements (Berechtigungsobjekt PLOG und strukturelle Berechtigung) hinzufügen. Diese benötigen Sie, wenn die Abrechnungssachbearbeiter auch den Infotyp 0001 sowie Qualifikationen lesen oder pflegen. Näheres hierzu finden Sie in Abschnitt 5.11, »Organisationsmanagement«.

Ein weiteres wichtiges Berechtigungsobjekt für Abrechner ist TemSe: S_TMS_ACT (Aktionen an/auf TemSe-Objekten). Es erlaubt das Schreiben auf temporäre Dateibereiche und wird in Folgeprogrammen der Abrechnung genutzt.

In den folgenden Abschnitten gehen wir auf eine Reihe von besonderen Berechtigungen in der Abrechnung und ihrem Umfeld ein.

5.2.1 Berechtigungen zur Steuerung der Abrechnung und ihrer Folgeaktivitäten

Personalverwaltungssatz

Zentrales Steuerungsinstrument für die eigentliche Abrechnung ist der Personalverwaltungssatz (Transaktion PA03). Hier prüft das Berechtigungsobjekt P_PCR (HR: Personalverwaltungssatz) die Rechte auf Anzeige und Pflege (siehe Abbildung 5.3). Geprüft werden der Abrechnungskreis sowie die zugelassenen Aktivitäten (Hinzufügen, Ändern, Anzeigen, Löschen).

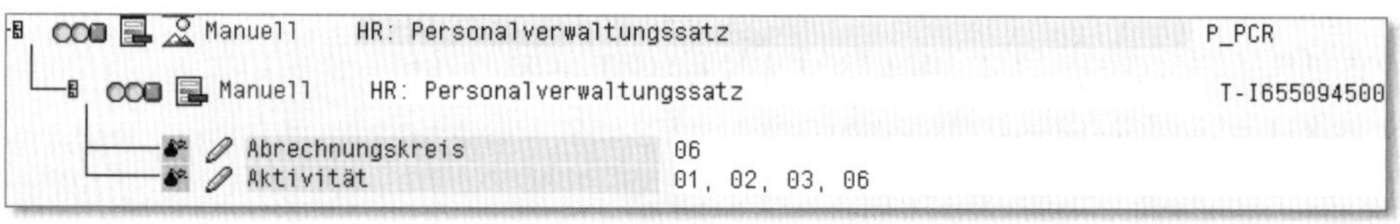

Abbildung 5.3 Berechtigungsobjekt für die Transaktion PA03

Abrechnungstreiber

Die zentralen Reports zur Durchführung der Abrechnung, das sind die Reports RPCALC*, benötigen eine ganze Reihe von Infotypberechtigungen der Stammdaten. Zusätzlich wird das Berechtigungsobjekt PLOG benötigt, und zwar für den Infotyp 1018 (Kostenverteilung).

Verbuchung in FI/CO

Berechtigungen für die Verbuchung in FI/CO geben die beiden folgenden Berechtigungsobjekte:

- **Berechtigungsobjekt P_PYEVRUN (HR: Buchungslauf)**
  Dieses Objekt prüft verschiedene Aktivitäten (Hinzufügen,

Ändern, Anzeigen, Löschen, Buchen, Freigeben, Stornieren), das Simulationskennzeichen sowie den Lauftyp.

Folgende Lauftypen sind für die Abrechnung relevant:

- AP (Buchung Steuer/SV Österreich)
- PM (Buchung der Zahlungen)
- PP (Buchung der Abrechnung)
- TP (Buchung von Third Party Remittance)

- **Berechtigungsobjekt P_PYEVDOC (HR: Abrechnungsbeleg)**
  Dieses Objekt prüft verschiedene Aktivitäten im Hinblick auf Abrechnungsbelege (Anzeigen, Buchen, Einzelposten anzeigen, Freigeben), und zwar je nach Buchungskreis.

HCM und FI/CO auf getrennten Systemen [!]

Wenn HCM und FI/CO auf getrennten Systemen laufen, beachten Sie für die zusätzlichen RFC-Berechtigungen SAP-Hinweis 926726 (Berechtigungen bei Überleitung von Personalabrechnungen).

Die Zahlungsträgerprogramme des Rechnungswesens prüft zusätzlich auch das Berechtigungsobjekt P_ABAP (HR: Reporting). Im Gegensatz zum sonstigen Gebrauch dieses Objekts, das ja optional ist (siehe Abschnitt 5.17.3, »Berechtigungsobjekt P_ABAP«), ist es an dieser Stelle zwingend notwendig. Im Feld REPORTNAME muss der Name des Zahlungsträgerprogramms eingetragen sein, im Feld VEREINFACHUNGSGRAD der Wert »2« (oder »*«).

Process Workbench Engine

Die Process Workbench Engine (auch *Abrechnungsprozessmanager*) ist ein Werkzeug zur Abrechnungssteuerung. Wenn Sie die Process Workbench Engine verwenden, benötigen Sie das Berechtigungsobjekt P_PBSPWE (Berechtigung für Process Workbench Engine). Es berechtigt bestimmte Aktivitäten für folgende Tabellen:

- Personalvorgangsarten (Subtypen des Infotyps 0716 gemäß Tabelle T591A, Infosubtypeigenschaften)
- Personalvorgänge (Tabelle T7PBSWB2J)
- Personalteilvorgänge (Tabelle T7PBSWB2B)
- Teilaufgaben (Tabelle T7PBSWB2L)

B2A-Manager

Der B2A-Manager regelt die Datenübertragung an Behörden und die Träger der Sozialversicherung. Auch der B2A-Manager hat ein eigenes Berechtigungsobjekt. Es handelt sich um das Berechtigungsobjekt P_B2A (HR-B2A: B2A-Manager), das Sie in Abbildung 5.4 sehen.

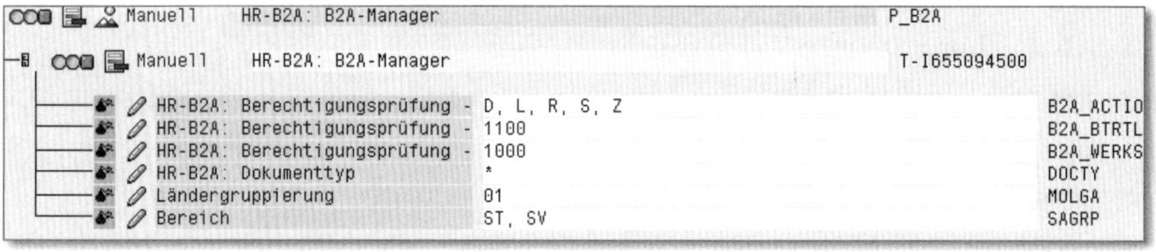

Abbildung 5.4 Berechtigungsobjekt für den B2A-Manager

Felder des Objekts P_B2A

Folgende Felder werden vom Berechtigungsobjekt P_B2A (HR-B2A: B2A-Manager) geprüft:

- **Aktionen für B2A-Manager**
  Es werden Aktionen geprüft wie etwa die Detailsicht der Meldungen, Meldungen löschen, Meldungen reorganisieren, Prozess ausführen oder Status von Meldungen umsetzen.
- **Personalteilbereich**
  Es werden erlaubte Personalteilbereiche geprüft.
- **Personalbereich**
  Es werden erlaubte Personalbereiche geprüft.
- **Dokumenttyp**
  Es wird die Zusammenfassung von Dokumenten gemäß B2A-Customizing, z.B. Entgeltbescheinigungen an Krankenkassen, geprüft.
- **Ländergruppierung**
  Es werden erlaubte Ländergruppierungen geprüft.
- **Bereich**
  Es werden z.B. Steuer oder Sozialversicherung geprüft.

[+]

B2A-Manager: Berechtigungsobjekt S_OC_SEND

Systemseitig benötigen Sie für den B2A-Manager zusätzlich das Berechtigungsobjekt S_OC_SEND (Berechtigungsobjekt zum Senden). Lesen Sie hierzu auch SAP-Hinweis 1091274 (B2A: Prüfung der Berechtigung zum Senden).

Baulohn

Für das Modul *Baulohn* liefert SAP spezielle Musterrollen aus: SAP_HR_PY_DE_PAYROLL-ADM-BAU (Sachbearbeiter Abrechnung Bauwirtschaft Deutschland) und SAP_HR_PY_DE_PAYROLL-PROC-BAU

(Prozesssachbearbeiter Abrechnung Bauwirtschaft Deutschland). Diese Rollen verwenden das spezielle Berechtigungsobjekt für den Baulohn: P_ DBAU_SKV (HR: DBAU: Baulohn Deutschland – Sozialkassenverfahren Bewerber). Dieses Objekt wird nur im Modul *Baulohn Deutschland* und dort nur im Rahmen von Reports des Sozialkassenverfahrens verwendet. Es wird geprüft, welche Reports mit welchen Parametern bzw. welche Arbeitsschritte von einem Sachbearbeiter ausgeführt werden dürfen. Näheres finden Sie in der Dokumentation zu diesem Objekt. Diese können Sie über die Transaktion SU21 (Pflege der Berechtigungsobjekte) aufrufen.

5.2.2 Berechtigungen im Bescheinigungswesen

Im Bescheinigungswesen gibt es ein länderunabhängiges Berechtigungsobjekt und eines für das deutsche Bescheinigungswesen. Wir möchten Ihnen beide vorstellen.

Objekt P_DE_BW

Das Objekt P_DE_BW (HR-DE: Bescheinigungswesen SAPscript) prüft im Bescheinigungswesen der deutschen Abrechnung (siehe Abbildung 5.5). Es ist zusätzlich zum weiter unten beschriebenen Berechtigungsobjekt P_CERTIF erforderlich.

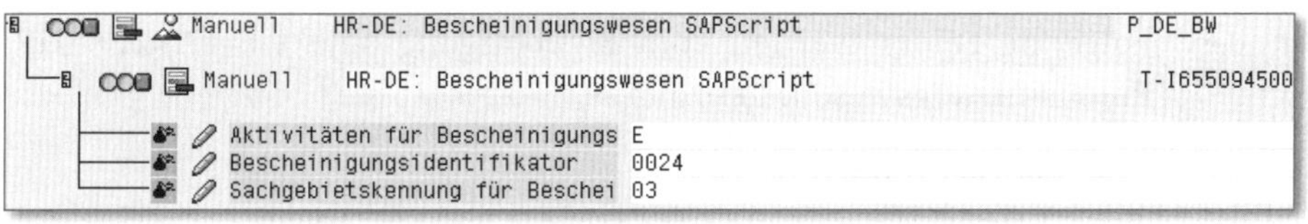

Abbildung 5.5 Berechtigungsobjekt für Bescheinigungswesen mit SAPscript

Felder des Objekts P_DE_BW

Folgende Felder werden vom Berechtigungsobjekt P_DE_BW (HR-DE: Bescheinigungswesen SAPscript) geprüft:

- **Aktivitäten für Bescheinigungswesen**
  Es werden zugelassene Aktionen wie z.B. die Verwaltung archivierter Bescheinigungen oder die Erstellung von Bescheinigungen geprüft.
- **Bescheinigungsidentifikator**
  Es werden die Schlüssel der Bescheinigung gemäß Tabelle T5DF0 geprüft.
- **Sachgebietskennung für Bescheinigungswesen**
  Es werden zugelassene Sachgebiete nach Tabelle T5DF5 geprüft.

[+]

Problem bei der Verwendung des Berechtigungsobjekts P_DE_BW

Bei Berechtigungen mit dem Objekt P_DE_BW kann das Problem auftreten, dass ein Sachbearbeiter für ein Sachgebiet eine Anzeigeberechtigung hat und für ein anderes Sachgebiet eine Pflegeberechtigung. Dies führt im Standard dazu, dass für beide Sachgebiete eine Pflegeberechtigung erteilt wird. In SAP-Hinweis 802131 (HR-DBS: Berechtigungsproblem bei mehreren Rollen) erfahren Sie, wie Sie dies verhindern können.

[+]

Berechtigungen für das Bescheinigungswesen über Sachgebiete steuern

Wenn Sie Ihre Berechtigungen für das Bescheinigungswesen über die Sachgebiete steuern, sollten Sie den Benutzerparameter BSUBJ für den Einstieg in die Anwendung mit den zugelassenen Sachgebieten des Benutzers synchron halten. Hat der Benutzer z. B. nur die Berechtigung für die Sachgebiete 03 und 04, sollte in seinem Benutzerparameter einer dieser Werte eingetragen werden.

Objekt P_CERTIF

Das zweite Berechtigungsobjekt im Bescheinigungswesen ist das länderunabhängige Objekt P_CERTIF (HR: Bescheinigungswesen). Es prüft innerhalb des Bescheinigungswesens, welche Arbeitsschritte von einem Sachbearbeiter durchgeführt werden dürfen, und ist auch für das deutsche Bescheinigungswesen erforderlich.

Felder des Objekts P_CERTIF

Folgende Felder werden vom Berechtigungsobjekt P_CERTIF (HR: Bescheinigungswesen) geprüft:

- **Ländergruppierung**
  Es werden zugelassene Länderkennzeichen geprüft.
- **Bescheinigungsnummer**
  Es werden zugelassene Bescheinigungsnummern geprüft.
- **Berechtigungslevel**
  Es werden verschiedene Level für Einzelerfassung, Schnellerfassung und Bescheinigungsdruck geprüft.

Cluster

Die Cluster des Bescheinigungswesens sind Q0 (Bescheinigungswesen international) sowie Q1 (Bescheinigungswesen Batch-Vermerke international) und DB (BAV-/Rentenbescheinigung).

Infotypen des Bescheinigungswesens

Die Zugriffe auf Stammdateninformationen werden über die üblichen Berechtigungsobjekte der Stammdaten geregelt. Zu berücksichtigen sind die besonderen Infotypen des Bescheinigungswesens:

- Infotyp 0650 (Bescheinigungen an die BA)
- Infotyp 0651 (Bescheinigungen an SV-Träger)
- Infotyp 0652 (Ausbildungsbescheinigungen)
- Infotyp 0653 (Bescheinigungen an Kommunen etc.)

5.2.3 Berechtigungen zur Pflege und Anzeige von Formularen

Bei allen Formularen, die mit dem Werkzeug HR-Forms erstellt wurden, laufen die folgenden besonderen Berechtigungsprüfungen ab, zusätzlich zu den allgemeinen und strukturellen Prüfungen der Dateninhalte.

Anzeige von Formularen am Bildschirm

Jeder Benutzer, der ein mit HR-Forms erstelltes Formular am Bildschirm aufruft, benötigt mindestens eine Anzeigeberechtigung für das Objekt P_HRF_INFO (HR: Berechtigungsprüfung Infodatenpflege für HR-Forms).

Darüber hinaus prüft dieses Objekt auch Änderungen im Formular, und zwar mit den Feldern LÄNDERGRUPPIERUNG, INFONET NAME (gilt automatisch für die zugehörigen Unterobjekte InfoStars, InfoDimensions, InfoFields und InfoFigures) und AKTIVITÄT (Ändern, Anzeigen, Aktivieren).

Berechtigungsobjekt für Metadaten

Während sich die Änderungsberechtigung im Objekt P_HRF_INFO lediglich auf das Formular selbst bezieht, wird im Objekt P_HRF_META (HR: Berechtigungsprüfung Metadatenpflege für HR-Forms) die Pflege der Metadaten berechtigt. Dieses Berechtigungsobjekt prüft in folgenden Fällen:

- bei der Anzeige oder Bearbeitung der Metadaten im HR-Metadata-Workplace
- bei der Anzeige der Metadaten im HR-Formular-Workplace
- beim Testaufruf eines Formulars

Zusätzlich müssen die Leseberechtigungen für die entsprechenden Inhaltsdaten vorliegen.

Weitere Details zu den Feldern, die durch das Berechtigungsobjekt P_HRF_INFO (HR: Berechtigungsprüfung Infodatenpflege für HR) geprüft werden, finden Sie in der Dokumentation zu diesem Objekt. Diese können Sie über die Transaktion SU21 (Pflege der Berechtigungsobjekte) aufrufen.

5.2.4 Berechtigungen für Steuerprüfer

Transaktion TPC6

SAP liefert für Steuerprüfer in Deutschland die Rolle SAP_AUDITOR_TAX_HR (HR-DE Steuerprüfung § 147 AO (Muster)) aus. Diese enthält einige Vorlagen insbesondere für Systemberechtigungen. Darunter befindet sich auch die wichtige Transaktion TPC6 (Zeiträume für Berechtigungsprüfung ändern). Mit dieser Transaktion können Sie eine Tabelle pflegen, die die Zugriffe des Steuerprüfers in bestimmten Reports (z.B. Lohnkonto) auf definierte Zeiträume einschränkt. Beachten Sie hierzu auch den SAP-Hinweis 966641 (Steuerprüfung Online-Zugriff: Berechtigungsprüfung). Dabei geht es insbesondere um Berechtigungen des Steuerprüfers für Personen, die nicht während des gesamten Zeitraums der Prüfung dem für die Prüfung zugelassenen Personalteilbereich zugeordnet waren.

Weitere HR-Rollen, die mit Prüfvorgängen im Rahmen von Audits zu tun haben, sind folgende:

- SAP_AUDITOR_BA_HR (AIS Human Resources)
- SAP_AUDITOR_BA_HR_A (AIS Human Resources (Berechtigungen))

5.2.5 Berechtigung zum Löschen von Abrechnungsergebnissen

Transaktion PU01

Die Transaktion PU01 (Aktuelles Abrechnungsergebnis löschen) erlaubt das Löschen des aktuellen Abrechnungsergebnisses für einzelne Personalnummern im Cluster Rx (x steht für die Ländergruppierung) der Tabelle PCL2. Nach erfolgreichem Löschen wird das vorangegangene Abrechnungsergebnis als aktuelles Abrechnungsergebnis zur Verfügung gestellt.

Mit dem BAdI `HR_PY_AUTH_PU01` können hierfür kundeneigene Berechtigungsprüfungen implementiert werden.

5.3 Betriebliche Altersversorgung/Pensionskasse

Für die betriebliche Altersversorgung in Deutschland (BAV) liefert SAP die beiden Rollen SAP_HR_PA_PF_DE_PENSION-ADM (Sachbearbeiter Betriebliche Altersversorgung Deutschland) und SAP_HR_PA_PF_DE_PENSION-PROC (Prozesssachbearbeiter Betriebliche Altersversorgung Deutschl.) aus. Letztere bietet die bessere Grundlage, deswegen behandeln wir sie hier (siehe Abbildung 5.6).

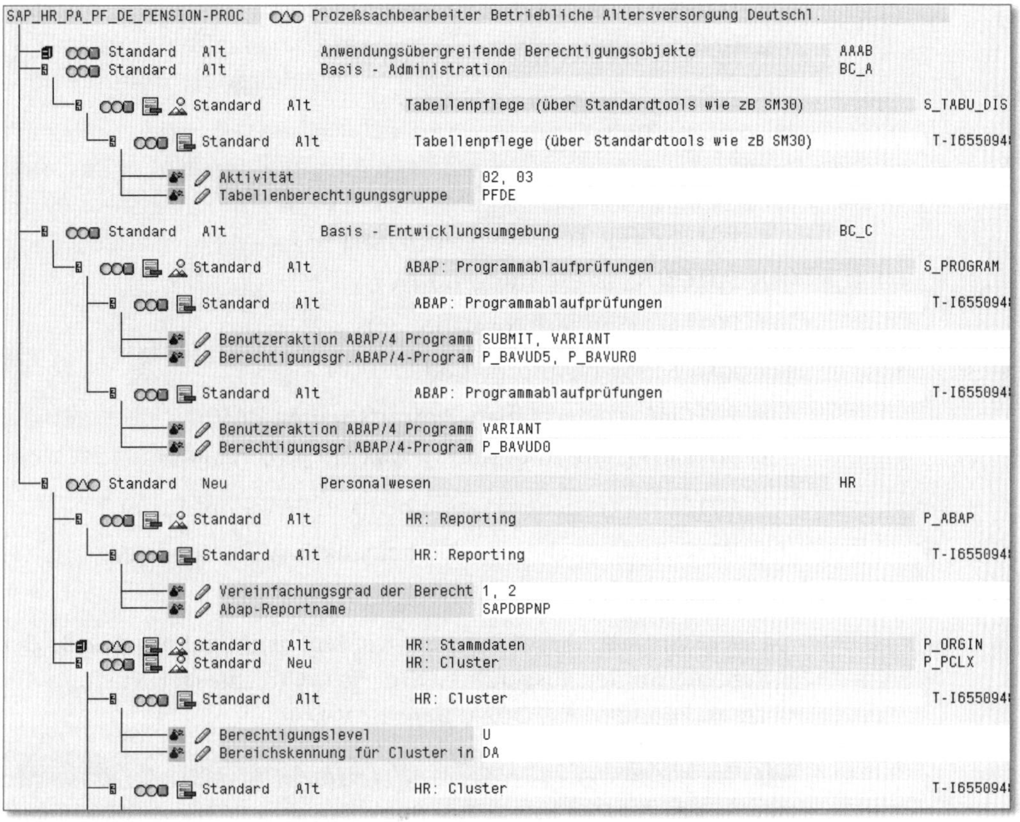

Abbildung 5.6 SAP-Rolle »Prozesssachbearbeiter Betriebliche Altersversorgung Deutschl.«

Berechtigungsobjekte der Rolle

Die Rolle SAP_HR_PA_PF_DE_PENSION-PROC enthält folgende Berechtigungsobjekte:

- **S_TABU_DIS (Tabellenpflege über Standardtools wie z.B. SM30)**
  Die Berechtigung zur Tabellenpflege wird benötigt, weil die Daten der BAV nur zum Teil in Infotypen gespeichert sind und zum anderen Teil in sogenannten *transparenten Tabellen*. Diese Tabellen können – je nach Versorgungsordnung – folgende sein:
  - P01CAD (Verwaltungsdaten BAV-Tabellen)
  - P01CBE (Beiträge BAV)
  - P01CBF (Fiktive Beiträge BAV)
  - P01CBT (Überweisungssätze Beitragsrückerstattung)
  - P01CCV (Kumulierte Anwartschaften BAV)
  - P01CEE (Effektive Einkommen BAV)

- P01CEF (Fiktive Einkommen BAV)
- P01CET (Fehlerhafte Aktionen BAV)
- P01CGP (Besitzstände BAV)
- P01CIX (Anspruchsindex)
- P01CKA (Kapitalisierte Anwartschaften BAV)
- P01CRP (Rückerstattungsbeträge BAV)
- P01CSL (Sozialleistungen BAV)
- P01CSO (Sonderinformationen)
- P01CST (Statusinformationen BAV)
- P01CUA (Unverfallbare Anwartschaften BAV)
- P01CVD (Versicherungsmathematik BAV Daten)
- P01CVH (Versicherungsmathematik BAV Kopf-Sätze)
- P01CVR (Versicherungsmathematik BAV Rentendaten)
- P01CVU (Vermögensüberträge BAV)

Leserechte auf diese Tabellen werden benötigt, wenn z.B. der Rentenermittler ausgeführt wird, Schreibrechte bei Nutzung der Transaktion P01A_TO02 (Pflege BAV-Daten).

[!]

Berechtigungsgruppen PFDE und PA

Nur Tabelle P01CVU hat die Berechtigungsgruppe PFDE, die auch in der Rolle steht, alle anderen Tabellen haben die Berechtigungsgruppe PA. Dies kann wichtig sein, wenn Sie die Tabellenpflege über das Berechtigungsobjekt S_TABU_DIS schützen wollen (siehe Abschnitt 2.4.3, »Tabellenpflege«).

- **S_PROGRAM (ABAP: Programmablaufprüfungen)**
  Sobald Programme der BAV nicht über eigene Transaktionen, sondern über die Transaktion SA38 gestartet werden sollen, muss die Systemberechtigung S_PROGRAM vergeben werden. Hierfür müssen Sie die Berechtigungsgruppen richtig einstellen, da sie in vielen SAP-Reports nicht gepflegt sind. Wie Sie das tun, erfahren Sie in Abschnitt 2.4.1.

  Die Berechtigungsgruppen in der SAP-Rolle aus Abbildung 5.6 sind dabei leider keine große Hilfe: P_BAVUR0 bezieht sich auf obsolete Programme, P_ BAVUD0 ist lediglich dem Programm RPUWDAD0 (Pflege HR-BAV Datenbanken) und P_BAVUD5 nur dem Programm RPUWDAD5 (Bearbeitung Beitragsrückerstattungen) zugeordnet.

- **P_ABAP (HR: Reporting)**
  Das Berechtigungsobjekt P_ABAP verweist auf die immer bestehende Notwendigkeit, die Performance von Reports zu optimieren. Dies wird in dieser Rolle sehr pauschal für die logische Datenbank PNP durchgeführt, wodurch die Berechtigungsprüfung in den meisten Standardreports einerseits optimiert, andererseits aber auch weniger konsequent eingesetzt würde. Mehr zu den Optionen dieses Berechtigungsobjekts erfahren Sie in Abschnitt 5.17.3, »Berechtigungsobjekt P_ABAP«.
- **Stammdaten**
  Die hier ausgelieferten Infotypberechtigungen liefern eine brauchbare Grundlage, die jedoch um den in der BAV unverzichtbaren Infotyp 0323 (Versorgungsordnung BAV) ergänzt werden muss.
- **Cluster**
  Für Bescheinigungen wird Cluster DB (BAV-/Rentenbescheinigung) anstelle des nicht mehr vorhandenen Clusters DA benötigt. Die Cluster CU und RD verweisen auf das notwendige Lesen von Lohnarten der BAV aus den Abrechnungs-Clustern.

Im Menü der Rolle fehlen einige Transaktionen, die Sie in der SAP-Rolle SAP_HR_PA_PF_DE_PENSION-ADM finden, z.B. die Rentenermittlung (Transaktion P01A_RE01). Darüber hinaus müssen Sie gegebenenfalls die Transaktion P01A_FO03F (Batch-Input zur Beitragsrückerstattung) hinzufügen sowie die Transaktionen P01A_VM01 bis P01A_VM06 für den Datenexport, sofern es sich bei den Benutzern um Komponentenbetreuer oder Systemadministratoren handelt.

Obsolete Transaktionen

Obsolet sind in beiden Rollen die folgenden Transaktionen:

- P01A_RE03 (Anzeige BAV-Fehlermeldungen)
- P01A_RE04 (Löschen BAV-Fehlermeldungen)
- P01A_TO03 (Ändern Renten-/Rückstellungsstatus (Infotyp 0203))
- P01A_TO04 (Liste BAV-Daten)
- PC00_M01_UWCU10
  (Customizing-Tool: Kopieren/Löschen Ansprüche)
- PC00_M01_UWEDDA (Übernahme externe Daten in die BAV-DB)
- PC00_M01_UWUPDB (Bearbeiten Rentenbescheinigungselemente in DB/Sammeltabelle CSTIT)

Diese Transaktionen werden entweder technisch nicht mehr benötigt, oder sie wurden durch andere Transaktionen ersetzt.

Pensionskasse Schweiz

Für die Altersversorgung in der Schweiz gibt es eine Pensionskasse. SAP liefert hierfür zwei Berechtigungsrollen aus:

- SAP_HR_PA_PF_CH_PENSION-ADM (Pensionskasse Sachbearbeiter Schweiz)
- SAP_HR_PA_PF_CH_PENSION-SPEC (Pensionskasse Spezialist Schweiz)

Die erste der beiden Rollen verwendet ein spezielles Berechtigungsobjekt: P_CH_PK (HR-CH: Pensionskasse: Kontenzugriff). Dieses Objekt prüft in Transaktionen oder Reports, die Kontendaten verarbeiten, folgende Felder: BERECHTIGUNGSGRUPPE FÜR PK-KONTEN, NUMMER EINES INDIVIDUELLEN PK-KONTOS sowie BERECHTIGUNGSLEVEL FÜR KONTENZUGRIFF. Details zu den Feldern finden Sie in der Dokumentation zu diesem Objekt. Diese können Sie über die Transaktion SU21 (Pflege der Berechtigungsobjekte)) aufrufen.

Vorschlagswerte für Berechtigungsgruppen

Wie Sie bei der Pflege der Berechtigungsgruppen für die PK-Konten über ein Merkmal entsprechende Vorschlagswerte erzeugen können, erfahren Sie in SAP-Hinweis 426499 (PA-PF: Kassenabhängige Berechtigung für PK-Konten).

5.4 Beurteilungssystem

Das »alte« Beurteilungssystem kann ab R/3-Release 4.7 durch das neue Performance Management ersetzt werden. Grundsätzlich ist im Standard eine Koexistenz nicht möglich. Entscheidend für die Wahl zwischen »altem« Beurteilungssystem und Performance Management ist der Schalter HAP00 REPLA der Tabelle T77S0.

[+]

Beide Komponenten parallel verwenden

Im AdManus-Newsletter aus dem Oktober 2007 (*www.admanus.de/newsletter • Archiv*) ist beschrieben, wie Sie dennoch beide Komponenten parallel nutzen können und z. B. das alte Beurteilungssystem für das Veranstaltungsmanagement und gleichzeitig die neue Performance-Management-Funktion für Personalbeurteilungen nutzen können.

Infotypen zur Person

Im Beurteilungssystem wird für die Anzeige der beurteilten Person die Leseberechtigung auf folgende Infotypen geprüft:

- 0002 (Daten zur Person)
- 0024 (Qualifikationen), nur bei aktiver Integration mit den Qualifikationen (siehe Schalter PLOGI QUALI in der Tabelle T77S0)
- 0025 (Beurteilungen), nur bei aktiver Integration mit den Beurteilungen (siehe Schalter PLOGI APPRA in der Tabelle T77S0)

Diese Prüfung muss durch eines der Berechtigungsobjekte für Infotypen erteilt werden, z.B. durch P_ORGIN (siehe Abbildung 5.7).

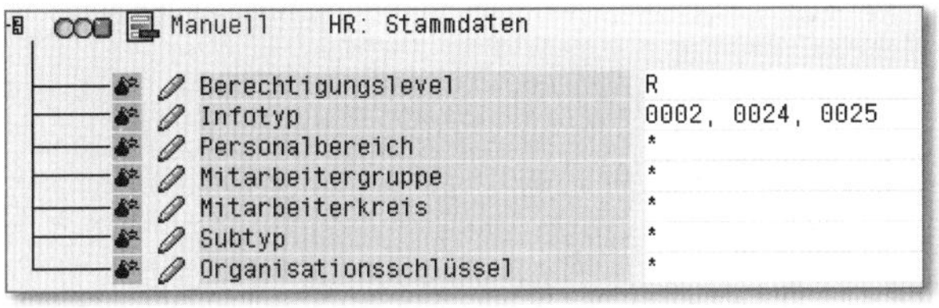

Abbildung 5.7 Leseberechtigung auf die Stammdaten des Beurteilungssystems

Die Prüfung auf den Infotyp 0002 kann im BAdI `HRPDV00APPR AISAL0005` mithilfe des Parameters `EXIT_FLAG` ausgeschaltet werden. Wird der Parameter auf »A« gesetzt, wird diese Berechtigungsprüfung für den Beurteiler abgeschaltet. Bei Schalterstellung »X« findet die Prüfung weder für den Beurteiler noch für den Beurteilten statt.

Objekttypen, Infotypen und Subtypen

Außerdem müssen die Objekttypen und Infotypen des Beurteilungssystems selbst geprüft werden, und zwar zum einen mit dem Objekt PLOG (Personalplanung) und zum anderen mit der strukturellen Berechtigung für die Objekttypen. Die verwendeten Elemente sind folgende:

- **Objekttypen**
  Es handelt sich um folgende Objekttypen:
  - BA (Beurteilung)
  - BG (Kriteriengruppe)
  - BK (Kriterium)
  - BS (Beurteilungsmuster)

  Weitere Objekttypen, je nachdem, was und wen Sie beurteilen, sind folgende:
  - P (Person)
  - AP (Bewerber)
  - E (Veranstaltung)

Die Objekttypen BG und BK gehören zum Customizing, sind also für normale Nutzer nur lesend zu berechtigen. Der Objekttyp BA kann in der Regel vollständig schreibend erlaubt werden, der Objekttyp BS gegebenenfalls nur für die Verknüpfung mit BA (003).

- **Infotypen**
  Es handelt sich um folgende Infotypen:
  - 1000, 1001, 1043 (Info Beurteilungsmuster)
  - 1044 (Ergebnisdefinition)
  - 1045 (Bewertung)
  - 1047 (Verarbeitungsbausteine)
  - 1048 (Ausprägungsbeschreibung)
- **Subtypen des Infotyps 1001**
  Es handelt sich um folgende Subtypen:
  - 003 (gehört zu/umfasst)
  - 045 (erstellt/wurde erstellt von)
  - 046 (erhält/wurde erstellt für)
  - 047 (enthält/ist Bestandteil von)
  - 057 (hat Teilnehmerbeurteilungsmuster/ist Teilnehmerbeurteilungsmuster für)
  - 058 (hat Veranstaltungsbeurteilungsmuster/ist Veranstaltungsbeurteilungsmuster für)
  - 0710 (erfüllt/wird erfüllt von)
  - 0711 (benötigt/wird benötigt von)

Wenn Sie das Beurteilungssystem für die Beurteilungen von Veranstaltungen oder Teilnehmern im Veranstaltungsmanagement nutzen, müssen Sie die Verknüpfungen 045, 047, 057 und 058 zu den Objekttypen E (Veranstaltung) und D (Veranstaltungstyp) berechtigen.

Strukturelle Berechtigungen

Da innerhalb der Objekttypen des Beurteilungssystems keine hierarchischen Beziehungen existieren, müssen strukturell lediglich die einzelnen Objekttypen berechtigt werden. Eventuell können einzelne Schlüssel, insbesondere für Beurteilungsmuster, durch Einträge unter ObjektId gezielt berechtigt werden.

Für die Bearbeitung von Beurteilungen müssen Schreibrechte auf die Objekttypen BA und BS (wegen der Verknüpfung zum Objekttyp BA) auch strukturell vergeben werden. Ein Beispiel, das die Zugriffe auf die Objekttypen des Beurteilungssystems erlaubt sowie die Beurteilung von Personen einer bestimmten Organisationseinheit zulässt, sehen Sie in Abbildung 5.8.

Profil	Nr.	Planvar.	Objekttyp	ObjektId	Pflege	Ausw. Weg
BEURTEIL	10	01	BA		☑	
BEURTEIL	20	01	BG		☐	
BEURTEIL	30	01	BK		☐	
BEURTEIL	40	01	BS		☑	
BEURTEIL	50	01	O	50123456	☑	PERSON

Abbildung 5.8 Beispiel einer strukturellen Berechtigung für das Beurteilungssystem (»alt«)

Funktionsbaustein für die strukturelle Berechtigung [+]

Ein nützlicher Funktionsbaustein für die strukturelle Berechtigung ist `ZGET_APPRAISALS`. Der Baustein liefert für die Berechtigung eines Managers alle Beurteilungen für Mitarbeiter, deren Vorgesetzter er ist. Sie können ihn über den SAP-Hinweis 668962 (Berechtigung, um nur Beurt. von unterg. Mitarbeiter zu sehen) herunterladen.

5.5 Budgetplanung und -bewirtschaftung (öffentlicher Dienst)

Die Budgetplanung und -bewirtschaftung ist eine wesentliche Weiterentwicklung der Stellenwirtschaft und soll diese langfristig ablösen. Die neue Budgetplanung und -bewirtschaftung umfasst in der Planungsphase die folgenden HCM-Komponenten, die Sie für den Aufbau Ihrer Rollen berücksichtigen müssen:

- **Personaladministration**
  Die Berechtigungen in der Personaladministration werden auf die gleiche Weise vergeben wie in allen anderen HCM-Komponenten, die auf diese Daten zugreifen. In Abschnitt 5.13, »Personaladministration«, finden Sie hierzu detaillierte Informationen.
- **Organisationsmanagement**
  Die Budgetplanung und -bewirtschaftung nutzt genauso wie das übrige HCM-System die Aufbauorganisation des Organisationsma-

nagements mit dem Berechtigungsobjekt PLOG sowie der strukturellen Berechtigung (siehe Abschnitt 5.11, »Organisationsmanagement«). Zusätzlich zu den bekannten Objekttypen O (Organisationseinheit), P (Person) und S (Planstelle) und ihren Infotypen benötigen Sie hier Folgendes:

- den Objekttyp BU (Haushaltselement)
- verschiedene Verknüpfungen zwischen den Objekttypen BU und O, S und P:
  - 003 (für die Hierarchie der Haushaltselemente)
  - 300 (wird finanziert durch/finanziert)
  - 301 (verstärkt/wird verstärkt durch)
  - 310 (ist Verantwortlicher von/ist in Verantwortung von)
  - 312 (gehört zu (Umwandlung)/umfasst (Umwandlung))
  - 313 (umgewandelt aus/umgewandelt in)
  - 314 (ist zweckgebunden an/ist zweckgebunden für)
  - 315 (Verantw. Finanzierung)
- die Infotypen 15xx

In der strukturellen Berechtigung lassen Sie entweder den Objekttyp BU uneingeschränkt zu, oder Sie schränken bestimmte Bereiche der Hierarchie der Haushaltselemente mit Eingabe eines Wurzelobjekts und dem Auswertungsweg BU-BU ein.

- **Personalabrechnung (simulativ)**
  Auf die Berechtigungen für die Personalabrechnung gehen wir detailliert in Abschnitt 5.2, »Abrechnung und Folgeaktivitäten«, ein.
- **Personalkostenplanung inklusive Überleitung der Ergebnisse in das Controlling und von dort an das Haushaltsmanagement**
  Auch für die Personalkostenplanung finden Sie alles Wichtige an anderer Stelle, nämlich in Abschnitt 5.18, »Personalkostenplanung«.

Die für die Prozesse der Budgetplanung und -bewirtschaftung von SAP ausgelieferten Rollen sind leider ziemlich unvollständig. Lediglich die Rolle SAP_HR_PBC_PAYSIM_RESPONSIBLE (Verantwortlich für Abrechnungssimulation) enthält eine brauchbare Basis für diesen Aufgabenbereich.

Spezielle Berechtigungsobjekte

In der Budgetplanung und -bewirtschaftung gibt es zudem einige spezielle Berechtigungsobjekte, die ausschließlich dort gelten:

- **Berechtigungsobjekt P_EXMGRP (HR: PBC – Ausnahmen für Finanzierungsregeln)**
  Dieses Berechtigungsobjekt schränkt die Verwendung von Prüfausnahmen ein. Es wird lediglich das Feld GRUPPIERUNG VON Prüfausnahmen geprüft.
- **Berechtigungsobjekt P_ENGINE (HR: PBC – Berechtigung für automatische Obligoerstellung)**
  Dieses Objekt berechtigt die Generierung der automatischen Obligoerstellung in der Budgetplanung und -bewirtschaftung. Es wird ausschließlich das Feld AKTIVITÄT mit dem einzig möglichen Wert »Generierung« geprüft.
- **Berechtigungsobjekt P_ENCTYP (HR: PBC – Finanzierung)**
  Hier werden Mittelreservierungstypen zugelassen. Die geprüften Felder und ihre möglichen Werte sehen Sie in Abbildung 5.9.

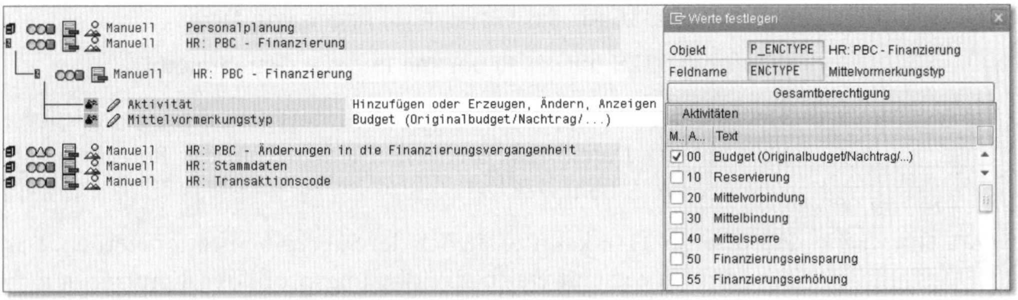

Abbildung 5.9 Werte des Berechtigungsobjekts P_ENCTYPE

- **Berechtigungsobjekt P_FINADM (HR: PBC – Änderungen in die Finanzierungsvergangenheit)**
  Mithilfe dieses Berechtigungsobjekts ist es möglich, Finanzierungen auch vor dem Datum zu ändern, das im Customizing in der IMG-Aktivität PERSONALMANAGEMENT • BUDGETPLANUNG UND -BEWIRTSCHAFTUNG • STELLENPLANMANAGEMENT • FINANZIERUNGSEINSTELLUNGEN • ERLAUBTER ZEITRAUM FÜR ÄNDERUNGEN IN DIE VERGANGENHEIT PFLEGEN festgelegt wurde. Das Feld ÄNDERUNGEN IN DIE VERGANGENHEIT ERLAUBT kann die Werte »X« oder » « (Leerzeichen) erhalten.

Bestimmung der Stellenanteile

Bei der Bestimmung der benötigten Stellenanteile in den Transaktionen des Stellenplanmanagements kann die Berechtigungsprüfung durch den T77S0-Schalter HRFPM NOPAU abgeschaltet werden (siehe SAP-Hinweis 796357 – Org. Öff. Verw.: Berechtigungsverwaltung für PA-Infotypen).

5.6 Cross Application Time Sheet

Zum *Cross Application Time Sheet* (CATS) gibt es keine von SAP ausgelieferte vorkonfigurierte Rolle. Deshalb müssen Sie Ihre Rollen für CATS neu aufbauen, und zwar aus zwei Komponenten

Komponente 1: Berechtigungen für das Profil

Zum einen muss bei allen CATS-Profilen festgelegt werden, ob ein Benutzer mit diesem Profil arbeiten darf. Hierzu nutzt CATS das HCM-Berechtigungsobjekt P_ORGIN (HR: Stammdaten) oder dessen kontextabhängige »Schwester« P_ORGINCON.

Virtuelle Infotypen

In diesem Objekt werden für die Arbeit in CATS die folgenden virtuellen Infotypen eingetragen:

- Infotyp 0316 für das Lesen und Pflegen von Daten
- Infotyp 0328 für das Reporting und die Genehmigung

Diese beiden Infotypen sind virtuelle Infotypen, d.h., sie existieren nicht auf der Datenbank. Sie stehen lediglich in der Berechtigungsrolle der CATS-Benutzer.

CATS-Erfassungsprofile

Für Infotyp 0316 kann zusätzlich der Subtyp berechtigt werden. Daraus geht hervor, mit welchem Erfassungsprofil der Benutzer berechtigt ist zu arbeiten. Der Subtyp des virtuellen Infotyps 0316 enthält die vierstellige Profilberechtigungsgruppe, die in dem Feld BERECHTIGUNG der Customizing-Tabelle für das Erfassungsprofil eingetragen ist (siehe Abbildung 5.10). Im IMG erreichen Sie diese Sicht über ANWENDUNGSÜBERGREIFENDE KOMPONENTEN • ARBEITSZEITBLATT • EINSTELLUNGEN für ALLE ANWENDUNGSOBERFLÄCHEN • BERECHTIGUNGEN • BERECHTIGUNGEN für ERFASSUNGSPROFILE ANLEGEN • ERFASSUNGSPROFILE PFLEGEN.

[!]

Erfassungsprofil

Im Erfassungsprofil muss immer eine Berechtigungsgruppe stehen – auch wenn in der Berechtigung unter SUBTYP ein »*« vergeben wird.

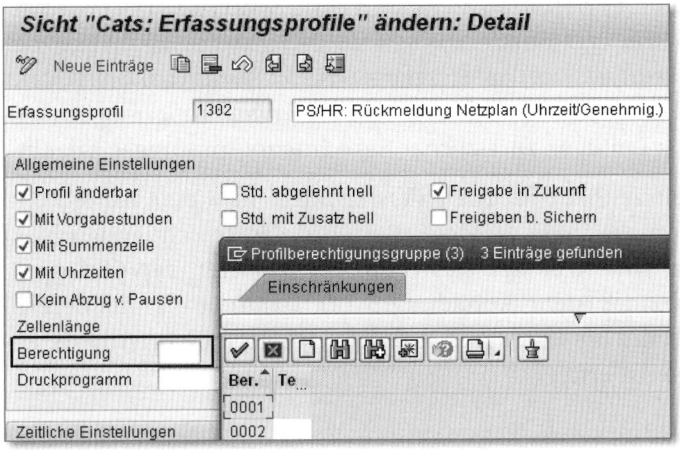

Abbildung 5.10 CATS-Erfassungsprofil mit Berechtigungsgruppe

Komponente 2: Berechtigungen für Dateninhalt

Die zweite Komponente jeder CATS-Berechtigung betrifft die Daten. Hier greifen sämtliche Berechtigungen der betroffenen SAP-Komponenten. Im Falle des HCM-Systems sind dies die folgenden Berechtigungsobjekte:

- Berechtigungsobjekt P_ORGIN/P_ORGINCON (HR: Stammdaten, mit oder ohne Kontext)
- Berechtigungsobjekt P_PERNR (HR: Stammdaten – Personalnummernprüfung)
- Berechtigungsobjekt P_ORGXX/P_ORGXXCON (HR: Stammdaten – erweiterte Prüfung, mit oder ohne Kontext)
- Berechtigungsobjekt P_PCLX (HR: Cluster)

Berechtigungsobjekt P_PERNR (HR: Stammdaten – Personalnummernprüfung)

Dieses Objekt ist für die dezentralen Erfassungsszenarien, wie sie in CATS üblich sind, von besonderer Bedeutung. Siehe hierzu auch Abschnitt 2.3.3, »Weitere Berechtigungsobjekte für Stamm- und Zeitdaten«.

Berücksichtigen Sie bei den Stammdatenobjekten den CATS-spezifischen Infotyp 0315 (Vorschlagswerte Arbeitszeitblatt). Dieser ist – im Gegensatz zu den oben beschriebenen Infotypen – nicht virtuell, sondern tatsächlich mit Daten gefüllt. Beziehen Sie außerdem die strukturellen Berechtigungen ein, soweit sie sich auf Personen auswirken.

BAdI für CATS regular

Im IMG unter Anwendungsübergreifende Komponenten • Arbeitszeitblatt • Spezielle Einstellungen für CATS regular • CATS regular • Genehmigung von Arbeitszeiten • BAdI: Einstellungen für die Genehmigung verfeinern finden Sie eine Erweiterungsmöglichkeit, die auch das Einfügen zusätzlicher Berechtigungsprüfungen erlaubt.

Arbeitszeitblatt für Dienstleister

Beim Arbeitszeitblatt für Dienstleister muss noch eine dritte Komponente berücksichtigt werden. Hier wird das Berechtigungsobjekt P_CATSXT (HR: Arbeitszeitblatt für Dienstleister Typ/Stufenprüfung) verwendet (siehe Abbildung 5.11). Damit erfolgt die Berechtigungsprüfung für Tätigkeitstyp und Tätigkeitsstufe im Arbeitszeitblatt für Dienstleister.

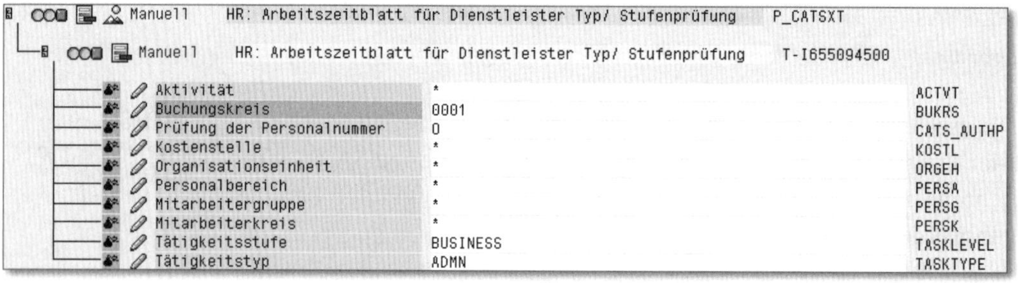

Abbildung 5.11 CATS: Arbeitszeitblatt für Dienstleister

Folgende Felder werden geprüft:

- **Aktivität**
  Es wird das Hinzufügen, Ändern, Anzeigen, Löschen und Auswerten geprüft.
- **Buchungskreis**
  Es werden zugelassene Aktionen nur für diese Buchungskreise geprüft.
- **Prüfung der Personalnummer**
  Es werden die Bearbeitung der eigenen Personalnummer und die Bearbeitung einer fremden Personalnummer geprüft.
- **Kostenstelle**
  Wie beim Buchungskreis sowie den folgenden vier Feldern wird hier der Infotyp 0001 geprüft.
- **Organisationseinheit**
  Es werden zugelassene Organisationseinheiten geprüft.
- **Personalbereich**
  Es werden zugelassene Personalbereiche geprüft.

- **Mitarbeitergruppe**
  Es werden zugelassene Mitarbeitergruppen geprüft.
- **Mitarbeiterkreis**
  Es werden zugelassene Mitarbeiterkreise geprüft.
- **Tätigkeitsstufe**
  Es werden im Arbeitszeitblatt gepflegte Stufen der Bewertung je Tätigkeitstyp (Tabelle CATSTCATX_LEVELS) geprüft.
- **Tätigkeitstyp**
  Es werden z.B. Beratung, Referententätigkeit (Tabelle TCATX_TASKTYPES) geprüft.

5.7 E-Recruiting

Hohe Ansprüche an Datenschutz

Datenschutz im E-Recruiting geht weit über das hinaus, was im Rahmen von HCM-Berechtigungen erforderlich ist. Gerade die Systemarchitektur stellt hohe sicherheitstechnische Anforderungen, insbesondere dann, wenn interne und externe Kandidaten auf dasselbe System zugreifen können sollen. Wir konzentrieren uns hier – wie immer – auf die HCM-Aspekte.

5.7.1 SAP-Rollen

Für das E-Recruiting liefert SAP eine ganze Reihe von Berechtigungsrollen aus. Diese korrespondieren mit den ebenfalls vorkonfigurierten Rollen des E-Recruitings, die die Benutzeroberfläche und Arbeitsoberfläche regeln. Die SAP-Berechtigungsrollen des E-Recruitings werden regelmäßig durch Support Packages auf den neuesten Stand gebracht.

SAP-Rollen des E-Recruitings

Die Berechtigungsrollen im Einzelnen:

- **Rolle SAP_RCF_BUSINESS_ADMINISTRATOR (Administrator)**
  Administrator im E-Recruiting
- **Rolle SAP_RCF_CONTENT_SERVER (Zugriff für Suchmaschine)**
  Ermöglichst den Zugriff auf die Suchmaschine *Search and Classification* (TREX).
- **Rolle SAP_RCF_DATA_TYPIST_ERC_CI_2 (Datentypist)**
  Die Rolle beinhaltet die Berechtigung zu einer minimalen Dateneingabe für auf Papier eingehende Bewerbungen.

- **Rolle SAP_RCF_DECISION_MAKER (Entscheidungsträger)**
  Diese Rolle beantwortet Fragebögen zu Kandidaten, die Suchaufträgen zugeordnet sind. In den Fragebögen wird der Entscheidungsträger zu seiner Meinung befragt.
- **Rolle SAP_RCF_EXTERNAL_CANDIDATE (Externer Kandidat)**
  Diese Rolle darf nur ihre eigenen Daten anzeigen und ändern. Sie bekommt nur die Stellenausschreibungen zu sehen, die Sie mithilfe von Veröffentlichungen über die externen Ausschreibungskanäle veröffentlicht haben.
- **Rolle SAP_RCF_INTERNAL_CANDIDATE (Interner Kandidat)**
  Diese Rolle darf nur ihre eigenen Daten anzeigen und ändern. Sie bekommt nur die Stellenausschreibungen zu sehen, die Sie mithilfe von Veröffentlichungen über die internen Ausschreibungskanäle veröffentlicht haben. Sie hat keinen Zugriff auf Daten zu Suchaufträgen, zur Ausschreibung, zur Anwendung und zum Auswahlprozess.
- **Rolle SAP_RCF_MANAGER (Führungskraft)**
  Diese Rolle ist notwendig, um den Zugriff der Führungskraft aus dem SAP NetWeaver Portal (*Manager Self-Service*) auf das E-Recruiting zu ermöglichen.

  Die Führungskraft möchte ihre vakanten Planstellen besetzen. Dazu legt sie Suchaufträge im Status in Bearbeitung an, die dann von Personalbeschaffern weiterbearbeitet werden. Beim Zugriff auf Kandidaten und Suchaufträge bekommt diese Rolle nur Daten zu sehen, für die sie zuständig ist. Die Rolle beinhaltet auch die Berechtigung zur Beantwortung von Fragebögen zu Kandidaten, die den relevanten Suchaufträgen zugeordnet sind.
- **Rolle SAP_RCF_MANAGER_ASSISTANT (Assistent der Führungskraft)**
  Diese Rolle wird nur für das Karriere-Portal verwendet und nicht mehr im Standard des SAP E-Recruitings.
- **Rolle SAP_RCF_RECRUITER_ERC_CI2 (Personalbeschaffer)**
  Die Rolle ermöglicht Zugriff auf alle Kandidatendaten aus dem Talent Pool, alle Veröffentlichungen, alle Daten zu Suchaufträgen, alle Anwendungsdaten und alle Daten zu den Auswahlprozessen. Die Rolle beinhaltet auch die Berechtigung zu einer minimalen Dateneingabe für auf Papier eingehende Bewerbungen.

- **Rolle SAP_RCF_REQUISITION_REQUESTER (Beantragender)**
  Diese Rolle erstellt Suchaufträge und sendet diese im Status in Bearbeitung an einen Personalbeschaffer, der den Suchauftrag anschließend vervollständigt, die Stellenausschreibung formuliert und beides freigibt.
- **Rolle SAP_RCF_RES_RECRUITER_ERC_CI_2 (Eingeschränkter Personalbeschaffer)**
  Diese Rolle hat keine Berechtigung zur Freigabe von Suchaufträgen.
- **Rolle SAP_RCF_REST_SUCCESSIONPLANNER (Eingeschränkter Nachfolgeplaner)**
  Diese Rolle hat keine Berechtigung zur Freigabe von Nachfolgeplänen.
- **Rolle SAP_RCF_SUCCESSION_PLANNER (Nachfolgeplaner)**
  Die Rolle ermöglicht Zugriff auf alle Kandidaten aus dem Talent Pool, alle Suchaufträge des Teilbereichs Nachfolgeplanung und alle Kandidaturen im Rahmen der Nachfolgeplanung. Bewerbungen, Stellenausschreibungen und Veröffentlichungen werden hier nicht benötigt.
- **Rolle SAP_RCF_TALENT_CONSULTANT (Talentberater)**
  Diese Rolle wird nur für das Karriere-Portal verwendet und nicht mehr im Standard des SAP E-Recruitings.
- **Rolle SAP_RCF_UNREGISTERED_CANDIDATE (Nicht registrierter Kandidat – Service-Benutzer)**
  Diese Rolle wird für alle Aktivitäten verwendet, bei denen der Anwender nicht eingeloggt ist, z.B. für die Stellensuche.

Frontend und Backend auf unterschiedlichen Systemen

Bei Verwendung eines separierten Systems (Frontend und Backend auf unterschiedlichen Systemen) sowie von Benutzeroberflächen mit Web Dynpro for ABAP kommen folgende Rollen hinzu:

- Rolle SAP_RCF_EXT_CANDIDATE_CLIENT (Frontend-Berechtigungen für externe Kandidaten)
- Rolle SAP_RCF_EXT_CANDIDATE_SERVER (Backend-Berechtigungen für externe Kandidaten)
- Rolle SAP_RCF_INT_CANDIDATE_CLIENT (Frontend-Berechtigungen für interne Kandidaten)
- Rolle SAP_RCF_INT_CANDIDATE_SERVER (Backend-Berechtigungen für interne Kandidaten)

- Rolle SAP_RCF_UNREG_CANDIDATE_CLIENT
  (Frontend-Berechtigungen für nicht registrierte Kandidaten)
- Rolle SAP_RCF_UNREG_CANDIDATE_SERVER
  (Backend-Berechtigungen für nicht registrierte Kandidaten)

5.7.2 Berechtigungsobjekte

Datenmodell

Bevor wir die Berechtigungsobjekte für das E-Recruiting schrittweise beschreiben, möchten wir das Verständnis seiner zentralen Strukturen als Grundlage der Berechtigungen durch einige Vorbemerkungen zum Datenmodell erleichtern: Auf der Personenseite ist der Kandidat der zentrale Objekttyp des E-Recruitings (Objekttyp NA). Immer, wenn ein Kandidat angelegt wird, werden die folgenden Objekttypen und die Verknüpfungen dazu mit angelegt:

- CP (Zentrale Person)
- BP (Geschäftspartner)
- US (Benutzer)

Geschäftspartner

Der Geschäftspartner ist nicht nur ein Objekt im HCM-System, sondern wird gleichzeitig in der SAP-Geschäftspartnerkomponente gespeichert.

Im E-Recruiting wird der SAP-Geschäftspartner sowohl für die persönlichen Daten aller beteiligten Personen (z.B. Kandidaten, Mitarbeiter) genutzt als auch für die Adressen der einzelnen Niederlassungen Ihres Unternehmens verwendet. Die Einstellungen hierzu finden Sie im IMG unter SAP E-Recruiting • Technische Einstellungen • Systemparameter festlegen, und zwar bei den folgenden Einträgen:

- **Eintrag CPERS PROLE**
  Legt die Rolle fest, die einem SAP-Geschäftspartner zugeordnet ist, der im System als Mitarbeiter verwendet wird.
- **Eintrag RECFA BRARO**
  Legt die Rolle fest, die einem SAP-Geschäftspartner zugeordnet ist, der im System als Niederlassung verwendet wird.
- **Eintrag RECFA AGYRO**
  Legt die Rolle fest, die einem SAP-Geschäftspartner zugeordnet ist, der im System als Agentur verwendet wird.

SAP empfiehlt, alle diese Einträge nicht zu ändern.

Einen Überblick über das gesamte Datenmodell des E-Recruitings mit seinen Objekttypen, Verknüpfungen und weiteren Infotypen gibt Abbildung 5.12. Wichtig sind hier zum einen die zentrale Rolle des Kandidaten (Objekttyp NA) in Verbindung mit der zentralen Person (Objekttyp CP), zum anderen die vorgangsorientierten Objekttypen Ausschreibung, Suchauftrag, Bewerbung und Kandidatur.

Überblick über das Datenmodell

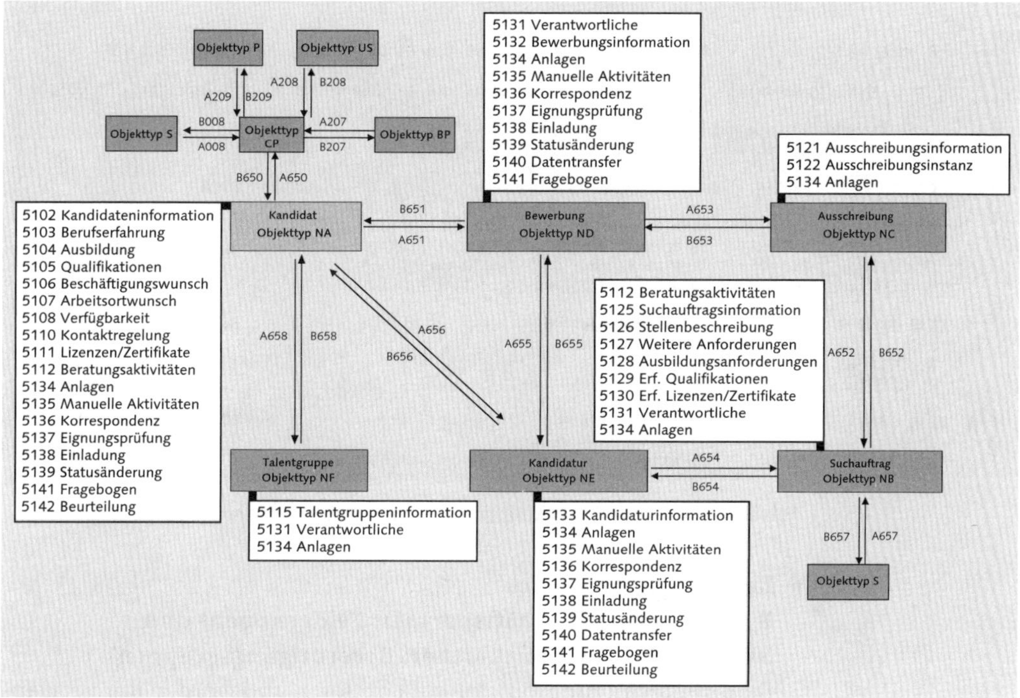

Abbildung 5.12 Datenmodell des E-Recruitings

Nun möchten wir Ihnen die Berechtigungen des E-Recruitings anhand der Administratorrolle erläutern, da diese die umfassendste ist. Die wichtigsten Werte dieser SAP-Rolle sehen Sie in den Abbildungen 5.13 und 5.14.

Berechtigungsobjekte des E-Recruitings

Abbildung 5.13 zeigt die Berechtigungen der Administratorrolle außerhalb des HCM-Systems:

Berechtigungen außerhalb von HCM

- **Berechtigungsobjekt B_BUPA_ATT (Geschäftspartner: Berechtigungsarten)**
  Das Berechtigungsobjekt ist optional und wird nur bei besonderen Anforderungen benötigt.

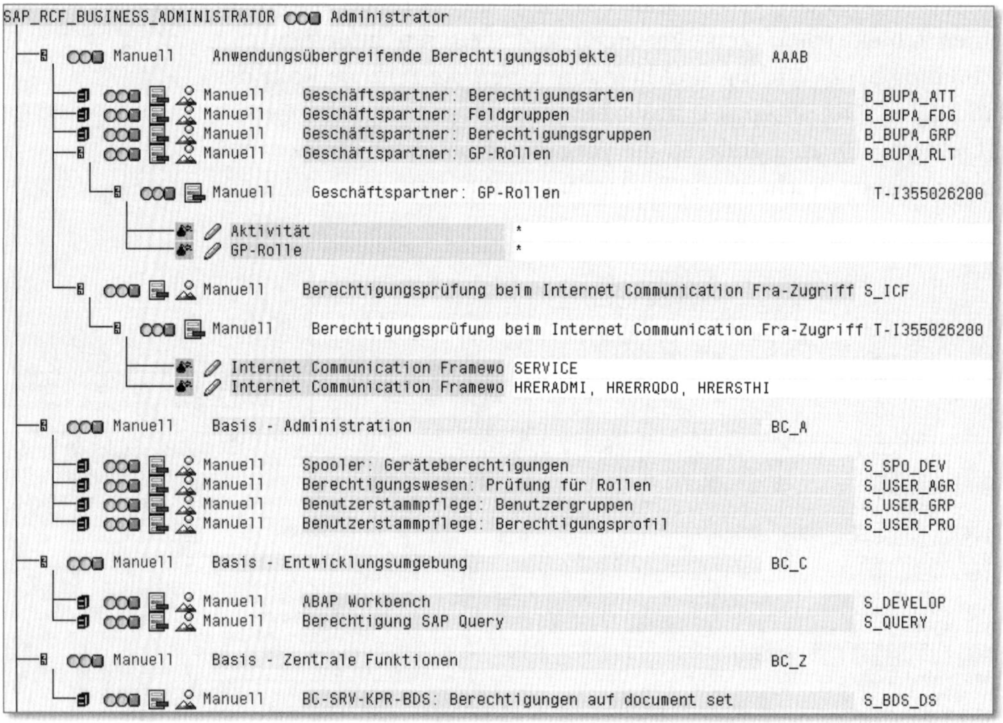

Abbildung 5.13 Administratorrolle E-Recruiting: Systemberechtigungen

- **Berechtigungsobjekte B_BUPA_FDG (Geschäftspartner: Feldgruppen) und BUPA_GRP (Geschäftspartner: Berechtigungsgruppen)**
  Beide Berechtigungsobjekte sind optional und werden nur verwendet, wenn Sie Feldgruppen bzw. Berechtigungsgruppen pflegen.
- **Berechtigungsobjekt B_BUPA_RLT (Geschäftspartner: GP-Rollen)**
  Dieses Berechtigungsobjekt ist zwingend notwendig für Zugriffe auf Geschäftspartner. Für das E-Recruiting interessante Geschäftspartnerrollen sind TR0640 (Bewerber), BUP003 (Mitarbeiter) und BUP004 (Organisationseinheit).
- **Berechtigungsobjekt S_ICF (Berechtigungsprüfung beim Internet-Communication-Framework-Zugriff)**
  Dieses Objekt erlaubt die Verwendung von Services (siehe Eintrag im ersten Feld von Abbildung 5.13) im Internet Communication Framework. Näheres finden Sie in der Transaktion SICF (Pflege der Services). Beachten Sie auch den SAP-Hinweis 1017866 (Beratungshinweis: Kandidatenszenarien via Web Dynpro for ABAP).

- **Basis-Administration und Basis-Entwicklungsumgebung**
  Die Spooler-Berechtigung sowie die Berechtigungen der Berechtigungsverwaltung sind nicht spezifisch für das E-Recruiting, sondern sie können zu jeder Administratorrolle gehören. Dies gilt auch für die Anzeigerechte in der Workbench sowie die Query-Rechte.
- **Berechtigungsobjekt S_BDS_DS (BC-SRV-KPR-BDS: Berechtigungen auf Document Set)**
  Dieses Berechtigungsobjekt ist ganz wichtig für das E-Recruiting, da es für die Nutzung der Suchmaschine im E-Recruiting erforderlich ist. Dem Objekt in der Rolle wird das Objekt S_BDS_D (BC-SRV-KPR-BDS: Berechtigungen für den Zugriff auf Dokumente) hinzugefügt.
- **Weitere RFC-Berechtigungen**
  Weitere im E-Recruiting wichtige Systemberechtigungen, die in dieser Rolle nicht auftauchen, sind die beiden RFC-Berechtigungen S_RFC (Berechtigungsprüfung beim RFC-Zugriff) und S_RFCACL (Berechtigungsprüfung für RFC-Benutzer – z.B. Trusted System). Beachten Sie auch den SAP-Hinweis 1017866 (Beratungshinweis: Kandidatenszenarien via Web Dynpro for ABAP).

Berechtigungen in HCM

Die Berechtigungen des Personalwesens (siehe Abbildung 5.14) sehen im E-Recruiting so aus:

- **Berechtigungsobjekt PLOG (Personalplanung)**
  Da die Daten des E-Recruitings auch in den Tabellen HRP* abgelegt werden, ist das Berechtigungsobjekt PLOG (Personalplanung) von zentraler Bedeutung. Benötigt werden maximal die in Tabelle 5.1 aufgeführten Objekttypen

Objekttyp	Bedeutung
BP	Geschäftspartner
C	Stelle
CP	zentrale Person
N*	Objekttypen des E-Recruitings
O	Organisationseinheit
P	Person
Q	Qualifikation
QK	Qualifikationsgruppe

Tabelle 5.1 Für das E-Recruiting benötigte Objekttypen

Objekttyp	Bedeutung
S	Planstelle
US	Benutzer
VA	Beurteilungsformular
VB	Kriteriengruppe
VC	Kriterium

Tabelle 5.1 Für das E-Recruiting benötigte Objekttypen (Forts.)

Für Fragebögen im E-Recruiting-Prozess werden die Infotypen 1000, 1001 und 50* benötigt; der Infotyp 51* wird für das E-Recruiting selbst benötigt.

Die relevanten Subtypen des Infotyps 1001 sind 0605–0607 für das Performance Management, 0207–0209 sowie 0291 und 0650–0657 für das E-Recruiting.

Nicht zu vergessen ist hier die strukturelle Berechtigung. Für die Objekttypen C, O, P, Q und QK sind hierarchische strukturelle Berechtigungen (mit Auswertungsweg oder Funktionsbaustein) möglich und sinnvoll. Die Objekttypen N* brauchen keine strukturellen Berechtigungen. Alle anderen Objekttypen werden pauschal berechtigt.

- **Berechtigungsobjekt P_HAP_DOC (Beurteilungssysteme: Beurteilung)**
  Da im E-Recruiting Teile des Performance Managements verwendet werden (z. B. für Fragebögen zur Beurteilung von Kandidaten), ist das Berechtigungsobjekt P_HAP_DOC (Beurteilungssysteme: Beurteilung) erforderlich. Siehe hierzu Abschnitt 5.12, »Performance Management«.
- **Berechtigungsobjekt P_RCF_ACT (Aktivitäten im E-Recruiting)**
  Dieses Berechtigungsobjekt prüft die Aktivitäten Hinzufügen, Ändern und Löschen für bestimmte Prozesse (z. B. Vorauswahl oder Kandidatenbewertung) und Aktivitätsarten (z. B. Manager benachrichtigen oder Angebotsrücknahme).
- **Berechtigungsobjekt P_RCF_APPL (Anwendungen im E-Recruiting)**
  Hier wird der Zugriff auf Anwendungen des E-Recruitings (z. B. externe Kandidaten löschen oder Profilfreigabe) bzw. die BSP-Applikation von Webseiten des E-Recruitings geprüft.

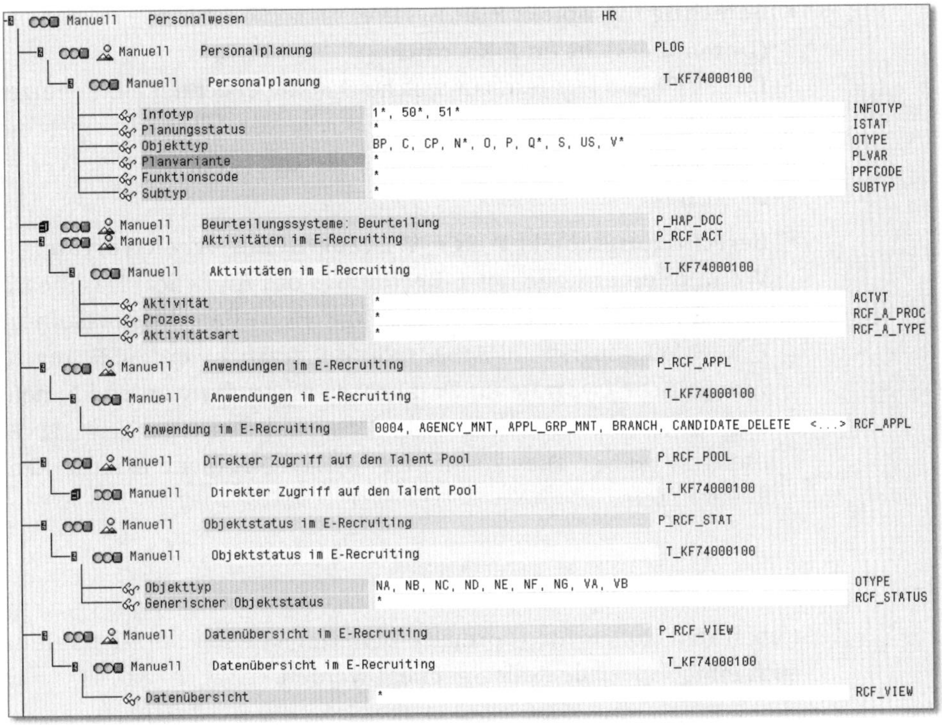

Abbildung 5.14 Administratorrolle E-Recruiting: Berechtigungen Personalwesen

- **Berechtigungsobjekt P_RCF_POOL (Direkter Zugriff auf den Talent Pool)**
  Das Berechtigungsobjekt steuert, welche Arten des direkten Zugriffs auf Kandidaten im Talent Pool für einen Benutzer möglich sind. Eine solche Art ist z.B. die Nutzung der Wiedererkennungsprüfung von bereits im Talent Warehouse hinterlegten Kandidaten im Rahmen der manuellen Bewerbungserfassung. Es wird lediglich das Feld ERLAUBTE ART DES ZUGRIFFS auf den Talent Pool geprüft.

- **Berechtigungsobjekt P_RCF_STAT (Objektstatus im E-Recruiting)**
  Hier wird der Zugriff auf Objekte des E-Recruitings in Abhängigkeit von Objekttyp und Status geprüft. Mit Objekttypen sind genau die Objekttypen des Berechtigungsobjekts PLOG gemeint. Mit dem Feld GENERISCHER OBJEKTSTATUS werden spezielle Status des E-Recruitings geprüft, die nicht mit den im Objekt PLOG geprüften Status identisch sind, z.B. Status des Suchauftrags für eingeschränkte Recruiter.

- **Berechtigungsobjekt P_RCF_VIEW (Datenübersicht im E-Recruiting)**
  Dieses Objekt legt fest, auf welche Datenübersichten ein Benutzer zugreifen kann. Dabei geht es z.B. um die Übersicht über die Gleichstellungsinformationen oder die Übersicht über die Veröffentlichungen.
- **Berechtigungsobjekt P_RCF_WL (Zugriff auf Arbeitsvorräte)**
  Wenn in einer Rolle des E-Recruitings das Analytical Dashboard zum Einsatz kommen soll, muss das HCM-Berechtigungsobjekt P_RCF_WL (Zugriff auf Arbeitsvorräte) ergänzt werden. Es regelt, welche Arbeitsvorräte im Dashboard aufgerufen werden können, und zwar ausschließlich mit dem Feld IDENTIFIKATOR EINES ARBEITSVORRATS. Dies könnte z.B. MNWENA (neue externe Kandidaten) sein.

5.7.3 Benutzertypen

Neben den Rollen für »normale« Benutzer müssen im E-Recruiting auch einige spezielle Rollen gepflegt werden.

Referenzbenutzer

Das Konzept der Referenzbenutzer dient allgemein der Vereinfachung der Berechtigungspflege. Sie definieren zunächst einen Benutzer als Referenzbenutzer (siehe Abbildung 5.15). Dann weisen Sie dem Referenzbenutzer einen anderen Benutzer zu, der damit alle Attribute des Referenzbenutzers erbt.

Abbildung 5.15 Kennzeichnung als Referenzbenutzer in der Transaktion SU01

Das E-Recruiting nutzt dieses Konzept für die externen Kandidaten. Sobald diese sich registrieren, bekommen sie im Hintergrund einen Benutzer zugeordnet. Dieser wird mit dem Referenzbenutzer verknüpft.

Im Customizing (Pfad SAP E-RECRUITING • TECHNISCHE EINSTELLUNGEN • BENUTZERVERWALTUNG • ROLLEN IM E-RECRUITING • ROLLEN IM

E-RECRUITING DEFINIEREN) legen Sie fest, welcher Referenzbenutzer dem User eines externen Kandidaten bei der Registrierung zugeordnet wird (siehe Abbildung 5.16).

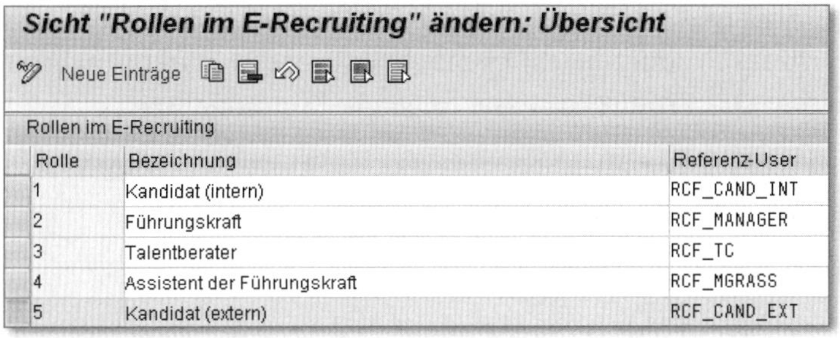

Rolle	Bezeichnung	Referenz-User
1	Kandidat (intern)	RCF_CAND_INT
2	Führungskraft	RCF_MANAGER
3	Talentberater	RCF_TC
4	Assistent der Führungskraft	RCF_MGRASS
5	Kandidat (extern)	RCF_CAND_EXT

Abbildung 5.16 Zuweisung der Referenzrolle für externe Kandidaten

Kommunikationsbenutzer

Beim Zugriff auf Dokumente des Dokumentenbereichs brauchen Sie einen technischen Benutzer für die Kommunikation mit dem SAP NetWeaver Application Server, einen Kommunikationsbenutzer. Dieser wird über die IMG-Aktivität SAP E-RECRUITING • TECHNISCHE EINSTELLUNGEN • SUCHMASCHINE • ZUGRIFF AUF DOKUMENTE EINRICHTEN dem Service CONTENTSERVER zugeordnet.

Servicebenutzer

Einige Szenarien sind nur für registrierte Benutzer, andere auch für nicht registrierte Benutzer zugänglich (z. B. Registrierung, Stellenausschreibungen). Damit Letztere diese Services nutzen können, müssen Sie den Services einen Servicebenutzer zuordnen. Dies erfolgt im IMG unter SAP E-RECRUITING • TECHNISCHE EINSTELLUNGEN • SAP WEB APPLICATION SERVER • E-RECRUITING SERVICES FESTLEGEN.

Hintergrundbenutzer für Workflow

Um die Workflow-Funktionen nutzen zu können, muss im Standard der Systembenutzer WF-BATCH angelegt werden. Im E-Recruiting ist es zudem erforderlich, dass dieser Benutzer einen Kandidaten zugeordnet hat.

Wenn Sie für den Benutzer WF-BATCH einen Kandidaten anlegen möchten, verwenden Sie den Report RCF_CREATE_USER. Mit diesem Report legen Sie gleichzeitig eine E-Mail-Adresse an. Pflegen Sie nachträglich noch Drucker und Berechtigungsprofile, insbesondere die Berechtigung für Statusänderungen an E-Recruiting-Objekten (P_RCF_STAT).

Weitere Informationen finden Sie im IMG: SAP E-RECRUITING • TECHNISCHE EINSTELLUNGEN • WORKFLOW • WORKFLOW IM E-RECRUITING.

5.8 HCM Prozesse und Formulare (HR Administrative Services)

Komponenten

HCM Prozesse und Formulare gehört zur Komponente HR Administrative Services und wurde mit Release ECC 6.0 (ERP 2005) neu ausgeliefert. Dieses Produkt macht es möglich, Prozesse durchgängig zu digitalisieren. Das Produkt umfasst folgende Komponenten:

- SAP NetWeaver Portal
- SAP Interactive Forms by Adobe
- SAP Business Workflow
- SAP NetWeaver Folders Management und Case Management
- Backend Services
- Knowledge Provider (KPro) mit seiner Dokumenteninfrastruktur
- Internal Service Request

Portalrolle

Benutzer von HCM Prozesse und Formulare sind ESS-Anwender, ihr Vorgesetzter und der HR-Administrator. Der ESS-Anwender und der Vorgesetzte haben Zugang zum Portal über ihre ESS- bzw. MSS-Rolle. Für HR-Administratoren wurde eine neue Portalrolle HR Admin (HR Administrative Services) ausgeliefert. Diese Rolle ist Bestandteil des SAP NetWeaver Portals. Sie ermöglicht die formulargestützte Pflege von Personalstammdaten für beliebige Infotypen. Zu den Formularen bzw. einzelnen Feldern können Workflows hinterlegt werden.

Strukturelle Berechtigung

Die strukturelle Berechtigung wird von den folgenden Anwendungen berücksichtigt:

1. Die Auswahl von Mitarbeitern durch den Vorgesetzten wird per MSS Team Viewer realisiert, der den Objekt- und Daten-Provider (OADP) verwendet. Darüber lassen sich im Customizing Sichten für den Zugriff auf Objekte einstellen. Im Standard wird für die Mitarbeiterselektion als Gruppe von Organisationssichten MSS_TMV_EE verwendet.
2. Der HR-Administrator wählt die Mitarbeiter über eine eigene Personalnummernselektion (über den Namen oder Attribute wie Personalbereich etc.) aus, die speziell für die Anwendung HCM Prozesse und Formulare entwickelt wurde.
3. Die Selektion von Objekten (Organisationseinheit, Stelle oder Planstelle) im Organisationsmanagement ist ebenfalls über den Objekt- und Daten-Provider realisiert.

HCM Prozesse und Formulare: Sichten [+]

Die Sichten der Objektselektion innerhalb von HCM Prozesse und Formulare können ab Erweiterungspaket 4 (EHP4) über den View Cluster HRASR00OBJPROCPRP (Transaktion SM34) gesteuert werden.

Aus HCM-Sicht sind für die Nutzung der Portalrolle HR Admin zunächst alle Berechtigungen erforderlich, die in den Transaktionen zur Infotyppflege benötigt werden. Dies sind in erster Linie die in Abschnitt 5.13, »Personaladministration«, beschriebenen Berechtigungsobjekte für die Stammdaten. In Einzelfällen können Berechtigungen für Objekte des Organisationsmanagements und des Qualifikationskatalogs hinzukommen, falls Sie über die Rolle HR Admin Versetzungen oder Qualifikationen pflegen lassen.

Spezielle Berechtigung für HR Admin

Jeder Nutzer der Rolle HR Admin benötigt zusätzlich Rechte im Objekt P_ASRCONT (Berechtigung für Prozessinhalt). Ein Beispiel sehen Sie in Abbildung 5.17.

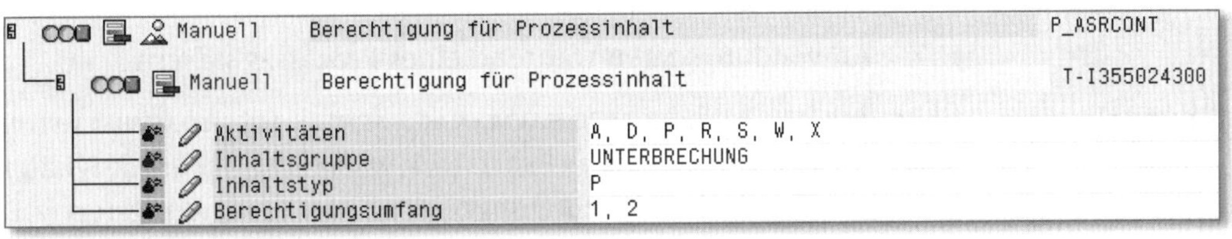

Abbildung 5.17 Beispielberechtigung für Prozessinhalt

Felder des Objekts P_ASRCONT

Folgende Felder werden im Berechtigungsobjekt P_ASRCONT geprüft (siehe Abbildung 5.17):

- **Aktivitäten**
  Es werden erlaubte Aktionen wie z.B. Lesen oder Formular genehmigen (Tabelle T5ASRACTIVITY) geprüft.
- **Inhaltstyp**
  Es werden erlaubte Inhaltstypen wie Anlage, Formular etc. (Tabelle T5ASRCONTENTTYPE) geprüft.
- **Inhaltsgruppe**
  Es werden zugelassene Inhaltsgruppen (z.B. Prozessgruppen bei Prozessen oder Formulargruppen bei Formularen) geprüft.
- **Berechtigungsumfang**
  Hier können Sie zwischen der Berechtigung für eigene Objekte

(für ESS-Rolle) und der Berechtigung für alle außer den eigenen Objekten (für Genehmigerrolle und HR Administrator) wählen.

Aktivitäten

Der Anwender von HCM Prozesse und Formulare kann unterschiedliche Aktivitäten ausführen. Zum Beispiel kann ein Endanwender einen Prozess starten, ein Formular genehmigen, Daten eingeben und sichern. Für jede der folgenden Aktivitäten kann die Berechtigungsprüfung in der in Abbildung 5.18 gezeigten Customizing-Tabelle unterschiedlich gesteuert werden:

- R – Lesen (nur für Prozessbrowser, digitale Personalakte oder Case Management)
- W – Schreiben, beinhaltet auch Lesen (nur für Prozessbrowser, digitale Personalakte oder Case Management)
- S – Prozess/Formular starten
- P – Formular bearbeiten
- A – Formular genehmigen
- D – Prozess zurücknehmen
- X – Anwendungsdaten während eines Prozesses sichern

Einschränkung per Customizing

Über den IMG-Pfad Personalmanagement • HR Administrative Services • Berechtigungen • Berechtigungsmethode für Aktivitäten definieren kann die Berechtigungsprüfung je Anwendungstyp (z.B. Personaladministration oder Personalentwicklung) und je Aktivität wie folgt gesteuert werden (siehe Abbildung 5.18):

- Nur das Objekt P_ASRCONT wird geprüft.
- Nur die Applikation prüft (Objekt P_ORGIN etc.).
- Beides wird geprüft.

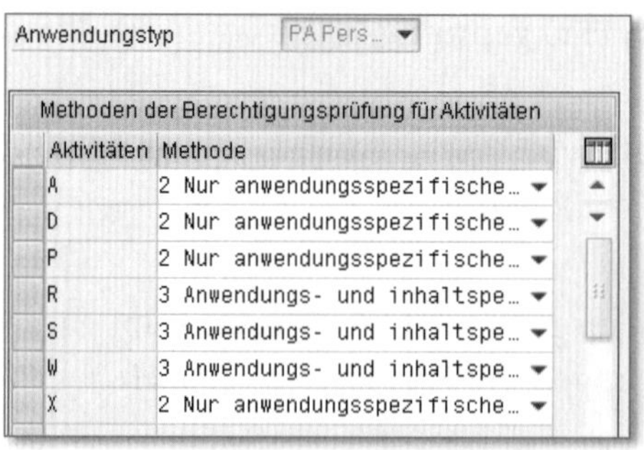

Abbildung 5.18 Customizing der Berechtigungsprüfung »HR Admin«

Standardberechtigungsprüfung über Customizing-Tabelle abschalten [+]

Mit der Customizing-Tabelle aus Abbildung 5.18 können Sie die Standardberechtigungsprüfung in der Personaladministration für die aktivierten Objekte wie P_ORGIN oder für die Personalentwicklung (Berechtigungsobjekt PLOG) »abschalten«. Sie können damit z.B. Vorgesetzten die Genehmigung von Formularen erlauben (Aktivität A), ohne diesen die erforderlichen Infotypberechtigungen erteilen zu müssen.

Wenn Sie dieses Verfahren wählen, benötigen die Benutzer dennoch immer eine minimale Berechtigung (Leseberechtigung) für den Objekttyp Person. Das bedeutet, dass der Benutzer ein beliebiges aktives HR-Berechtigungsobjekt in seinen Rollen haben muss.

Weitere berechtigungsrelevante Einstellungen, insbesondere Gruppierungen von Prozessen und Formularen, nehmen Sie über die in Abbildung 5.19 gezeigten Customizing-Aktivitäten vor, um diese im Berechtigungsobjekt P_ASRCONT auszuprägen.

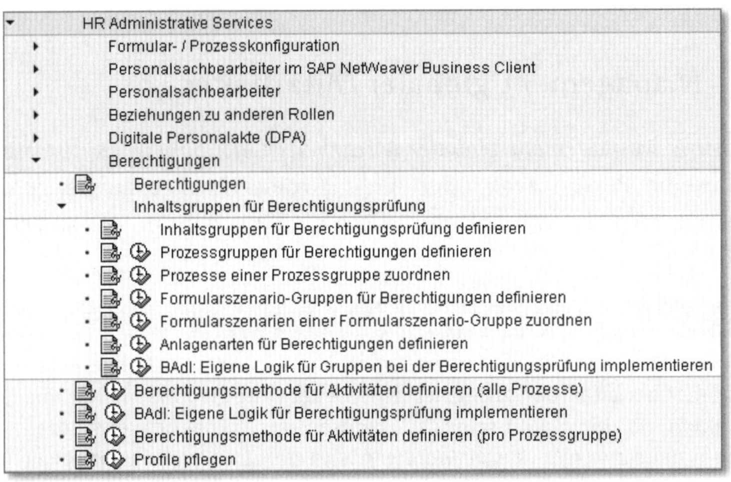

Abbildung 5.19 Berechtigungsrelevante Customizing-Aktivitäten für HCM Prozesse und Formulare

Standardrollen

Die folgenden drei Standardrollen sind eine hilfreiche Kopiervorlage für das Erteilen von Berechtigungen im Umfeld der Komponente HCM Prozesse und Formulare:

- SAP_ASR_EMPLOYEE
- SAP_ASR_MANAGER
- SAP_ASR_ADIMINISTRATOR

Die Rollen enthalten auch die anwendungsübergreifenden Berechtigungsobjekte, die z.B. für das Case Management, die elektronische Personalakte oder den Knowledge Provider für die Dokumenteninfrastruktur erforderlich sind.

Ab Erweiterungspaket 5 (EHP5) ist es möglich, HCM Prozesse und Formulare statt in SAP NetWeaver Portal über den SAP NetWeaver Business Client (NWBC) zu nutzen (NWBC), falls Sie das Portal nicht einsetzen möchten.

Zu guter Letzt können mithilfe des Business Add-ins Eigene Logik für Gruppen bei der Berechtigungsprüfung implementieren kundeneigene Berechtigungsprüfungen für den Einsatz von HCM-Prozessen und -Formularen programmiert werden (im IMG unter Personalmanagement • HR Administrative Services • Berechtigungen • Inhaltsgruppen für Berechtigungsprüfung • BAdI: Eigene Logik für Gruppen bei der Berechtigungsprüfung implementieren).

5.9 Management globaler Mitarbeiter

Die Lösung *Management globaler Mitarbeiter* ermöglicht es, für ein und dieselbe Person zwei oder mehr Arbeitsverträge zu pflegen. Unter einem *Arbeitsvertrag* ist technisch die Personalnummer zu verstehen.

[zB]

Ein Mitarbeiter – zwei Personalnummern

Ein Mitarbeiter, der z.B. ins Ausland geht, kann so seine bisherige Personalnummer behalten und zusätzlich eine neue, zentrale Personalnummer bekommen, der die Daten seines Auslandseinsatzes zugeordnet werden. Über die neue *zentrale Personalnummer* wird der Zusammenhang hergestellt.

Die zentrale Personalnummer gilt für beide Arbeitsverträge (Personalnummern des Mitarbeiters).

Sobald Sie die Funktion Management globaler Mitarbeiter im Customizing aktiviert haben (Schalter CCURE GLEMP in Tabelle T77S0), werden beim Anlegen einer neuen Personalnummer automatisch ein Objekt vom Typ CP (zentrale Person) und die Verknüpfung 209 (hat Arbeitsvertrag) angelegt.

Für die Berechtigungen bedeutet das zusätzliche Einträge im Objekt PLOG (Personalplanung) und die strukturelle Berechtigung für Objekttyp CP. Innerhalb der Personaladministration kommt eine Reihe von Infotypen hinzu. Diese finden Sie über den IMG-Pfad PERSONALMANAGEMENT • MANAGEMENT GLOBALER MITARBEITER.

Zusätzliche Berechtigungen

Wenn Sie das Berechtigungsobjekt P_PERNR (HR: Stammdaten – Personalnummernprüfung) nutzen und erreichen möchten, dass das System als »eigene Personalnummer« auch die zweite Personalnummer des Benutzers erkennt, müssen Sie den T77S0-Schalter CCURE CPAUT aktivieren.

BAdI HRPAD00AUTH_CHECK

Mit SAP-Hinweis 671320 (nur in Englisch verfügbar) hat SAP eine neue Implementierung des BAdIs `HRPAD00AUTH_CHECK` technisch genau beschrieben. Diese Implementierung erreicht Folgendes: Während der Planungsphase und x Tage nach der Aktivierung (x leitet sich vom T77S0-Schalter AUTSW ADAYS her) hat ein User mit Rechten für den Heimatvertrag dieselben Rechte für den Gastvertrag – und umgekehrt.

5.10 Manager's Desktop

Der Manager's Desktop (MDT) ist eine Benutzeroberfläche für Führungskräfte, die ein ganzes Bündel von Transaktionen und Reports zur Verfügung stellt. Diese sind alle so voreingestellt, dass die Führungskraft nur genau die Personen, Planstellen, Organisationseinheiten etc. angeboten bekommt, für die sie als Leiter zuständig ist.

Die für die Führungskraft benötigten Berechtigungen unterscheiden sich darin, was der Führungskraft per Customizing angeboten wird – von der Pflege von Planstellen bis zu Auswertungen von Abrechnungsergebnissen. Informationen hierzu finden Sie in den entsprechenden Abschnitten dieses Kapitels.

Erlaubte Funktionscodes

Zusätzlich wird nur ein weiteres Berechtigungsobjekt speziell im MDT geprüft, das Objekt S_MWB_FCOD (Erlaubte Funktionscodes für Manager's Desktop). Da die Funktionen im MDT in der Regel direkt über Funktionsbausteine und nicht über Transaktionen aufgerufen werden, dient dieses Berechtigungsobjekt dem Schutz dieser Aufrufe. Nur die hier – in Tabelle T77MWBFCD – eingetragenen

Funktionscodes kann die Führungskraft im MDT nutzen. Ein Beispiel sehen Sie in Abbildung 5.20.

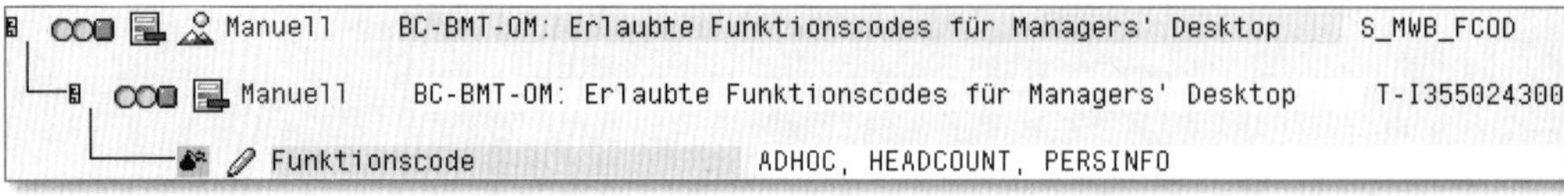

Abbildung 5.20 Erlaubte Funktionscodes im MDT

Berechtigungen bei Versetzung

Für die Versetzung im MDT über die eigenen Zuständigkeitsgrenzen hinaus ist die Vergabe der Berechtigungen nicht einfach. Zum einen muss die Versetzung auf eine Planstelle außerhalb der eigenen Berechtigung möglich sein, zum anderen darf dies aber nur für diese eine Aktion gelten. SAP liefert hierzu den Workflow 01000014 aus. Dessen Zusammenspiel mit den Berechtigungen ist im SAP-Hinweis 551973 (WF 01000014 and Structural Authorization) ausführlich beschrieben.

[+]

Weiteren Personen Zugang zum MDT verschaffen

Im Standard-Customizing haben nur Personen auf Leiterplanstellen Zugang zum MDT für ihre eigene Abteilung. In der Praxis benötigen häufig auch Vertreter oder Sekretariate den Zugriff auf den MDT. Diese Personen können Sie ebenfalls einbinden, indem Sie folgende Schritte ausführen:

- eine eigene Verknüpfung IST ASSISTENT FÜR anlegen
- den Auswertungsweg SAP_MANG kopieren und die neue Verknüpfungsart einbauen
- den Auswertungsweg zum MDT-Szenario zuordnen
- die Planstellen der Sekretariate oder Vertreter über die neue Verknüpfung mit der Organisationseinheit verknüpfen

5.11 Organisationsmanagement

Die für das Organisationsmanagement (OM) ausgelieferten SAP-Rollen (SAP_HR_OS*) liefern interessante Anregungen für die Gestaltung der Menüs, sind aber in den Berechtigungen nicht ausreichend.

Objekt PLOG (Personalplanung)

Für Anzeige und Pflege im Organisationsmanagement genügt das Berechtigungsobjekt PLOG (Personalplanung) in Verbindung mit der strukturellen Berechtigung. Verwendete Objekttypen sind O (Organisationseinheit) und S (Planstelle).

Je nach Nutzung kommen A (Arbeitsplatz), C (Stelle) und T (Aufgabe) hinzu.

Infotypen und Subtypen sind zahlreich und werden hier nicht im Einzelnen aufgeführt. Sie finden die für Ihre Erfordernisse notwendigen Informationen im IMG unter PERSONALMANAGEMENT • ORGANISATIONSMANAGEMENT • GRUNDEINSTELLUNGEN • ERWEITERUNG DATENMODELLIERUNG.

Mehr zur strukturellen Berechtigung, die gerade im OM sehr wichtig ist, erfahren Sie in Kapitel 3, »Strukturelle Berechtigungsprüfung«.

Personendaten

Für die Anzeige von Informationen der Personalstammdaten kommt der Objekttyp P hinzu. Außerdem benötigen Sie Leserechte in einem der Berechtigungsobjekte der Personaladministration. Als Minimum reichen die Infotypen 0000, 0001 und 0002 aus. Für die Anzeige der Qualifikationen zur Person z.B. in der Transaktion PPOME kommen Leserechte für Infotyp 0024 (Qualifikationen) hinzu (plus die Rechte auf die entsprechende Verknüpfung, siehe Abschnitt 5.16, »Personalentwicklung«).

[+]

Leserechte für Infotyp 0002 (Daten zur Person)

Da der Name in seiner aufbereiteten Form (also in der Regel zusammen mit dem Vornamen) auch im Infotyp 0001 (Organisatorische Zuordnung) gespeichert wird, können Sie im Organisationsmanagement auf die Leserechte für Infotyp 0002 (Daten zur Person) verzichten.

Für die Änderungen der Verknüpfung P-S aus dem Organisationsmanagement heraus genügen Schreibrechte auf den Infotyp 0001 (Organisatorische Zuordnung). Für das Ändern von O-S-Verknüpfungen (z.B. kundeneigene) werden auch Schreibrechte für PA-Infotypen verlangt. Dafür genügt es aber, einen Dummy-Infotyp anzugeben, also einen 9XXX-Infotyp, den es gar nicht gibt.

Wenn Sie allerdings aus der Transaktion PPOME (Organisation und Besetzung ändern) heraus eine echte Maßnahme anstoßen, müssen beim Abspielen der Batch-Input-Mappen nach dem Report RHINTE30 (Org. Zuordnung in Batch-Input-Mappe für Infotyp 0001 übertragen) die entsprechenden Berechtigungen für die Maßnahme vorhanden sein.

Transaktionen

Beachten Sie, dass Pflegetransaktionen, die mit Strukturen arbeiten, z.B. die Transaktion PPOME (Organisation und Besetzung ändern), zur Einzelpflege in andere Transaktionen verzweigen – im Falle der Transaktion PPOME in die Transaktion PP01 (Objekt pflegen) oder PA30 (Personalstammdaten pflegen, siehe Abbildung 5.21). Wenn Sie dies erlauben möchten, müssen Sie diese Transaktionen im Berechtigungsobjekt P_TCODE und im Falle der Transaktion PA30 auch in das Objekt S_TCODE eintragen. Wenn in dem Objekt S_TCODE nur Rechte für die Transaktion PA20 existieren, springt die Transaktion PPOME in die Transaktion PA20.

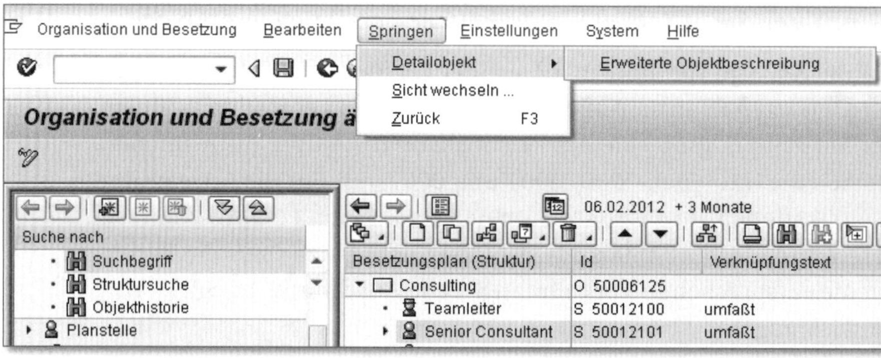

Abbildung 5.21 Von der Transaktion PPOME in die Transaktionen PP01 oder PA20/PA30 springen

[!]

Integration zwischen Organisationsmanagement und Personaladministration

Wenn Sie mit der Integration zwischen Organisationsmanagement und Personaladministration arbeiten, sollten Sie besonderes Augenmerk auf die sorgfältige Vergabe der Berechtigungen für die Personalsachbearbeiter legen. Sonst kann es eventuell passieren, dass z. B. Vakanzen aufgrund fehlender Berechtigungen nicht geschrieben werden, was unnötiges Recherchieren und Nachpflegen bei der Integration zwischen Organisationsmanagement und Personaladministration nach sich zieht. Mehr darüber erfahren Sie in Abschnitt 5.13, »Personaladministration«.

5.12 Performance Management

Die SAP-Rollen zum Performance Management folgen der Namenskonvention SAP_HR_HAP*. Wir erläutern in diesem Abschnitt die notwendigen Berechtigungen an der umfassendsten Rolle SAP_HR_HAP_ADMINISTRATOR (siehe Abbildung 5.22).

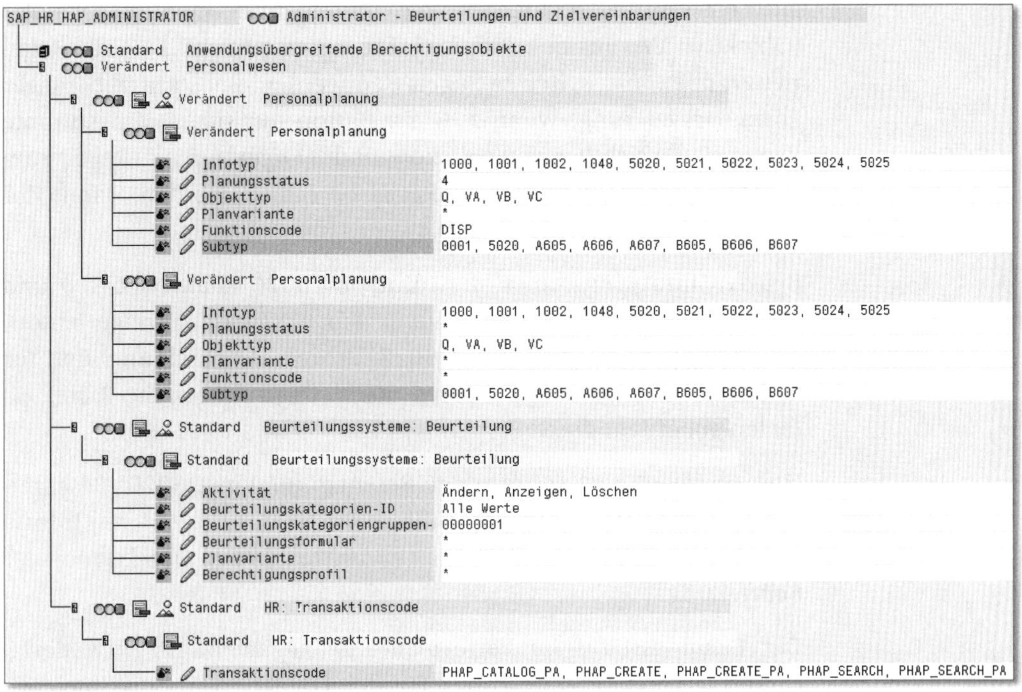

Abbildung 5.22 SAP-Rolle »Administrator Performance Management«

Die beiden wichtigsten Berechtigungsobjekte sowohl der Administratorrolle als auch des gesamten Performance Managements sind PLOG (Personalplanung) und P_HAP_DOC (Beurteilungssysteme: Beurteilung).

Berechtigungsobjekt PLOG

Im Berechtigungsobjekt PLOG (Personalplanung) werden immer die Objekttypen VA (Beurteilungsformular), VB (Kriteriengruppe) und VC (Kriterium) benötigt. Für die Phasenanzeige ab Erweiterungspaket 4 (EHP4) benötigen Sie auch den Objekttyp VH (Prozess Item), für kaskadierende Ziele den Objekttyp VJ (Organisatorische Ziele). Wenn in einer Beurteilung OM-Objekte beurteilt werden (häufig Qualifikationen (Q), aber auch z. B. Trainingstypen (D)), muss beim Anlegen einer Beurteilung auch auf diese Objekttypen (lesend) berechtigt werden.

Diese Objekttypen müssen, wie immer beim Berechtigungsobjekt PLOG, zusätzlich strukturell berechtigt werden. Da in den Objekttypen VA, VB, VC, VH und VJ aber keinerlei personenbezogene Daten hinterlegt sind, können diese Objekte auch ohne Angabe einer ID berechtigt werden. Für die Objekttypen VA, VB und VC können Sie auch ein Profil erstellen, bei dem vom einem Beurteilungsformular (Objekttyp VA) aus mit dem Auswertungsweg HAPREFER alle Kriteriengruppen und Kriterien zugelassen werden. Bei statusabhängiger Formularsteuerung, wenn z.B. ein Button nur für eine bestimmte Person/Rolle sichtbar sein soll, kommt der Objekttyp AC (Regel) zum Einsatz. Dieser muss auch in PLOG berechtigt werden, damit der Zugriff auf die entsprechenden Buttons möglich ist.

Bei den Infotypen fehlen die Infotypen 5026 (Statuswechsel) und 5027 (Statuswechsel Beschreibung). Für die Phasenanzeige benötigen Sie zusätzlich den Infotyp 5028 (Prozess Beschreibung) und für kaskadierende Ziele den Infotyp 5029 (Organisatorische Ziele). Es fehlen außerdem die Subtypen A711–A713 und B711–B713.

Die Subtypen 0001 (Allgemeine Beschreibung) und 5020 (Beschreibung im Web) beziehen sich auf Infotyp 1002. Alle weiteren Infotypen sind Verknüpfungen aus Infotyp 1001 zwischen Objekttypen der Beurteilung.

Der Planungsstatus im Performance Management ist entweder 3 (beantragt) oder 4 (genehmigt). Für den Objekttyp VJ muss auch der Planungsstatus 1 berechtigt werden.

Schreibenden Zugriff in dem hier beschriebenen Berechtigungsobjekt PLOG benötigen lediglich die Administratoren. Für Beurteiler und Beurteilte genügt die Leseberechtigung.

Berechtigungsobjekt P_HAP_DOC

Im zweiten wichtigen Berechtigungsobjekt P_HAP_DOC (Beurteilungssysteme: Beurteilung) werden zum einen die Formulare zugelassen, die bearbeitet werden dürfen. Zum anderen wird im Berechtigungsobjekt der Zugriff auf Personen über ein strukturelles Profil gesteuert (Kontextabhängigkeit).

[!]

Berechtigungsobjekt P_HAP_DOC und Profilgenerator

Bei dem Berechtigungsobjekt P_HAP_DOC müssen Sie besonders auf den Profilgenerator achten (siehe Abschnitt 2.5, »Customizing des Profilgenerators«). Wenn Sie im Rollenmenü die Transaktion PHAP_CHANGE_PA hinzufügen, wird das Berechtigungsobjekt P_HAP_DOC vorgeschlagen, wobei in fast allen Feldern ein Stern (*) eingetragen ist. Diese Vorschlagswerte erlauben Ihren Benutzern Zugriff auf alle Personalbeurteilungen im System.

Wenn Sie die Vorschlagswerte überschreiben, sodass der Status der Berechtigung auf VERÄNDERT springt, wird der Profilgenerator beim nächsten

Abgleich wieder die Vorschlagswerte in die Rolle einfügen. Dann gewährt die Rolle unbemerkt wieder Zugriff auf alle Beurteilungen im System.

Setzen Sie daher die vom Profilgenerator eingefügte Berechtigung auf inaktiv, und fügen Sie eine eingeschränkte Berechtigung manuell ein.

Folgende Felder werden geprüft (siehe Abbildung 5.22):

Felder des Objekts P_HAP_DOC

- **Aktivität**
  Es werden die Aktivitäten ÄNDERN/ANZEIGEN/LÖSCHEN geprüft.
- **Beurteilungskategorien-ID**
  Es werden die technischen Schlüssel der Beurteilungskategorien geprüft. Die Beurteilungskategorien werden kundenspezifisch in der Transaktion PHAP_CATALOG_PA (Katalog für Beurteilungsformulare) angelegt und in der Tabelle T77HAP_C gespeichert.
- **Beurteilungskategoriengruppen-ID**
  Es wird die ID der Beurteilungskategoriengruppen geprüft. Hier ist von SAP für Personalbeurteilungen verpflichtend die ID 00000001 vorgesehen. Für andere Nutzungen des Performance Managements stehen weitere Beurteilungskategoriengruppen zur Verfügung, die in der Tabelle T77HAP_C_GRP hinterlegt sind.
- **Beurteilungsformular**
  Es wird die ID des Beurteilungsformulars geprüft, kundenspezifisch gepflegt in der Transaktion PHAP_CATALOG_PA (Katalog für Beurteilungsformulare). Das Formular ist ein Objekt vom Typ VA (siehe Berechtigungsobjekt PLOG).
- **Planvariante**
  Es wird die Planvariante für die Beurteilungen geprüft.
- **Berechtigungsprofil**
  Das Feld BERECHTIGUNGSPROFIL wird behandelt wie die analogen Felder in den anderen kontextabhängigen Berechtigungsobjekten (siehe Kapitel 4, »Kontextabhängige Berechtigungsprüfung«). Es beinhaltet ein strukturelles Profil, das zusätzlich in der Benutzerpflege (Transaktion OOSB) dem jeweiligen Benutzer zuzuordnen ist (sofern Sie nicht das in Abschnitt 4.2, »Einrichtung und Pflege«, beschriebene BAdI nutzen).

  In der SAP-Rolle (siehe Abbildung 5.22) ist hier noch kein strukturelles Profil hinterlegt. Wenn Sie dort das strukturelle Profil BEURTEILER (wie in Abbildung 5.23 gezeigt) verwenden, bedeutet das, dass der Inhaber dieser Berechtigung alle Personen bearbeiten darf, für die er als Manager zuständig ist. Darüber hinaus benötigt er die Anzeigeberechtigung für die Objekttypen VA, VB, VC, VH und VJ und Q. Der Benutzer kann mehrere derartige Berechtigungen erhalten, auch mit unterschiedlichen strukturellen Profilen. Wir empfehlen jedoch, die strukturelle Berechtigung in einem Profil abzubilden und gegebenenfalls Erweiterungen (z.B. darf der Benutzer auch alle untergeordneten Leiter beurteilen) in einem eigenen Funktionsbaustein abzubilden.

Profil	Nr.	Pla...	O.	O...	Pflege	Ausw....	S...	T	V	Z	Funktionsbaustein
BEURTEILER	5	01	O		☐	PERSON	12				RH_GET_MANAGER_ASSIGNMENT
BEURTEILER	10	01	VA		☐						
BEURTEILER	15	01	VB		☐						
BEURTEILER	20	01	VC		☐						
BEURTEILER	25	01	VH		☐						
BEURTEILER	30	01	VJ		☐						
BEURTEILER	35	01	Q		☐						

Abbildung 5.23 Strukturelles Profil für Beurteiler

[+]

Performance Management ohne kontextabhängige Berechtigung

Wenn Sie die kontextabhängige Berechtigung nicht im Einsatz haben und einem Manager für die Erstellung von Beurteilungen ein zweites (abweichendes) Profil in der Transaktion OOSB (Benutzerberechtigungen ändern) zuordnen, dann addieren sich die Profile für die anderen Anwendungen (z.B. Manager's Desktop).

Aktivierungsschalter

Voraussetzung für die Nutzung des Feldes Berechtigungsprofil im Berechtigungsobjekt P_HAP_DOC ist die Aktivierung des Schalters HAP00/AUTHO in der Tabelle T77S0 (siehe Abbildung 5.24).

Sicht "Systemtabelle" ändern: Übersicht

Neue Einträge Dokumentation

Gruppe	sm. Kürzel	Wert Kürz.	Beschreibung
HAP00	AUTHO	X	Erweiterte Berechtigungsprüfung aktivieren

Abbildung 5.24 Aktivierung der kontextabhängigen Prüfung im Berechtigungsobjekt P_HAP_DOC

[+]

Kategoriengruppe und Kategorie nur in Objekt P_HAP_DOC

Kategoriengruppe und Kategorie sind keine Objekttypen, sondern Tabelleneinträge, werden also nicht über das Berechtigungsobjekt PLOG und strukturelle Berechtigung, sondern ausschließlich über das Berechtigungsobjekt P_HAP_DOC geprüft.

Infotyp-berechtigungen

Zusätzlich prüft der Standard für die Anzeige des Formulars die Leseberechtigung auf Infotyp 0001 für die Anzeige des Headers und des aufbereiteten Namens (ENAME). Diese Berechtigung muss durch eines der Berechtigungsobjekte P_ORGIN(CON) oder P_PERNR erteilt werden.

Auf dem Formular können der Name und andere Informationen aus der organisatorischen Zuordnung angezeigt werden. Diese beziehen sich in erster Linie auf die beurteilte Person, können aber auch zum Beurteiler oder anderen am Prozess beteiligten Rollen gehören. Grundsätzlich muss für alle diese Personen Leserecht erteilt werden.

Vorgangs-zuordnung je Bearbeitungsrolle

Im Customizing der Formulare wird darüber hinaus festgelegt, welche Bearbeitungsrollen welche Felder des Formulars in welcher Phase des Beurteilungsprozesses sehen und pflegen dürfen und auch, welche Status sie im Beurteilungsprozess setzen dürfen (Infotyp 5023 (Spaltenzugriff)). In den beiden BAdIs `HRHAP00_COL_ACCESS` und `HRHAP00_COL_OWNER` kann das Customizing hierfür weiter verfeinert werden.

[+]

Berechtigung für die Person des Beurteilten

Berechtigung für die Person des Beurteilten muss immer erteilt werden, sowohl beim Stammdatenzugriff als auch im Objekt P_HAP_DOC über das strukturelle Profil. Um zu vermeiden, dass beim Zugriff auf das Formular durch den Beurteilten auch für den Beurteiler eine Berechtigungsprüfung durchgeführt wird, kann in der Pflege des Formulars das Kennzeichen KEINE BERECHTIGUNGSPRÜFUNG FÜR BEURTEILER im Infotyp 5025 (Verarbeitungen) gesetzt werden (siehe Abbildung 5.25).

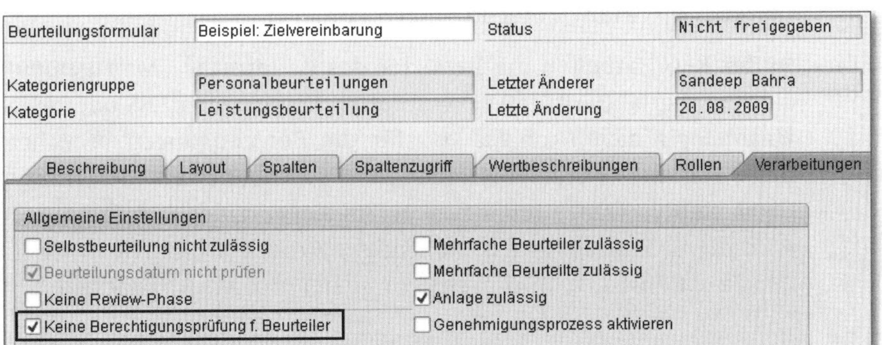

Abbildung 5.25 Deaktivierung der Berechtigungsprüfung für Beurteiler im Formular

Eine Übersicht über die Struktur und Funktion der einzelnen Elemente des Performance Managements liefert Abbildung 5.26.

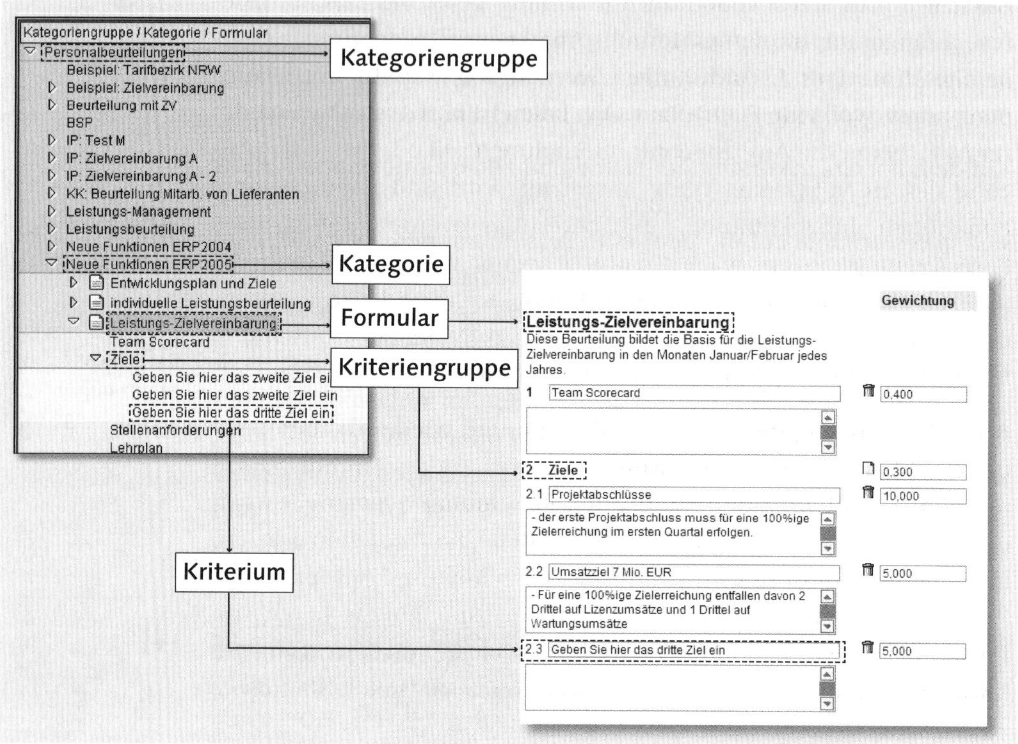

Abbildung 5.26 Datenmodell des Performance-Managements-Workflow

Es ist im Performance Management möglich, Workflows zu nutzen (zur Steuerung, wer Statuswechsel vornehmen darf und zum Versenden von Benachrichtigungen). In diesem Fall müssen die entsprechenden Workflow-Berechtigungen vorliegen.

Aufruf über das Portal

In der Regel arbeiten die Benutzer des Performance Managements aus dem Portal (SAP NetWeaver Portal) heraus, über ESS oder MSS. Unabhängig davon, ob Sie das für die Berechtigungen brauchen, muss für die Personalnummer jedes Portalbenutzers der Infotyp 0105, Subtyp 0001, gepflegt sein. Im Kontext der Berechtigungen wird dieser Eintrag für das Berechtigungsobjekt P_PERNR sowie für den Funktionsbaustein zum strukturellen Profil MANAGER benötigt.

Erweiterung der Berechtigungsprüfung

Im BAdI `HRHAP00_AUTHORITY` können Sie kundeneigene Berechtigungsprüfungen für das Performance Management hinterlegen und auch die Standardprüfungen ausschalten.

5.13 Personaladministration

Berechtigungsobjekte

Die Infotypen der Personaladministration gehören zum Kern des HCM-Systems. Deshalb haben wir die zu ihrem Schutz benötigten Berechtigungsobjekte bereits ausführlich in Abschnitt 2.3.2, »Infotypberechtigungen in der Personaladministration«, besprochen:

- Berechtigungsobjekt P_ORGIN/P_ORGINCON (HR: Stammdaten)
- Berechtigungsobjekt P_PERNR (HR: Stammdaten – Personalnummernprüfung)
- Berechtigungsobjekt P_ORGXX/P_ORGXXCON (HR: Stammdaten – erweiterte Prüfung)

Für den Zugriff auf Infotypen der Personaladministration werden außerdem in der Regel Cluster-Berechtigungen für die Cluster PC (persönlicher Kalender) und TX (Infotyptexte, siehe Abschnitt 2.3.4, »HR: Cluster – Cluster-Berechtigungsobjekt (Berechtigungsobjekt P_PCLX)«) benötigt. Darüber hinaus spielen die strukturelle Berechtigung (siehe Kapitel 3) und die Prüfverfahren des Infotyps 0130 (siehe Abschnitt 2.7) eine Rolle, falls Sie diese Werkzeuge nutzen.

Erweiterungen der Berechtigungsprüfung

Mögliche Erweiterungen der Berechtigungsprüfung für die Daten der Personaladministration können sein:

- das von SAP vorgefertigte kundeneigene Berechtigungsobjekt P_NNNNN bzw. P_NNNNNCON (siehe Abschnitt 2.8.1, »Berechtigungsobjekt P_NNNNN«)
- das BAdI `HRPAD00AUTH_CHECK` (siehe Abschnitt 2.8.3, »BAdI für die allgemeine Berechtigungsprüfung«)

OM-Verknüpfungen im Infotyp 0001

Bei eingeschalteter Integration zwischen Administration und Organisationsmanagement werden im Infotyp 0001 (Organisatorische Zuordnung) Daten des Organisationsmanagements gelesen, und zwar bei Anwahl des Buttons OrgMgmt Info... Veränderungen im Feld Planstelle führen zum Schreiben einer Verknüpfung in das Organisationsmanagement.

Mitarbeiter, die mit dem Infotyp 0001 arbeiten, benötigen also Lese- und gegebenenfalls auch Schreibrechte im Berechtigungsobjekt PLOG (Personalplanung) sowie gegebenenfalls auch strukturelle Berechtigungen. Die dafür nötigen Minimalberechtigungen sehen Sie in Abbildung 5.27.

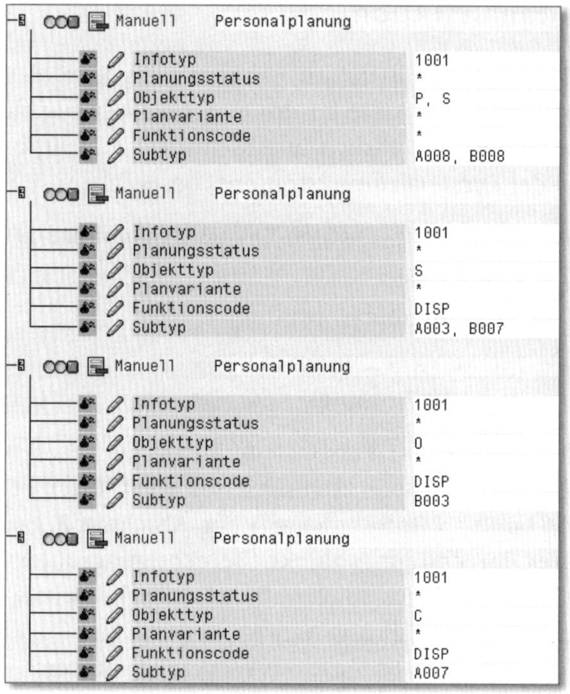

Abbildung 5.27 PLOG-Berechtigungen für Infotyp 0001

Die erste Berechtigung in Abbildung 5.27 erlaubt das Ändern der Zuordnung PLANSTELLE-PERSON. Die übrigen sind zusätzlich notwendig, damit die Informationen aus dem Organisationsmanagement über den Button ORGMGMT INFO... angezeigt werden können.

Bei Nutzung der strukturellen Berechtigungsprüfung für die Personaladministration kommen noch strukturelle Berechtigungen für die in Abbildung 5.27 aufgeführten Objekttypen hinzu. Für die Objekttypen P und S muss im strukturellen Profil der Pflegehaken gesetzt sein.

Vakanzen und Kennzeichen obsolet

Eine weitere Schnittstelle zum Organisationsmanagement aus dem Infotyp 0001 (Organisatorische Zuordnung) heraus stellen die OM-Infotypen 1007 (Vakanz) und 1014 (Kennzeichen obsolet) dar. Bei allen Änderungen, die die Beziehung zwischen Planstelle und Person betreffen, erscheinen – die Integration OM-PA vorausgesetzt – Popups, die die Pflege dieser beiden OM-Infotypen innerhalb der Administration verlangen (siehe Abbildung 5.28). Dies funktioniert jedoch nur dann, wenn die Personalsachbearbeiter Schreibrechte im Berechtigungsobjekt PLOG für die Infotypen 1007 und 1014 erhalten.

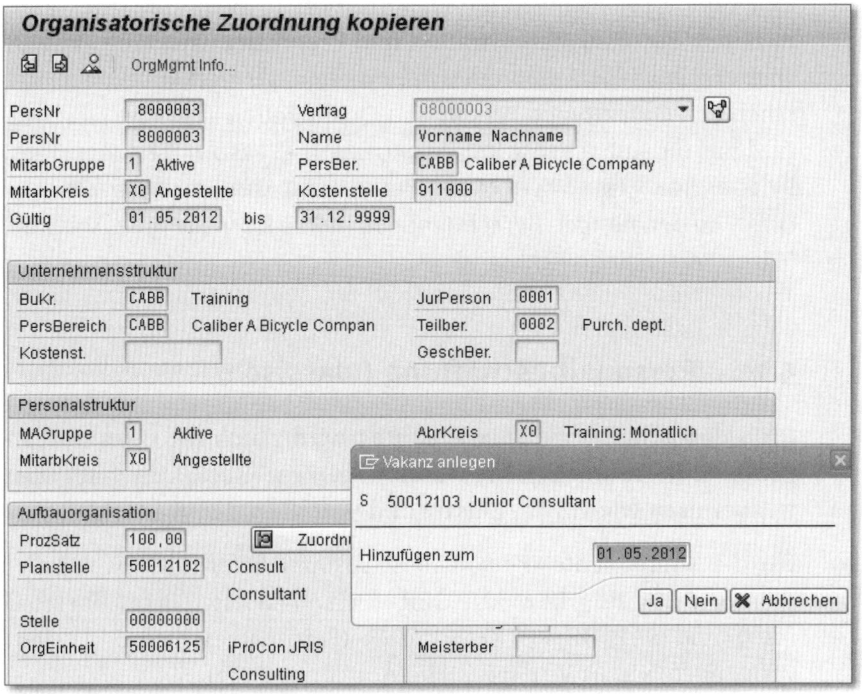

Abbildung 5.28 Vakanzen aus Infotyp 0001 schreiben

Das in Abbildung 5.28 gezeigte Popup erscheint nur dann, wenn die Nutzung des Infotyps 1007 (Vakanz) im Organisationsmanagement aktiviert ist. Der entsprechende IMG-Pfad lautet PERSONALMANAGEMENT • ORGANISATIONSMANAGEMENT • BETRIEBSWIRTSCHAFTLICHE INFOTYPEINSTELLUNGEN • INFOTYP »VAKANZ« AKTIVIEREN/DEAKTIVIEREN. Zudem muss der Infotyp 1007 (Vakanz) für die angesprochene Planstelle vorhanden sein. Das analoge Popup zum Infotyp 1014 (Obsolet) erscheint immer nur dann, wenn der Infotyp 1014 an der Planstelle gepflegt ist.

Struktursuche und Objektmanager

An vielen Stellen der Personaladministration können die Strukturen des Organisationsmanagements zur systematischen Suche nach Personen genutzt werden. Hier sind zum einen der Objektmanager und zum anderen die Struktursuche in der Wertehilfe (F4-Hilfe) zu erwähnen. Anwender der Administration, die diese Möglichkeiten nutzen möchten, benötigen Anzeigerechte im Berechtigungsobjekt PLOG auf die Objekttypen O, S und P sowie entsprechende Leserechte in der strukturellen Berechtigung.

Sonderrolle Qualifikationen

Eine Sonderrolle spielen die Qualifikationen. Wenn die Integration zwischen Personaladministration und Personalentwicklung aktiv ist, sind die Qualifikationen eines Mitarbeiters als Verknüpfungen zwischen den Objekttypen Person und Qualifikation abgelegt. Der IMG-Pfad hierfür lautet: PERSONALMANAGEMENT • PERSONALENTWICKLUNG • INTEGRATION • INTEGRATION ZUR PERSONALADMINISTRATION/-BESCHAFFUNG. Zu den nötigen Berechtigungen hierzu lesen Sie bitte Abschnitt 5.16, »Personalentwicklung«.

5.14 Personalbeschaffung (klassisch)

Die »klassische« Personalbeschaffung wird durch die neue Komponente »E-Recruiting« (siehe Abschnitt 5.7, »E-Recruiting«) abgelöst, ist aber nach wie vor im Einsatz und unterliegt der Wartung.

Für die Komponente »Personalbeschaffung« liefert SAP zwei Rollen aus: SAP_HR_RC_HR-MANAGER (Personalleiter Personalbeschaffung) und SAP_HR_RC_RECRUITER (Personalbeschaffer). Letztere verwenden wir als Vorlage (siehe Abbildung 5.29).

Berechtigungsobjekt PLOG

Die in dem Berechtigungsobjekt PLOG vergebenen Berechtigungen gehen davon aus, dass der Personalbeschaffer auch mit internen Personen (Objekttyp P) arbeiten darf. Nähere Spezifikationen hierzu tragen Sie im Objekt P_ORGIN ein bzw. in anderen, bei Ihnen für die Stammdatenberechtigungen genutzten Berechtigungsobjekten.

Darüber hinaus wird hier der Zugriff auf Qualifikationen für die Nutzung im Bewerbermanagement berechtigt. Voraussetzung ist die Integration der Qualifikationen mit der Personaladministration und -beschaffung (im IMG unter PERSONALMANAGEMENT • PERSONALENTWICKLUNG • INTEGRATION • INTEGRATION ZUR PERSONALADMINISTRATION/-BESCHAFFUNG).

Zu den in Abbildung 5.29 gezeigten Berechtigungen im Objekt PLOG wird im Feld INFOTYP neben den Infotypen 1001 (Verknüpfungen) und 1007 (Vakanz) der Infotyp 1000 (Objekt) ergänzt.

Berechtigungsobjekt P_APPL

Das Objekt P_APPL (HR: Bewerber) prüft lediglich den Zugriff auf die Tabellen der »klassischen« Bewerberverwaltung, also technisch die Tabellen mit Präfix PB.

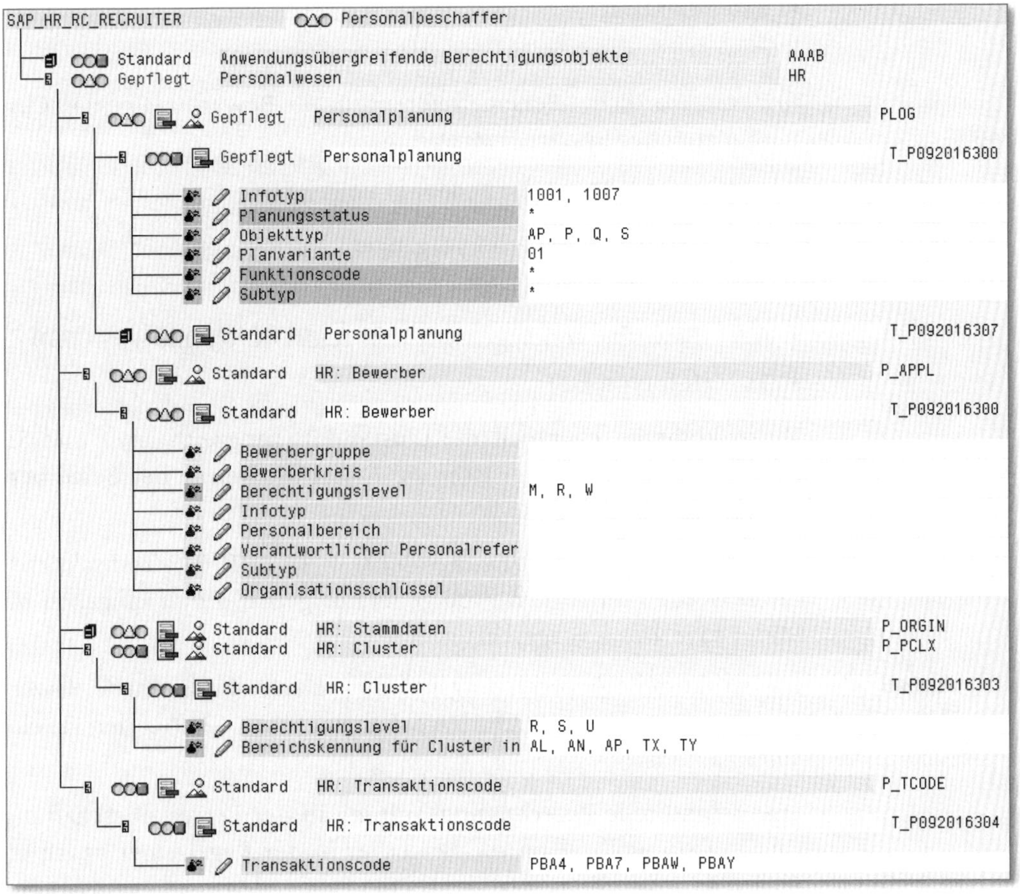

Abbildung 5.29 SAP-Rolle für das Bewerbermanagement

Folgende Felder werden geprüft:

- Infotyp der Bewerberverwaltung
- Subtyp zum jeweiligen Infotyp
- Berechtigungslevel
  (Dies entspricht den in Kapitel 2, »Allgemeine Berechtigungsprüfung«, beschriebenen Berechtigungsleveln des Objekts HR: Stammdaten.)
- Personalbereich
  (Hier, wie bei den folgenden drei Feldern, wird der Infotyp 0001 (Organisatorische Zuordnung) der Bewerberverwaltung geprüft.)
- Bewerbergruppe

- Bewerberkreis
- Organisationsschlüssel
- Verantwortlicher Personalreferent für die Bewerbung gemäß Customizing der Bewerberverwaltung

Cluster der SAP-Rolle

Die Cluster der SAP-Rolle bedeuten Folgendes:

- AL (Briefe für Bewerbervorgänge)
- AN (Note Pad für Bewerbervorgänge)
- AP (Bewerbervorgänge (wurde abgelöst durch Infotyp 4003))
- TY (Infotyptexte)

Hinzu kommen eventuell die Cluster LB (Langzeitbelege) und SB (Kurzzeitbelege), falls der User die Änderungsbelege der Bewerberverwaltung auswerten soll.

Transaktionscodes

Die Einträge im Berechtigungsobjekt P_TCODE (HR-Transaktionscode) werden durch den Profilgenerator gemäß Ihren Eingaben im Menü zuverlässig vorgeschlagen.

Strukturelle Berechtigung

Die strukturelle Berechtigungsprüfung in der »klassischen« Bewerberverwaltung wird durch den Schalter PPVAC STRAU der Tabelle T77S0 aktiviert.

Eine strukturelle Berechtigungsprüfung in der Personalbeschaffung ist dann sinnvoll, wenn die Bewerber in der Regel einer vakanten Planstelle zugeordnet werden. Da die Planstellen zur Organisationsstruktur gehören, können Sie somit z.B. für Führungskräfte gewährleisten, dass sie nur Bewerberdaten zugeordnet zu Planstellen ihrer eigenen Abteilung sehen. Die Umsetzung in den strukturellen Profilen erfolgt mit Auswertungswegen, die die Verknüpfung 048 (Bewerbung von) und den Objekttyp AP (Bewerber) enthalten. Ein Beispiel sehen Sie in Abbildung 5.30. Weitere sinnvolle Auswertungswege wären O-AP und O-VS-PAP.

Auswertungsweg O-S-AP Bewerber entlang Organisationsstruktur

Nr.	Objektt...	A/B	Verknüpfung	Verknüpfungsbezeich.	Priorität	Typ verk. Obj.
10	O	B	003	umfaßt	*	S
20	S	A	048	Bewerbung von	*	AP
30	O	B	002	ist Linien-Vorgesetzter v	*	O

Abbildung 5.30 Auswertungsweg für das strukturelle Profil »Personalbeschaffung«

Spontanbewerbungen

Was ist zu tun bei Bewerbungen, die Sie zunächst keiner Vakanz zuordnen können, z.B. Spontanbewerbungen? Hierzu können Sie zwei Wege wählen:

- Sie definieren entweder ein strukturelles Profil, mit dem alle Bewerber bearbeitet werden dürfen, indem Sie den Objekttyp AP ohne Einschränkung zulassen. Bewerbungen ohne Vakanzzuordnung würden dann nur von solchen Benutzern gepflegt.
- Oder Sie programmieren einen Funktionsbaustein für die strukturellen Profile, der alle nicht mit einer Vakanz verknüpften Bewerber liefert. Dieser muss zunächst alle vorhandenen Bewerber lesen, z.B. über Tabelle PB0001. Anschließend werden alle mit einer Vakanz verknüpften Bewerber entfernt. Die übrigen werden als Tabelle der nicht verknüpften Bewerber übergeben. Ein Beispiel für ein solches strukturelles Profil sehen Sie in Abbildung 5.31.

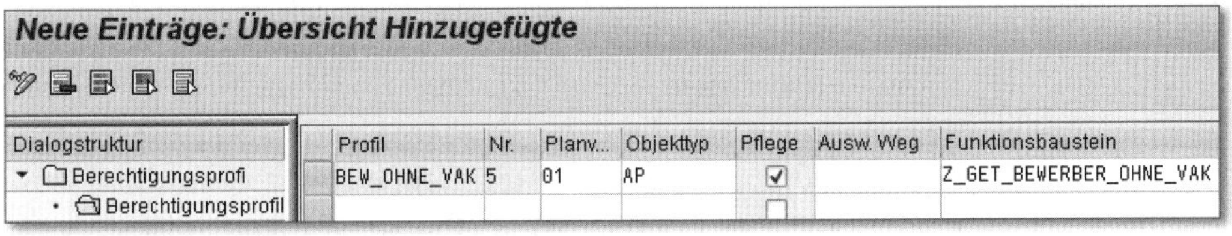

Abbildung 5.31 Profil für Bewerber ohne Vakanzzuordnung

[!]

Probleme mit der strukturellen Berechtigung bei der Ersterfassung von Bewerbern

Probleme treten für alle strukturellen Profile bei der Ersterfassung der Bewerberdaten auf. Hier prüft der Standard unglücklicherweise die strukturelle Berechtigung zu einem Zeitpunkt, zu dem die Bewerbernummer noch nicht bekannt ist. Das heißt, es gibt weder einen Satz in der Bewerberdatenbank noch eine Vakanzverknüpfung. Somit schlägt die Berechtigungsprüfung immer fehl, das Sichern der Bewerberdaten wird abgelehnt.

Problemlösungen

Es gibt zwei Lösungen, um dieses problematische Systemverhalten zu umgehen:

- **Organisatorische Lösung**
  Sie lassen die Ersterfassung durch Benutzer mit einem strukturell nicht eingeschränkten Profil durchführen (nur Objekttyp AP ohne Auswertungsweg). Sobald die Daten gespeichert sind, funktionieren alle beschriebenen strukturellen Profile.

- **Technische Lösung**
  Sie erweitern den oben beschriebenen Funktionsbaustein für die nicht mit einer Vakanz verknüpften Bewerber um eine Routine, die die nächsten freien Bewerbernummern ermittelt und diese in der Tabelle der berechtigten Objekte mit übergibt.

  Die entsprechende Programmierung funktioniert so:

  - Vor dem Aussortieren der Bewerber, die eine Vakanzzuordnung haben, muss die Tabelle NRIV (Nummernkreise) für das Objekt RP_PAPL (Nummernkreise Bewerbernummer) mit dem Nummernkreisschlüssel (Feld NRRANGENR) aus dem Merkmal NUMAP ausgelesen werden. (Ein Beispiel-Coding für das Auslesen des Merkmals befindet sich im Programm MP400040.)
  - Aus der Tabelle NRIV kann dann der aktuelle Nummernstand abgefragt werden (Feld NRLEVEL).
  - Da die Bewerberverwaltung immer einen Block von fünf Nummern reserviert, sollte die interne Tabelle »Bewerber« um fünf Nummern vor dem Nummernstand und fünf Nummern nach dem Nummernstand ergänzt werden. Damit wird sichergestellt, dass die Nummer, die das System dem Bewerber zuordnen wird, in der Tabelle der berechtigten Objekte vorhanden ist.

5.15 Personaleinsatzplanung

In der Personaleinsatzplanung (PEP) können wir von der SAP-Standardrolle SAP_HR_PT_SHIFT-PLANNER ausgehen, die eine brauchbare Kopiervorlage liefert.

[!]

Transaktionen der Bedarfspflege

Im Menü fehlen jedoch die Transaktionen der Bedarfspflege. Falls die Einsatzplaner auch die Bedarfe pflegen, müssen Sie diese noch hinzufügen.

Objekttypen der PEP

Die Einträge der Rolle für das Berechtigungsobjekt PLOG (Personalplanung) enthalten alle denkbaren Standardobjekttypen, die in der PEP vorkommen können (siehe Abbildung 5.32).

Infotypen und Subtypen zu PLOG

Ergänzen Sie gegebenenfalls folgende Infotypen:

- Infotyp 1027 (Ortsabhängige Zusatzinfo), für den Fall, dass Sie hierüber abweichende Fabrikkalender pflegen

- Infotyp 1028 (Adresse), für die Anzeige der dienstlichen Adresse
- Infotyp 1222 (Allgemeine Attributpflege), wenn Sie Bedarfsarten verwenden, die vom Arbeitszeitplan z.B. einer Organisationseinheit abhängig sind

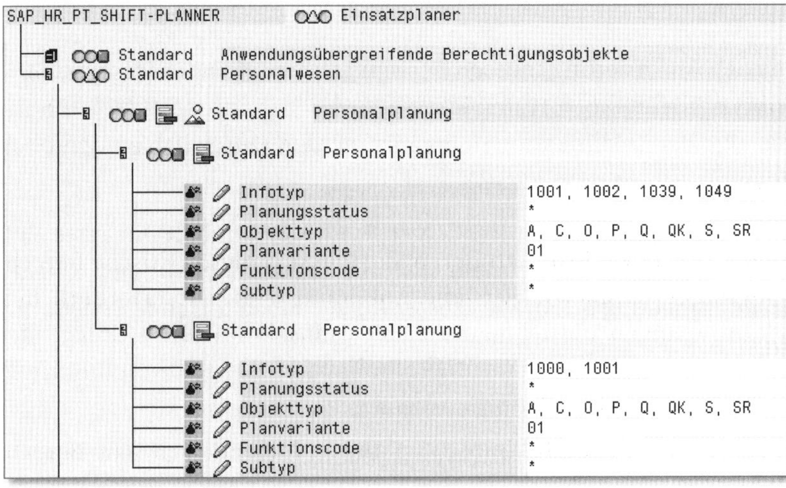

Abbildung 5.32 PLOG-Berechtigungen für Personaleinsatzplaner

Wenn die Einsatzplaner auch Zugriff auf Transaktionen des Organisationsmanagements haben, sind die vorgeschlagenen Berechtigungen natürlich viel zu weit gefasst. Im SAP-Hinweis 496993 (Berechtigungsobjekte der Personaleinsatzplanung) können Sie detailliert nachlesen, welche Objekttypen und Infotypen für welchen Zweck genau genutzt werden. Dort finden Sie auch eine Aufstellung der in der PEP verwendeten Verknüpfungen.

Strukturelle Berechtigung

Parallel zu den Berechtigungen im Objekt PLOG werden die strukturellen Berechtigungen für die in Abbildung 5.32 dargestellten Objekttypen eingerichtet. Wenn Sie auch für Personen strukturell berechtigen, gilt besonderes Augenmerk den Abordnungen. Hierfür benötigt der Einsatzplaner ausschließlich eine lesende Berechtigung auf den Bereich, zu dem er abordnet. Das Schreiben der Abordnung selbst erfolgt im Programm ohne Berechtigungsprüfung. Der Schalter PLOGI ADAYS der Tabelle T77S0 (siehe Abschnitt 3.7, »Zuständigkeitszeiträume und Zeitlogik«) definiert u.a. auch bei der Abordnung, wie lange über den Abordnungszeitraum hinaus der Einsatzplaner noch Zugriff auf die ihm zugeordneten Personen hat.

Stammdatenberechtigung

Für die Infotypberechtigungen verwenden Sie in der PEP das Objekt bzw. die Objekte, die Sie in Personaladministration und Zeitwirtschaft nutzen. In der Personaleinsatzplanung benötigen Sie Leserechte für eine Reihe von Stammdaten (Minimum: 0000, 0001, 0002 und 0007) sowie Schreibrechte auf die meisten Infotypen der Zeitwirtschaft.

Je nach Anforderung müssen bei den Stammdaten der Infotyp 0006, Subtyp 1, für die private Adresse sowie der Infotyp 0024 für die Anzeige der Qualifikationen ergänzt werden (zusätzlich zu den oben gezeigten Rechten in PLOG).

Cluster-Berechtigung

Im Berechtigungsobjekt P_PCLX (HR: Cluster) enthält der erste Eintrag der Standardrolle (mehr als) alle maximal benötigten Cluster (siehe Abbildung 5.33). Die Cluster-Kürzel haben folgende Bedeutung:

- B1 (Daten der Positivzeitwirtschaft)
- B2 (Ergebnisse der Zeitauswertung)
- PC (Kürzel zu den An-/Abwesenheiten)
- PS (Schema der Abrechnung) (in der PEP überflüssig)
- PT (Schema der Zeitauswertung)
- TX (Infotyptexte)

Die Cluster-Berechtigungen spielen in der PEP eine Rolle bei der Bestückung der Informationsspalten. Darüber hinaus sind sie wichtig, wenn aus der PEP heraus die Zeitauswertung (Report RPTIME00) online aufgerufen wird. Die hierfür erforderlichen Einstellungen im Customizing der PEP und die benötigten Berechtigungen finden Sie im Detail in Abschnitt 6.4 des Buches *Personaleinsatzplanung mit SAP ERP HCM* (SAP PRESS 2010).

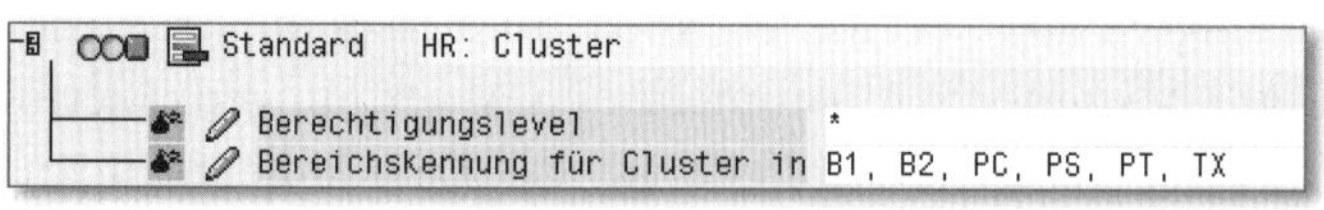

Abbildung 5.33 Cluster in der PEP

Spezielle Transaktionsberechtigungen

Das Objekt P_TCODE (HR: Transaktionscode) ist ebenfalls in der Standardrolle korrekt gepflegt.

[+]

PEP-Berechtigung für Zeitwirtschaftstransaktion PA61

Eine besondere Rolle in der PEP spielt die Transaktion PA61 (Zeitdaten pflegen). Sie wird im Hintergrund per sogenanntem CALL TRANSACTION für das Schreiben der Zeitdaten verwendet. Schwierig wird es nun, wenn Ihre Einsatzplaner *nicht* die Berechtigung für die Transaktion PA61 (Zeitdaten pflegen) in der Zeitwirtschaft erhalten sollen.

In älteren Releaseständen (bis mindestens SAP R/3 4.6C) wurde dies dadurch gelöst, dass Sie die Transaktion PA61 zwar in das Berechtigungsobjekt P_TCODE, nicht aber in das Berechtigungsobjekt S_TCODE eintrugen. Dies geht ab spätestens ECC 6.0 nicht mehr.

Der Eintrag im Berechtigungsobjekt P_TCODE hat nun keine Auswirkungen mehr, vielmehr entscheidet die Transaktion SE97 (Transaktionsstartberechtigung beim CALL TRANSACTION pflegen) darüber, ob die aufgerufene Transaktion PA61 aus der rufenden Transaktion PP61 (Einsatzplan) geprüft werden soll.

Derzeit sind die hinter der Transaktion SE97 stehenden Tabellen so eingestellt, dass die Transaktion PA61 beim Aufruf aus der PEP (Transaktion PP61) nicht geprüft wird. SAP behält sich allerdings vor, dies in späteren Releases zu ändern. Gegebenenfalls müssten Sie dann in der Transaktion SE97 das Prüfkennzeichen ändern.

Schalter erweiterte Berechtigungsprüfung

Der Schalter PEINS AUTH der Tabelle T77S0 erlaubt es, das folgende Systemverhalten im Einsatzplan (Transaktion PP61) zu deaktivieren: Beim Einstieg im Änderungsmodus wird geprüft, ob Pflegeberechtigungen für die betroffenen Objekte des Organisationsmanagements, z.B. die Organisationseinheit und den Bedarf, und der Zeitwirtschaftsinfotypen vorliegen (hier wird präzise geprüft, welche Zeitinfotypen die Einsatzgruppe überhaupt zulässt).

Erst wenn alle diese Pflegeberechtigungen vorliegen, erfolgt der Einstieg in den Soll-Plan. SAP-Hinweis 492112 (Berechtigungsprüfung beim Aufruf der Personaleinsatzplanung) schildert detailliert, welche Infotyp- und Subtypberechtigungen schon beim Einstieg geprüft werden, sofern dies nicht durch den oben genannten Schalter deaktiviert wird. Bei Deaktivierung dieses Schalters erfolgen die Prüfungen erst dann, wenn innerhalb des Soll-Plans Änderungen gespeichert werden.

Berechtigung für gesperrtes Schreiben

Gesperrte Sätze werden in der PEP grundsätzlich nicht eingelesen. Personen allerdings, für deren Zeitdaten die Berechtigung zum gesperrten Schreiben (Berechtigungslevel = E oder S) vorliegt, werden im Einsatzplan zur Verfügung gestellt.

Benutzerunabhängige Sortiervarianten

Nicht vergessen wollen wir am Ende des Abschnitts zur Personaleinsatzplanung ein Berechtigungsobjekt, das die Pflege benutzerunabhängiger Sortiervarianten erlaubt. Voraussetzung ist die Nutzung der Funktion SORTIERUNG DER MITARBEITER IM DIENSTPLAN aus dem Bereich des öffentlichen Dienstes. Im Objekt P_PEPSVAR (Personaleinsatzplanung: benutzerunabhängige Sortiervarianten) vergeben Sie das Recht, Sortiervarianten zu pflegen, die allen Benutzern zur Verfügung stehen.

5.16 Personalentwicklung

Im Bereich Personalentwicklung gehen wir wieder von einer SAP-Rolle aus, und zwar von SAP_HR_PD_DEVELOPMANAGER (Personalentwickler). Da hier – wie so oft – der Profilgenerator insbesondere im Berechtigungsobjekt PLOG eine Reihe überflüssiger Einträge generiert hat, haben wir die SAP-Rolle auf eine eigene Rolle kopiert und ein wenig übersichtlicher gemacht, sodass Sie die Berechtigungen in Abbildung 5.34 als Vorlage nutzen können. Für das notwendige Menü können Sie sich in der SAP-Rolle gute Anregungen holen.

Personalplanung (Objekt PLOG)

Die erste Berechtigung im Berechtigungsobjekt PLOG geht davon aus, dass der Personalentwickler alle Infotypen der Objekttypen B (Entwicklungsplan), LB (Laufbahn), Q (Qualifikation) und QK (Qualifikationsgruppe) vollständig pflegen darf, inklusive der Verknüpfungen untereinander, z.B. für den Qualifikationskatalog. Einschränkungen hierzu können in der strukturellen Berechtigung hinterlegt werden.

Es folgt die Anzeigeberechtigung für weitere Objekttypen, deren Pflege – das sei unterstellt – nicht Sache des Personalentwicklers ist.

Die nächsten drei Berechtigungen im Objekt PLOG aus Abbildung 5.34 konzentrieren sich auf die Pflege von Verknüpfungen, und zwar auf folgende Fälle:

- auf die Verbindung des Trainingskatalogs zu den Qualifikationen mit den Verknüpfungen 028 (vermittelt) und 029 (setzt voraus)
- auf die Verknüpfung 031 (benötigt) mit beispielhaften Objekttypen
- auf die Verknüpfungen

- 032 (erfüllt) für die Objekttypen AP (Bewerber) und P (Person) zu Objekttyp Q
- 038 (besitzt Potenzial für) hier im Beispiel für Objekttyp P zu den Objekttypen C (Stelle) und Q
- 042 (Interessen und Wünsche) wie 038
- 043 (hat Abneigung gegen) wie 038
- 044 (besteht aus) hier im Beispiel für Objekttyp B zu den Objekttypen C und Q
- 049 (wird entwickelt durch) hier im Beispiel für Objekttyp P zu den Objekttypen C und Q
- 077 (absolviert) hier im Beispiel für Objekttyp P zu den Objekttypen B und LB

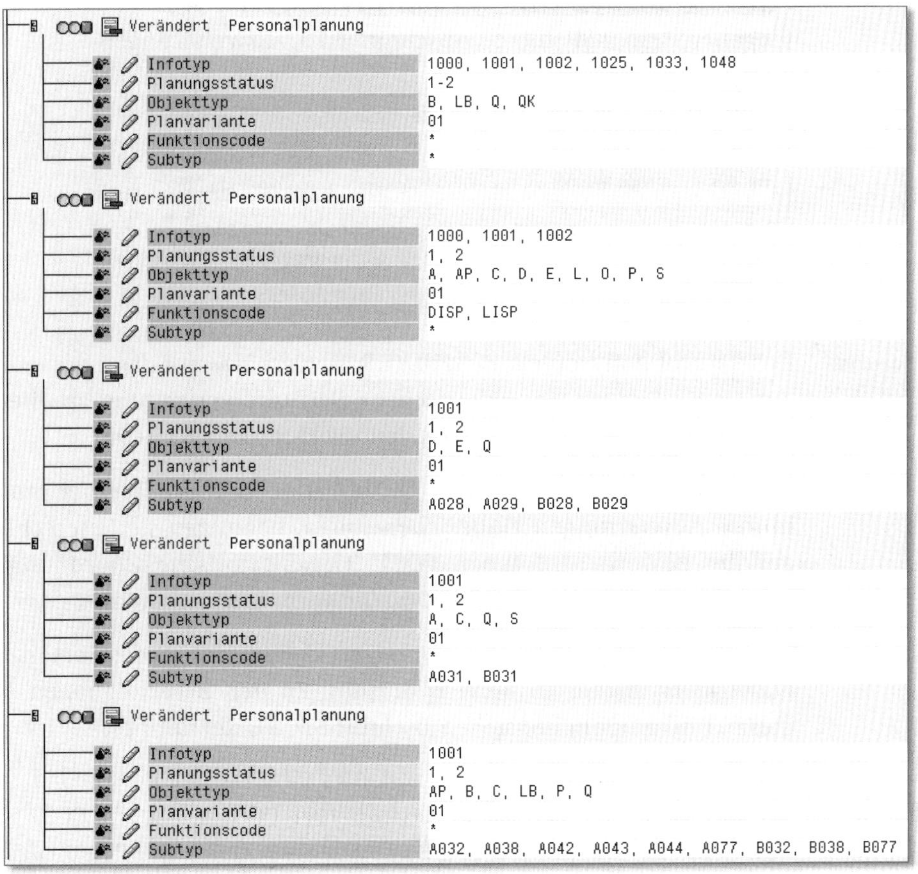

Abbildung 5.34 SAP-Rolle »Personalentwickler« (SAP_HR_PD_DEVELOPMANAGER)

Strukturelle Berechtigung

Für alle hier erwähnten Objekttypen ist zusätzlich die strukturelle Berechtigungsprüfung erforderlich. Gegebenenfalls können Sie diese auf Teile des Veranstaltungs- oder Qualifikationskatalogs einschränken.

In den strukturellen Profilen besteht die Notwendigkeit, für die Verknüpfung von Objekttyp P zu Q (Zuordnung von Qualifikationen zur Person) pflegenden Zugriff auf die Objekttypen P und Q zu geben.

Abbildung 5.35 zeigt ein Beispiel, das – neben der uneingeschränkten Berechtigung für Entwicklungspläne und Laufbahnen – den schreibenden Zugriff auf den Qualifikationskatalog erlaubt, eingeschränkt auf einen Teilkatalog (und lesend für den Rest). Ebenso wird der Personenzugriff nur für einen Teil der Organisationsstruktur gewährt. Es ist nicht möglich, dass dieser Benutzer den von ihm betreuten Personen Qualifikationen zuordnet, für die er nur lesend berechtigt ist. Dies lässt sich aber mit dem BAdI `HRBAS00_STRUAUTH` umgehen. Lesen Sie hierzu Abschnitt 3.10, »Erweiterungen«.

Profil	Nr.	Planvar.	Objekttyp	ObjektId	Pflege	Ausw. Weg	Statusvek.
PE	5	01	B		☑		
PE	10	01	LB		☑		
PE	15	01	QK	50023467	☑	QUALCATA	12
PE	20	01	QK	50001000	☐	QUALCATA	12
PE	25	01	O	51000032	☑	PERSON	12

Abbildung 5.35 Strukturelles Profil Personalentwickler

Personalbeschaffung

Das Berechtigungsobjekt P_APPL (HR: Bewerber) wird dann notwendig, wenn Sie mit der »klassischen« Bewerberverwaltung arbeiten oder wenn diese mit der Personalentwicklung integriert ist.

Wenn Ihre Personalentwickler Qualifikationen von Bewerbern mit in ihre Auswertungen einbeziehen sollen, benötigen sie Leserechte auf die Bewerber-Infotypen 0001 (Organisatorische Zuordnung), 0002 (Daten zur Person) und 4000 (Bewerbermaßnahmen).

Bei Nutzung des E-Recruitings verlagert sich die Arbeit des Personalentwicklers in diesem Bereich dorthin. Zu den Berechtigungen in dieser Teilkomponente siehe Abschnitt 5.7, »E-Recruiting«.

Stammdatenberechtigung

Eine minimale Ausprägung irgendeines Objekts der Personaladministration mit Leserechten für die Infotypen 0000, 0001 und 0002 ist zwingend. Bei Integration von Personalentwicklung und Personaladministration brauchen Sie zusätzlich Rechte für den Infotyp 0024

(Qualifikationen). Änderungsrechte benötigen Sie immer dann, wenn Verknüpfungen zur Person gepflegt werden sollen.

HR: Transaktionscode

Einige Transaktionen werden nicht aus dem Menü aufgerufen und benötigen auch nicht das Systemobjekt S_TCODE. Gleichwohl sind hier Einträge im Berechtigungsobjekt P_TCODE erforderlich, wenn Sie die folgenden Aufgaben zuordnen möchten:

- OOQ4 (Laufbahnplanung)
- PPDPIS (Individuelle Entwicklung) (auch wenn PPDPIM im Menü steht)
- PPLB (Laufbahn auswerten)
- OOQA (Qualifikationskatalog ändern)
- OOEC (Entwicklungsplankatalog ändern)

Qualifikationskatalog in anderen Teilkomponenten

Der Qualifikationskatalog der Personalentwicklung wird von einer Reihe anderer Teilkomponenten des HCM-Systems genutzt. Alle diese Nutzungen benötigen zum einen Leserechte auf den Katalog bzw. Teile davon sowie für ausgewählte Verknüpfungen auch Schreibrechte. Dies geschieht im Berechtigungsobjekt PLOG in Verbindung mit der strukturellen Berechtigung.

Im Folgenden beschreiben wir die Berechtigungen für die Nutzung der Qualifikationen in anderen Komponenten, sofern dies nicht bereits an anderer Stelle beschrieben wurde.

Personaladministration

In der Personaladministration werden die Transaktionen der Personalentwicklung PPPD (Profil anzeigen) und PPPM (Profil pflegen) aus den Transaktionen PA30 (Personalstammdaten pflegen) und PA20 (Personalstammdaten anzeigen) aufgerufen, sobald die Integration zur Personalentwicklung aktiv ist (siehe Abbildung 5.36). Eine dieser Transaktionen muss berechtigt werden. Die benötigten Verknüpfungen sind abhängig von den in der Personalentwicklung genutzten Funktionen. Die hierfür benötigten Subtypen des Infotyps 1001 (Verknüpfungen) haben wir weiter oben in diesem Abschnitt beschrieben.

Hierzu gehören auch die Verknüpfungen des »klassischen« Beurteilungssystems, die ja ebenfalls in der Transaktion PPPM gepflegt werden (siehe hierzu Abschnitt 5.4, »Beurteilungssystem«).

Bei aktiver Integration der Personalentwicklung mit der Personaladministration (IMG-Pfad Personalmanagement • Personalentwick-

LUNG • INTEGRATION • INTEGRATION ZUR PERSONALENTWICKLUNG/-BESCHAFFUNG) wird darüber hinaus die Berechtigung auf den Infotyp 0024 (Qualifikationen) mit einem der Objekte der Stammdatenberechtigungen (siehe Abschnitt 5.13, »Personaladministration«) geprüft.

Abbildung 5.36 Aufruf der Transaktion PPPM aus PA30

Veranstaltungsmanagement/ Learning Solution

Veranstaltungsmanagement und Learning Solution nutzen die Verknüpfungen 028 (vermittelt), z.B. zwischen einem Veranstaltungstyp mit einer Qualifikation, und 029 (setzt voraus), z.B. zwischen einem Curriculumtyp und einer Qualifikation. Hierfür sind erforderlich:

- Leserechte auf den Katalog
- strukturelle Schreibrechte auf die Objekte des Veranstaltungsmanagements/der Learning Solution sowie auf Qualifikationen
- Schreibrechte auf die Verknüpfungen 028 und 029 in Verbindung mit den benötigten Objekttypen im Berechtigungsobjekt PLOG

Employee Self-Service

Wenn der Mitarbeiter im Employee Self-Service seine eigenen Qualifikationen ändern darf, benötigt er Folgendes:

- Leserechte auf den Katalog bzw. natürlich einen Teilkatalog
- strukturelle Schreibrechte auf die Objekttypen P und Q
- Schreibrechte im Berechtigungsobjekt PLOG auf die Verknüpfung 032 (erfüllt) von Objekttyp P zu Q
- Schreibrechte auf Infotyp 0024 für seine eigene Personalnummer

Personaleinsatzplanung

In der Personaleinsatzplanung können Bedarfe (Objekttyp SR) mit Qualifikationen verknüpft werden. Hierfür benötigt der Bedarfsplaner Folgendes:

- Leserechte auf den Katalog
- strukturelle Schreibrechte auf SR (Bedarfe) und Q
- Schreibrechte im Berechtigungsobjekt PLOG auf die Verknüpfung 031 (benötigt) von Objekttyp SR zu Q

Der Einsatzplaner braucht lediglich Anzeigerechte auf Qualifikationen (im Berechtigungsobjekt PLOG und strukturell).

Talent Management

Im Teilmodul *Talent Management und Talententwicklung* wird mit einem gegenüber der klassischen Personalentwicklung erweiterten Datenmodell gearbeitet. Es enthält die Objekttypen Funktionsbereich (FN), Job-Familie (JF) und Talentgruppe (TB). Wenn Sie solche Berechtigungen vergeben möchten, helfen Ihnen folgende von SAP ausgelieferte Musterrollen:

- Rolle SAP_TMC_TALENT_MANA_SPECIALIST (Talent-Management-Spezialist)
- Rolle SAP_TMC_SUPER_TALENT_MANA_SPEC (Talent Management Superuser)
- Rolle SAP_TMC_MANAGER (Manager im Talent Management)
- Rolle SAP_TMC_EMPLOYEE (Mitarbeiter im Talent Management)

In den strukturellen Berechtigungen ist der Auswertungsweg O_O_S_SU nützlich, da er zu einer Organisationseinheit alle Mitarbeiter und Nachfolger inklusive der Objekt-IDs der zentralen Personen liefert (Objekttyp CP wird im Talent Management benötigt).

Darüber hinaus gibt es für die strukturellen Berechtigungen auch generische Funktionsbausteine als Muster in der Funktionsgruppe `HRTMC_AUTHORIZATIONS`. Damit können Sie besondere Zuständigkeiten für Organisationseinheiten und/oder Talentgruppen im Talent Management vergeben.

Vergessen Sie in den strukturellen Profilen die Objekttypen VA, VB und VC nicht, da hier intern auch das Performance Management genutzt wird.

Talentkonferenzen

In der Webanwendung für die Talentkonferenzen wird geprüft, ob ein Benutzer für eine bestimmte Talentkonferenz berechtigt ist. Die

Berechtigung hierfür wird entweder über seine Zugehörigkeit zu einem Beratungsteam (Infotyp 7437) oder pauschal für alle Talentkonferenzen erteilt. Letzteres erfolgt über einen Eintrag im Berechtigungsobjekt PLOG mit dem Objekttyp RM (Talentkonferenz). Weitere Details finden Sie in SAP-Hinweis 1470515.

Für die Einschränkung der strukturellen Berechtigungen auf Talentkonferenzen gibt es als Muster einen generischen Funktionsbaustein in der Funktionsgruppe `HRTMC_AUTHORIZATIONS_FM`.

Kundenerweiterung

Ab SAP NetWeaver-Release 7.01 SP 11 steht für Kundenerweiterungen in den Berechtigungen der Talent-Management-Portal-Anwendungen das BAdI `HRBAS00_CL_AUTHC` zur Verfügung. Die Auslieferung erfolgt ausschließlich über Support Packages (siehe auch SAP-Hinweis 1636641).

5.17 Personalinformationssystem/Reporting

Grundsätzlich sind im Reporting die gleichen Berechtigungsprüfungen aktiv wie in den Anzeige- und Pflegetransaktionen des HCM-Systems.

5.17.1 Logische Datenbanken

Der Hauptteil der Berechtigungsprüfung erfolgt in der Regel in den sogenannten *logischen Datenbanken* – das sind im Einzelnen folgende:

- **PAP für die klassische Personalbeschaffung**
  Diese Datenbank prüft das Berechtigungsobjekt P_APPL sowie gegebenenfalls auch die strukturelle Berechtigung (siehe Abschnitt 5.14, »Personalbeschaffung (klassisch)«).
- **PCH für alle Anwendungen, die mit den Datenbanktabellen HRP* arbeiten**
  Diese Datenbank prüft das Berechtigungsobjekt PLOG zusammen mit der strukturellen Berechtigung.
- **PNP für die Personaladministration**
  Diese Datenbank prüft alle Berechtigungsobjekte der Personaladministration einschließlich struktureller Berechtigung (siehe Abschnitt 5.13, »Personaladministration«).

- **PNPCE für die Personaladministration mit Nutzung Management globaler Mitarbeiter**
  Diese Datenbank prüft entsprechend der Datenbank PNP, es kommen hier jedoch die strukturellen Berechtigungen für das Management globaler Mitarbeiter (siehe Abschnitt 5.9) hinzu.

Zuordnung von Infotypen zu Reports [+]

Die Zuordnung von Infotypen zu Reports ist oft sehr mühsam. Sie erleichtern sich die Arbeit, wenn Sie den Quellcode des Programms aufrufen und dort nach der Deklaration `INFOTYPES` suchen. Die darunter aufgeführten Infotypen werden im Report gelesen und müssen somit auch berechtigt werden.

In Reports, die mit Bewertungsschemata arbeiten (Reports RPCALCx0 und RPTIME00), kann durch entsprechende Funktionen das Lesen von Infotypen verhindert werden. Zum Beispiel führt im Report RPTIME00 erst der Aufruf der Funktion `CHECK` mit Parameter `BP` dazu, dass der Infotyp 0008 (Basisbezüge) gelesen wird.

Cluster-Berechtigungen

Das Berechtigungsobjekt P_PCLX wird nicht in den logischen Datenbanken geprüft, sondern nur dort, wo auf Cluster zugegriffen wird. Die Cluster sind den einzelnen Teilgebieten zugeordnet und werden in den entsprechenden Abschnitten besprochen.

Weitere Berechtigungen für Reports sind ebenfalls bei den jeweiligen Teilkomponenten beschrieben.

5.17.2 SAP-Reports ohne logische Datenbank

Auf SAP-Reports ohne eine logische Datenbank sollten Sie besonderes Augenmerk richten. Sie sollten sie in der Regel nicht für Endanwender zur Verfügung stellen, da die in den logischen Datenbanken hinterlegten Berechtigungsprüfungen hier in der Regel fehlen. Ein Beispiel für einen solchen Report sehen Sie in Abbildung 5.37.

Der in der Abbildung dargestellte Report RPCLSTB2 prüft zwar die Cluster-Berechtigung mit Objekt P_PCLX, aber ansonsten kein weiteres Berechtigungsobjekt. Auf diese Weise können damit Cluster-Daten der Zeitwirtschaft für alle Personen des Unternehmens angezeigt werden.

Abbildung 5.37 Beispiel für einen Report ohne logische Datenbank

Report RPTBAL00

Nutzen Sie für die Anzeige der wichtigsten Cluster-Tabellen z.B. in der Zeitwirtschaft den Report RPTBAL00 (Kumulierte Zeitauswertungsergebnisse – Zeitsalden/-lohnarten).

[!]

Lücke in den Berechtigungsprüfungen bei Abwesenheiten

Der Report für den Zeitnachweis (Report RPTEDT00) läuft über die logische Datenbank PNP und prüft zusätzlich die Cluster-Berechtigung für die Zeitwirtschaft. Innerhalb des Clusters B2 gibt es allerdings die Tabelle AB mit sämtlichen Abwesenheiten. Auch wenn der aufrufende Benutzer des Zeitnachweises keine Infotypberechtigung auf Abwesenheiten hat, könnte er diese dennoch in der Ausgabe des Zeitnachweises sehen – allerdings natürlich nur, wenn diese per Customizing im Formular vorgesehen sind.

Zur Lösung dieses Problems müssten Sie im User-Exit des Zeitnachweises eine eigene Berechtigungsprüfung programmieren.

Auch die Reports für das Erstellen und Bearbeiten von Meldungen zur Betriebsdatenpflege basieren nicht auf der logischen Datenbank PNP und führen demzufolge keine HR-spezifische Berechtigungsprüfung auf Personalstammdaten durch.

Reports zur Betriebsdatenpflege

Benutzer, die Berechtigung für die Transaktionen SE38 oder SA38 für das Ausführen von Reports haben, können Reports ohne logische Datenbank völlig ungeprüft ausführen. Um dies zu verhindern, wurde mit dem SAP-Hinweis 1597126 das BAdI `HRPAY00_AUTH_TCODE` ausgeliefert. Die Standardimplementierung prüft nun, ob wenigstens der Transaktionscode solch eines Reports im Berechtigungsobjekt P_TCODE enthalten ist.

BAdI für Reports ohne PNP

Gerade im Falle der Reports zur Betriebsdatenpflege ist aber auch eine Berechtigungsprüfung auf Basis des Personalbereichs/-teilbereichs sinnvoll. Für diesen Zweck wurde ebenfalls mit SAP-Hinweis 1597126 das BAdI `HRPAY00_B_AUTH_WERKS` ausgeliefert. Dieses BAdI prüft zusätzlich zum Transaktionscode die Parameter `IV_WERKS` (Personalbereich) und `IV_BTRTL` (Personalteilbereich). Nur wenn der Benutzer Berechtigung für den Infotyp 0001 (Organisatorische Zuordnung) und den auszuwertenden Personalbereich/-teilbereich hat, kann er den Report ausführen (siehe auch SAP-Hinweis 1564436 (Betriebsdatensatz: Berechtigungsprüfung)).

5.17.3 Berechtigungsobjekt P_ABAP

Da die Prüfung auf die Leseberechtigung für Stammdaten insbesondere bei der Ausführung von Reports sehr viel Rechenzeit beansprucht, gibt es das Berechtigungsobjekt P_ABAP (HR: Reporting). Hierdurch wird es möglich, die Prüfung für bestimmte Reports einzuschränken oder ganz auszuschalten.

Vereinfachung der Berechtigungsprüfung

Das Objekt ersetzt nicht die grundsätzliche Berechtigung zum Starten eines bestimmten Reports. Es vereinfacht und beschleunigt vielmehr die Prüfung der im Report ausgewerteten Daten. Vergibt man für dieses Objekt volle Berechtigung, kann ein Benutzer in den betroffenen Reports alle Personalstammdaten einsehen, auch wenn er eigentlich keine Berechtigung auf die entsprechenden Infotypen oder Personalnummern besitzt.

Das Berechtigungsobjekt P_ABAP (siehe Abbildung 5.38) wirkt sich ausschließlich in Reports aus, die die logische Datenbank der Personaladministration (PNP) verwenden. Ausnahmen sind die Reports

Objekt P_ABAP nur bei PNP

der Zahlungsträgerprogramme für das Rechnungswesen sowie die Auswertung der protokollierten Änderungen in Infotypdaten. Bei diesen ist das Berechtigungsobjekt P_ABAP aktiv, obwohl sie nicht die logische Datenbank PNP verwenden.

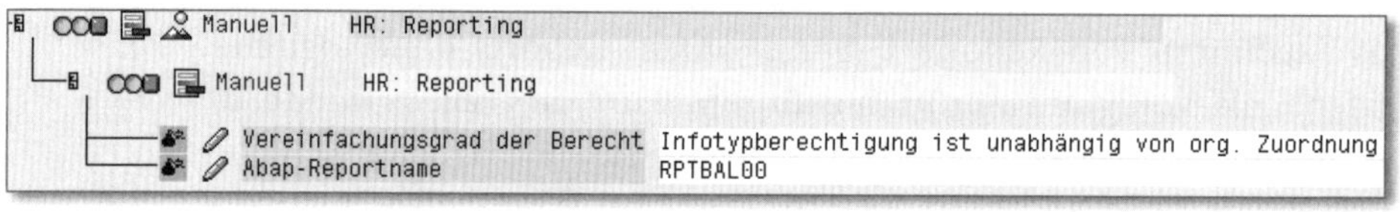

Abbildung 5.38 Berechtigungsobjekt P_ABAP

Felder im Objekt P_ABAP

Folgende Felder werden geprüft (siehe Abbildung 5.38):

- **ABAP-Reportname**
  Hier werden die Reports angegeben, bei denen die Berechtigungsprüfung vereinfacht ablaufen soll.
- **Vereinfachungsgrad der Berechtigungsprüfung**
  Es werden folgende Vereinfachungsgrade geprüft:
  - *Vereinfachungsgrad 1*
    Die Prüfung auf Infotypen und organisatorische Zuordnung erfolgt unabhängig voneinander. Das heißt, dass ein Benutzer für alle Personalnummern, auf die er Zugriff hat, alle Infotypen sehen darf, auf die er Zugriff hat. Dies bewirkt eine Beschleunigung der Berechtigungsprüfung.
  - *Vereinfachungsgrad 2*
    Die ungeprüfte Ausführung des Reports deaktiviert die Prüfungen auf Personalstammdaten und die strukturelle Prüfung. Das ist sinnvoll für »unkritische« Listen (z.B. Raumverzeichnis) oder bei Benutzern, die ohnehin über eine volle Leseberechtigung bei Personalstammdaten verfügen.

[+]

Vereinfachungsgrad 1

Dieser Vereinfachungsgrad kann für Berechtigungen auf Reports genutzt werden, die Infotypen verwenden, die ein Sachbearbeiter sonst gar nicht sehen darf. Sie müssen dafür im Berechtigungsobjekt P_ORGIN (oder einem entsprechenden Stammdatenobjekt) einen nicht existenten Mitarbeiterkreis für diesen Infotyp und im Berechtigungsobjekt P_ABAP für derartige Reports den Vereinfachungsgrad »1« vergeben. Indem der Infotyp für einen nicht existenten Mitarbeiterkreis berechtigt ist, ist er nur dann zugänglich, wenn er in einem Report gelesen wird, in dem die Berechtigungsprüfung mit Vereinfachungsgrad 1 reduziert wird.

5.17.4 Auswertungsgrundlagen

Dienstzeitberechnung

Über den IMG-Pfad Personalmanagement • Personaladministration • Auswertungsgrundlagen • Dienstzeitberechnung finden Sie ein Werkzeug, um die Berechnung von Dienstzeiten an verschiedenen Stellen des HCM-Systems anzupassen. In der dort liegenden Aktivität Berechnungsablauf • Attribute des Berechnungsablaufs übersteuern finden Sie die Möglichkeit, für ausgewählte Berechnungsabläufe die Berechtigungsprüfung für das Lesen relevanter Daten abzuschalten (siehe Abbildung 5.39).

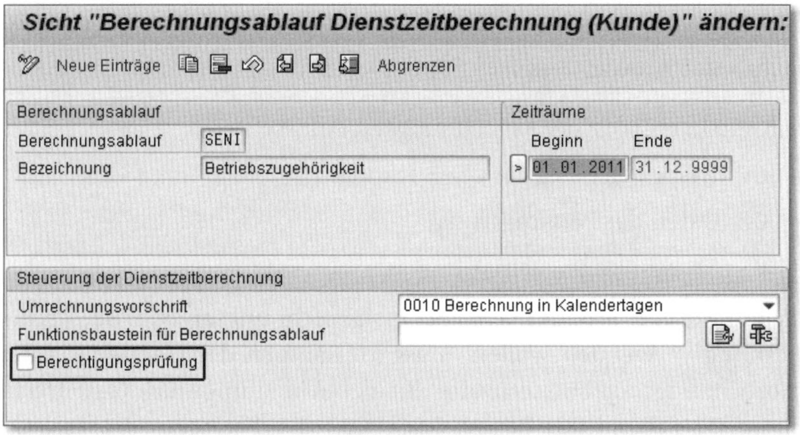

Abbildung 5.39 Abschalten der Berechtigungsprüfung bei Dienstzeitberechnung

5.18 Personalkostenplanung

In diesem Abschnitt beziehen wir uns auf die neue Personalkostenplanung ab R/3-Release 4.7.

Die von SAP für die Personalkostenplanung ausgelieferten Rollen folgen der Namenskonvention SAP_HR_CP*. Für die neue Detailplanung über Web Dynpro für ABAP wurden auch neue Rollen mit der Namenskonvention SAP_HR_CP*NWBC ausgeliefert.

Objekt PLOG und strukturelle Berechtigung

Da die Kostenplanung des HCM-Systems von der Organisationsstruktur ausgeht, benötigen die Personalkostenplaner Rechte (im Objekt PLOG und strukturell) auf die Organisationsstruktur bzw. auf die Teile der Organisationsstruktur mit den Objekttypen O, C und S. Neben den Infotypen 1000 (Objekt) und 1001 (Verknüpfungen) muss der Infotyp 5010 (Planung Personalkosten) berechtigt werden.

Die strukturellen Berechtigungen sind in diesem Gebiet recht komplex, wenn die Arbeit mit der Personalkostenplanung dezentral durch Vorgesetzte durchgeführt wird. Weitere Informationen dazu finden Sie auch in Kapitel 3, »Strukturelle Berechtigungsprüfung«.

Stammdaten

In der Personalkostenplanung arbeiten Sie mit in der Personaladministration üblichen Berechtigungsobjekten (siehe Abschnitt 5.13, »Personaladministration«). Vergessen Sie neben Infotyp 0008 (Basisbezüge) und anderen entgeltrelevanten Infotypen nicht die Infotypen 0027 (Kostenverteilung) und 0666 (Planung Personalkosten). Hinzu kommen die immer notwendigen Infotypen 0000 (Maßnahmen), 0001 (Organisatorische Zuordnung) und 0002 (Daten zur Person).

Cluster

Folgende Cluster kommen in Betracht:

- CB (Datenbasis aus Abrechnungsergebnissen)
- CC (Ursprungsbeleg für CO-Buchung)
- CP (Daten des Planungslaufs)
- PS (Abrechnungsschema)

Nutzung der Abrechnungsergebnisse

Wenn Sie die produktiven Personalabrechnungsergebnisse für die Planung verwenden wollen, muss im Rahmen der Überleitung der Abrechnungsergebnisse in die Finanzbuchhaltung und Kostenrechnung (FI/CO) mittels Report RPCIPE00 der Parameter Kostenplanung versorgen auf dem Popup Kostenplanung markiert werden. Sofern dies erfolgt, benötigen die für die Personalkostenplanung zuständigen Mitarbeiter folglich auch keine gesonderte Berechtigung für die Ausführung des Überleitungsreports.

Objekt P_PYEVRUN

Praktisch entsteht aber zumeist bereits in der Realisierungsphase der Projekte die Notwendigkeit einer Vergabe von Berechtigungen für die Buchungsüberleitung, da im Rahmen der ersten Betatests die Ergebnisse der Personalabrechnung in der Personalkostenplanung und Simulation benötigt werden. Hierzu ist es ausreichend, wenn der Report RPCIPE00 als Testlauf ausgeführt wird und der oben genannte Parameter Kostenplanung versorgen markiert ist. Um dies durchführen zu können, wird das Berechtigungsobjekt P_PYEVRUN (HR: Buchungslauf) mit dem Lauftyp PP und dem Simulationskennzeichen X benötigt (siehe Abbildung 5.40).

Generell prüft das Berechtigungsobjekt P_PYEVRUN verschiedene Aktivitäten (Hinzufügen, Ändern, Anzeigen, Löschen, Buchen, Freigeben, Stornieren), das Simulationskennzeichen und den Lauftyp.

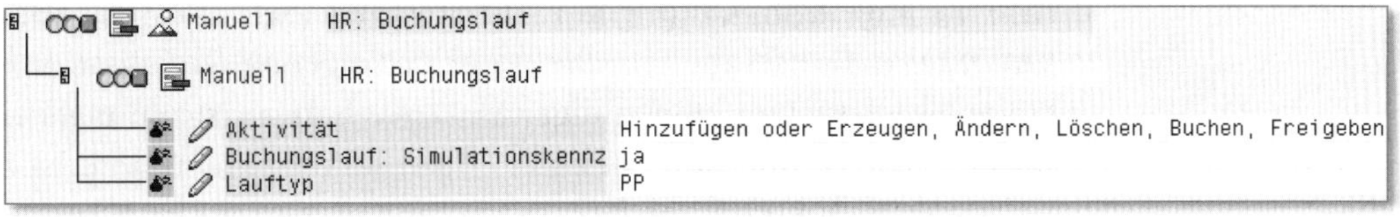

Abbildung 5.40 Beispielberechtigung für Kostenplaner im Objekt P_PYEVRUN

Wenn die Abrechnungssimulation genutzt wird, wird die Abrechnung aus dem Buchungslauf heraus simuliert, und die relevanten Ergebnisse werden in das Cluster CB übertragen. Auch hier reicht ein Testlauf aus. Dieses Verfahren ist allerdings sehr laufzeitintensiv, da in der Regel mindestens zwölf Monate je Personalnummer simuliert werden.

Übermittlung an CO

Für die Überleitung der Ergebnisse der Personalkostenplanung (Transaktion PHCPADCO, Report RHHCP_PLAN_ADMIN) ins Rechnungswesen benötigen Sie ebenfalls Rechte im Objekt P_PYEVRUN (HR: Buchungslauf). Der LAUFTYP für die Kostenplanung heißt hier CP.

Detailplanung mit Web Dynpro für ABAP

Neben den Transaktionen, Reports und sonstigen Aktivitäten steht für die Personalkostenplanung auch noch eine Detailplanung auf Basis eines Web Dynpros für ABAP bzw. einer Business Server Page (BSP) zur Verfügung. Die Oberfläche Web Dynpro für ABAP wird ab dem Release ERP 6.0 Erweiterungspaket (EHP5) bereitgestellt, vorher stand nur die BSP-Oberfläche zur Verfügung. Grundlage für die Nutzung ist die Aktivierung der Business Function HCM_HCP_CI_1. Ohne Aktivierung der Business Function wird die »alte« BSP-Oberfläche verwendet.

BAdI für kundenspezifische Anforderungen

SAP stellt im Umfeld der Personalkostenplanung ein BAdI speziell für die Verfeinerung und kundenspezifische Ausprägung der Berechtigungsvergabe zur Verfügung. Das BAdI hat den Definitionsnamen `HRHCP00_RESP_OBJECTS` und verfügt über fünf Methoden. Diese können wie folgt eingesetzt werden:

1. **Methode »GET_RESPONSIBLE_ORGUNITS«**

   Mit der Methode `GET_RESPONSIBLE_ORGUNITS` können die zu verantwortenden Objekte kundenspezifisch übersteuert werden. Dies ist für den Zugriff der Linienmanager im Rahmen der Detailplanung gedacht.

   Im Standard hat der Leiter einer Organisationseinheit auf die Objekte innerhalb der Organisationseinheit Zugriff (also auf die Organisationseinheit selbst, Planstellen, Personen und gegebenenfalls angelegte Kontingente auf Stellenebene). Dies gilt auch für Organisationseinheiten, die unter der eigenen Organisationseinheit hängen *und* keinen eigenen Leiter haben. Ist ein eigener Leiter (Verknüpfung 012) in einer Organisationseinheit unterhalb der eigenen Organisationseinheit vorhanden, besteht kein Zugriff darauf. Dies wird häufig anders gewünscht, d.h., der Leiter einer Organisationseinheit soll auf seine eigene und alle zugehörigen Organisationseinheiten darunter Zugriff haben. Eine solche Anforderung wäre über diese Methode umsetzbar.

2. **Methode »GET_RESPONSIBLE_CO_OBJECTS«**
   Mit der Methode `GET_RESPONSIBLE_CO_OBJECTS` können die zu verantwortenden Objekte für die Nutzung der Kontierungssicht festgelegt werden. Die Kontierungssicht ist eine Sicht auf der Basis von Kostenträgern, d.h., wenn ein Plan auf Basis dieser Sicht angelegt wird, enthält der Plan keine sichtbaren Personen, Stellen oder Planstellen. Unserer Erfahrung nach wird diese Sicht im deutschen Sprachraum sehr selten verwendet. Die Methode verhält sich analog zur vorgenannten mit dem Unterschied, dass ein Zugriff auf Kontierungsobjekte verteilt wird (also Kostenstellen etc.).
3. **Methode »CHECK_COSTPLANNER_AUTHORITY«**
   Mit der Methode `CHECK_COSTPLANNER_AUTHORITY` kann der Zugriff eines zentralen Personalkostenplaners geprüft und beschränkt werden. Dies kann dann notwendig sein, wenn z.B. Personalreferenten in der Personalkostenplanung mitwirken, aber nur eingeschränkte Rechte haben dürfen (z.B. eine eingeschränkte Sicht nur mit Anzeigeberechtigung oder Änderungsberechtigung nur für eine bestimmte Aktivität).
4. **Methode »GET_VALID_ACTIONS«**
   Mit der Methode `GET_VALID_ACTIONS` können die zulässigen Aktionen eingeschränkt werden. Damit kann sichergestellt werden, dass z.B. Linienmanager im Verlauf der Detailplanung nur Änderungen an Kostenbestandteilen vornehmen, nicht aber die Arbeitszeit der Mitarbeiter verändern können.
5. **Methode »GET_VALID_HEADCOUNT_JOBS«**
   Mit der Methode `GET_VALID_HEADCOUNT_JOBS` können die für die Kontingentplanung verwendeten Stellen eingeschränkt werden. So kommt es z.B. immer wieder vor, dass speziell für die Personalkostenplanung Dummy-Stellen verwendet werden. Das bedeutet,

dass der allgemeine Stellenkatalog im Rahmen der Detailplanung nicht zur Verfügung stehen darf. Mit dieser Methode lässt sich diese Anforderung abbilden.

Vor dem Einsatz des BAdIs ist es sinnvoll, die Definitionsdoku zu lesen, um sich einen Eindruck von den weiteren Einsatzmöglichkeiten zu verschaffen und die zur Verfügung stehenden Parameter für einen eventuellen Einsatz zu prüfen.

5.19 Personalzeitwirtschaft

Während die Aufgabenverteilung in der Personaladministration meist sehr unternehmensspezifisch ist und somit die SAP-Musterrollen wenig helfen können, sind die Prozesse in der Zeitwirtschaft oft vergleichbar. Deshalb lohnt sich ein Blick auf die von SAP im Namensraum SAP_HR_PT_TIME* ausgelieferten Rollen:

- Die Rolle SAP_HR_PT_TIME-ADMINISTRATOR (Zeitbeauftragter) enthält Berechtigungen für die Zeitdatenpflege in TMW- und PA-Transaktionen, für CATS und Leistungslohn und das zugehörige Reporting.
- Die Rolle SAP_HR_PT_TIME-LABOR-ANALYST (Controller Personalzeiten) zeigt das Minimum von Infotypen, das zur Anzeige von Zeitdaten benötigt wird (siehe Abbildung 5.41).

Abbildung 5.41 SAP-Rolle »Controller Personalzeiten«

Berechtigungskonzepte

Da in der Zeitwirtschaft häufig dezentral gepflegt wird, spielen hier die dafür vorgesehenen Berechtigungskonzepte eine besondere Rolle:

- das Feld ORGANISATIONSSCHLÜSSEL in den Berechtigungsobjekten P_ORGIN und P_ORGINCON (siehe Abschnitt 2.3.2, »Infotypberechtigungen in der Personaladministration«)
- die Sachbearbeiterfelder in den Berechtigungsobjekten P_ORGXX und P_ORGXXCON (siehe Abschnitt 2.3.3, »Weitere Berechtigungsobjekte für Stamm- und Zeitdaten«)
- die strukturelle Berechtigungsprüfung (siehe Kapitel 3, »Strukturelle Berechtigungsprüfung«)
- die Kontextberechtigung (siehe Kapitel 4, »Kontextabhängige Berechtigungsprüfung«)

Rechte für dezentrale Pflege

Da die Rolle SAP_HR_PT_TIME-ADMINISTRATOR sehr umfangreich ist, geben wir Ihnen hier einige Informationen über die minimal benötigten Berechtigungen in der dezentralen Zeitdatenbearbeitung. Anzeigerechte für Stammdaten der Personaladministration sind immer erforderlich, insbesondere für die Infotypen 0000, 0001, 0002 und 0007 sowie für weitere bei Ihnen genutzte Infotypen einschließlich der kundeneigenen. Für die Anzeige von Kontingentinformationen brauchen Sie Infotyp 2006 (oder den »alten« Infotyp 0005).

Pflegerechte erteilen Sie für die Infotypen der Zeitwirtschaft je nach Nutzung. Hier wird oft noch nach Subtypen differenziert, z.B. dann, wenn bestimmte Abwesenheitsarten nicht dezentral gepflegt werden dürfen.

Transaktionen für die Pflege sowie für das zur Verfügung gestellte Reporting gehören ebenso zu den Berechtigungen in der Zeitwirtschaft wie die Berechtigung auf Cluster im Berechtigungsobjekt P_PCLX. Bei letzterem muss das Cluster PC immer dann zur Pflege berechtigt werden, wenn der Sachbearbeiter An- oder Abwesenheiten pflegen darf. Weitere Cluster, insbesondere B1 und B2, sind erforderlich, wenn Ergebnisse der Zeitauswertung angezeigt werden sollen.

Zeitraumbezogener Schutz

Bei dezentraler Pflege von Zeitdaten gibt es immer wieder die Anforderung, dass die Zeitsachbearbeiter Daten nur bis zu einem bestimmten Zeitpunkt rückwirkend ändern dürfen, z.B. nur so lange, wie die Daten noch nicht abgerechnet wurden. Hier ist das Konzept der Prüfverfahren in Verbindung mit dem gleichnamigen Infotyp 0130 oft das Mittel der Wahl. Mehr darüber erfahren Sie in Abschnitt 2.7, »Prüfverfahren (Infotyp 0130)«.

Aus Datenschutzgründen möchten manche Kunden Abwesenheiten gezielt aus dem Produktionssystem löschen. Hier kann die Vorgehensweise je nach Abwesenheitsart und z.B. Mitarbeitergruppe/-kreis unterschiedlich sein. Der Report RPUDESTROY_ABSENCE bietet hierfür umfassende Funktionen an.

Vernichtung von Abwesenheiten aus Datenschutzgründen

Zur Absicherung des Prozesses wird eine Berechtigungsprüfung auf das Objekt P_DEL_PERN (Löschen von Personalnummern auf Produktivsystemen) vorgenommen. Analog zum bereits vorhandenen Verfahren beim Report für die komplette Löschung von Personalnummern (Report RPUDELPP) gibt es auch hier entweder die Berechtigung zum Beantragen einer Datenvernichtung oder zum Durchführen der Datenvernichtung. Das System prüft, dass ein Benutzer nur eine der beiden Berechtigungen nutzen kann.

Weitere Details zur Funktionsweise des neuen Reports finden Sie in SAP-Hinweis 1322754.

5.20 Self-Services

In aller Regel werden Self-Services-Anwendungen aus dem SAP NetWeaver Portal heraus aufgerufen.

Berechtigungsprüfung in HCM

Das SAP NetWeaver Portal hat keine eigene Berechtigungsprüfung. Vielmehr wird die Berechtigung immer im Backend-System geprüft. Im Portal werden nur die Menüeinträge angeboten. Ob diese ausgeführt werden dürfen, entscheidet das jeweilige Backend-System (also im Falle des ESS in der Regel SAP ERP HCM). Schon beim lesenden Zugriff z.B. auf seine eigenen Adressdaten benötigt ein Anwender die Leseberechtigung für Infotyp 0006 (Anschriften).

Bei Self-Service-Anwendungen spielt in der Regel das Berechtigungsobjekt P_PERNR (HR: Stammdaten – Personalnummernprüfung) eine wichtige Rolle. Wird einem Mitarbeiter im Portal ein Menüeintrag zum ESS angeboten, obwohl die jeweilige Benutzerkennung im HCM-Backend-System nicht existiert, wird beim Aufruf eine Fehlermeldung vom HCM-Backend-System ausgegeben.

Damit im SAP NetWeaver Portal nicht jeder Benutzerkennung ein Menü zugeordnet werden muss, kann hier mit Gruppen (z.B. Mitarbeiter, Führungskräfte, Externe) gearbeitet werden. Diesen Gruppen werden entsprechende Menüs zugeordnet (siehe Abbildung 5.42).

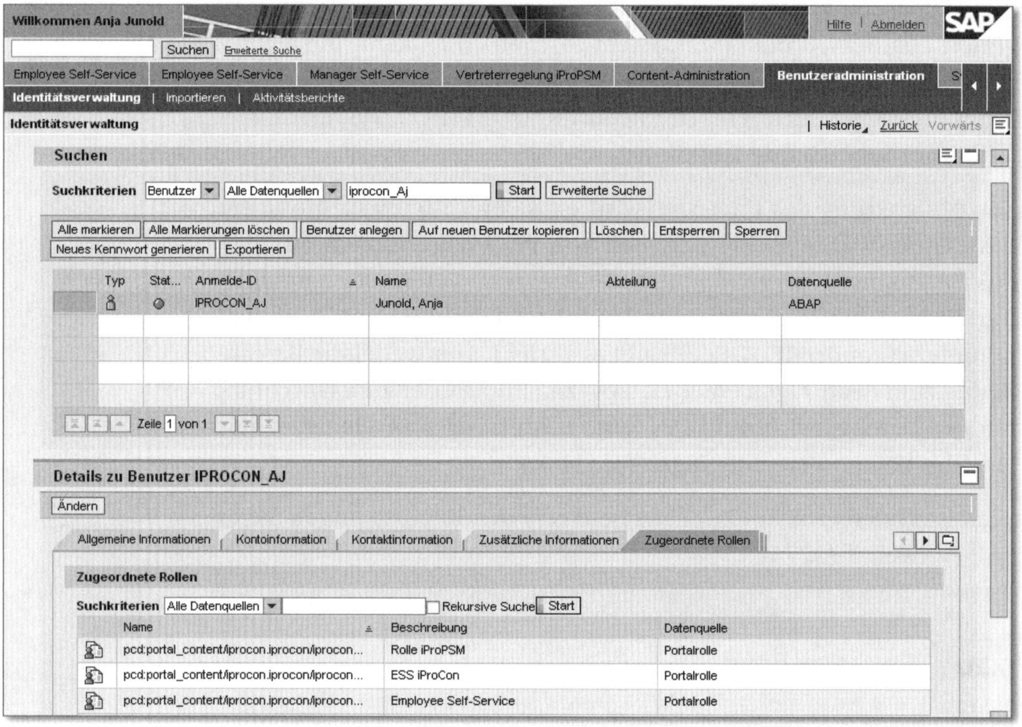

Abbildung 5.42 Zuweisung von Benutzeraktionen zu einer Rolle im Portal

Ein Mitarbeiter erhält erst dann im HCM-System Zugriff zum ESS, wenn seine Benutzerkennung mit einer Personalnummer verbunden ist. Dies erfolgt mithilfe des Infotyps 0105 (Kommunikation), in dessen Subtyp 0001 (Systembenutzername) die Benutzerkennung eingetragen wird.

Benutzeroberflächen

Das hier Gesagte gilt für alle Benutzeroberflächen, die – mit oder ohne SAP NetWeaver Portal – außerhalb des ERP-Systems auf HCM-Daten zugreifen, im Einzelnen sind dies folgende:

- Employee Self-Service (ESS)
- Manager Self-Service (MSS)
- Duet (Zugriff auf HCM-Daten aus Microsoft Outlook heraus)
- Rolle HR Admin (Personalsachbearbeiter) im SAP NetWeaver Portal
- HCM Prozesse und Formulare (prozessorientierte Formulare mit Workflow unter Nutzung von Adobe Interactive Forms)

Benutzerverwaltung

Anlegen von ESS-Benutzern

Mithilfe der Transaktion HRUSER können ESS-Benutzer komfortabel im HCM-System angelegt werden (siehe Abbildung 5.43). Das Passwort lässt sich maschinell generieren und per User-Exit beeinflussen. Den User-Exit erreichen Sie über die Transaktion CMOD, Erweiterung HRESSW4 – EXIT_SAPLEHUS_001 (HR: Passwortvergabe/Benutzerkennung für ESS-User). Weitere Informationen zu User-Exits im Zusammenhang mit der Transaktion HRUSER finden Sie in SAP-Hinweis 644346.

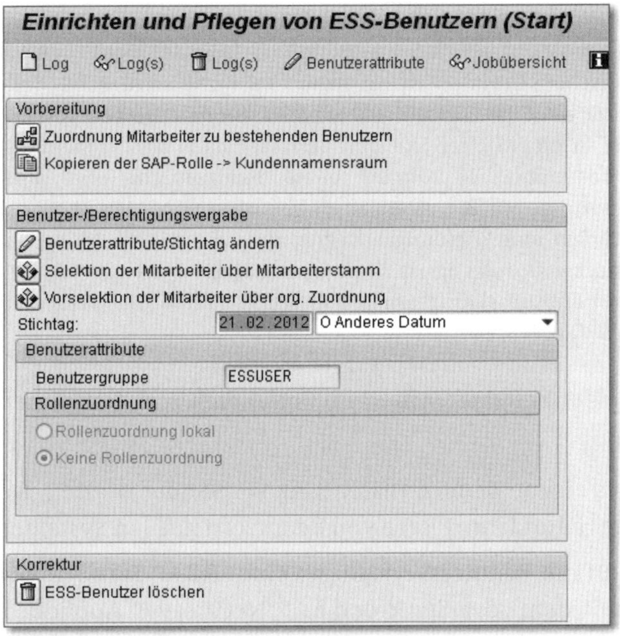

Abbildung 5.43 Transaktion HRUSER zum Anlegen von ESS-Benutzern

Darüber hinaus können mittels des User-Exits die Anmeldedaten über einen vorhanden Mail-Connector direkt an den Mitarbeiter per E-Mail versendet werden, falls dies gewünscht ist.

Transaktion HRUSER bei Wiedereintritt [+]

Bei einem Wiedereintritt eines Mitarbeiters verlängert die Transaktion HRUSER die Gültigkeit des Benutzers leider nicht. Durch eine Modifikation der beiden Funktionsbausteine `HR_PERNR_USER_CREATE` und `BAPI_USER_CREATE` kann dies jedoch erreicht werden.

[+]

Literaturempfehlung

Im SAP PRESS-Buch *Personalwirtschaft mit SAP ERP HCM* finden Sie eine verständliche Erläuterung der technischen Zusammenhänge für webbasierte Oberflächen in ESS und MSS. Sie lernen hier die Begriffe *Portal*, *Web Dynpro*, *Active Directory*, *LDAP* etc. einzuordnen.

Portalbenutzer

Der Benutzer muss nicht nur im Backend, sondern außerdem im Portal vorhanden sein. Wenn vom Portal aus auf nachgelagerte Systeme zugegriffen werden soll, müssen die gleichnamigen Benutzer auch in den jeweiligen nachgelagerten Systemen angelegt sein.

Anmelden von ESS-Benutzern am SAP GUI verhindern

Aus lizenztechnischen Gründen ist es manchmal nicht erwünscht, dass sich ESS-Benutzer am SAP GUI anmelden. Dies können Sie nur verhindern, indem Sie in einem User-Exit den Benutzer nach der Anmeldung sofort wieder abmelden. Sie können solche Benutzer z.B. über eine eigene Benutzergruppe im Benutzerstamm kennzeichnen. Der Benutzer sollte dann natürlich eine Meldung erhalten, dass diese Anmeldung für ihn als ESS-Benutzer unzulässig ist. Den User-Exit EXIT_SAPLSUSF_001 (User-Exit nach der Anmeldung am SAP-System) finden Sie unter der Erweiterung SUSR0001.

User Management Engine (UME)

Die Verwaltung der Benutzer steuert im Portal die *User Management Engine* (UME):

- UME kann als eigene Benutzerdatenbank verwendet werden. Das bedeutet eine redundante Pflege von Benutzern in allen Systemen.
- UME kann auf die Benutzerverwaltung eines ABAP-Stacks (bildet zusammen mit dem Java-Stack den SAP NetWeaver Application Server) zeigen und damit die Benutzerverwaltung von dort mitbenutzen. Benutzer werden nur einmal gepflegt.
- UME kann die Benutzerverwaltung eines Nicht-SAP-Systems mitbenutzen (Single Sign-on). Dies kann z.B. ein Active Directory von Microsoft sein. In diesem Fall würden Benutzer und Passwort aus der Windows-Netzwerk-Anmeldung für das Portal verwendet werden.

Um im Portal Benutzer anlegen zu können, muss der Kommunikationsbenutzer SAPJSF die SAP-Rolle SAP_BC_JSF_COMMUNICATION und das zugehörige Profil in seinem Benutzerstammsatz eingetragen haben (siehe auch SAP-Hinweis 899912 (Protokollierung von Meldungen aus der UME/ABAP-Anbindung)).

Passwort vergessen? [+]

Sie möchten eine automatisierte Kennwortvergabe einrichten, wenn der ESS-Benutzer das Passwort vergessen hat? Dies ist per entsprechender Konfiguration der UME möglich. Der Benutzer erhält dann auf dem Anmeldebildschirm einen Link, über den er ein neues Passwort anfordern kann. Die UME generiert bei korrekter Eingabe der Daten automatisch ein neues Kennwort und sendet dieses per E-Mail zum Benutzer.

5.21 Travel Management

Rollen

Zum Thema Travel Management liefert SAP mehrere Rollen, beginnend mit SAP_FI_TV*, aus. Die Rollen richten sich nach den Aufgaben, die der Mitarbeiter ausführen soll:

- **Reisesachbearbeiter**
  Dieser darf für alle Reisenden im Unternehmen Reiseanträge prüfen und genehmigen, Reisepläne buchen, Reisekostenabrechnungen genehmigen, Reisespesen erfassen und Reisen abrechnen.
- **Reisender**
  Dieser darf für sich selbst Reiseanträge und -pläne anlegen, Reisevorschuss beantragen, Reisedienstleistungen buchen und Reisespesen erfassen.
- **Reiseassistent**
  Dieser darf alle Aufgaben des Reisenden ausführen, jedoch nicht nur für sich selbst, sondern z.B. auch für weitere Reisende seiner Abteilung.
- **Reisegenehmiger**
  Dieser darf als Vorgesetzter für seine eigene Abteilung Reiseanträge, -pläne und Spesenabrechnungen genehmigen und Auswertungen im Reisemanagement ausführen.
- **Reisemanager/Reisesystemmanager**
  Dieser darf für alle Reisenden im Unternehmen die für das Reisemanagement erforderlichen Personalstammdaten pflegen, Reisen pflegen, abrechnen und Buchungsläufe anlegen, das Reise-Customizing einrichten und Reiseauswertungen ausführen.
- **Barauszahler für Reisevorschüsse**
  Dieser darf die Barauszahlung der genehmigten Reisevorschüsse aller Reisenden dokumentieren.
- **Administrator Reiserichtlinien**
  Dieser darf im Customizing Tabellen mit Reiserichtlinien pflegen.

Rolle für den ESS-Benutzer

Wir gehen davon aus, dass das Reisemanagement dezentral genutzt wird, also Mitarbeiter ihre Reisen selbst pflegen dürfen. Die Standardrollen des Reisenden, SAP_FI_TV_TRAVELER bzw. SAP_FI_TV_WEB_ESS_TRAVELER für die Webanwendung, können Sie zur Orientierung nutzen.

Die erforderlichen Basisberechtigungen werden in der Regel in einer eigenen Basisrolle gepflegt. Es bleiben somit die folgenden Berechtigungsobjekte für die Rolle des Reisenden, des Reiseassistenten und des Vorgesetzten bzw. des Genehmigers:

- P_TRAVL (Reiseabrechnung)
- F_TRAVL (Reiseplanung)
- P_ABAP (HR: Reporting)
- P_PERNR (HR: Stammdaten – Personalnummernprüfung)
- P_TCODE/S_TCODE (Transaktionscodeprüfung)

Die Rollen dieser drei Anwendergruppen unterscheiden sich im Wesentlichen im Feld PRÜFUNG DER PERSONALNUMMER in den Objekten P_TRAVL und F_TRAVL.

- Für den Reisenden sollte das Feld mit »O« ausgeprägt sein, damit er nur seine eigenen Reisen bearbeiten darf. (Vorsicht, dass bei der manuellen Pflege keine »0« in diesem Feld landet. Nach diesem Fehler suchen Sie meist sehr lange.)
- Bei Reiseassistenten, die auch für andere Mitarbeiter Reisen pflegen dürfen, muss im Feld PRÜFUNG DER PERSONALNUMMER ein »*« stehen.
- In der Rolle für die Genehmiger muss das Feld mit »E« gefüllt sein.

Im Feld OPERATION UND 'STATUS ALT' legen Sie fest, welche Aktionen Sie in welchen Antrags- und Abrechnungsstatus ausführen dürfen, und im Feld 'STATUS NEU' BEIM SICHERN DER REISE bestimmen Sie, welchen Status der Antrag oder die Reisekostenabrechnung beim Sichern erhält. Mit diesen beiden Feldern steuern Sie den Dialogprozess zwischen Reisenden und Genehmigern bzw. Reisesachbearbeitern.

Berechtigungsobjekte P_TRAVL und F_TRAVL

Wenn Sie z.B. den Reiseantrag und die Spesenabrechnung einsetzen, benötigen Sie das Objekt P_TRAVL zweimal in Ihrer Rolle. Im ersten Objekt prägen Sie im Feld OPERATION UND ,STATUS ALT' die möglichen Aktivitäten je Status für den Reiseantrag aus, und im Feld ,STATUS NEU' BEIM SICHERN DER REISE bestimmen Sie, welchen Status der Antrag beim Sichern erhalten soll. Im zweiten Objekt nehmen Sie auch die Ausprägung für die Spesenabrechnung vor. Damit vermeiden Sie, dass aus einer Spesenabrechnung wieder ein Antrag gemacht oder eine Spesenabrechnung ohne genehmigten Antrag angelegt wird.

Das Objekt F_TRAVL wird in einigen Web- und Backend-Transaktionen (z.B. TRIP (Reisemanager) oder PR_WEB_1000 (Reisedaten anzeigen)) geprüft, also auch dann, wenn Sie die Reiseplanung gar nicht im Einsatz haben.

Zugriff auf Personen für Reiseassistenten einschränken

Reiseassistenten mit dem Eintrag »*« im Feld PRÜFUNG DER PERSONALNUMMER können zunächst alle Reisenden sehen. Es muss deshalb gegebenenfalls eine weitere Einschränkung erfolgen. Eine Möglichkeit besteht darin, das Feld MITARBEITERGRP. REISEMANAGEMENT aus Infotyp 0017 zu nutzen, das in den Berechtigungsobjekten P_TRAVL und F_TRAVL ausgeprägt werden kann. Das Prinzip ist hierbei das gleiche wie beim Sachbearbeiterschlüssel im Infotyp 0001 in Zusammenhang mit dem Berechtigungsobjekt P_ORGXX (siehe Abschnitt 2.3.3, »Weitere Berechtigungsobjekte für Stamm- und Zeitdaten«).

Die häufiger genutzte Alternative ist die strukturelle Berechtigung. Dabei ist zu beachten, dass die strukturelle Berechtigung im Reisemanagement nur aktiv ist, wenn das BAdI `FITV_PERSNO_AUTH_CHK` implementiert ist (siehe Abschnitt 3.10, »Erweiterungen«). Ein wartungsarmes Konzept für die Nutzung von struktureller Berechtigung im Reisemanagement wird auch im Kundenbeitrag von SMA Solar Technology AG in Abschnitt 10.4, »Schlanke Berechtigung für Reiseassistenten (SMA Solar Technology AG)«, beschrieben.

Erstes Berechtigungsobjekt P_TRAVL

Im ersten P_TRAVEL-Berechtigungsobjekt (siehe Abbildung 5.44) wird Folgendes berechtigt:

- D10 (Löschen von Reisen im Status ANTRAG ERFASST/OFFEN)
- R* (Lesen der Reisedaten in jedem Status)
- S* (Auswerten der Statistikdatenbank aller Reisen)
- W (Schreiben einer neuen Reise)
- W10 (Ändern eines Antrags, der noch nicht zur Genehmigung versendet wurde)
- W11 (Ändern eines Antrags, der noch nicht genehmigt ist)
- W51 (Ändern eines zu korrigierenden Antrags)

- 10 (Sichern im Status Antrag erfasst/offen)
- 11 (Sichern im Status Antrag erfasst/abzurechnen)

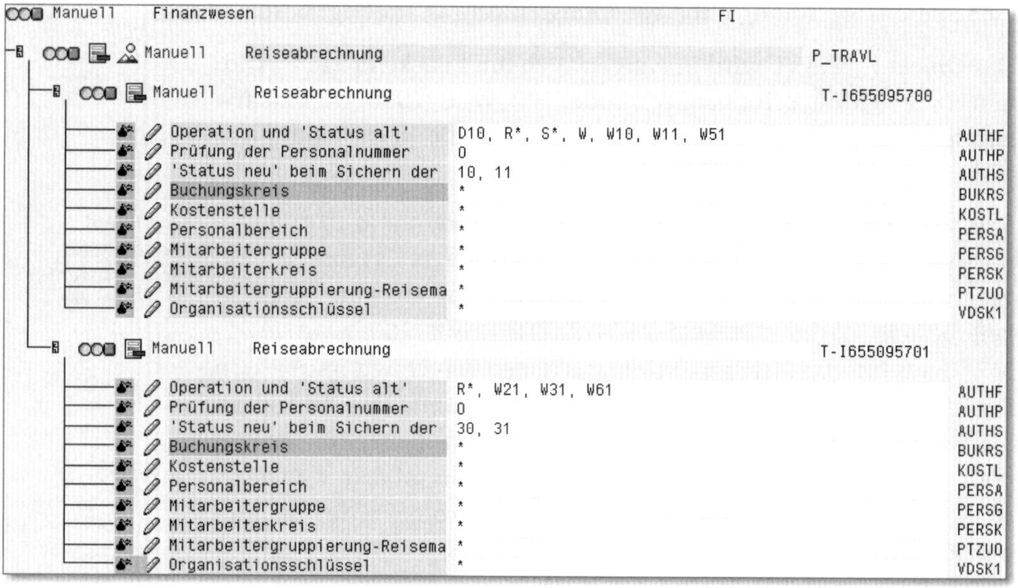

Abbildung 5.44 Rolle eines Reisenden – Teil 1

Zweites Berechtigungsobjekt P_TRAVL

Im zweiten P_TRAVL-Berechtigungsobjekt wird Folgendes berechtigt:

- R* (Lesen der Reisedaten)
- W (Schreiben einer neuen Reise)
- W21 (Schreiben einer Reisekostenabrechnung im Status Antrag genehmigt/Reise abzurechnen)
- W31 (Ändern einer noch nicht genehmigten Reisekostenabrechnung)
- W61 (Ändern einer zu korrigierenden Reise)
- 30 (Sichern im Status Reise erfasst/offen)
- 31 (Sichern im Status Reise erfasst/abzurechnen)

Damit ist sichergestellt, dass der Reisende keine genehmigten Anträge oder Abrechnungen ändern darf. Er kann lediglich Anträge oder Abrechnungen ändern, die durch eine berechtigte Person (z.B. den Reisesachbearbeiter) auf den Status zu korrigieren gesetzt wurden (berechtigt durch die Feldwerte W51 bzw. W61). Weitere Informationen und mögliche Feldwerte erhalten Sie über die Felddokumentation ([F1]-Hilfe).

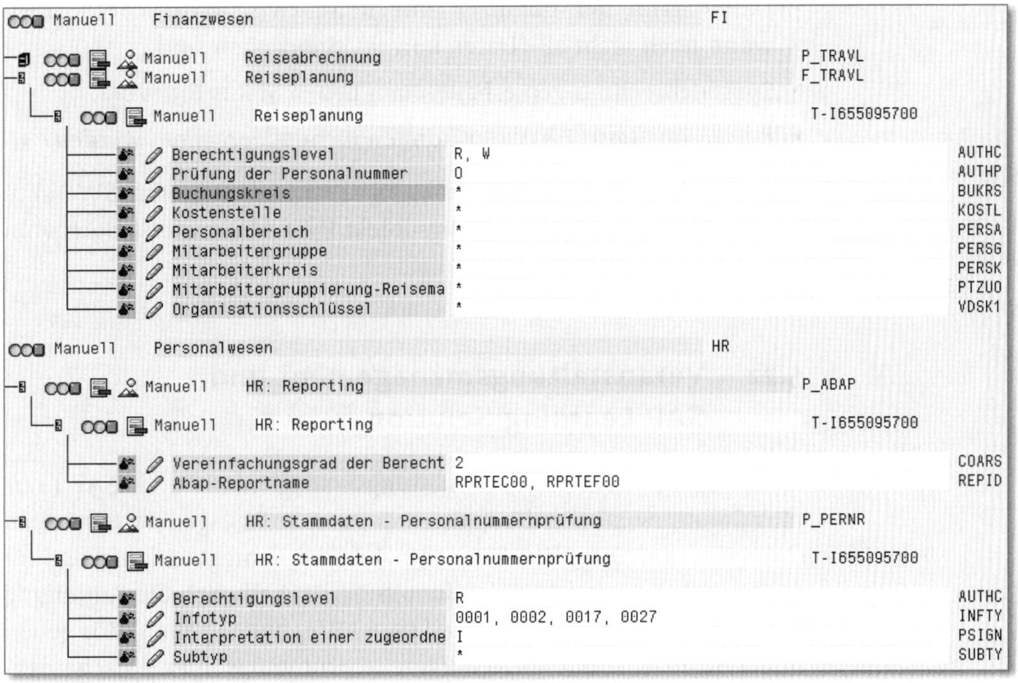

Abbildung 5.45 Rolle eines Reisenden – Teil 2

Berechtigungsobjekt P_ABAP

Ein weiteres zu prüfendes Berechtigungsobjekt ist P_ABAP (HR: Reporting) mit den Reports RPRTEC00 (Reisekostenabrechnung) und RPRTEF00 (Standardformular für Reisekostenabrechnung). Die Reports werden benötigt, da beim Sichern der Reise eine Simulation der Reisekosten durchgeführt wird, die sich der Benutzer als Formular anzeigen lassen kann.

Schließlich benötigt der Reisende lesende Berechtigung auf die Infotypen 0001 (Organisatorische Zuordnung), 0002 (Daten zur Person), 0017 (Reiseprivilegien) und 0027 (Kostenverteilung).

Neuer Reisestatus ab Erweiterungspaket 6

Ab Erweiterungspaket 6 (EHP6) wird es einen neuen Status im Reisemanagement geben, auf den die meisten Kunden schon lange gewartet haben dürften: das Sichern der Reise als Entwurf ohne Plausibilitätsprüfung. Dieser Status kann in der ESS-Anwendung aktiviert werden und sorgt dafür, dass beim Sichern über den Button ENTWURF SICHERN keine Plausibilitätsprüfung bzw. Abrechnungssimulation erzeugt wird. Diese Status bewirkt somit Folgendes:

- Damit kann der Benutzer eine Reise zwischenspeichern, auch wenn noch nicht alle Daten korrekt eingegeben sind.
- Spesenabrechnungen erhalten den neuen Status ENTWURF.
- Reisen im Status ENTWURF können nicht abgerechnet werden.

Der neue Status kann im Merkmal TRVPA mit dem Eintrag SWC aktiviert werden. Das Berechtigungsobjekt P_TRAVL bleibt jedoch vom neuen Status ENTWURF unberührt.

5.22 Veranstaltungsmanagement und SAP Learning Solution

In den Komponenten »Veranstaltungsmanagement« und »SAP Learning Solution« nützen die meisten der von SAP ausgelieferten Rollen (Namensraum SAP_HR_LSO*) ausnahmsweise nicht viel. Sie sind oft unübersichtlich und zumeist unvollständig. Lediglich die Aufteilung der Menüs kann Ihnen eventuell gute Anregungen geben. Wir gehen deshalb zunächst die notwendigen Berechtigungsobjekte nacheinander durch. In Abschnitt 5.22.2, »Wichtige Standardrollen«, gehen wir dann noch auf zwei wichtige Standardrollen ein.

5.22.1 Überblick über die Berechtigungsobjekte

Transaktionsberechtigungen

Benutzer, die aus dem Lernportal heraus buchen, stornieren oder vormerken sollen, benötigen keine Menüeinträge für SAP Learning Solution. Wer im Backend arbeitet, benötigt Transaktionsberechtigungen, und zwar in der Regel sowohl über das Systemberechtigungsobjekt S_TCODE als auch über das Objekt P_TCODE. Die benötigten Transaktionscodes finden Sie im SAP-Menü. Die Einträge für das Objekt P_TCODE schlägt der Profilgenerator zuverlässig vor.

[!]

Aufruf von Transaktion PP01 aus Stammdatenkatalog

Eine besondere Rolle spielt der Aufruf der Transaktion PP01 (Objekt pflegen) aus dem Stammdatenkatalog (PVCT bzw. LSO_PVCT) beim Ändern von Veranstaltungsgruppen und Veranstaltungstypen (siehe Abbildung 5.46). Wer also in den Transaktionen PVCT/LSPO_PVCT pflegen darf, muss dies auch in der Transaktion PP01 dürfen – sofern Sie sich hier im Standard bewegen wollen. Dies erfordert erhöhte Sorgfalt beim Berechtigungsobjekt PLOG: Welche Objekttypen und Verknüpfungen dürfen hier genau zugelassen werden?

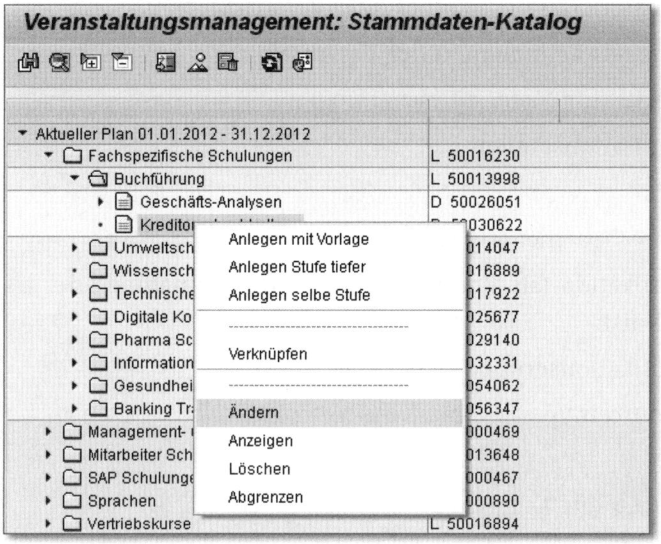

Abbildung 5.46 Sprung aus dem Trainingskatalog in die Transaktion PP01

Objekt PLOG und strukturelle Berechtigung

Veranstaltungsmanagement (VM) und SAP Learning Solution (LSO) benötigen für die Berechtigungsprüfung das Objekt PLOG und die strukturelle Berechtigung. Dabei geht es um folgende Objekttypen:

- D Veranstaltungstyp (VM und LSO)
- DC Curriculumstyp (LSO)
- E Veranstaltung (VM und LSO)
- EC Curriculum (LSO)
- EK Trainingsprogramm (ab ECC 6.0, Erweiterungspaket 2)
- ET eTraining (LSO)
- L Veranstaltungsgruppe (VM und LSO)
- OJ Lernziel

Je nach Ihrer Implementierung sind auch noch die folgenden Objekttypen nötig:

- AP Bewerber (als Teilnehmer)
- BU Budget/Haushaltselement (für Budgetierung)
- F Ort (Veranstaltungsort)
- G Ressource
- H externe Person (als Teilnehmer oder Referent)

- KI Interessent (als Teilnehmer oder Veranstalter)
- KU Kunde (als Teilnehmer oder Veranstalter)
- M Material (für Materialbeschaffung)
- O Organisationseinheit
- P Person
- PT Ansprechpartner (als Teilnehmer)
- Q Qualifikation (als Voraussetzung für die Teilnahme oder als Ergebnis)
- QK Qualifikationsgruppe
- R Ressourcentyp
- U Firma
- US Benutzer (als Teilnehmer oder Referent)
- VA Beurteilungsformular
- VB Kriteriengruppe
- VC Kriterium

Objekttypen zusammenfassen

In der strukturellen Berechtigung können die folgenden Objekttypen hierarchisch zusammengefasst berechtigt werden, also mit Auswertungswegen oder Funktionsbausteinen:

- D, E und L im Trainingskatalog
- D, DC, E, EC, ET und L im Trainingskatalog der LSO
- QK und Q im Qualifikationskatalog
- O, S, P und eventuell C in der Organisationsstruktur

Dadurch ist es möglich, die Zugriffsrechte auf Teile der jeweiligen Struktur einzuschränken, gegebenenfalls auch differenziert nach Schreib- und Leserechten.

[zB]

Dezentrale Pflege des Trainingskatalogs

Sie möchten die dezentrale Pflege Ihres Trainingskatalogs zulassen; die dezentralen Benutzer sollen darüber hinaus Leserechte auf den Gesamtkatalog erhalten. Die dazu notwendigen strukturellen Berechtigungen sehen Sie in Abbildung 5.47. Der Auswertungsweg LSOCATDO umfasst die Objekttypen L, D, E, DC, EC und ET. Sollten Sie zusätzlich kundeneigene Verknüpfungen und/oder Objekttypen verwenden, müssen Sie diese mit in den Auswertungsweg einbinden.

	Profil	Nr.	Planvar.	Objekttyp	ObjektId	Pflege	Ausw. Weg	Statusvek.
	TCAT_DEZENTR	5	01	L	10	☐	LSOCATDO	12
	TCAT_DEZENTR	10	01	L	10004560	☑	LSOCATDO	12

Abbildung 5.47 Dezentrale Pflege des Trainingskatalogs

Für das Berechtigungsobjekt PLOG benötigen Sie in dem Beispiel aus Abbildung 5.47 Folgendes:

- Schreibrechte für Objekttypen D, E, ET, L (plus gegebenenfalls weitere) ohne Einschränkung auf Infotypen und Subtypen (in der Regel nicht erforderlich)
- Schreibrechte für die Verknüpfungen P zu E, ET, D

Buchen, Stornieren und Vormerken für Veranstaltungen, die der Benutzer selbst nicht pflegen darf [+]

Im Beispiel aus Abbildung 5.47 sind Buchen, Stornieren, Vormerken u. Ä. (Verknüpfungen von Objekttyp P zu den Objekttypen E und ET, eventuell auch zu Objekttyp D) nur für Veranstaltungstypen und Veranstaltungen möglich, die der Inhaber dieser strukturellen Berechtigung auch selbst pflegen kann.

Wenn er zusätzlich für Veranstaltungen des Gesamtkatalogs buchen, stornieren oder vormerken soll, benötigt er die Pflegeberechtigung auf diese Objekttypen für den Gesamtkatalog. Da die Berechtigungen hier leider nicht kontextabhängig sind, hilft für solche Fälle nur das BAdI für die strukturelle Berechtigung. Der Umgang mit diesem BAdI ist in Abschnitt 3.10, »Erweiterungen«, beschrieben.

Infotypen der Administration

Weitere Berechtigungen werden für den Zugriff auf die Personen benötigt. Diese laufen über die Berechtigungsverfahren der Personaladministration (siehe Abschnitt 5.13, »Personaladministration«).

Die Minimalberechtigung für die Arbeit mit dem Veranstaltungsmanagement oder SAP Learning Solution enthält Leseberechtigung für die Infotypen:

- 0000 (Maßnahmen)
- 0001 (Organisatorische Zuordnung)
- 0002 (Daten zur Person)

Hinzu kommt oft noch der Infotyp 0006 (Anschriften). Wenn Sie auf diese Minimalberechtigungen für Personendaten verzichten möchten, müssen Sie das BAdI `HRPAD00AUTH_CHECK` nutzen (siehe Abschnitt 2.8.3, »BAdI für die allgemeine Berechtigungsprüfung«).

Wenn Sie die Integration mit der Personalzeitwirtschaft nutzen, sind Schreibrechte auf Infotyp 2002 mit entsprechenden Subtypen und Schreibrechte auf das Cluster PC notwendig.

Systemberechtigungen

Folgende Systemberechtigungsobjekte sind erforderlich:

- **RFC-Berechtigungsobjekte**
  Diese Objekte sind für den Lerner beim Zugriff auf das Lernportal wichtig:
  - S_RFC (Berechtigungsprüfung beim RFC-Zugriff)
  - S_RFCACL (Berechtigungsprüfung für RFC-Benutzer – z.B. Trusted System)
- **CA_POWL (Berechtigung für POWL-iViews) für den Instruktor**
  (siehe SAP-Hinweis 1073907 (Learning Solution: Änderung an Rollentemplates)) ab ECC 6.0, Erweiterungspaket 2 (EHP2)

Performance Management

SAP Learning Solution nutzt das Performance Management für Veranstaltungs- und Teilnehmerbeurteilungen. Für diese Aktivitäten sind Berechtigungen im Objekt P_HAP_DOC (Beurteilungssysteme: Beurteilung) erforderlich. Die Kategoriengruppe 00000010 ist dort für die SAP Learning Solution reserviert. Mehr dazu erfahren Sie in Abschnitt 5.12, »Performance Management«.

Zu guter Letzt weisen wir Sie noch auf zwei Berechtigungsobjekte für besondere Aktivitäten in der Learning Solution hin:

- **Contentmanagement**
  In der *Berechtigung für LSO Contentmanagement* (Berechtigungsobjekt P_LSO_TU) wird die Berechtigung für die Bearbeitung von Lerninhalten in der SAP Learning Solution geprüft. Einziges Feld ist Aktivität zum Trainingscontent, das den Zugriff auf die Art der Bearbeitung von Trainingsinhalten (etwa Publizieren oder Freigeben) regelt.
- **Nachbereitung von Teilnahmen**
  Das *Berechtigungsobjekt für die Nachbereitung einer Teilnahme* (Berechtigungsobjekt P_LSO_FOUP) prüft mit Ja oder Nein, ob jemand in der SAP Learning Solution Teilnahmen nachbereiten darf. Dieses Objekt ist sowohl für den Administrator als auch für den Lerner relevant. Die Nachbereitung in der SAP Learning Solution kann nämlich bei E-Trainings durch den Lerner durchgeführt werden.

5.22.2 Wichtige Standardrollen

Technische Rolle Content Player

Abbildung 5.48 zeigt die technische Rolle für den Content Player. Sie wird dem technischen User EL_USER zugeordnet und ist für die Kommunikation des E-Learnings oder Content Players mit dem Backend zuständig. Das Berechtigungsobjekt S_RFC (Berechtigungsprüfung beim RFC-Zugriff) enthält die technischen Berechtigungen für die Zugriffe. Die Objekte des Personalwesens müssen auf Basis der oben geschilderten Informationen gegebenenfalls angepasst werden.

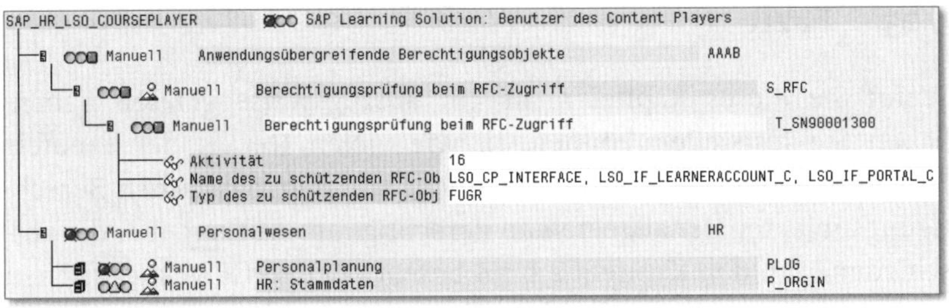

Abbildung 5.48 Technische Rolle für den Content Player

Rolle für Autoren

Auch die Autoren in der LSO haben mit dem Content Player zu tun, müssen dort allerdings andere Funktionen ausführen können als der einfache Benutzer des Content Players. Diese Funktionen sind in der Autorenrolle zu finden, die Sie in Abbildung 5.49 sehen.

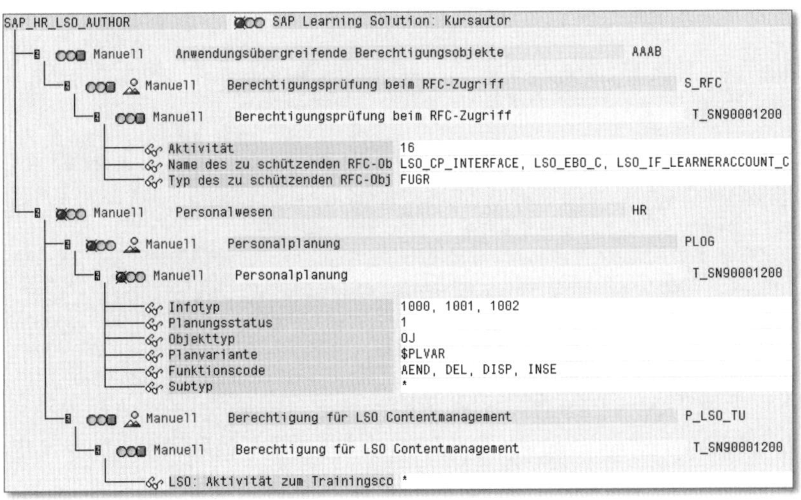

Abbildung 5.49 SAP-Rollen für Autoren in der LSO

Die Autorenrolle enthält wieder das Berechtigungsobjekt S_RFC (Berechtigungsprüfung beim RFC-Zugriff) mit den technischen Berechtigungen für die Zugriffe. Bei den Objekten des Personalwesens ist hier zum einen der Objekttyp OJ (Lernziel) im Berechtigungsobjekt PLOG wichtig, zum anderen das bereits beschriebene Berechtigungobjekt P_LSO_TU (Berechtigung für LSO Contentmanagement).

5.23 Fazit

Wenn Sie dieses Kapitel nicht nur auszugsweise gelesen haben, haben Sie feststellen können, in wie vielen Details der »Teufel« Berechtigungen stecken kann. Das geht von den klassischen Berechtigungsobjekten der allgemeinen Berechtigungsprüfung über die verschiedenen in den Kapiteln 2 bis 4 beschriebenen HCM-spezifischen Berechtigungswerkzeuge bis hin zu einer Vielzahl von Schaltern und anderen Customizing-Werkzeugen mit Wirkung auf die Berechtigungsprüfung in den einzelnen Komponenten des HCM-Systems.

Wir hoffen, Ihnen mit diesen vielen Details vor allem ein Nachschlagewerk an die Hand gegeben zu haben, das Ihnen bei der Bewältigung der zahlreichen Probleme des Berechtigungsalltags hilfreich zur Seite steht.

In diesem Kapitel erfahren Sie, welche Einstellungen am System beim erstmaligen Einrichten eines Berechtigungskonzepts erforderlich sind. Lernen Sie hierfür außerdem ein effizientes Vorgehen kennen, von der Implementierung bis zum Go-live .

6 Implementieren eines Berechtigungskonzepts

Voraussetzungen

Das Berechtigungskonzept haben Sie bereits erstellt. Sie haben dabei sowohl administrative als auch technische Restriktionen berücksichtigt und die in Ihrem Unternehmen geforderten Kontrollmechanismen zur Gewährleistung der Revisionssicherheit beachtet. Die Aufgaben der Mitarbeiter haben Sie, wie in Kapitel 1, »Prozessorientiertes Berechtigungskonzept«, beschrieben, in einer Übersicht erfasst und die Verantwortungsbereiche und Datenzugriffe je Aufgabe festgelegt. Aus den Anforderungen an das künftige Berechtigungskonzept konnten Sie die erforderlichen Berechtigungswerkzeuge ableiten. Sie wissen jetzt also, ob Sie neben der allgemeinen Berechtigungsprüfung auch die strukturelle und die kontextabhängige Berechtigungsprüfung einsetzen müssen. Sie haben sich auch Gedanken darüber gemacht, welche Konzepte Sie verwenden, um die Rollenanzahl und die Zahl der strukturellen Profile so klein wie möglich zu halten.

Vor der Implementierung des Berechtigungskonzepts sollten Sie außerdem eine Namenskonvention für die Rollen und Profile festlegen. Um einen guten Überblick zu behalten, ist es auch hilfreich, Einzel- und Sammelrollen in der Bezeichnung zu unterscheiden. Hinweise hierzu finden Sie ebenfalls in Kapitel 1.

Wenn all diese Voraussetzungen erfüllt sind, können Sie ruhigen Gewissens mit der Implementierung Ihres Berechtigungskonzepts beginnen.

6.1 Vorbereitungen im System

Bevor Sie beginnen, die erste Rolle zu pflegen, sind noch einige Vorbereitungen im System notwendig. Im Folgenden erläutern wir Ihnen, wann welche Einstellungen erforderlich sind und wo im System Sie diese vornehmen.

6.1.1 Zentrale Benutzerverwaltung

Falls in Ihrem Unternehmen in mehreren SAP-Systemen mit mehreren Mandanten gearbeitet wird, bietet es sich an, die *Zentrale Benutzerverwaltung* (ZBV) für die Implementierung des Berechtigungskonzepts einzusetzen. Dabei werden Benutzerstammsätze und Rollenzuordnung in einem Zentralsystem gepflegt und verwaltet sowie per *Application Link Enabling* (ALE) auf die Tochtersysteme verteilt. Dieses Vorgehen hat folgende Vorteile:

- Benutzerdaten können einheitlich gepflegt werden.
- Es besteht eine höhere Transparenz und Konsistenz der vorhandenen Benutzer, insbesondere im Hinblick auf Revisionsprüfungen.

Einrichtung der ZBV

Zur Einrichtung der Zentralen Benutzerverwaltung sind folgende Schritte notwendig:

1. Anlegen eines Administrationsbenutzers und Zuordnung einer Administrationsrolle, um alle weiteren Schritte durchzuführen (Transaktion SU01 (Benutzerpflege))
2. Einrichten der logischen Systeme im Zentralsystem und Zuordnung zu den Mandanten der SAP-Systeme. (Wählen Sie hierzu die Transaktion SALE oder den Menüpfad GRUNDEINSTELLUNGEN • LOGISCHE SYSTEME EINRICHTEN • LOGISCHES SYSTEM BENENNEN/LOGISCHES SYSTEM EINEM MANDANTEN ZUORDNEN.)
3. Anlegen von Systembenutzern, Zuweisen von Rollen sowie Einrichten von RFC-Destinationen für die interne Kommunikation der Systeme in allen logischen Systemen. (Wählen Sie hierzu die Transaktionen SU01, PFCG und die Transaktion SALE bzw. den Menüpfad KOMMUNIKATION • RFC-VERBINDUNGEN ANLEGEN.)
4. Anlegen der Zentralen Benutzerverwaltung. (Wählen Sie hierzu die Transaktion SALE oder den Menüpfad GESCHÄFTSPROZESSE MODELLIEREN UND IMPLEMENTIEREN • VORDEFINIERTE ALE-GESCHÄFTSPROZESSE KONFIGURIEREN • ANWENDUNGSÜBERGREIFENDE

GESCHÄFTSPROZESSE • ZENTRALE BENUTZERVERWALTUNG EINRICHTEN • MODELLSICHT FÜR ZENTRALE VERWALTUNG AUSWÄHLEN.)

5. Festlegen der global und lokal zu pflegenden Felder des Benutzerstammsatzes. (Wählen Sie hierzu die Transaktion SCUM (Feldselektion Benutzerverteilung), siehe Abbildung 6.1.)
6. Synchronisierung und Verteilung der Firmenadressen, damit im Zentralsystem alle gültigen Firmenadressen vollständig enthalten sind, sowie Übernahme bestehender Benutzer aus Tochtersystemen und Verteilung der Benutzer aus dem Zentralsystem in die Tochtersysteme. (Wählen Sie hierzu die Transaktion SALE bzw. den Menüpfad GESCHÄFTSPROZESSE MODELLIEREN UND IMPLEMENTIEREN • VORDEFINIERTE ALE-GESCHÄFTSPROZESSE KONFIGURIEREN • ANWENDUNGSÜBERGREIFENDE GESCHÄFTSPROZESSE • ZENTRALE BENUTZERVERWALTUNG EINRICHTEN • FIRMENADRESSEN UND BENUTZER AUS NEUEN SYSTEMEN ÜBERNEHMEN.)

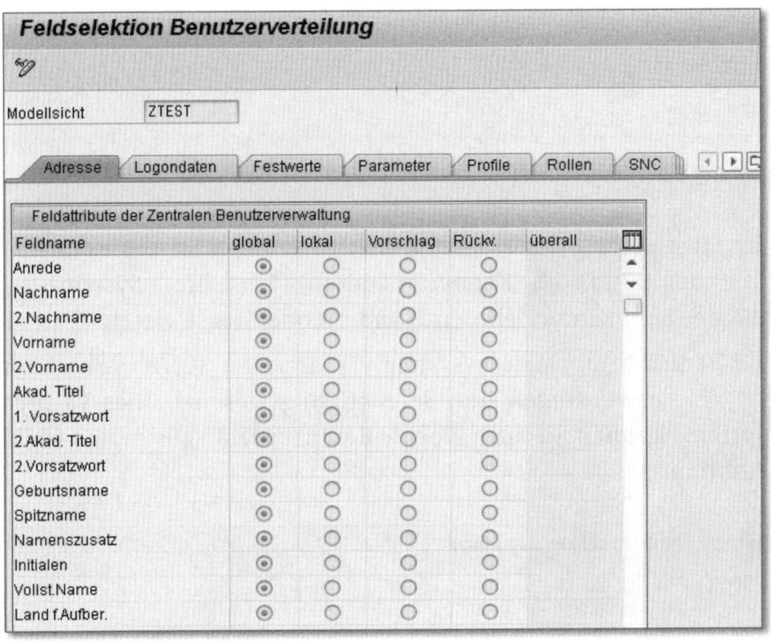

Abbildung 6.1 Transaktion SCUM

Bei Einsatz der Zentralen Benutzerverwaltung ergeben sich folgende Änderungen in der Berechtigungsadministration:

Benutzeradministration bei der ZBV

- Im Zentralsystem wird in der Transaktion SU01 (Benutzerpflege) zusätzlich die Registerkarte SYSTEME angezeigt (siehe Abbildung

6.2). Hier tragen Sie ein, in welche Systeme der Benutzer verteilt werden soll. Die Angabe des Systems ist außerdem auf den Registerkarten ROLLEN und PROFILE enthalten, um zu unterscheiden, für welches System die Rolle bzw. das Profil zugeordnet wurde. Im Berechtigungsobjekt S_USER_SYS (Benutzerstammpflege: System für zentrale Benutzerpflege) können Sie anhand der Felder AKTIVITÄT und EMPFÄNGERSYSTEM ZENTRALE BENUTZERVERWALTUNG einschränken, welche Tochtersysteme der Benutzeradministrator dem Benutzer zuordnen darf.

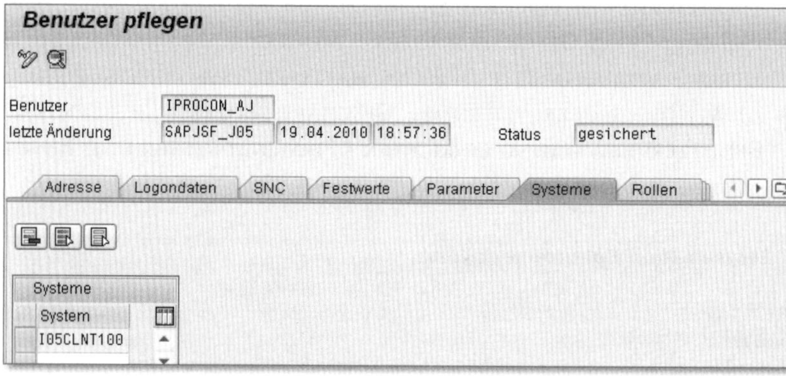

Abbildung 6.2 Transaktion SU01 bei Einsatz der Zentralen Benutzerverwaltung

- Im Einstiegsbild der Transaktion SU01 können Sie das Kennwort über den Button  (Kennwort ändern) für mehrere Systeme (auf die der Benutzer verteilt wird) ändern oder deaktivieren.
- Im Benutzerinformationssystem (Transaktion SUIM, siehe Kapitel 7, »Auswertungen zum Berechtigungswesen«) eines Tochtersystems können Sie auch globale Benutzerdaten auswerten (siehe Abbildung 6.3).

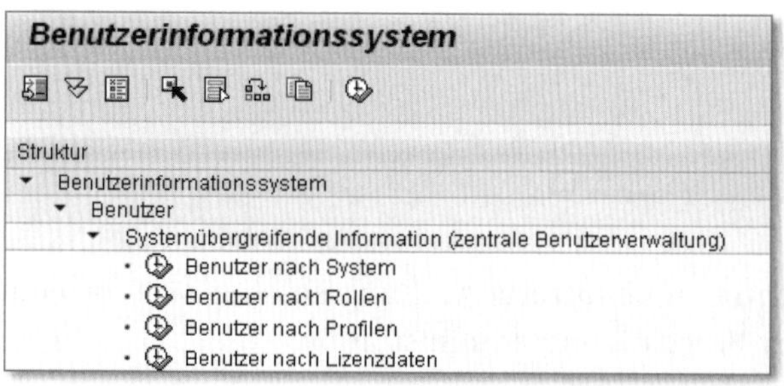

Abbildung 6.3 Transaktion SUIM bei Einsatz der Zentralen Benutzerverwaltung

Zusätzlich müssen Sie beim Einsatz der Zentralen Benutzerverwaltung folgende Aspekte beachten:

- Der Report SUSR_ZBV_GET_RECEIVER_PROFILES (ZBV: Textabgleich aus Tochtersystemen) muss als regelmäßiger Hintergrundjob eingeplant werden, um die in Tochtersystemen gepflegten Rollen und Profile an das Zentralsystem zu senden.
- Dieser Report kann bei Bedarf auch im Zentralsystem ausgeführt werden, z.B. um die Zuordnung von Rollen und Profilen zu Benutzern zu bereinigen, wenn Rollen oder Profile durch den Import aus den Tochtersystemen gelöscht wurden (siehe Abbildung 6.4).

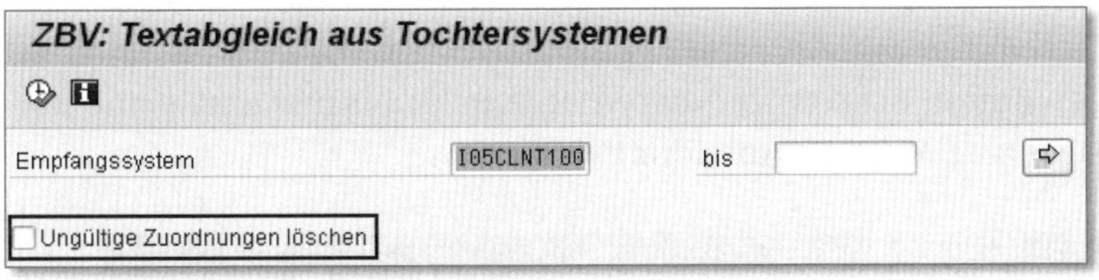

Abbildung 6.4 Selektionsbild des Reports SUSR_ZBV_GET_RECEIVER_PROFILES beim Ausführen des Reports im Zentralsystem

Verteilung strukturieller Profile

Für die Verteilung von strukturellen Profilen haben Sie die Möglichkeit, die Tabellen T77UA (Benutzerberechtigungen) und T77PR (Berechtigungsprofile) per Application Link Enabling (ALE) in die Tochtersysteme zu verteilen. Achten Sie bei der Verwendung von festen Wurzelobjekten darauf, dass die Objekt-IDs auch in den Tochtersystemen vorhanden sind. Bei der Pflege des Wurzelobjekts in der Tabelle T77PR im Feld ObjektId erfolgt keine maschinelle Prüfung. Möglich wäre es, zu Testzwecken das Organisationsmanagement der Tochtersysteme in das Zentralsystem zu verteilen.

Bei ausschließlicher Verwendung von Funktionsbausteinen, die das Startobjekt dynamisch ermitteln, wie es z.B. die Schaeffler KG vorsieht (siehe Abschnitt 10.1, »Berechtigungen aus dem Organisationsmanagement (Schaeffler KG)«), sind Sie in dieser Hinsicht auf der sicheren Seite.

6.1.2 Berechtigungsadministratoren

Sechs-Augen-Prinzip

Damit die Berechtigungsadministratoren überhaupt am System arbeiten können, benötigen sie entsprechende Berechtigungen. In der Regel besteht die Anforderung, die Aufgaben in der Berechtigungsadministration auf mehrere Administratoren zu verteilen (Vier- oder Sechs-Augen-Prinzip). Das kann z.B. so aussehen, dass ein Berechtigungsadministrator die Rollen pflegt, gegebenenfalls ein zweiter die Profile generiert und ein dritter die Rollen dem Benutzer zuordnet.

SAP-Vorlagen für die Administratorrollen

Für die Pflege der Administratorrollen liefert SAP sogenannte *Vorlagen* aus. Um diese verwenden zu können, wird ein Benutzer mit dem vordefinierten Profil S_A.SYSTEM (Systemverwalter (Superuser)) benötigt. Damit können Sie die Administratorrollen aus den Vorlagen in folgenden Schritten aufbauen:

1. Der Benutzer mit dem vordefinierten Profil S_A.SYSTEM startet die Transaktion PFCG (Rollenpflege) und legt eine neue Rolle an.
2. Er wählt unmittelbar die Registerkarte BERECHTIGUNGEN und dort den Button BERECHTIGUNGSDATEN ÄNDERN aus und erhält eine Vorlagentabelle (siehe Abbildung 6.5).

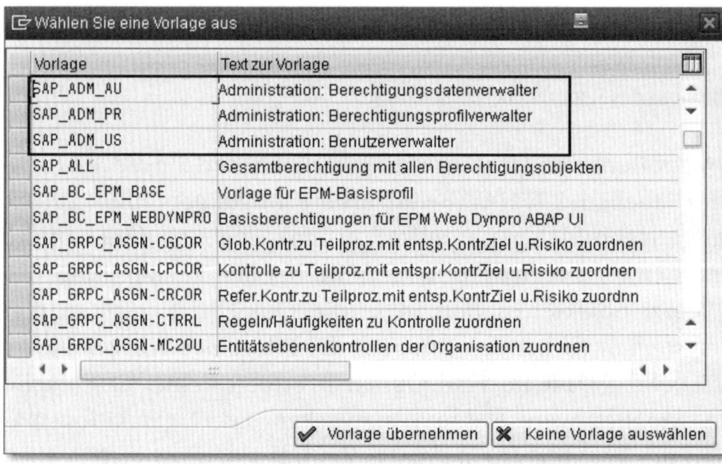

Abbildung 6.5 Vorlagen für die Rollenpflege zur Berechtigungsadministration

3. Der Benutzer mit dem Profil S_A.SYSTEM markiert die gewünschte Vorlage und klickt auf den Button VORLAGE ÜBERNEHMEN. Die vorgeschlagenen Berechtigungen werden eingefügt und können entsprechend angepasst werden.
4. Beim Generieren wird zunächst ein Profilname beginnend mit T vorgeschlagen (siehe Abbildung 6.6). Wählen Sie hier einen abweichenden Profilnamen, der nicht mit T beginnt. Der Administrator soll in seiner Rolle nur für Profile beginnend mit T berechtigt werden. Indem Sie die Profilnamen ändern, stellen Sie

sicher, dass der Administrator seine eigenen Berechtigungen nicht ändern kann.

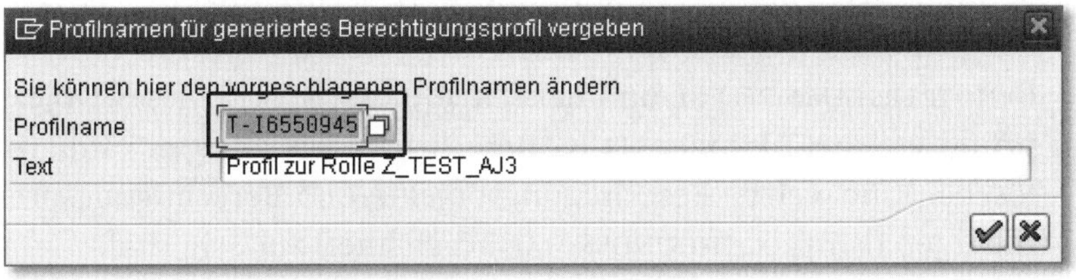

Abbildung 6.6 Profilnamen in Rollen von Berechtigungsadministratoren ändern

5. Schließlich wird noch der Benutzername des Berechtigungsadministrators auf der Registerkarte BENUTZER eingetragen.

In den Vorlagen enthaltene Aufgaben

Folgende Aufgaben sind in den drei folgenden Vorlagen enthalten:

- **Berechtigungsdatenverwalter**
  - Anlegen und Ändern von Rollen
  - Ändern des Menüs der Rolle sowie der Berechtigungsdaten
  - Verwendung des Benutzerinformationssystems
- **Berechtigungsprofilverwalter**
  - Anzeige von Rollen und den dazugehörigen Daten
  - Generieren von Berechtigungen und Profilen (die mit T beginnen) zu Rollen mit vorhandenen Berechtigungsdaten mithilfe der Transaktion PFCG (Rollenpflege) oder SUPC (Massengenerierung von Profilen)
  - Verwendung des Benutzerinformationssystems
- **Benutzerverwalter**
  - Anlegen und Ändern von Benutzerstammsätzen
  - Zuordnung von Rollen zu Benutzern
  - Zuordnung von Profilen (die mit T beginnen) zu Benutzern
  - Anzeige von Berechtigungen und Profilen
  - Verwendung des Benutzerinformationssystems

In der Regel reicht bei der Pflege der Administratorrollen das Vier-Augen-Prinzip, d.h. die Aufteilung auf zwei Berechtigungsadministratoren – einen Benutzeradministrator und einen Berechtigungsadministrator, der auch die Profile generiert.

Berechtigungsobjekte für Administratoren

Die Berechtigungen der Administratoren können Sie über folgende Berechtigungsobjekte differenzieren:

- **S_USER_AUT (Benutzerstammpflege: Berechtigungen)**
  Zu prüfende Felder sind AKTIVITÄT, BERECHTIGUNGSNAME IN BENUTZERSTAMMPFLEGE und BERECHTIGUNGSOBJEKT. Dieses Objekt prüft, welche Aktionen (z.B. Berechtigungen anlegen, ändern, löschen) für welche Berechtigungsobjekte und Berechtigungsprofile (hier als BERECHTIGUNGSNAME bezeichnet) zulässig sind.
- **S_USER_AGR (Berechtigungswesen: Prüfung für Rollen)**
  Zu prüfende Felder sind AKTIVITÄT und NAME DER ROLLE. Mit diesem Berechtigungsobjekt können Sie eine dezentrale Benutzeradministration einrichten (z.B. abhängig von Komponenten). Demnach erhalten die verschiedenen Benutzeradministratoren nur Rechte für das Zuordnen von Rollen mit entsprechender Bezeichnung (z.B. Z_HR_VM*, Z_HR_OM* etc.).
- **S_USER_TCD (Berechtigungswesen: Transaktionen in Rollen)**
  Das zu prüfende Feld heißt TRANSAKTIONSCODE. Damit können für den Berechtigungsadministrator die erlaubten Transaktionscodes, die er Rollen zuordnen darf, eingeschränkt werden.
- **S_USER_VAL (Berechtigungssystem: Feldwerte in Rollen)**
  Die zu prüfenden Felder sind FELDNAME, BERECHTIGUNGSWERT und BERECHTIGUNGSOBJEKT. Über dieses Berechtigungsobjekt können Sie einschränken, welche Berechtigungsobjekte der Berechtigungsadministrator in Rollen aufnehmen darf und welche Feldwerte er in diesen Objekten eintragen darf.
- **S_USER_PRO (Benutzerstammpflege: Berechtigungsprofil)**
  Die zu prüfenden Felder sind AKTIVITÄT und BERECHTIGUNGSPROFIL IN BENUTZERSTAMMPFLEGE. Sie können hier die Zulässigkeit der Profile abhängig von der Bezeichnung einschränken – sowohl für das Anlegen und Ändern (Berechtigungsadministrator) als auch für das Zuordnen (Benutzeradministrator).
- **S_USER_GRP (Benutzerstammpflege: Benutzergruppen)**
  Dieses Berechtigungsobjekt prüft die Felder AKTIVITÄT und BENUTZERGRUPPE IN DER BENUTZERSTAMMPFLEGE. Über diese Felder können Sie für den Benutzerverwalter die Berechtigung auf bestimmte Benutzergruppen einschränken und so die Pflege von Benutzern auf verschiedene Benutzeradministratoren verteilen. Die Benutzergruppe kann (muss nicht) in der Benutzerpflege (Transaktion SU01)

auf der Registerkarte LOGONDATEN eingetragen werden (siehe Abbildung 6.7).

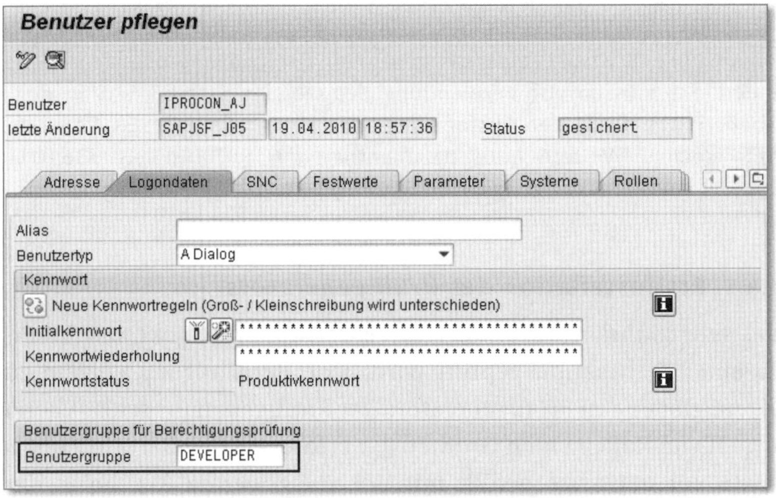

Abbildung 6.7 Benutzer einer Benutzergruppe zuordnen

Benutzergruppen werden in der Benutzerpflege im Menü über UMFELD • BENUTZERGRUPPEN • PFLEGEN angelegt.

- **S_USER_ADM (Administrationsfunktion für Benutzer/Berechtigungsverwaltg.)**
  Das einzige Feld dieses Berechtigungsobjekts heißt S_ADM_AREA und kann folgende Werte annehmen:
  - Der Wert CHKSTDPWD erlaubt es, per Report RSUSR003 den Kennwortstatus der Standardbenutzer (z.B. SAP*) anzuzeigen, z.B. für Revisoren.
  - Der Wert PRGN_CUST erlaubt es, die Customizing-Tabelle PRGN_CUST zu ändern.
  - Der Wert SSM_CUST erlaubt es, die Customizing-Tabelle SSM_CUST zu ändern.

Benutzeradministratoren [+]

Damit die Benutzeradministratoren nicht ihre eigenen Benutzerstammsätze oder die anderer Administratoren ändern können, tragen Sie für Administratoren in der Transaktion SU01 (Benutzerpflege) auf der Registerkarte LOGONDATEN im Feld BENUTZERGRUPPE »SUPER« ein. Im Berechtigungsobjekt S_USER_GRP muss dann anstelle von »*« z.B. ein Leerzeichen stehen, falls keine weiteren Benutzergruppen unterschieden werden.

[+] **Vereinfachung der Berechtigungspflege für Administratoren**

Sie können die Berechtigungsobjekte S_USER_GRP, S_USER_AGR, S_USER_PRO und S_USER_SYS durch ein Berechtigungsobjekt ersetzen. Das Objekt S_USER_SAS (Benutzerstammpflege: Systemspezifische Zuordnungen) enthält alle Felder der genannten Berechtigungsobjekte in sich vereint. Sie müssen vor Verwendung des Objekts S_USER_SAS in der Tabelle PRGN_CUST den Customizing-Schalter CHECK_S_USER_SAS auf »YES« setzen. Weitere Infos dazu enthält der SAP-Hinweis 536101 (S_USER_SAS: Berechtigungsprüfung für systemspez. Zuordnungen).

6.1.3 Erstinstallation des Profilgenerators

Da es sehr mühsam wäre, für jedes Berechtigungsobjekt, das innerhalb einer Transaktion geprüft wird, jede Berechtigung einzeln zu pflegen, gibt es den Profilgenerator. Der Profilgenerator schlägt beim Anlegen von Rollen einen Großteil der erforderlichen Berechtigungsobjekte vor, teilweise gefüllt mit Vorschlagswerten für die in der Rolle eingetragenen Transaktionen.

Vorschlagswerte

Die Vorschlagswerte des Profilgenerators können Sie anpassen. Dies haben wir ausführlich in Abschnitt 2.5, »Customizing des Profilgenerators«, beschrieben. Um diese Möglichkeit zu nutzen, ist es zunächst erforderlich, die Kundentabellen des Profilgenerators mit den SAP-Vorschlagswerten zu füllen. SAP liefert dafür die Tabellen USOBX und USOBT aus.

Kundentabellen füllen

Gehen Sie für das initiale Füllen der Kundentabellen wie folgt vor:

1. Starten Sie die Transaktion SU25 (Profilgenerator: Upgrade und Erstinstallation).
2. Wählen Sie Punkt 1. Initiales Füllen der Kundentabellen (siehe Abbildung 6.8). Sie erhalten zunächst eine Warnung, dass bereits vorgenommene Einstellungen im Profilgenerator (Transaktion SU24) überschrieben werden. Nach Bestätigung der Meldung werden die SAP-Tabellenwerte in die Kundentabellen USOBX_C und USOBT_C kopiert.
3. Wählen Sie schließlich Punkt 3. Transport der Kundentabellen. Änderungen an den Kundentabellen in der Transaktion SU24 werden ebenfalls mittransportiert.

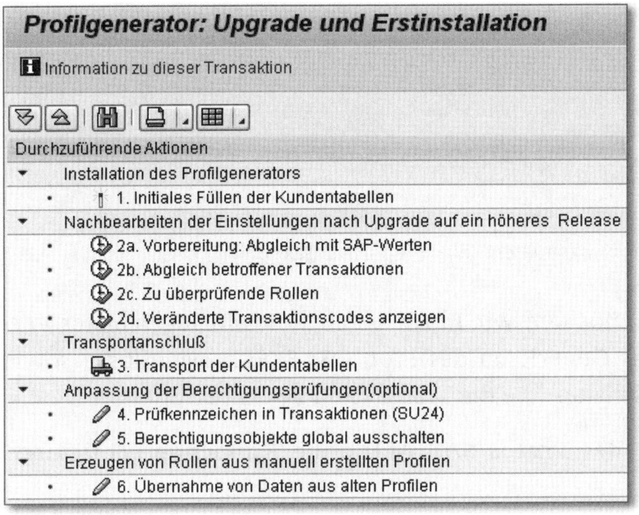

Abbildung 6.8 Erstinstallation des Profilgenerators

Berechtigungsobjekte ausschalten

Unter Punkt 5 der Transaktion SU25 können Sie die Prüfung von Berechtigungsobjekten global ausschalten, um den Prüfungsumfang zu verringern. Dann werden diese Berechtigungsobjekte nicht mehr vom Profilgenerator vorgeschlagen. Das Ausschalten ist jedoch grundsätzlich für HR- und Systemberechtigungsobjekte – also Objekte, die mit P_ und S_ beginnen – verboten. Außerdem ist das Ausschalten nur möglich, wenn der Systemprofilparameter AUTH/OBJECT_DISABLING_ACTIVE (Spalte N) den Wert »Y« hat. Das entspricht der Default-Einstellung. Abbildung 6.9 zeigt die Einstellung des Parameters über den Report RSPARAM (Anzeige der SAP-Profilparameter) an.

Parametername	Benutzerdefinierter Wert	System-Defaultwert	N...	Kommentar
auth/object_disabling_active		Y	Y	Value 'N' prohibits disabling of authorization objects

Abbildung 6.9 Dieser Profilparameter erlaubt das Ausschalten von Berechtigungsobjekten.

Um das Ausschalten von Berechtigungsobjekten zu verbieten, muss ein Systemkonfigurator mit entsprechender Berechtigung in der Transaktion RZ11 (Pflege der Profilparameter) den Wert des Systemprofilparameters AUTH/OBJECT_DISABLING_ACTIVE auf »N« setzen (siehe Abbildung 6.10).

Abbildung 6.10 Profilparameterpflege mit der Transaktion RZ11

Schalter in der Tabelle PRGN_CUST

Im Folgenden möchten wir Ihnen einen Customizing-Schalter vorstellen, der das Generieren des Profils SAP_ALL beeinflusst, sowie zwei weitere Schalter, die die Transaktion PFCG betreffen:

- **Generieren des Profils SAP_ALL ohne Kundenberechtigungsobjekte**
  Der Report RSUSR406 (Automatisch das Profil SAP_ALL erstellen) legt ein neues Profil SAP_ALL im aktuellen Mandanten an, und der Report AGR_REGENERATE_SAP_ALL (Profil SAP_ALL in allen Mandanten nachgenerieren) generiert das Profil SAP_ALL in allen Mandanten. Wenn Sie z.B. möchten, dass grundsätzlich keine kundeneigenen Berechtigungsobjekte (beginnend mit Y oder Z) in das Profil SAP_ALL aufgenommen werden, müssen Sie in der Tabelle PRGN_CUST (Transaktion SM30) den Customizing-Schalter ADD_ALL_CUST_OBJECTS auf »NO« setzen (siehe Abbildung 6.12).
- **Ausblenden des Buttons zur indirekten Benutzerzuordnung über das Organisationsmanagement in der Transaktion PFCG**
  Wenn Sie grundsätzlich keine indirekten Benutzerzuordnungen zulassen möchten, können Sie den Button Org.Management über den Schalter HR_ORG_ACTIVE = »NO« ausblenden (siehe Abbildung 6.11). Dann lässt sich dieser Button in der Transaktion PFCG auch nicht mehr über das Menü einblenden (hierzu müssten Sie im Einstiegsbild der Transaktion PFCG die Menüpunkte Springen • Einstellungen wählen). Die indirekte Benutzerzuordnung über das Organisationsmanagement haben wir in Kapitel 2, »Allgemeine Berechtigungsprüfung«, beschrieben.
- **Im Anzeigemodus der Transaktion PFCG die Buttons »Org.Management« und »Benutzerabgleich« deaktivieren**
  Dass diese beiden Buttons auf der Registerkarte Benutzer auch im

Anzeigemodus ausführbar sind, ist gegebenenfalls nicht gewünscht, wenn bestimmte Benutzer nur die Anzeigeberechtigung für die Transaktion PFCG bekommen sollen. Sie können diese Buttons deaktivieren, wenn Sie den Schalter USRPROF_IN_DISP_MODE auf »NO« setzen (siehe Abbildung 6.11).

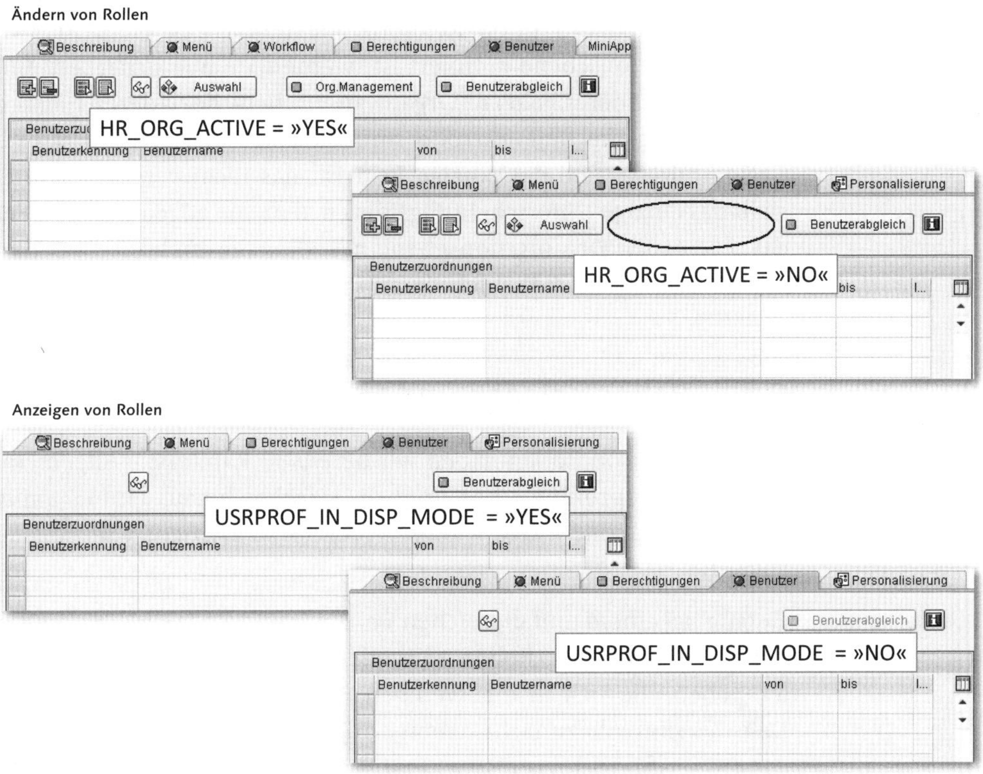

Abbildung 6.11 Auswirkung der Customizing-Schalter

Weitere Schalter finden Sie, wenn Sie in der Tabelle PRGN_CUST in der Spalte BEZEICHNUNG die Wertehilfe (F4-Hilfe) aufrufen (siehe Abbildung 6.12).

Customizingeinstellungen zum Berechtigungswesen

Bezeichnung	Wert	Text
ADD_ALL_CUST_OBJECTS	NO	YES (default), NO - Gesamtberechtigung für KundenBerechtigungsobjekte (Namensraum Y, Z) in Profil SAP_ALL
ASSIGN_ROLE_AUTH	CHANGE	CHANGE (default), ASSIGN : Prüfungen beim Zuordnen von Benutzern zu Rollen (Hinweis 312682)
HR_ORG_ACTIVE	NO	YES (default), NO - HR Org.Management für Rollenzuordnungen aktiviert
USRPROF_IN_DISP_MODE	NO	YES (default), NO - Anzeige der Drucktasten für Benutzerstammabgleich im Anzeigemodus der PFCG

Abbildung 6.12 Customizing-Schalter in der Tabelle PRGN_CUST für das Berechtigungswesen

6.1.4 Organisationsebenen anlegen

Referenzrolle

Vielleicht kommt aufgrund Ihrer spezifischen Anforderungen die Referenzrolle zum Einsatz. Sie unterstützt eine effiziente Rollenadministration und wird verwendet, wenn viele Benutzer die gleichen Funktionen mit den gleichen Berechtigungen ausführen, jedoch für unterschiedliche Verantwortungsbereiche (z.B. Personalbereiche). Da in SAP ERP HCM für die Referenzrolle nur das Feld PLANVARIANTE als Organisationsebene definiert ist, werden Sie mit Sicherheit mindestens ein anderes Feld zur Organisationsebene deklarieren müssen. Nur so kann die Referenzrolle sinnvoll eingesetzt werden, da die Organisationsebene das einzige Feld ist, das nicht vererbt wird. Es stellt das einzige Unterscheidungsmerkmal in den abgeleiteten Rollen dar. Die neuen Organisationsebene(n) sollten Sie am besten vor dem Anlegen der ersten Rolle definieren (siehe Kapitel 2).

6.2 Rollen anlegen und testen

Das Anlegen von Rollen haben wir bereits in Kapitel 2, »Allgemeine Berechtigungsprüfung«, beschrieben. Darüber hinaus gibt es einige Punkte zu beachten, damit dieser Prozess so effizient wie möglich abläuft.

Nicht sofort alles anlegen

Gerade bei einem umfangreichen Berechtigungskonzept empfiehlt es sich, nicht sofort alle Rollen zu implementieren. Es wird einige Rollen geben, die sich in nur wenigen Berechtigungen unterscheiden. Da ist es sinnvoll, zunächst wenige allgemeine Rollen anzulegen und danach ausführlich zu testen. Erst wenn die Tests erfolgreich sind, sollten die verifizierten Rollen kopiert und weiter spezifiziert werden. Damit vermeiden Sie, bei Fehlern mehrere Rollen gegebenenfalls mehrmals korrigieren zu müssen.

Wichtig beim Testen von Berechtigungen ist …

Für das Testen ist es wichtig, dass eine umfassende Testumgebung in einem separaten Qualitätssicherungssystem (Q-System) zur Verfügung steht. Das Q-System sollte unbedingt ein realitätsnahes Organisationsmanagement mit entsprechendem Komplexitätsgrad enthalten. Oftmals genügt es nicht, Einzelrollen getrennt voneinander zu testen. Das Zusammenspiel mehrerer Rollen, die später einem Benutzer zugeordnet werden sollen, kann durchaus zu negativen Testergebnissen führen, selbst wenn jede Einzelrolle erfolgreich getestet wurde.

[zB]

Besonders zu testen: Verschiedene Rollen mit sich überschneidenden Berechtigungen

Der Benutzer darf Objekte des Veranstaltungsmanagements pflegen. Dafür erstellen Sie eine Rolle mit der Transaktion PP01 (Objekt pflegen) und erlauben den Zugriff ausschließlich auf Objekttypen des Veranstaltungsmanagements. In einer weiteren Rolle erhält der Benutzer die Transaktion PA30 (Personalstammdaten pflegen) mit Änderungsberechtigung für Infotyp 0001 (Organisatorische Zuordnung) sowie den Objekttypen *Person*, *Planstelle*, *Stelle* und *Organisationseinheit*. Die Kombination der beiden Rollen würde dazu führen, dass der Benutzer in der Transaktion PP01 nicht nur Veranstaltungsobjekte pflegen darf, sondern auch Planstellen, Stellen und Organisationseinheiten.

Wenn die strukturelle Berechtigung zum Einsatz kommt, sollten die Rollen außerdem gemeinsam mit den entsprechenden strukturellen Profilen getestet werden.

Wer testet?

Darüber hinaus stellt sich die Frage, wer der beste Tester für Rollen ist. Zum einen ist es der Endanwender selbst. Wenn der Endanwender weiß, welche Funktionen er im System ausführen können darf, dann kann er am besten beurteilen, ob etwas fehlt. Zum anderen sollte eine weitere Person die Berechtigung außerdem dahingehend überprüfen, ob dem Benutzer nicht zu viel erlaubt wird.

Nach den Tests sollten die Testergebnisse unbedingt in das Berechtigungskonzept und die Dokumentation einfließen; vor allem natürlich dann, wenn aufgrund der Ergebnisse Änderungen am Konzept erforderlich waren. Dies ist notwendig, damit Konzept, Umsetzung und Dokumentation konsistent sind.

»Feuerprobe« Schulung

Schließlich empfehlen wir, die Berechtigungen nicht erst kurz vor dem Produktivstart zu erstellen. Vielmehr ist es sinnvoll, die Berechtigungen bereits vor den Schulungen fertiggestellt zu haben, damit bereits in den Schulungen mit »echten« Rollen gearbeitet wird – als letzte »Feuerprobe« für das Berechtigungskonzept.

Nach dem Anlegen und erfolgreichen Testen der Rollen und Profile können diese schließlich in das Produktivsystem transportiert werden. Was Sie dabei beachten sollten, erläutern wir im folgenden Abschnitt.

6.3 Transport

Transaktion »Rollenpflege«

Rollen können Sie auf zwei verschiedene Arten in das Qualitätssicherungs- und Produktivsystem transportieren. Starten Sie in beiden Fällen die Transaktion PFCG (Rollenpflege), und wählen Sie eine der beiden Vorgehensweisen:

- Wählen Sie im Menü entweder den Pfad ROLLE • TRANSPORTIEREN. Es wird nur die selektierte Rolle – wahlweise mit oder ohne Profil, bei einer Sammelrolle optional mit oder ohne Einzelrollen – auf einen Transportauftrag gesetzt.
- Oder wählen Sie im Menü den Pfad HILFSMITTEL • MASSENTRANSPORT, um mehrere Rollen zu transportieren. Es wird der Report PFCG_MASS_TRANSPORT (Massentransport von Rollen) gestartet (siehe Abbildung 6.13).

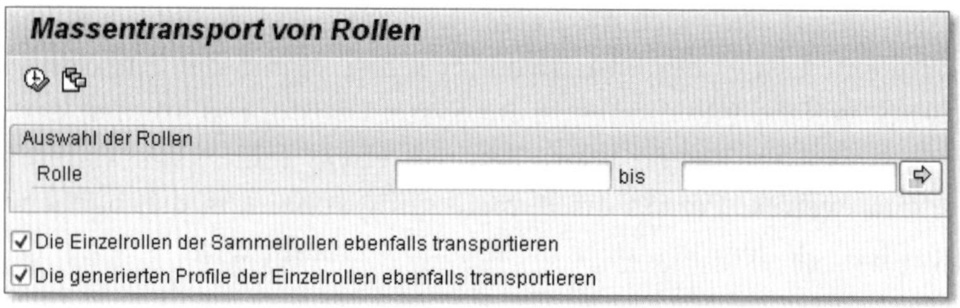

Abbildung 6.13 Selektionsbild des Reports PFCG_MASS_TRANSPORT

Wenn Sie den Report PFCG_MASS_TRANSPORT ausführen, erhalten Sie in einem zusätzlichen Dialogfenster die Möglichkeit, die Benutzerzuordnung mitzutransportieren. Beachten Sie jedoch, dass dadurch vorhandene Benutzerzuordnungen im Zielsystem überschrieben werden. Falls Sie die Zentrale Benutzerverwaltung einsetzen, sollten Benutzerzuordnungen generell nur vom Zentralsystem transportiert werden.

[+]

System gegen Import von Benutzerzuordnungen zu Rollen sperren

Der Transport von Benutzerzuordnungen ist eine zusätzliche Option beim Anlegen eines Transportauftrags. Beim Import von Benutzerzuordnungen werden diese im Zielsystem überschrieben. Wenn Sie in einem System grundsätzlich das Importieren von Benutzerzuordnungen verhindern wollen, können Sie in der Tabelle PRGN_CUST (Transaktion SM30) den Schalter USER_REL_IMPORT auf »NO« setzen.

Erforderliche Aktionen im Zielsystem

Bedenken Sie zusätzlich zum Transport von Berechtigungen, dass einige weitere Aktionen im Qualitätssicherungs- und Produktivsystem erforderlich sind, die nicht transportiert werden. Das sind folgende Aktionen:

- Benutzerstammsätze pflegen (Transaktion SU01), vorausgesetzt, Sie haben keine Zentrale Benutzerverwaltung im Einsatz
- Zuordnung von Rollen zu Benutzern (Transaktion PFCG oder SU01, siehe Kapitel 2, »Allgemeine Berechtigungsprüfung«)
- Zuordnung von Benutzern zu strukturellen Profilen (Transaktion OOSB (Benutzerberechtigungen), siehe Kapitel 3, »Strukturelle Berechtigungsprüfung«)
- SAP-Memory (Puffer) für strukturelle Berechtigungsprüfung füllen, mit den Reports RHBAUS02 und RHBAUS00 (siehe Abschnitt 3.9, »Performanceoptimierung«)

Die aufgeführten Aktionen sollten unmittelbar nach dem Transport der Rollen erfolgen. Vor allem bei den strukturellen Profilen kann es abhängig davon, wie das Profil SAP* aufgebaut ist, bei fehlenden Zuordnungen zu ungewollten Zugriffen kommen (siehe ebenfalls Kapitel 3).

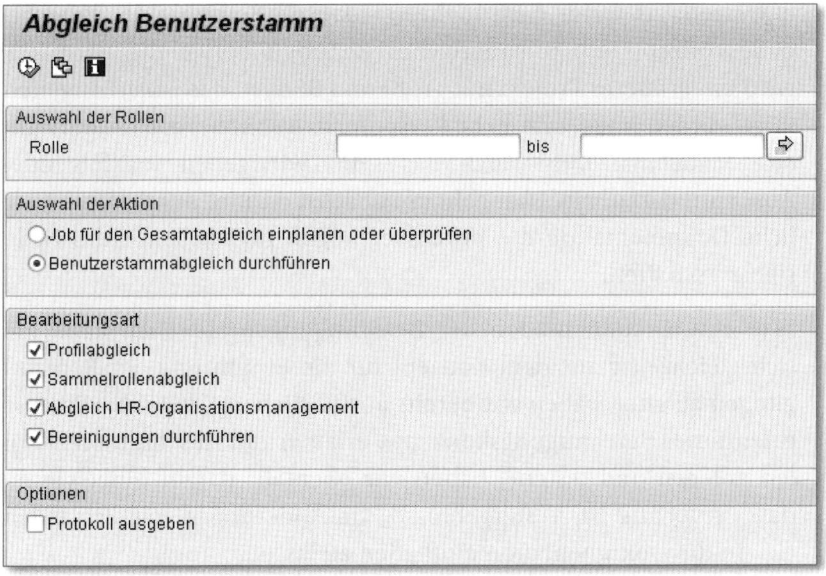

Abbildung 6.14 Selektionsbild des Reports RHAUTUPD_NEW

Benutzerstammabgleich

Sind alle Rollen, Benutzerstammsätze und Benutzerzuordnungen im Zielsystem vorhanden, fehlt nur noch der Benutzerstammabgleich. Grundsätzlich sollte dafür der Report RHAUTUPD_NEW (Abgleich Benutzerstamm) als täglicher Job eingeplant werden (siehe Abbildung 6.14). Dieser Report trägt einerseits die Rollen und Profile in den Benutzerstamm des Benutzers ein und grenzt außerdem zeitlich beschränkte Zuordnungen ab. Um den Benutzerstammabgleich direkt auszuführen, können Sie auch im Einstiegsbild der Transaktion PFCG im Menü HILFSMITTEL • MASSENABGLEICH auswählen.

[+]

SAP-Hinweise 571276 und 511200

Die Hinweise 571276 (Transport von Rollen) und 511200 (Rollenzuordnung und Profilabgleich) enthalten zu diesen Themen ausführliche und hilfreiche Beschreibungen, die Sie unbedingt berücksichtigen sollten.

6.4 Dokumentation und Änderungen im laufenden Betrieb

Dokumentation erleichtert Redesign

Eine umfassende und stets aktuelle Dokumentation hilft Ihnen, frühzeitig Optimierungspotenzial zu erkennen. In der Regel lassen sich kleinere Änderungen an einem Konzept schneller und flexibler umsetzen, als wenn nach mehreren Jahren Betrieb eines Berechtigungskonzepts ein umfangreiches Redesign notwendig wird. Das wird ein größeres Projekt mit größerem Budget, das zunächst genehmigt werden muss, mit mehr Ressourcen, mit höherem Testaufwand etc. Manchmal muss auch das sein, wir gehen im folgenden Abschnitt darauf ein. Hier geht es zunächst darum, durch kontinuierliche Dokumentation die Voraussetzungen für ein laufendes Redesign zu schaffen.

Wie eine Dokumentation der Berechtigungen aussehen kann, die sich gleichzeitig aus dem Konzept für die Einführung der Berechtigungen ableitet, haben wir bereits ausführlich in Kapitel 1, »Prozessorientiertes Berechtigungskonzept«, erläutert. In Abschnitt 6.2, »Rollen anlegen und testen«, haben wir ebenfalls darauf hingewiesen, dass es wichtig ist, Testergebnisse, die Änderungen mit sich brachten, in die Dokumentation einfließen zu lassen.

Auch wenn es selbstverständlich erscheint, gerät das Dokumentieren, je länger das Implementierungsprojekt zurückliegt, immer mehr in den Hintergrund. Änderungen werden aber ständig vorgenommen, sei es, weil eine Planstelle weggefallen ist und deshalb ein anderer Mitarbeiter die Aufgaben mit übernehmen soll oder weil die Nutzung des HCM-Systems stetig ausgebaut wird und dadurch neue Funktionen hinzukommen, die berechtigt werden sollen. Das Berechtigungskonzept wächst dadurch weiter wie eine Pflanze, die im Frühjahr neue Triebe bekommt. Damit sich die Pflanze so entwickelt, wie Sie es wünschen – ausladend, aufrecht oder buschig –, muss sie regelmäßig zurückgeschnitten werden.

Auch das Berechtigungskonzept sollte hin und wieder dahingehend überprüft werden, ob es zu ausufernd wächst, sodass Administration und Wartung überhandnehmen, oder ob es immer schwieriger wird, die neuen Anforderungen mit dem »alten« Konzept umzusetzen. Dann ist auch ein Rückschnitt für das Berechtigungskonzept an der Zeit. Je nachdem, welche Berechtigungsinstrumente Sie bereits im Einsatz haben, können nun weitere noch nicht genutzte Instrumente hilfreich sein, die Rollenanzahl zu minimieren und die Rollenpflege zu erleichtern.

Besser: neue Rollen anlegen

Grundsätzlich empfiehlt es sich bei umfangreichen Änderungen, neue Rollen anzulegen, anstatt bestehende Rollen anzupassen. Damit können Sie gewährleisten, dass der laufende Betrieb nicht zum Erliegen kommt, wenn das neue Berechtigungskonzept nicht so funktioniert wie beabsichtigt. Im Zweifelsfall können Sie dann die alte Rolle noch einmal zuordnen und die neuen Rollen in Ruhe überprüfen.

6.5 Redesign

Gründe für ein Redesign

Nach jahrelanger Nutzung des HCM-Systems und einem sich ständig ändernden und wachsenden Berechtigungskonzept steht irgendwann ein vollständiges Redesign an. Motiviert wird dieses Redesign durch folgende Umstände:

- Prüfungen des Berechtigungskonzepts durch Revisoren, Auditoren, Mitarbeitervertretung

- Auslagerung der Berechtigungsverwaltung auf Serviceunternehmen und dadurch entstehende zusätzliche Anforderungen an Transparenz und Effizienz
- Fehleranfälligkeit und lange Bearbeitungszeiten im laufenden Betrieb

Wichtige Themen

Bei einem Redesign stehen in der Regel folgende Themen im Vordergrund:

- ausufernde Anzahl von Rollen und/oder strukturellen Profilen
- Mängel in den Namenskonventionen bzw. in ihrer Einhaltung
- ausufernde Menge von kundeneigenen Berechtigungsobjekten und BAdI-Programmierung
- Kontextprobleme bei steigender Dezentralisierung der Zuständigkeiten
- durch den Profilgenerator verursachte übergroße Anzahl ähnlicher oder sich überschneidender Berechtigungen im selben Objekt (insbesondere PLOG, siehe Abbildung 6.15)
- unüberschaubare Anzahl kritischer Berechtigungen (z.B. *-Einträge im Berechtigungsobjekt P_ABAP – siehe auch Abschnitt 7.1, »Analyse von Benutzern mit kritischen Berechtigungen«)
- aus der Zeit der Systemeinführung herrührende viel zu umfangreiche Berechtigungen für IT-Mitarbeiter und Systembetreuer

Ist-Analyse

Für die zunächst anstehende Ist-Analyse bietet das Benutzerinformationssystem der HCM-Berechtigungen (Transaktion SUIM) einige nützliche Werkzeuge. Hier empfehlen wir insbesondere den Report RSUSR008_009_NEW zu den kritischen Berechtigungen (siehe Abschnitt 7.1, »Analyse von Benutzern mit kritischen Berechtigungen«) sowie die Auswertung der Rollen nach komplexen Selektionskriterien mit Report RSUSR070 (siehe Abschnitt 7.4, »Report ›Rollen nach komplexen Selektionskriterien‹«).

Ein weiteres Standardprogramm, das bei der Ist-Analyse hilfreich sein kann, ist der Report RPDINF01 (Audit Info System – Technische Übersicht zu Infotypen). Er wertet alle Infotypen der Personaladministration und der sogenannten klassischen Personalbeschaffung aus und zählt die tatsächlich auf der Datenbank vorhandenen Einträge je Infotyp. Dies kann eine gute Grundlage zum Löschen überflüssiger Infotypberechtigungen sein.

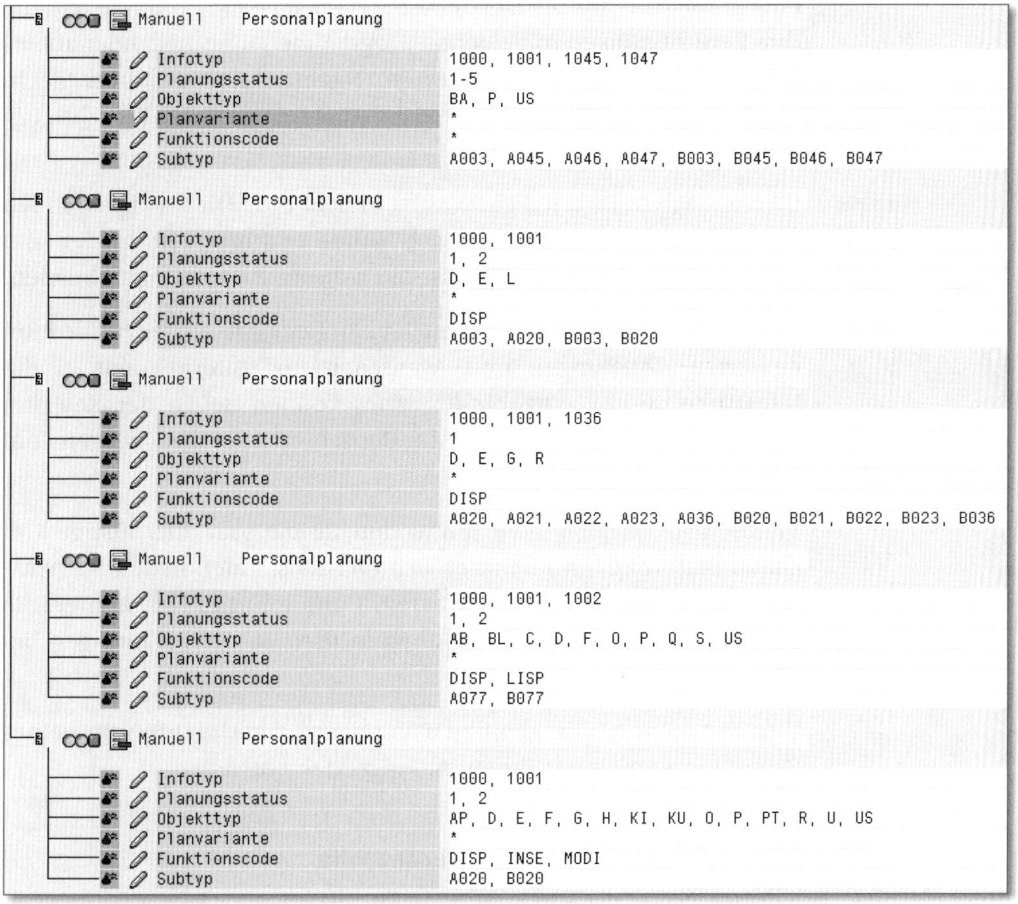

Abbildung 6.15 Ausufernde PLOG-Berechtigungen

Report RPDINF01 und Berechtigung [+]

Für die vollständige Nutzung des Reports RPDINF01 benötigen Sie besondere Berechtigungen, die in der Reportdokumentation beschrieben sind. Dies ist wichtig, da der Report nur in einer Produktionsumgebung sinnvoll einsetzbar ist, in der auch die Systemadministratoren nur selten mit SAP_ALL-Berechtigungen arbeiten dürfen.

Eine Weiterentwicklung des Reports RPDINF01, die eine ganze Reihe zusätzlicher Informationen des Customizings auswertet, können Sie kostenlos unter *http://forba.de/beratung/sap-zrpdinf001.htm* herunterladen.

Eine große Hilfe für die Ist-Analyse stellen auch die Produkte dar, die Ihre Berechtigungen mit eigenen Programmen innerhalb oder außerhalb des HCM-Systems auswerten. Näheres dazu erfahren Sie in Abschnitt 7.7, »Add-on-Produkte zur Analyse von HCM-Berechtigungen«.

Nach der Ist-Analyse

Die Ist-Analyse ist erledigt. Was ist nun zu tun? Die zu ergreifenden Maßnahmen sind naturgemäß von Kunde zu Kunde verschieden. Ein paar Ideen hierzu aus der Praxis sollen diesen Abschnitt abschließen.

Wie immer in Projekten ist es auch beim Redesign hilfreich, alle interessierten Abteilungen und Menschen im Unternehmen in die Neustrukturierung einzubinden. Dies können neben der Revision und externen Prüfern oft auch der Betriebsrat oder die Kollegen vom Qualitätsmanagement sein.

Wenn Sie tatsächlich mehr tun wollen, als ein paar überflüssige Rollen zu entfernen, empfiehlt es sich meistens, einen neuen Namensraum für die Rollen zu vereinbaren. Dann lohnt es sich immer, die bestehenden Namenskonventionen kritisch zu prüfen und gegebenenfalls zu ändern.

Vier der recht häufig genutzten Verfahren zur Durchführung eines Redesigns werden wir Ihnen im Folgenden vorstellen.

6.5.1 Umstellung auf Referenzrolle

Angenommen, Sie nutzen bislang nur die allgemeine Berechtigungsprüfung und erweitern die Nutzung des Systems auf dezentrale Einheiten, z.B. sollen nun Zeitbeauftragte in den Filialen selbst Zeitbuchungen vornehmen dürfen. Alle Zeitbeauftragten erhalten dann die gleiche Rolle, die sich nur im Verantwortungsbereich (z.B. Personalbereich) unterscheidet. Dann kann der Einsatz der Referenzrolle (siehe Kapitel 2, »Allgemeine Berechtigungsprüfung«) sinnvoll sein. Sie werden zu diesem Zweck nachträglich mindestens ein neues Organisationsebenenfeld definieren müssen. Das hat zur Folge, dass Sie einige der bereits bestehenden Rollen noch einmal anpassen müssen. Wie groß der Anpassungsbedarf wäre, können Sie bereits herausfinden, wenn Sie den Report zum Anlegen von Organisationsebenenfeldern – PFCG_ORGFIELD_CREATE (Profilgenerator: Neues OrgEbenen-Feld anlegen) – zunächst im Testmodus starten. Dann erhalten Sie ein ausführliches Protokoll, aus dem Sie den Änderungsbedarf ablesen können. In der Regel ist der Anpassungsbedarf jedoch nicht so groß wie befürchtet.

6.5.2 Umstellung auf strukturelle Berechtigungsprüfung

Vor der Einführung der strukturellen Berechtigungsprüfung wird oft das Feld VDSK1 (Organisationsschlüssel) im Berechtigungsobjekt P_ORGIN genutzt, um die verschiedenen Verantwortungsbereiche voneinander abzugrenzen. Das führt oft zu einer sehr großen Anzahl von Rollen, die durch die Einführung der strukturellen Berechtigung beträchtlich reduziert werden kann. Natürlich hilft es nichts, wenn Sie die Anzahl der Rollen durch die gleiche Anzahl von strukturellen Profilen eintauschen und damit nur den Wartungsaufwand verlagern. Deshalb sei hier noch einmal betont, dass die Ermittlung des Startobjekts möglichst dynamisch durch Funktionsbausteine erfolgen sollte (siehe hierzu Kapitel 3, »Strukturelle Berechtigungsprüfung«). Auf diese Weise können Sie mit nur sehr wenigen Profilen auskommen. Achten Sie dennoch besonders auf die Namenskonventionen der Profile, damit keine Profile den falschen Benutzern zugeordnet werden. Beim Umstellen sollten zuerst die strukturellen Profile angelegt und zugeordnet werden, und danach sollte in den Rollen das Feld VDSK1 auf »*« gesetzt werden.

6.5.3 Umstellung auf kontextabhängige Berechtigungsprüfung

Auch wenn Kontextberechtigungen derzeit bei Ihnen nur in wenigen Fällen unbedingt vonnöten sind, ist die Einführung der Kontextberechtigungen bei einem Redesign meistens sinnvoll, da es sich um die technisch am weitesten entwickelte Lösung handelt, die eine größere Flexibilität ermöglicht als die strukturelle Berechtigung allein. Hierbei ist dann in der Regel auch eine Reorganisation der strukturellen Profile zwingend, was die Übersichtlichkeit der Berechtigungen weiter fördert.

Vorgehen

Der Einsatz der kontextabhängigen Berechtigungsprüfung ist überall dort sinnvoll, wo Sie Benutzer mit verschiedenen Funktionen für verschiedene Verantwortungsbereiche haben (siehe Kapitel 4, »Kontextabhängige Berechtigungsprüfung«). Bei der Umstellung auf kontextsensitive Berechtigungsprüfung hat sich folgendes Vorgehen bewährt:

1. Nehmen Sie zunächst in die bestehenden Rollen zusätzlich die Kontextberechtigungsobjekte (siehe ebenfalls Kapitel 4) mit auf, und pflegen Sie diese entsprechend.
2. Transportieren Sie die Rollen, und führen Sie den Benutzerabgleich aus. Zunächst ändert sich für die Benutzer noch nichts.
3. Deaktivieren Sie erst jetzt in Tabelle T77SO die nicht kontextabhängigen Berechtigungsobjekte, und aktivieren Sie die kontextabhängigen. Sollte es nach der Aktivierung zu größeren Problemen kommen, können Sie die Customizing-Einstellungen zurücksetzen, sodass zunächst jeder Benutzer wieder einwandfreie Berechtigungen hat.

Wenn alles wie gewünscht funktioniert, können Sie nun nach und nach die Rollen von den nicht kontextsensitiven Berechtigungsobjekten bereinigen.

6.5.4 Ablösung kundeneigener Berechtigungsprüfungen

Last but not least müssen kundeneigene Berechtigungsprüfungen, sei es in eigenen Reports oder in BAdIs, immer wieder einer kritischen Analyse unterzogen werden: Sind sie nach wie vor unabdingbar, oder können sie durch Standardlösungen ersetzt werden?

Wenn sie weiterhin benötigt werden: Lassen sich die zentralen Inhalte der Prüfungen in kundeneigene Berechtigungsobjekte einbinden, die dann in den Rollen sichtbar und damit auswertbar sind?

6.6 Kritische Erfolgsfaktoren

Im Folgenden finden Sie kritische Erfolgsfaktoren, auf die Sie besonders achten sollten, wenn Sie ein Berechtigungskonzept implementieren, nutzen und weiterentwickeln:

- Achten Sie bei der Definition der Zuständigkeiten für die Berechtigungsadministratoren auch auf die Gewährleistung der Revisionssicherheit.
- Setzen Sie den Profilgenerator bewusst ein, und schöpfen Sie die Möglichkeiten, die Arbeitsweise des Profilgenerators durch Customizing zu verändern, aus. Prüfen und dokumentieren Sie auch die Customizing-Einstellungen.

- Planen Sie ausreichend Zeit für den Test der Rollen ein, denn in einem größeren Projekt sollten alle Integrationstests und Schulungen mit den Rollen ausgeführt werden, die später auch in der Produktivumgebung genutzt werden.
- Denken Sie daran, auch die Testergebnisse in die Dokumentation des Berechtigungskonzepts einfließen zu lassen.
- Sorgen Sie für eine kontinuierliche Dokumentation aller Änderungen im laufenden Betrieb.
- Scheuen Sie sich nicht, durch gelegentliche Redesign-Projekte auch größere Änderungen in Ihrem Berechtigungskonzept vorzunehmen.

Das Benutzerinformationssystem enthält eine Reihe von Auswertungen, die die Verwaltung von Benutzern und Rollen erleichtern. In diesem Kapitel erfahren Sie, wie Sie z.B. Benutzer mit kritischen Berechtigungen identifizieren oder einen Überblick darüber erhalten, welche allgemeinen und strukturellen Berechtigungen ein Benutzer besitzt.

7 Auswertungen zum Berechtigungswesen

Für das Reporting von Berechtigungs- und Benutzerdaten steht Ihnen ein umfangreiches Informationssystem zur Verfügung. Sie finden das Benutzerinformationssystem im SAP Easy Access-Menü unter Werkzeuge • Administration • Benutzerpflege • Infosystem oder als eigenen Menübaum über die Transaktion SUIM (siehe Abbildung 7.1).

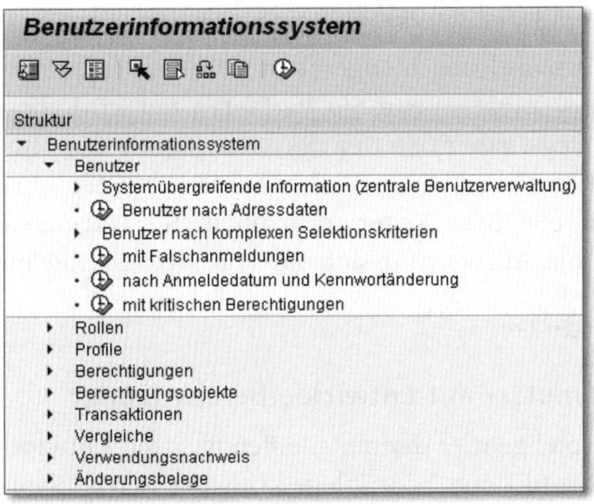

Abbildung 7.1 Transaktion SUIM – Benutzerinformationssystem

Im Folgenden beschreiben wir die nach unseren Erfahrungen aus der Beratungspraxis wichtigen und hilfreichen Auswertungen. Im Einzelnen sind das folgende:

- Analyse von Benutzern mit kritischen Berechtigungen (Report RSUSR008_009_NEW)
- Überblick über Berechtigungsschalter und -tabellen sowie Berechtigungsanalyse auf Benutzerbasis (Transaktion HRAUTH (HR-Berechtigungs-Workbench))
- Überblick über alle Berechtigungsobjekte eines Benutzers (Transaktion SU56)
- Analyse von Rollen nach komplexen Selektionskriterien
- Zuordnung von Einzelrollen zu Sammelrollen

7.1 Analyse von Benutzern mit kritischen Berechtigungen

Aus Revisions- oder datenschutzrechtlichen Gründen kann die Identifikation von Benutzern mit kritischen Berechtigungen erforderlich sein. Als »kritisch« verstehen wir solche Berechtigungen, die entweder überhaupt nicht oder nur in Ausnahmefällen vergeben werden sollten. Hierfür ist der Report RSUSR008_009_NEW verfügbar. Sie finden den Report in der Transaktion SUIM unter BENUTZER • MIT KRITISCHEN BERECHTIGUNGEN (siehe Abbildung 7.1).

Kritische Berechtigungen

Welche Berechtigungen als kritisch angesehen werden, bestimmen Sie bei diesem Report selbst. Wenn Sie Varianten mit kritischen Berechtigungen angelegt haben, starten Sie den Report für eine Variante oder eine Kombination von Varianten und erhalten eine Liste mit Benutzern, die diese Kriterien erfüllen. Im Folgenden möchten wir Ihnen die Auswertung anhand von zwei Beispielen verdeutlichen.

7.1.1 Beispiel »Benutzer mit Entwicklerberechtigung«

In diesem ersten Beispiel geht es darum, alle Benutzer mit Entwicklerberechtigung zu identifizieren. Zur Pflege kritischer Berechtigungen starten Sie zunächst den Report RSUSR008_009_NEW. Gehen Sie dann folgendermaßen vor:

1. Wählen Sie im Einstiegsbild des Reports RSUSR008_009_NEW den Button KRITISCHE BERECHTIGUNGEN (siehe Abbildung 7.2).

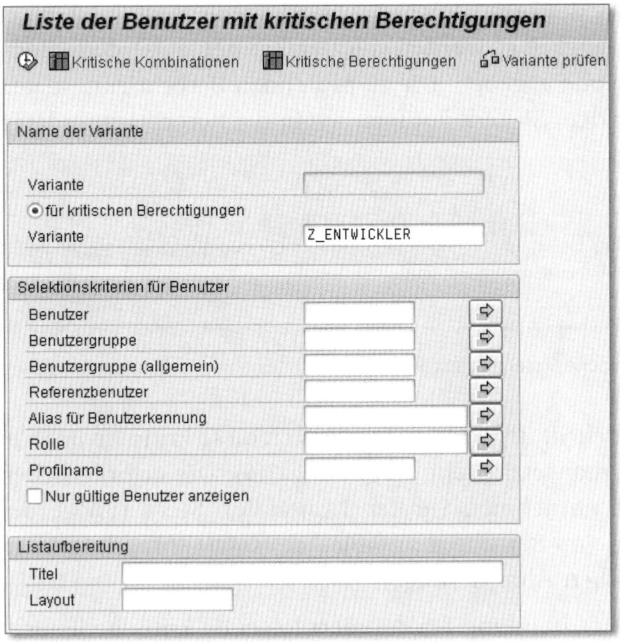

Abbildung 7.2 Selektionsbild des Reports »Benutzer mit kritischen Berechtigungen«

2. In der folgenden Pflegesicht (siehe Abbildung 7.3) können Sie Varianten für die Selektion anlegen. Die Varianten bestehen aus mehreren IDs kritischer Berechtigungen, die Sie selbst definiert haben. Die IDs wiederum enthalten die kritischen Berechtigungsdaten (Berechtigungsobjekte mit Ausprägungen).

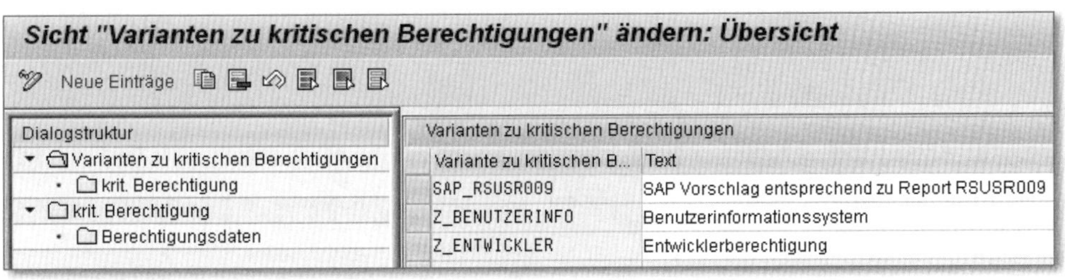

Abbildung 7.3 Varianten kritischer Berechtigungen für die Selektion anlegen

Wählen Sie zunächst den Ordner KRIT. BERECHTIGUNG aus. Hier finden Sie bereits einige von SAP vordefinierte Einträge und können weitere kundeneigene kritische Berechtigungen hinzufügen (siehe Abbildung 7.4). Vergeben Sie dazu einen Namen für die ID im Kundennamensraum, also mit »Z« beginnend, einen sprechenden Text sowie die Farbe, mit der die kritische Berechtigung in der Ergebnisliste angezeigt werden soll. Sie können außerdem einen Transaktionscode angeben. Die zu prüfenden Berechtigungsdaten werden nach dem Sichern automatisch in die Berechtigungsdaten übernommen.

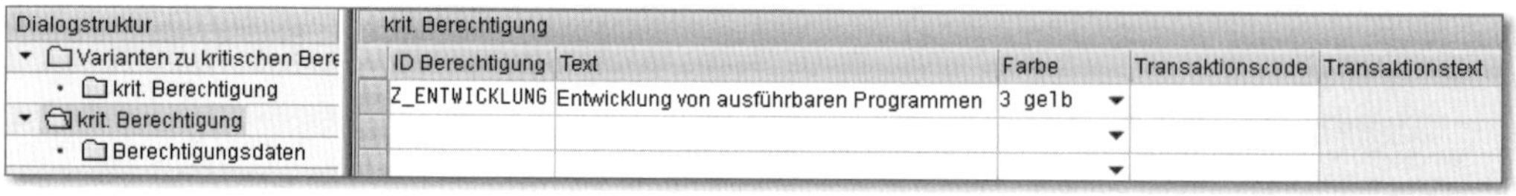

Abbildung 7.4 Kritische Berechtigung hinzufügen

3. Im nächsten Schritt definieren Sie, wie sich diese kritische Berechtigung zusammensetzt (siehe Abbildung 7.5). Die erforderlichen Eintragungen entnehmen Sie der Transaktion SU24 (Pflege der Zuordnungen von Berechtigungsobjekten) sowie Ihren unternehmensspezifischen Anforderungen.

   Das Beispiel in Abbildung 7.5 definiert folgende kritische Berechtigungen für die ID Z_ENTWICKLUNG:

   - S_TCODE (Transaktionsrechte) für die Transaktionen SE37, SE38 oder SE80
   - S_DEVELOP (Entwicklungsrechte) für Objekttyp PROG (Programme) und die Aktivität 02 (Ändern)

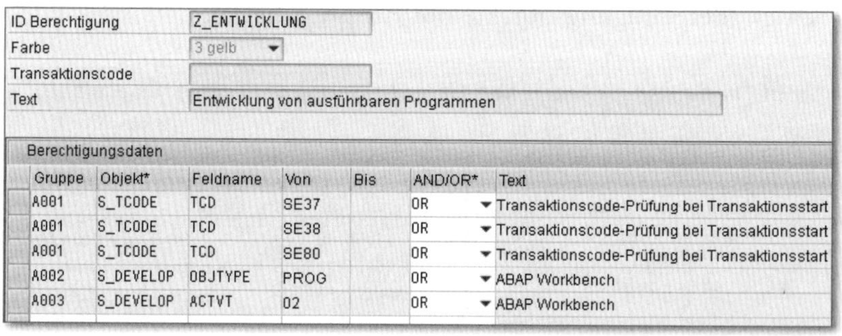

Abbildung 7.5 Berechtigungsdaten zur ID Z_ENTWICKLUNG pflegen

[+]

Definition kritischer Berechtigungen

Beachten Sie bei der Definition kritischer Berechtigungen die Ausführungen in der SAP-Dokumentation unter BENUTZER UND ROLLEN • BENUTZERINFORMATIONSSYSTEM • BENUTZER ÜBER DEN KNOTEN • BENUTZER ERMITTELN • MIT KRITISCHEN BERECHTIGUNGEN (NEUE VERSION, RSUSR008_009_NEW).

4. Schließlich fassen Sie die kritischen Berechtigungen zu einer Selektionsvariante zusammen, mit der dann der Report ausgeführt wird. Legen Sie dazu die Variante in der Sicht VARIANTEN ZU KRITISCHEN BERECHTIGUNGEN an, und ordnen Sie der Variante in der Sicht KRIT. BERECHTIGUNG eine oder mehrere kritische Berechtigungen zu (siehe Abbildung 7.6).

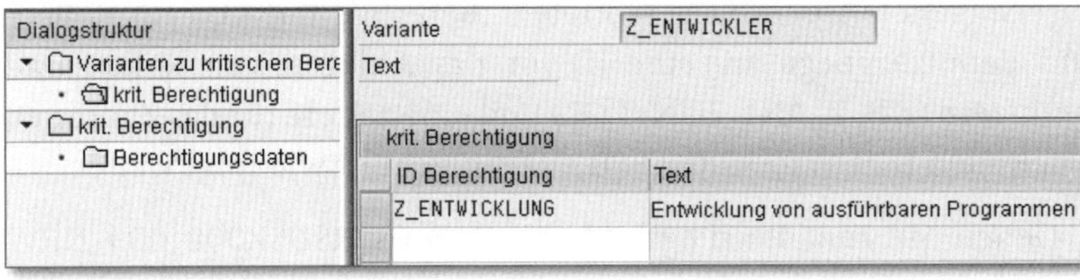

Abbildung 7.6 Kritische Berechtigungen einer Variante zuordnen

5. Gehen Sie nun zurück zum Selektionsbild (siehe Abbildung 7.2), und führen Sie den Report mit einer vorhandenen Variante aus. Jede ID für eine kritische Berechtigung wird in der ausgewählten Farbe und mit den jeweils identifizierten Benutzern angezeigt (siehe Abbildung 7.7). Per Klick auf die ID der kritischen Berechtigung können Sie in die Anzeige/Pflege der kritischen Berechtigungsdaten springen.

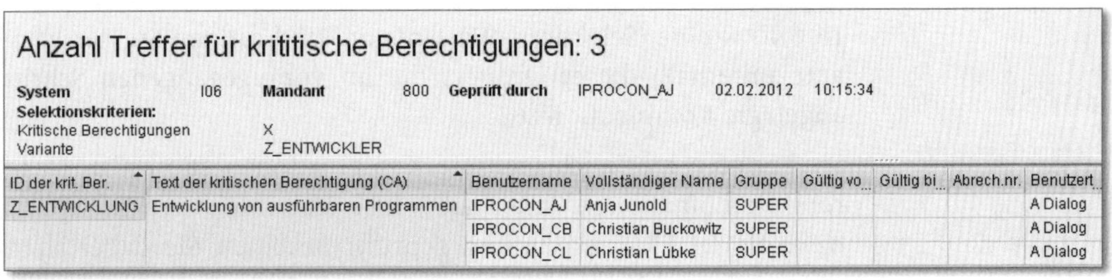

Abbildung 7.7 Anzahl der Treffer für kritische Berechtigungen

Abbildung 7.7 zeigt drei Benutzer, die mindestens eine der in Abbildung 7.5 definierten kritischen Berechtigungen haben – einschließlich der Informationen zu deren Benutzerstammsätzen.

7.1.2 Beispiel »Berechtigungsnachweis«

Berechtigungen kombinieren

Darüber hinaus können Sie IDs kritischer Berechtigungen beliebig kombinieren und Varianten (ähnlich einer Mehrfachselektion) erstellen.

Innerhalb einer Kombination werden die Berechtigungen in einer UND-Verknüpfung geprüft. Der Benutzer muss also alle in der Kombination enthaltenen Berechtigungen besitzen, um selektiert zu werden.

In unserem zweiten Beispiel sollen Sie nachweisen, dass kein Mitarbeiter gleichzeitig Rollen und Benutzer anlegen und Rollen zuordnen darf. Legen Sie dafür zunächst, wie im ersten Beispiel aus dem vorangegangenen Abschnitt beschrieben, Berechtigungs-IDs zur Rollen- und Benutzerpflege an: eine ID für das Anlegen von Rollen und Benutzern (z. B. Z_ANL_BEN_ROL) und eine andere für das Zuordnen von Rollen (z. B. Z_ZUORD_ROL). Dann geht es wie folgt weiter:

1. Gehen Sie zum Einstiegsbild des Reports RSUSR008_009_NEW zurück, und klicken Sie auf den Button Kritische Kombinationen (siehe Abbildung 7.2).
2. Legen Sie im Ordner Kombination eine ID der kritischen Kombination an, wählen Sie eine Farbe, und erfassen Sie die Beschreibung der Kombination.
3. Wechseln Sie zum Ordner Krit. Berechtigung, und ordnen Sie der Kombination die angelegten Berechtigungs-IDs Z_ANL_BEN_ROL und Z_ZUORD_ROL zu. Achtung: Diese IDs werden nun als UND-Verknüpfung geprüft.
4. Legen Sie nun im Ordner Varianten zu krit. Komb. von Berechtigungen eine (Selektions-)Variante an, und ordnen Sie der Variante unterhalb dieses Ordners die im vorangegangenen Schritt angelegte Kombination zu.

   Sie könnten hier auch mehrere Kombinationen zuordnen. Mehrere Kombinationen innerhalb einer Variante werden separat bzw. als ODER-Verknüpfung geprüft! Beachten Sie dabei aber, dass es für die Nachvollziehbarkeit der Prüfergebnisse besser ist, je Variante nur eine Kombination zu pflegen.
5. Wählen Sie im Einstiegsbild des Reports (siehe Abbildung 7.2) die Option für kritische Kombinationen, und tragen Sie die Variante ein. Die Kombinationen werden in den angegebenen Farben und mit den identifizierten Benutzern angezeigt.

[+]

Button »Details anzeigen«

Über den Button (Details anzeigen) können Sie in der Ergebnisliste für einen markierten Benutzer alle diesem Benutzer zugeordneten Rollen mit Berechtigungsdaten anzeigen.

Leider ist die Anzeige der Rollen des Benutzers nicht auf die hier infrage kommenden kritischen Berechtigungen zugeschnitten. Sie sehen tatsächlich alle Rollen, die der Benutzer hat, und nicht – wie vermutlich erwartet – genau die Rollen bzw. die Berechtigungen darin, die die kritischen Werte enthalten.

7.1.3 Weitere Anregungen zum Report »Kritische Berechtigungen«

Beispiele für kritische Berechtigungen

Als Anregung für die konkrete Vergabe kritischer Berechtigungen finden Sie in Tabelle 7.1 einige Beispiele für kritische Berechtigungen aus einem Kundenprojekt.

Berechtigungsobjekt	Feldname	Kritische Inhalte	Kommentar
P_ABAP	ABAP-REPORTNAME	*	Alle Reports werden ohne oder mit reduzierter Berechtigungsprüfung ausgeführt.
P_ABAP	VEREINFACHUNGSGRAD	* / 2	keine Berechtigungsprüfung
S_TCODE	TRANSAKTIONSCODE	PU00-03, PA03, PP01, SA38, SE16	kritische Transaktionen
S_TABU_DIS	AKTIVITÄT	* / 02	direkte Änderungsrechte auf Tabellen
S_TABU_DIS	TABELLEN-BERECHTIGUNGSGRUPPE	* / PA – PZ	kritische PA-Tabellen

Tabelle 7.1 Praxisbeispiele für kritische Berechtigungen

Dies sind Einträge, wie Sie sie in Abbildung 7.5 eintragen würden. Zum Beispiel bedeuten die beiden Einträge für das Berechtigungsobjekt P_ABAP (HR: Reporting) Folgendes:

- Es widerspräche jedem Verständnis eines übersichtlichen Berechtigungskonzepts, die vergebenen Infotypberechtigungen durch den »*« im Feld ABAP-REPORTNAME für alle Reports ins Leere laufen zu lassen.
- Darüber hinaus lohnt sich zumeist die genaue Kontrolle, in welchen Fällen überhaupt eine vollständige Aufhebung der Berechtigungsprüfung vorgesehen ist, also bei welchen Benutzern das Feld »Vereinfachungsgrad« mit dem Maximalwert gefüllt ist.

7.2 HR-Berechtigungs-Workbench: Überblick und Berechtigungsanalyse je Benutzer

Registerkarte »Übersicht«

Die Transaktion HRAUTH (HR-Berechtigungs-Workbench) hat den Report RHUSERRELATIONS ab SAP-Basis-Release 6.20 abgelöst.

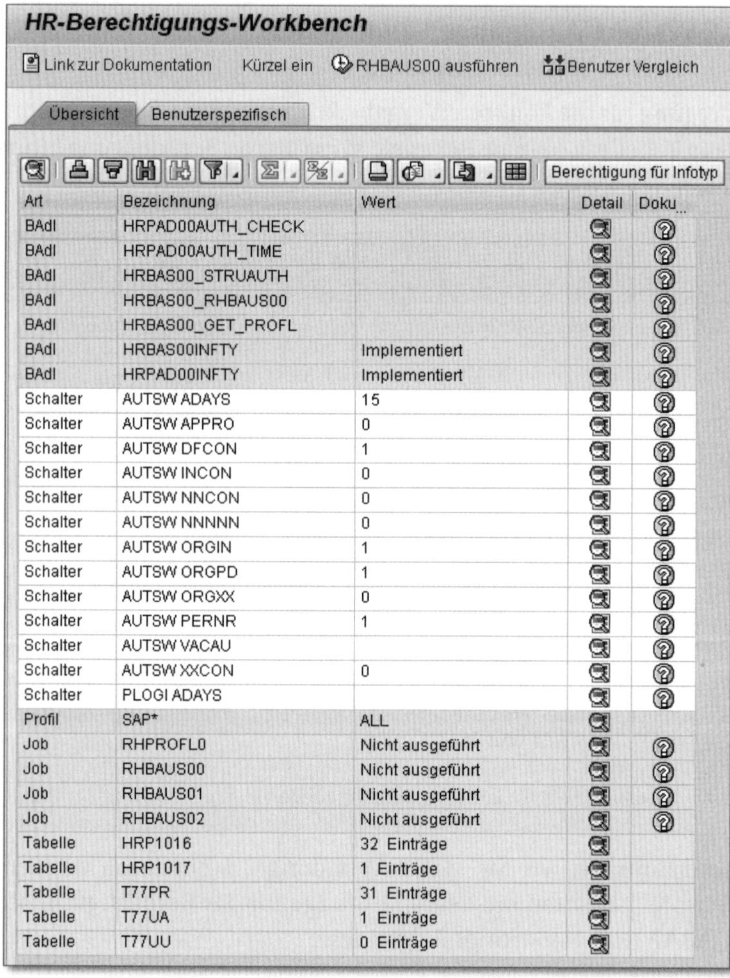

Art	Bezeichnung	Wert	Detail	Doku...
BAdI	HRPAD00AUTH_CHECK			
BAdI	HRPAD00AUTH_TIME			
BAdI	HRBAS00_STRUAUTH			
BAdI	HRBAS00_RHBAUS00			
BAdI	HRBAS00_GET_PROFL			
BAdI	HRBAS00INFTY	Implementiert		
BAdI	HRPAD00INFTY	Implementiert		
Schalter	AUTSW ADAYS	15		
Schalter	AUTSW APPRO	0		
Schalter	AUTSW DFCON	1		
Schalter	AUTSW INCON	0		
Schalter	AUTSW NNCON	0		
Schalter	AUTSW NNNNN	0		
Schalter	AUTSW ORGIN	1		
Schalter	AUTSW ORGPD	1		
Schalter	AUTSW ORGXX	0		
Schalter	AUTSW PERNR	1		
Schalter	AUTSW VACAU			
Schalter	AUTSW XXCON	0		
Schalter	PLOGI ADAYS			
Profil	SAP*	ALL		
Job	RHPROFL0	Nicht ausgeführt		
Job	RHBAUS00	Nicht ausgeführt		
Job	RHBAUS01	Nicht ausgeführt		
Job	RHBAUS02	Nicht ausgeführt		
Tabelle	HRP1016	32 Einträge		
Tabelle	HRP1017	1 Einträge		
Tabelle	T77PR	31 Einträge		
Tabelle	T77UA	1 Einträge		
Tabelle	T77UU	0 Einträge		

Abbildung 7.8 Transaktion HRAUTH

Die HR-Berechtigungs-Workbench enthält eine Reihe neuer Funktionen (siehe Abbildung 7.8), die sich auf der ersten Registerkarte ÜBERSICHT befinden. Sie erhalten hier einen Überblick über die technischen Grundlagen und Einstellungen des HR-Berechtigungswesens. Es sind alle Berechtigungs-BAdIs aufgelistet, und es wird angezeigt, ob eine Implementierung vorliegt. Über den Detail-Button ( ) können Sie außerdem in den BAdI-Builder springen. Darüber hinaus erhalten Sie mithilfe dieses Buttons eine Übersicht über alle Generierungs- und Abgleichreports sowie über die Customizing-Tabellen im Berechtigungswesen. Über den Detail-Button können Sie auch direkt zum Report oder in die Tabellenpflege verzweigen.

Sehr hilfreich ist außerdem der Button Berechtigung für Infotyp. Darüber sehen Sie auf einen Blick, für welche Infotypen das Kennzeichen Zugriffsberechtigung für die datumsabhängige Prüfung der allgemeinen Berechtigung gesetzt ist. Das Kennzeichen stammt aus den Infotypeigenschaften der Tabelle T582A (siehe Kapitel 2, »Allgemeine Berechtigungsprüfung«).

Bereinigung der Tabelle T77UU [+]

Wenn Sie das Support-Package gemäß SAP-Hinweis 1600760 (HRAUTH: Erweiterung der Funktionalität) eingespielt haben, bietet die HR-Berechtigungs-Workbench auch einen Report an, der obsolete Einträge aus der Tabelle T77UU (siehe Abschnitt 3.9, »Performanceoptimierung«) löscht, wenn Sie die Tabelle nutzen, um für einige Benutzer in regelmäßigen Abständen das SAP-Memory mit den erlaubten Objekten für die strukturelle Berechtigungsprüfung zu füllen.

Registerkarte »Benutzerspezifisch«

Auf der zweiten Registerkarte Benutzerspezifisch finden Sie zu einem selektierten Benutzer folgende Auswertungen (siehe Abbildung 7.9):

- die Organisationseinheiten, denen der Benutzer zugeordnet ist bzw. die er leitet
- die Person und den Gültigkeitszeitraum des Benutzers aus Infotyp 0105
- die Rollen und Standardprofile, denen der Benutzer über die Rollenpflege, über Infotyp 1016 oder über Infotyp 1001, Subtyp 007, zugeordnet ist
- die HR-Berechtigungsobjekte mit den Feldwerten
- die strukturellen Profile, denen der Benutzer zugeordnet ist
- Angaben zur Indexierung, falls diese zur Performanceoptimierung eingesetzt wird

Aufgrund der Verlinkungen zu allen benötigten Customizing-Tabellen einschließlich der Rollenpflege (Transaktion PFCG) bietet es sich an, die Transaktion HRAUTH nicht nur zur Analyse, sondern auch als Einstiegstransaktion für die Berechtigungspflege zu nutzen. Damit kann sich der Berechtigungsadministrator zunächst einen Überblick über die allgemeinen und strukturellen Berechtigungen eines Benutzers verschaffen, bevor er Änderungen an den Berechtigungen vornimmt.

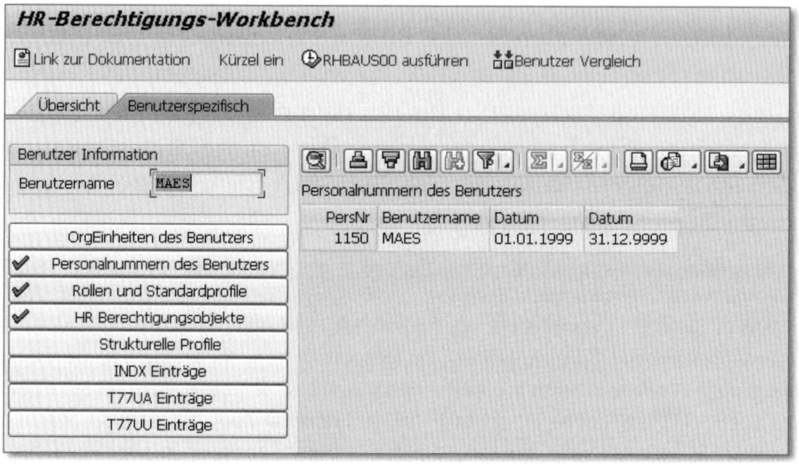

Abbildung 7.9 Auswertungen zu einem selektierten Benutzer

Der Nachteil der Transaktion HRAUTH ist, dass Sie keinen Gesamtüberblick über alle zugeordneten Berechtigungsobjekte erhalten. Dabei hilft Ihnen die im folgenden Abschnitt vorgestellte Transaktion SU56.

7.3 Überblick über alle Berechtigungsobjekte eines Benutzers

Die Transaktion SU56 gibt Ihnen einen guten Gesamtüberblick darüber, welche Berechtigungsobjekte mit welchen Ausprägungen einem Benutzer zugeordnet sind. Die Transaktion listet bei Aufruf zunächst für den angemeldeten Benutzer alle im Puffer eingetragenen Berechtigungen auf (siehe Abbildung 7.10).

[!] **Aktualität des Puffers**

Der Puffer wird nach jeder Anmeldung neu gefüllt. Er ist also nicht aktuell, wenn nach einer Anmeldung am System die Berechtigungen über die Rollenpflege geändert wurden.

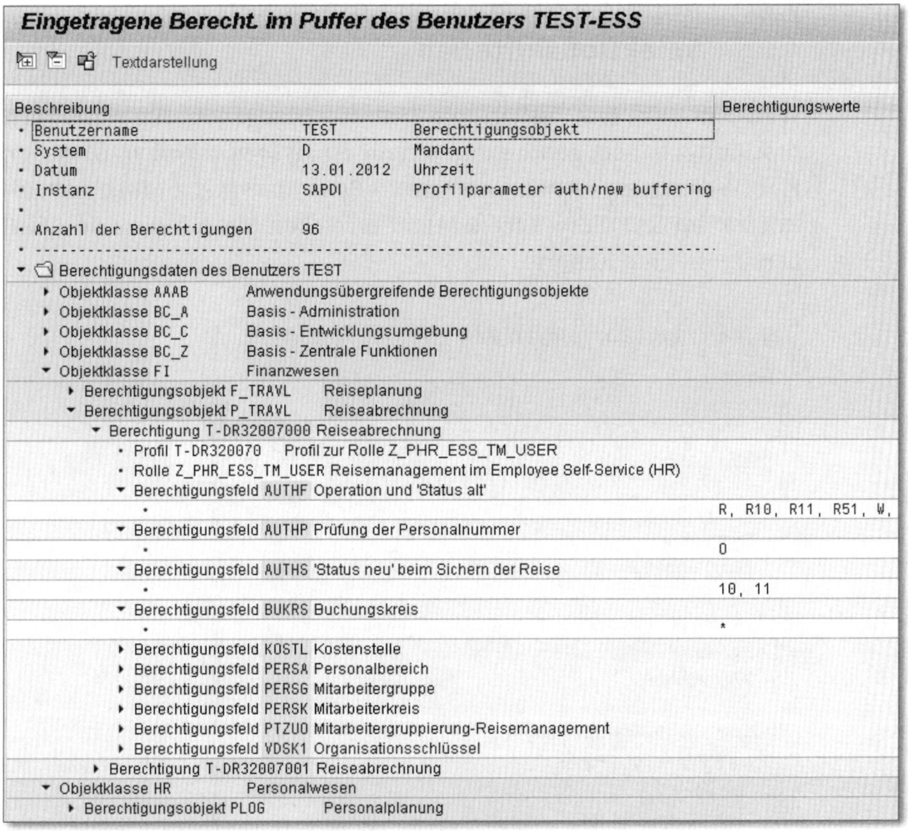

Abbildung 7.10 Alle Berechtigungsobjekte eines Benutzers

Über den Button können Sie auch einen anderen Benutzer selektieren. Außerdem können Sie über diesen Button die Anzeige der Berechtigungsobjekte z.B. auf P_* beschränken.

Verwendung der Transaktion SU56 [zB]

Wenn Sie z.B. wissen möchten, ob ein Benutzer das Berechtigungsobjekt P_TRAVL besitzt, über welche Rolle bzw. welches Profil es zugeordnet ist und welche Ausprägungen es hat, starten Sie am besten diese Transaktion.

Diese Anwendung ist ebenfalls hilfreich bei der Prüfung von Berechtigungsfehlern. Sind Sie z.B. der Meinung, ein bestimmtes Berechtigungsobjekt sei dem Benutzer nicht zugeordnet, weil es in keiner der Rollen auftaucht, die im Benutzerstammsatz stehen, schauen Sie noch einmal in den Puffer (Transaktion SU56). Vielleicht existiert noch eine alte Zuordnung zwischen Profil und Benutzer aus der Zeit vor der Umstellung von Profilen auf Rollen.

7.4 Report »Rollen nach komplexen Selektionskriterien«

Während wir uns bisher mit benutzerbezogenen Auswertungen beschäftigt haben, geht es nun um die Analyse von Rollen. Über den Pfad WERKZEUGE • ADMINISTRATION • BENUTZERPFLEGE • INFOSYSTEM • ROLLEN im SAP Easy Access-Menü erreichen Sie die dazu von SAP bereitgestellten Reports.

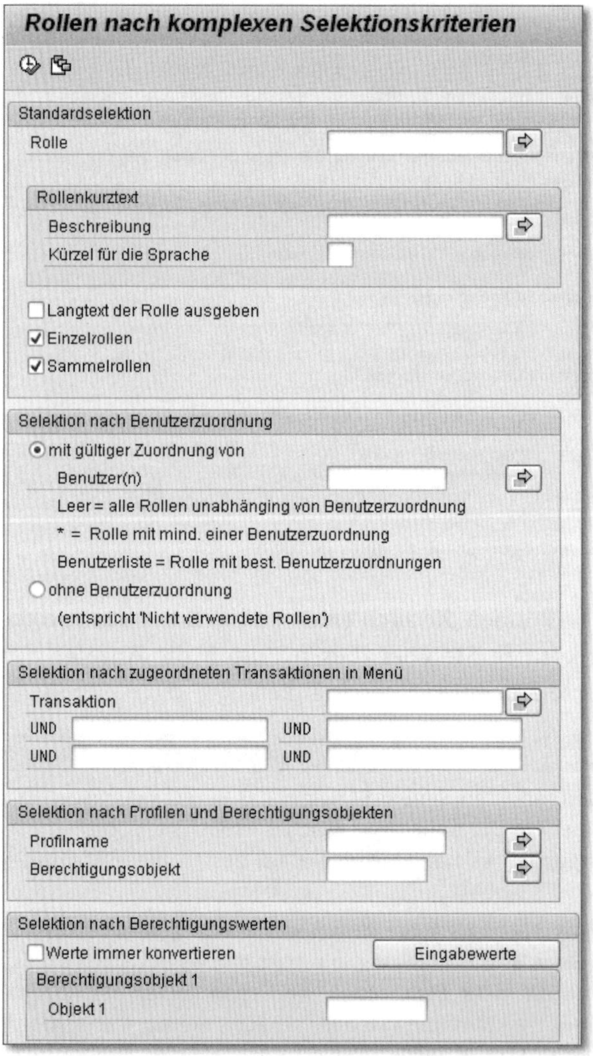

Abbildung 7.11 Selektionsbild des Reports »Rollen nach komplexen Selektionskriterien«, oberer Teil

Der erste Report »Rollen nach komplexen Selektionskriterien« enthält sämtliche Möglichkeiten der anderen Reports in einem einzigen Selektionsbildschirm. Da dieser Selektionsbildschirm sehr umfangreich ist, gehen wir ihn schrittweise durch. Abbildung 7.11 zeigt den oberen Teil.

Die ersten Selektionsmöglichkeiten sind folgende:

- **Bereich »Standardselektion«, Feld »Rolle«**
  Hierüber können Sie nach bestimmten Rollen suchen, auch teilqualifiziert (z.B. mit ZHR*).
- **Bereich »Selektion nach Benutzerzuordnung«**
  Es werden nur die Rollen selektiert, die bestimmten Benutzern (oder gar keinen Benutzern) zugeordnet sind.
- **Bereich »Selektion nach zugeordneten Transaktionen im Menü«**
  Hier werden die Rollen danach gesucht, ob sie einer bestimmten Transaktion zugeordnet sind.
- **Bereich »Selektion nach Profilen und Berechtigungsobjekten«**
  Hierüber wird nach Rollen mit bestimmten Profilen und Berechtigungsobjekten selektiert.

Wie Abbildung 7.12 zeigt, können Sie über den Button EINGABEWERTE im Bereich SELEKTION NACH BERECHTIGUNGSWERTEN die Felder zu einem bestimmten, vorher ausgewählten Berechtigungsobjekt (hier das Objekt PLOG) einblenden lassen. Die Abbildung zeigt auch die untere Hälfte des Reports.

Unter SELEKTION NACH BERECHTIGUNGSWERTEN tragen Sie z.B. im Feld PLANVARIANTE die gewünschten Feldwerte ein und erhalten in der Liste alle Rollen, in denen Berechtigungen mit den gewählten Feldwerten des selektierten Berechtigungsobjekts enthalten sind.

Zu den weiteren in Abbildung 7.12 dargestellten Selektionsfeldern gehören folgende:

- **Selektion nach Feldname**
  Hier können Sie unabhängig von einem bestimmten Berechtigungsobjekt einen Feldnamen und Werte dazu eingeben, z.B. das Feld AUTHC (Berechtigungslevel), das in den Berechtigungsobjekten P_ORGIN, P_ORGINCON, P_ORGXX, P_ORGXXCON und P_PCLX vorkommt.

- **Selektion nach MiniApps**
  Suche nach Rollen, die in der Rollenpflege über die Registerkarte MiniApps bestimmten MiniApps zugeordnet sind
- **Weitere Selektionskriterien**
  Selektion nach Änderungsinformationen zur Rolle

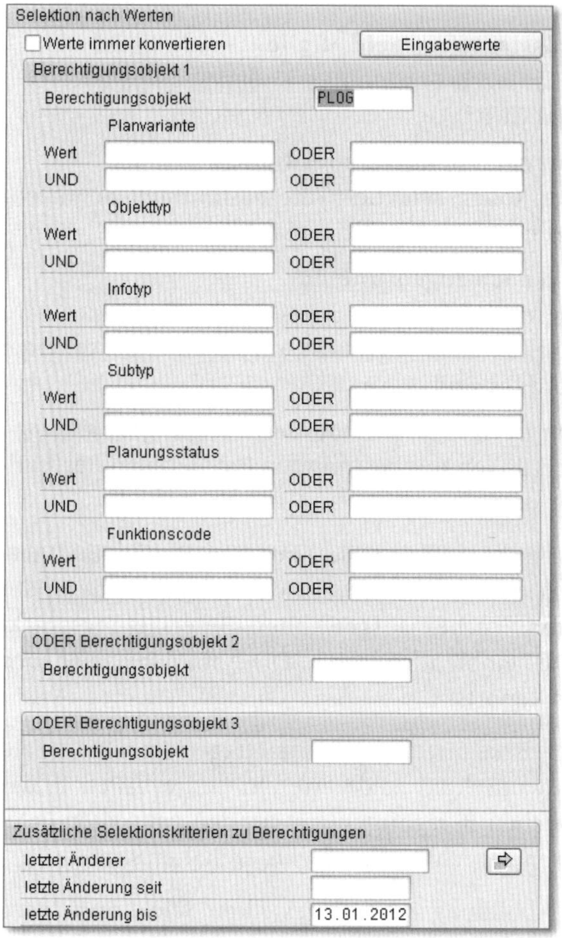

Abbildung 7.12 Selektionsbild des Reports »Rollen nach komplexen Selektionskriterien«, unterer Teil – Werte zu Berechtigungsobjekt PLOG – aufgeklappt

[+]

Besondere Feldselektionen (im Feldnamen)

Es gibt einige Tricks, die Ihnen helfen werden, erfolgreich nach den gesuchten Rollen zu selektieren:

- Wenn Sie explizit den Feldinhalt »*« in den Berechtigungen suchen, geben Sie ein: #*.

- Wenn Sie leere Berechtigungsfelder suchen, geben Sie ein: ' ' (Leerzeichen in Hochkommata eingeschlossen).
- Wenn Sie beliebige Inhalte in einem Feld suchen, geben Sie ein: *.
- Wenn Sie wissen möchten, ob ein Berechtigungsobjekt überhaupt beim Benutzer vorkommt, tragen Sie nur das Objekt ohne Angabe des Feldnamens ein.

Diese Vorgehensweisen funktionieren auch bei allen ähnlichen Reports des Benutzerinformationssystems einschließlich des Reports für die kritischen Berechtigungen RSUSR008_009_NEW (siehe SAP-Hinweis 984667).

Abbildung 7.13 zeigt den Anfang der Liste der Rollen, die über bestimmte Feldwerte selektiert wurden. Per Doppelklick auf eine Rolle gelangen Sie in die Anzeige der Details zu dieser Rolle.

Anzahl der selektierten Rollen: 18

Rolle	Ty...	Bezeichnung der Rolle
SAP_EMPLOYEE		Employee Self-Service
SAP_FI_TV_ADMINISTRATOR		Reisesachbearbeiter
SAP_FI_TV_MANAGER_GENERIC		Reisegenehmiger
SAP_FI_TV_TRAVEL_ASSISTANT		Reiseassistent
SAP_FI_TV_TRAVEL_MANAGER		Reisemanager
SAP_FI_TV_TRAVELER		Reisender
SAP_RE_APPL		Real Estate Management (einschließlich Administration und Customizing)
Y_PHR_PORTAL_ESS_USER		Sammelrolle für ESS-User im NetweaverPortal
Y_PHR_PORTAL_MSS_USER		Sammelrolle für MSS-User im Portal

Abbildung 7.13 Liste mit Rollen zu bestimmten Feldwerten eines Berechtigungsobjekts

7.5 Zuordnung von Einzelrollen zu Sammelrollen

In Kapitel 2, »Allgemeine Berechtigungsprüfung«, haben wir Ihnen erläutert, wann es sinnvoll ist, Einzelrollen zu Sammelrollen zusammenzufassen. Um einen Überblick darüber zu bekommen, welche Einzelrollen in welchen Sammelrollen zusammengefasst worden sind, gibt es zwei Möglichkeiten, nämlich die Rollenpflege oder den Data Browser zu verwenden.

Transaktion PFCG

Starten Sie entweder die Transaktion PFCG (Rollenpflege), und wählen Sie im Dropdown-Menü des Buttons ANSICHTEN den Eintrag ROLLEN IN SAMMELROLLEN. Sie sehen zunächst alle Sammelrollen ( ), die Sie über das kleine Dreieck aufklappen können (siehe Abbildung 7.14). Darunter hängen die Einzelrollen ( ). Über den Button DOKUMENTATION EINBLENDEN können Sie sich rechts im Bild die Online-Dokumentation zur ausgewählten (Standard-)Rolle anzeigen lassen.

Rollen in Sammelrollen	Bezeichnung	Zielsystem
▾ SAP_EMPLOYEE_ERP	Employee Self-Service	
• SAP_BC_EMPLOYEE	Employee Self-Service (BC)	
• SAP_BC_ENDUSER	Unkritische Basisberechtigungen für alle Benutzer	
• SAP_ESSUSER_ERP	Employee Self-Service (HR)	
• SAP_HR_EMPLOYEE_DE_ERP	Employee Self-Service Deutschland	
• SAP_HR_EMPLOYEE_US_ERP	Employee Self-Service USA	
• SAP_HR_PA_XF_EXPERT	HR Expert Finder: Experte	
▸ SAP_EMPLOYEE_ERP05	Sammelrolle für alle länderspezifischen Funktionen	
▸ SAP_EMPLOYEE_ERP_13	Sammelrolle für alle länderspezifischen Funktionen	
▸ SAP_EMPLOYEE_ERP_15	Sammelrolle für alle länderspezifischen Funktionen	

Abbildung 7.14 Transaktion PFCG: Rollen in Sammelrollen

Transaktion SE16

Oder rufen Sie die Transaktion SE16 (Data Browser: Einstieg) auf, und geben Sie den Tabellennamen AGR_AGRS ein. In der Spalte AGR_NAME stehen die Sammelrollen, in der Spalte CHILD_AGR die zugeordneten Einzelrollen (siehe Abbildung 7.15).

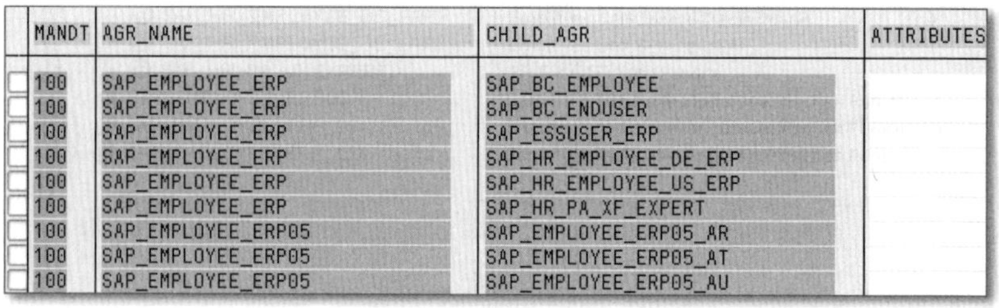

MANDT	AGR_NAME	CHILD_AGR	ATTRIBUTES
100	SAP_EMPLOYEE_ERP	SAP_BC_EMPLOYEE	
100	SAP_EMPLOYEE_ERP	SAP_BC_ENDUSER	
100	SAP_EMPLOYEE_ERP	SAP_ESSUSER_ERP	
100	SAP_EMPLOYEE_ERP	SAP_HR_EMPLOYEE_DE_ERP	
100	SAP_EMPLOYEE_ERP	SAP_HR_EMPLOYEE_US_ERP	
100	SAP_EMPLOYEE_ERP	SAP_HR_PA_XF_EXPERT	
100	SAP_EMPLOYEE_ERP05	SAP_EMPLOYEE_ERP05_AR	
100	SAP_EMPLOYEE_ERP05	SAP_EMPLOYEE_ERP05_AT	
100	SAP_EMPLOYEE_ERP05	SAP_EMPLOYEE_ERP05_AU	

Abbildung 7.15 Transaktion SE16: Rollen in Sammelrollen

7.6 Weitere SAP-Standardauswertungen

Es gibt noch drei interessante Auswertungsmöglichkeiten, die wir Ihnen noch vorstellen möchten.

- **Report »Benutzer nach Anmeldedatum und Kennwortänderung«**
  Den Report Benutzer nach Anmeldedatum und Kennwortänderung erreichen Sie im SAP Easy Access-Menü über Werkzeuge • Administration • Benutzerpflege • Infosystem • Benutzer. Er informiert darüber, wann sich ein Benutzer zuletzt angemeldet hat und ob er sein Kennwort dabei geändert hat. Im umfangreichen Selektionsbild können Sie nicht nur nach Tagen seit der letzten Anmeldung oder Kennwortänderung selektieren, sondern ebenfalls nach folgenden Kriterien:

  - Gültigkeit des Benutzers
  - Sperre des Benutzers
  - Benutzer mit Falschanmeldungen
  - Benutzertyp
  - Status des Kennworts (gültig, Initialkennwort, inaktiv)

- **Report »Vergleiche«**
  Der Report VERGLEICHE (WERKZEUGE • ADMINISTRATION • BENUTZERPFLEGE • INFOSYSTEM • VERGLEICHE • VON BENUTZERN) erlaubt auch den Vergleich von Benutzern aus verschiedenen Systemen.
- **Report »Änderungsbelege für Benutzer«**
  Änderungen im Berechtigungswesen werden automatisch dokumentiert. Abbildung 7.16 zeigt den Report, der dies auswertet. Im Report ÄNDERUNGSBELEGE FÜR BENUTZER (WERKZEUGE • ADMINISTRATION • BENUTZERPFLEGE • INFOSYSTEM • ÄNDERUNGSBELEGE • FÜR BENUTZER) kann sowohl nach dem ändernden Benutzer (Feld ÄNDERUNGEN DURCH) als auch dem zu ändernden Benutzer (Feld BENUTZER) selektiert werden.

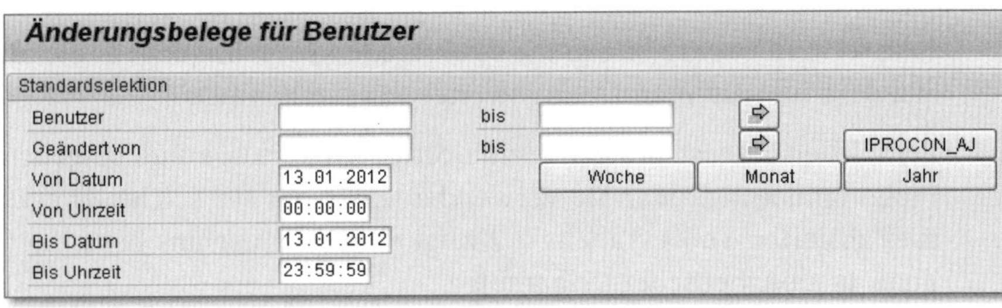

Abbildung 7.16 Report »Änderungsbelege für Benutzer«

7.7 Add-on-Produkte zur Analyse von HCM-Berechtigungen

Grenzen des Standard-Reportings

Die Grenze des SAP-Standard-Reportings zu den Berechtigungen in HCM ist in der Regel dann erreicht, wenn es um eine übersichtliche Darstellung von Berechtigungsinhalten geht. Zum Beispiel wünscht man sich einen inhaltlichen Überblick über die Rechte eines Benutzers im Veranstaltungsmanagement, insbesondere im Berechtigungsobjekt PLOG (Personalplanung). Abbildung 7.17 veranschaulicht dies anhand einer manuell erstellten Excel-Tabelle.

	A	B	C	D	E	F	G
1	Objekttyp	Infotyp	Subtyp	Änzeigen	Ändern		
2	D	*	*	x	x		
3	E	*	*	x	x		
4	F	1000	*	x	x		
5	F	1001	A003	x	x		
6	F	1001	A024	x	x	AEND, DEL, INSE	
7	F	1001	B003	x	x		
8	F	1001	B024	x	x		
9	F	1001	*	x			
10	F	1002	*	x			
11	F	1027	*	x			
12	F	1028	*	x			
13	F	1061	*	x			
14	G	*	*	x	x		
15	H	*	*	x	x		
16	KI	*	*	x	x		
17	KU	*	*	x	x		
18	L	*	*	x			
19	L	1000	*	x	x		
20	L	1001	A003	x	x		
21	L	1001	A020	x	x		
22	L	1001	A021	x	x		
23	L	1001	A022	x	x		
24	L	1001	B003	x	x		
25	L	1001	B020	x	x		
26	L	1001	B021	x	x		
27	L	1001	B022	x	x		
28	L	1001	B024	x	x		

Abbildung 7.17 PLOG-Berechtigungen aus verschiedenen Rollen

Eine weitere Grenze bilden die strukturellen Berechtigungen, die im Standard nur rudimentär ausgewertet werden können.

Add-on-Produkte

Bei solchen Fragestellungen greifen Sie entweder zur kundeneigenen Programmierung, oder Sie verwenden eines der für solche Zwecke spezialisierten Tools. Tabelle 7.2 zeigt eine Liste der uns bekannten Tools in alphabetischer Reihenfolge.

Name des Tools	Hersteller	URL
Audit & Compliance Tool	Accenture	*www.accenture.de*
CheckAud	IBS Schreiber GmbH	*www.checkaud.de*
DSR (Dynamic Security Recording)	Honico Consulting und Management GmbH	*www.honico.de*
eQSmart	Deloitte	*www.deloitte.com*
GRC	SAP – Vertrieb HCM	*SAP – Vertrieb HCM*
Mesaforte	wikima4	*www.wikima4.com*
SAST	Akquinet enterprise solutions gmbh	*www.akquinet.de*

Tabelle 7.2 Verfügbare Add-on-Produkte

Folgende Überlegungen könnten bei der Auswahl eines entsprechenden Berechtigungs-Tools hilfreich sein:

- **Läuft das Tool innerhalb des SAP-Systems oder außerhalb?**
  Der Vorteil eines Tools innerhalb des SAP-Systems ist die bessere Integration in die SAP-Prozesse. Der Vorteil eines Tools, das von außerhalb zugreift, ist die Unabhängigkeit der Arbeit vom SAP-Zugriff.
- **Werden die Ergebnisse der durchgeführten Prüfungen extern gespeichert?**
  Ergebnisse, die außerhalb des SAP-Systems gespeichert werden, können auch ohne aktuellen SAP-Zugriff ausgewertet werden.
- **Können Prüfergebnisse verschiedener Zeitpunkte miteinander verglichen werden?**
  Dies hilft bei der Bewertung, wie Prüfungsergebnisse umgesetzt wurden.
- **Können eigene Kriterien für die Prüfung definiert werden?**
  Dies ist z.B. wichtig für kundeneigene Berechtigungsobjekte.
- **Kann das Tool strukturelle Berechtigungen und Kontextberechtigungen prüfen?**
  Wenn Sie diese Werkzeuge im Einsatz haben, ist deren Auswertung sicherlich essenziell.
- **Ist die Prüfung von Exits, BAdIs und Funktionsbausteinen möglich?**
  Ob Sie dies brauchen und wie eine solche Prüfung auszusehen hat, hängt von Ihrem Berechtigungskonzept ab.
- **Ist eine Coding-Prüfung für kundeneigene Reports enthalten?**
  Gerade Unternehmen mit vielen kundeneigenen Reports wären für solche Hilfsmittel dankbar.
- **Erfolgt eine Verwaltung und Protokollierung von Notfall-Usern?**
  Diese sind in der Praxis unverzichtbar. Umso wichtiger ist eine gute Kontrolle ihrer Anwendung.
- **Gibt es eine Überwachung und Protokollierung von Downloads?**
  Wenn Sie nicht ganz auf Download-Berechtigungen verzichten möchten, hilft oft eine Protokollierung der tatsächlich durchgeführten Downloads, um Missbrauch zu vermeiden.

- **Gibt es eine Rollen- und Berechtigungsverwaltung direkt im SAP-System?**
  Diese mögliche Funktion ist eher ein Zusatznutzen als notwendig für die Analysefunktion.
- **In welchen Sprachen steht das Tool zur Verfügung?**
- **Können Prüfergebnisse innerhalb des Tools/innerhalb von SAP ERP HCM dokumentiert werden?**
  Diese Frage ergänzt einige der bereits gestellten um den Aspekt der kundeneigenen Dokumentation.

7.8 Fazit

Auswertungen in den HCM-Berechtigungen sind wichtig, und zwar zu unterschiedlichen Zwecken: Bei der gezielten Suche nach Informationen hilft oft das Benutzerinformationssystem (Transaktion SUIM) und dort oft der in Abschnitt 7.4 beschriebene Report »Rollen nach komplexen Selektionskriterien«.

Den besten Überblick über das Customizing Ihrer Berechtigungen gibt die Transaktion HRAUTH (HR-Berechtigungs-Workbench).

Eine regelmäßige Überprüfung auf kritische Berechtigungen liefert mit Einschränkungen der Standardreport RSUSR008_009_NEW (siehe Abschnitt 7.1, »Analyse von Benutzern mit kritischen Berechtigungen«). Bessere Informationen erhalten Sie im kundeneigenen Reporting oder über eines der in Abschnitt 7.7, »Add-on-Produkte zur Analyse von HCM-Berechtigungen«, aufgeführten Tools.

Ähnliches gilt auch für die häufig sehr komplexen Anforderungen aus Revision, Audit oder anderen Überprüfungen Ihres Berechtigungskonzepts.

Wie gehen Sie als Programmierer vor, wenn Sie bei kundeneigenen Entwicklungen korrekte Berechtigungsprüfungen durchführen wollen? In diesem Kapitel erfahren Sie, welche technischen Mittel Ihnen hier zur Verfügung stehen. Außerdem geben wir Ihnen einige Hinweise zu den Berechtigungen für die Programmentwickler.

8 Berechtigungen in der Programmierung

Die Programmierung von Berechtigungsprüfungen in kundeneigenen Reports ist ein Thema, das in HCM-Projekten nicht vernachlässigt werden sollte. Neben den logischen Datenbanken spielt dabei eine Reihe anderer Werkzeuge eine Rolle.

8.1 Berechtigungen ohne logische Datenbanken

Ein Programmierer wird immer als Erstes versuchen, für die Umsetzung einer Anforderung eine der logischen Datenbanken zu verwenden. Welche das sind, können Sie in Abschnitt 5.17.1, »Logische Datenbanken«, nachlesen. Dort ist auch beschrieben, welche Berechtigungsprüfungen durch die jeweilige logische Datenbank durchgeführt werden.

Logische Datenbanken reichen nicht aus

Nun gibt es Situationen, in denen die Verwendung einer logischen Datenbank nicht ausreicht. Dies können z.B. folgende Situationen sein:

- notwendige Prüfungen auf Berechtigungsobjekte, die nicht durch die logische Datenbank durchgeführt werden (z.B. Cluster-Berechtigungsobjekt P_PCLX)
- Lesen von Daten, die zu einer logischen Datenbank gehören, die nicht die eigentliche logische Datenbank des Reports ist (z.B.

Lesen von Personaladministrationsdaten aus Reports des Organisationsmanagements)

- Reports mit kritischer Performance, für die die logische Datenbank zu langsam ist
- Lesen von HCM-Daten in Funktionsbausteinen oder Methoden, die nicht von einem Report aufgerufen werden, z.B. aus anderen ERP-Komponenten, aus User-Exits/BAdIs oder aus Webapplikationen (die logische Datenbank ist nur für Reports anwendbar)

In diesen Fällen müssen die Berechtigungsprüfungen in der Programmierung enthalten sein. Hierfür gibt es verschiedene Methoden, die wir in den folgenden Abschnitten vorstellen.

8.1.1 SAP-Funktionsbausteine mit Berechtigungsprüfung

Berechtigungsprüfung in Standard-Routinen

Am besten ist es grundsätzlich, zum Lesen der Daten bereits vorhandene SAP-Funktionsbausteine/Methoden zu verwenden. Für jede der einzelnen HCM-Komponenten gibt es solche Routinen, die auch in der Regel alle benötigten Berechtigungsprüfungen durchführen.

Im Folgenden sind die wichtigsten Funktionsbausteine zum Lesen von Daten aus dem Personalstamm und aus dem Organisationsmanagement exemplarisch aufgelistet:

- **Funktionsbaustein HR_READ_INFOTYPE**
  Lesen von Infotypen der Personaladministration und der (alten) Personalbeschaffung
- **Funktionsbaustein HR_READ_SUBTYPE**
  Lesen von Infotypen und Subtypen der Personaladministration und der (alten) Personalbeschaffung
- **Funktionsbaustein RH_READ_INFTY**
  Lesen beliebiger Infotypen der Tabellen HRP* (mit den Daten von Organisationsmanagement, Veranstaltungsmanagement und allen übrigen HCM-Komponenten außerhalb von Personaladministration und Bewerbermanagement)
- **Funktionsbaustein RH_STRUC_GET**
  Lesen von Objekten des Organisationsmanagements anhand von Auswertungswegen

8.1.2 Berechtigungsprüfung mit SAP-Funktionsbausteinen ausschalten

Das Ausschalten von Berechtigungsprüfungen ist mit großer Vorsicht zu betrachten. In der Regel werden Sie so etwas in Ihren Entwicklungsrichtlinien entweder generell untersagen oder zumindest unter hohe Prüfanforderungen stellen. In Einzelfällen kann es jedoch notwendig werden, die Berechtigungsprüfung beim Lesen bestimmter Personaldaten auszuschalten. Dies geschieht zum einen aus fachlichen Gründen, wie das folgende Beispiel zeigt.

[zB]

Berechtigungsprüfung beim Lesen bestimmter Personaldaten ausschalten

Benutzer dürfen z.B. den Infotyp 0008 (Basisbezüge) nicht sehen. In einer Liste für diese Benutzer soll aber die Tarifgruppe-/stufe erscheinen. Und diese ist im Infotyp 0008 gespeichert. Im Standard müssten Sie den Benutzern Leseberechtigung auf Infotyp 0008 geben. Damit könnten diese z.B. in der Transaktion PA20 (Personalstammdaten anzeigen) die vollständigen Gehaltsdaten sehen. Wenn Sie im Report nur die Tarifgruppe/-stufe sehen sollen, muss der Report entweder ganz ohne Berechtigungsprüfung arbeiten (Berechtigungsobjekt P_ABAP, Vereinfachungsgrad 2, siehe Abschnitt 5.17.3, »Berechtigungsobjekt P_ABAP«), oder der kundeneigene Report arbeitet beim Lesen des Infotyps 0008 ohne Berechtigungsprüfung.

Performanceaspekte

Darüber hinaus können Performancegesichtspunkte dazu führen, Berechtigungsprüfungen für bestimmte Datenzugriffe oder in bestimmten Reports auszuschalten. Dabei kann es wichtig sein, das Ausschalten getrennt nach allgemeiner und struktureller Prüfung durchzuführen.

Ausschalten der Prüfung durch Parameter

Am einfachsten ist das Ausschalten der Berechtigungsprüfung im Organisationsmanagement bzw. in allen Komponenten von SAP ERP HCM, die mit den Tabellen HRP* arbeiten. Hier sind nahezu alle Funktionsbausteine, die Infotypen lesen, mit Import-Parametern zum Ausschalten der Berechtigungsprüfung versehen. Als Beispiel sei der Funktionsbaustein `RH_READ_INFTY` genannt. Er verfügt über zwei Import-Parameter, die für die Prüfung von Berechtigungen relevant sind. Der erste Parameter, der die allgemeine Berechtigungsprüfung steuert, heißt `authority`. Der zweite Parameter `with_stru_auth` dient dazu, die strukturelle Berechtigung zu prüfen. Listing 8.1 zeigt das Lesen des kundeneigenen Infotyps 9605.

```
CALL FUNCTION 'RH_READ_INFTY'
  EXPORTING
    authority            = 'DISP'
    with_stru_auth       = 'X'
    infty                = '9605'
    begda                = p9603-begda
    endda                = p9603-endda
  TABLES
    innnn                = i9605
    OBJECTS              = i_object
  EXCEPTIONS
    all_infty_with_subty = 1
    nothing_found        = 2
    no_objects           = 3
    wrong_condition      = 4
    wrong_parameters     = 5
    OTHERS               = 6.
```

Listing 8.1 Lesen eines Infotyps mit eingeschalteter Berechtigungsprüfung im Organisationsmanagement

Die geforderte allgemeine Berechtigung ist das Lesen (Funktionscode DISP). Außerdem ist die strukturelle Berechtigungsprüfung eingeschaltet. Zum Ausschalten der allgemeinen Berechtigungsprüfung müssen Sie unter dem Parameter `authority` den Wert » « (Leerzeichen) eintragen. Zum Ausschalten der strukturellen Prüfung tragen Sie unter dem Parameter `with_stru_auth` ebenfalls ein » « (Leerzeichen) ein.

Infotypen PA* und PB*

Für die Personaladministration und das (alte) Bewerbermanagement arbeitet der Funktionsbaustein `HR_READ_SUBTYPE` mit einem Import-Parameter (`NO_AUTH_CHECK`) zum Ausschalten der Berechtigungsprüfung. Diese kann jedoch nur generell gesteuert werden. Eine Differenzierung nach allgemeiner und struktureller Berechtigung ist nicht möglich.

Der Baustein `HR_READ_INFOTYPE` liest ebenfalls die Infotypen der Personaladministration und des (alten) Bewerbermanagements. Er verfügt allerdings nicht über einen Parameter zur Steuerung der Berechtigungsprüfung.

Ausschalten der Prüfung durch Baustein

Um mit dem Funktionsbaustein `HR_READ_INFOTYPE` arbeiten zu können und dennoch in bestimmten Situationen die Berechtigungsprüfung zu umgehen, verwenden Sie den speziellen Funktionsbaustein `HR_READ_INFOTYPE_AUTHC_DISABLE`. Dieser deaktiviert die Berechtigungsprüfung in Personaladministration und (altem) Bewerbermanagement, und zwar für genau einen Zugriff. Das heißt, beim nächsten Aufruf von HR_READ_INFOTYPE ist die Berechtigungsprüfung wieder aktiv.

Listing 8.2 zeigt das Ausschalten der Berechtigungsprüfung beim Lesen von Infotyp 0008.

```
call function 'HR_READ_INFOTYPE_AUTHC_DISABLE'.
CALL FUNCTION 'HR_READ_INFOTYPE'
  EXPORTING
   tclas                    = 'A'
   pernr                    = pernr-pernr
   infty                    = '0008'
   begda                    = pn-begda
   endda                    = pn-endda
*    BYPASS_BUFFER            = ' '
*    LEGACY_MODE              = ' '
* IMPORTING
*    SUBRC                    =
  TABLES
    infty_tab                = p0008
 EXCEPTIONS
   INFTY_NOT_FOUND          = 1
   OTHERS                   = 2
```

Listing 8.2 Ausschalten der Berechtigungsprüfung beim Lesen von Infotyp 0008

Funktionsbausteine zum Ausschalten der Berechtigungsprüfung im OM

Im Organisationsmanagement gibt es ebenfalls Funktionsbausteine zum Ein- und Ausschalten der Berechtigungsprüfung:

- **Funktionsbaustein RH_AUTHORITY_CHECK_OFF**
  Die Berechtigungsprüfung wird generell abgeschaltet (allgemeine und strukturelle gleichzeitig). Im Gegensatz zu dem entsprechenden Baustein für PA-Infotypen bleibt die Prüfung so lange abgeschaltet, bis sie wieder eingeschaltet wird (s. u.).
- **Funktionsbaustein RH_AUTHORITY_CHECK_ON**
  Die Berechtigungsprüfung wird generell eingeschaltet.
- **Funktionsbaustein RH_AUTHORITY_CHECK_STATUS**
  Der Funktionsbaustein prüft, ob die Berechtigungsprüfung ein- oder ausgeschaltet ist.
- **Funktionsbaustein RH_DEACTIVATE_STRUCTURED_AC**
  Der Funktionsbaustein deaktiviert die strukturelle Berechtigung. Die strukturelle Berechtigung bleibt nach Verwendung dieses Bausteins so lange deaktiviert, bis die aktuelle Programm-Session beendet ist. Eine »Wiederaktivierung« per Baustein ist nicht möglich.

Eine Alternative zum Ausschalten der Berechtigungen über Funktionsbausteine ist die Verwendung von BAdIs (siehe Abschnitte 2.8, »Erweiterungen«, oder 3.10, »Erweiterungen«). Genauso wie Sie in einem Report die Berechtigungsprüfung per Funktionsbaustein ausschalten können, können Sie in einem BAdI für bestimmte Reports eine Berechtigung erteilen. Das Ergebnis ist in beiden Fällen das gleiche – die Daten dürfen gelesen werden.

Wenn die Berechtigung nur in wenigen Situationen erteilt werden soll und sich das über Funktionsbausteine einfach realisieren lässt, ist der Weg über Funktionsbausteine sinnvoll. Wenn diese Berechtigung an mehreren Stellen erteilt werden soll und vermutlich auch für zukünftige Entwicklungen relevant ist, sollte die entsprechende Programmierung zentral in einem BAdI hinterlegt werden. Denn eine solche Lösung verteilt die Änderungen nicht auf viele Programme, sondern konzentriert sie an einer zentralen Stelle.

[!]

Programmieren einer Berechtigungsprüfung

Wenn Sie an einer Berechtigungsprüfung programmieren, z.B. bei Erweiterungen (siehe ebenfalls Abschnitte 2.8 oder 3.10) oder bei Funktionsbausteinen von strukturellen Profilen (siehe Abschnitt 3.3, »Funktionsbausteine«), muss das Lesen von Personaldaten ohne Berechtigungsprüfung durchgeführt werden.

Ansonsten prüft das System, ob Sie die Berechtigung haben, auf Daten zuzugreifen, die Sie für eine Berechtigungsprüfung brauchen – was zu einer Endlosschleife führt (siehe dazu auch den SAP-Hinweis 1047995 »Verarbeitungsfehler bei strukturellen Berechtigungen«).

8.1.3 SAP-Routinen zur Berechtigungsprüfung

Um Berechtigungsprüfungen »von Hand« durchzuführen, gibt es Standard-Funktionsbausteine oder -Methoden, deren einziger Zweck es ist, Berechtigungsprüfungen durchzuführen. Auf diese Weise berücksichtigt man alle Aspekte einer Berechtigungsprüfung (z.B. BAdIs), kann aber selbst bestimmen, wann und mit welchen Parametern diese Prüfung durchgeführt wird.

Auch hier gibt es in den einzelnen HCM-Modulen verschiedene Bausteine, die spezifische Berechtigungsprüfungen durchführen. Die meisten Bausteine erkennt man daran, dass in ihrem technischen Namen die Zeichen `*AUTH*` vorkommen.

Im Folgenden sind die wichtigsten Funktionsbausteine für Berechtigungsprüfungen von Daten aus dem Personalstamm und aus dem Organisationsmanagement exemplarisch aufgelistet:

- **Funktionsbaustein HR_CHECK_AUTHORITY_INFTY**
  Berechtigungsprüfung für Infotypen der Personaladministration und der (alten) Personalbeschaffung
- **Funktionsbaustein RH_BASE_AUTHORITY_CHECK**
  Berechtigungsprüfung auf Objekte der Personalplanung (ohne strukturelle Prüfung)
- **Funktionsbaustein RH_STRU_AUTHORITY_CHECK**
  Berechtigungsprüfung auf Objekte der Personalplanung (mit struktureller Prüfung)

Listing 8.3 zeigt eine Berechtigungsprüfung auf den Infotyp 0008 mithilfe des Funktionsbausteins `HR_CHECK_AUTHORITY_INFTY`. Bei diesem Baustein ist es außerdem möglich, die Prüfung für einen anderen als den angemeldeten Benutzer durchzuführen (über den Parameter `UNAME`).

```
CALL FUNCTION 'HR_CHECK_AUTHORITY_INFTY'
  EXPORTING
    tclas            = 'A'          "Stammdaten
    pernr            = '00001150'
    infty            = '0008'
    subty            = space
    begda            = sy-datum
    endda            = sy-datum
    level            = 'R'          "lesender Zugriff
    uname            = 'MAESTEST'   "Für User MAESTEST
  EXCEPTIONS
    no_authorization = 1
    internal_error   = 2
    OTHERS           = 3.
```

Listing 8.3 Berechtigungsprüfung über einen Funktionsbaustein

8.1.4 Berechtigungsprüfung direkt im Coding

Wenn keine der bisher beschriebenen Möglichkeiten passt, greift der Programmierer zum ABAP-Befehl `AUTHORITY-CHECK` und ruft damit das jeweilige Berechtigungsobjekt auf. Abbildung 8.1 zeigt, wie Sie im ABAP Editor (Transaktion SE80 oder SE38) mithilfe des Buttons Muster diesen Befehl in Ihr Coding einbinden und dabei gleichzeitig das gewünschte Berechtigungsobjekt mitgeben.

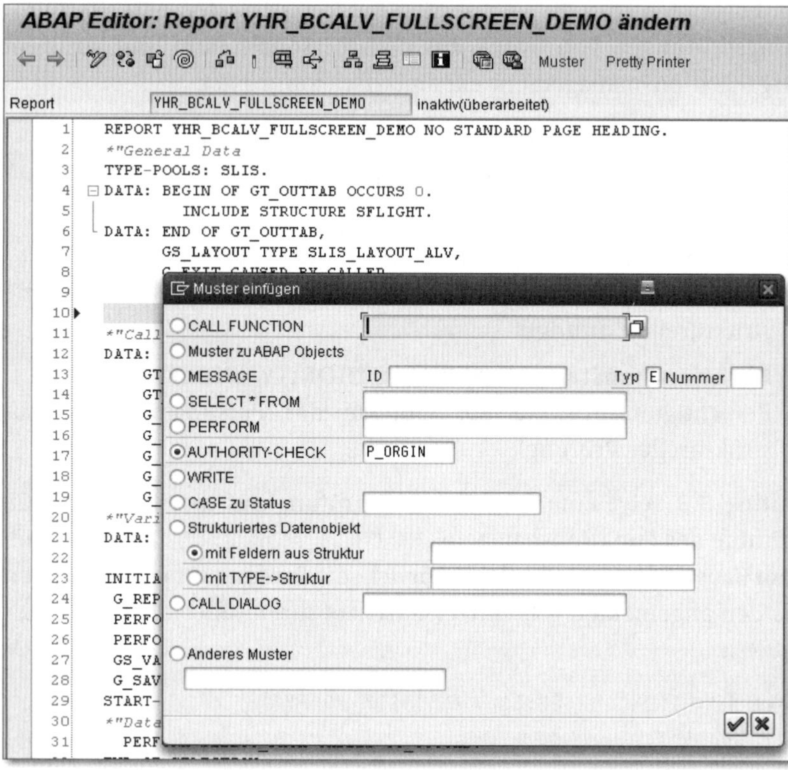

Abbildung 8.1 Muster für ABAP-Befehl »AUTHORITY-CHECK« aufrufen

Listing 8.4 zeigt das Ergebnis, das anschließend im Quellcode auftaucht. Dabei werden genau die Felder aufgeführt, die zu dem jeweiligen Berechtigungsobjekt (hier: P_ORGIN (HR: Stammdaten)) gehören. Alle diese Felder sollten mit einem Übergabewert versorgt werden. Bei dieser Art des Aufrufs werden keine BAdIs o. Ä. berücksichtigt.

```
AUTHORITY-CHECK OBJECT 'P_ORGIN'
         ID 'INFTY' FIELD '__________'
         ID 'SUBTY' FIELD '__________'
         ID 'AUTHC' FIELD '__________'
         ID 'PERSA' FIELD '__________'
         ID 'PERSG' FIELD '__________'
         ID 'PERSK' FIELD '__________'
         ID 'VDSK1' FIELD '__________'.
```

Listing 8.4 Muster des ABAP-Befehls AUTHORITY-CHECK

Beispiel für ABAP-Befehl AUTHORITY-CHECK

[zB]

Sie lesen in einem kundeneigenen Report die Änderungsbelege der Personaladministration. Diese sind gespeichert in den Clustern LA (Langzeitbelege) und SA (Kurzzeitbelege). Hierfür müssen Sie die Berechtigung im Objekt P_PCLX (HR: Cluster) prüfen. Für diesen Zweck genügt die Leseberechtigung (Berechtigungslevel R).

Listing 8.5 zeigt, wie Sie im Coding das oben dargestellte Beispiel zur Prüfung der Leseberechtigung auf Cluster LA und SA umsetzen.

```
AUTHORITY-CHECK OBJECT 'P_PCLX'
         ID 'RELID' FIELD 'LA'
         ID 'AUTHC' FIELD 'R'.
IF sy-subrc NE 0.
  MESSAGE e003(y1). "Keine Berechtigung für Cluster LA (Lang
zeitbelege).
ENDIF.

AUTHORITY-CHECK OBJECT 'P_PCLX'
         ID 'RELID' FIELD 'SA'
         ID 'AUTHC' FIELD 'R'.

IF sy-subrc NE 0.
  MESSAGE e004(y1). "Keine Berechtigung für Cluster SA (Kurz
zeitbelege).
ENDIF.
```

Listing 8.5 Beispiel zur Prüfung der Leseberechtigung für Cluster

Die auch für die Programmierung wichtigsten Berechtigungsobjekte finden Sie in Abschnitt 2.3, »Berechtigungsobjekte«. Falls Sie für spezielle Anforderungen andere Objekte suchen, schauen Sie im Anhang nach. Hier finden Sie eine Aufstellung aller HCM-Berechtigungsobjekte mit Verweis auf die Abschnitte, in denen sie behandelt werden.

8.2 Umgang der logischen Datenbanken mit fehlenden Berechtigungen

Die logischen Datenbanken geben ein Objekt nur dann aus, wenn der aufrufende Benutzer für jeden in diesem Report verwendeten Infotyp die Berechtigung besitzt. Fehlt die Berechtigung auch nur für einen Infotyp oder Subtyp, wird das gesamte Objekt (z.B. die Personalnummer) nicht angezeigt. Dies ist manchmal sehr sinnvoll z.B. im

Abrechnungstreiber, da ansonsten die Abrechnungsergebnisse je nach Berechtigungen des aufrufenden Benutzers unterschiedlich ausfallen würden.

Nachteil des Standards

In anderen Reports hingegen ist es in der Praxis eher wünschenswert, dass das Objekt ausgegeben wird, aber die Information, für die keine Berechtigung vorliegt, nicht angezeigt wird. Zum Beispiel könnten in einer Mitarbeiterliste Name und Telefonnummer ausgegeben werden, das Gehalt aber nur mit der entsprechenden Berechtigung.

Abweichendes Verfahren programmieren

Das oben beschriebene Vorgehen ist das Standardverhalten aller logischen Datenbanken. Wenn Sie in Ihren eigenen Reports ein anderes Verhalten wünschen, haben Sie zwei Möglichkeiten:

- **Infotypen anders deklarieren**
  Entweder Sie deklarieren die kritischen Infotypen anstelle der Anweisung `INFOTYPES nnnn` mithilfe der Anweisung `INFOTYPES nnnn MODE N`. Dadurch erreichen Sie, dass der Infotyp nicht durch die logische Datenbank eingelesen und somit auch keine Berechtigungsprüfung durchgeführt wird. Nach dem Ereignis GET der logischen Datenbank lesen Sie die so deklarierten Infotypen mit Funktionsbausteinen oder direkt und führen dabei die Berechtigungsprüfung so durch, wie Sie dies für den konkreten Fall benötigen.

  Lesen Sie zu weiteren Details dieser Möglichkeit auch den SAP-Hinweis 142865 (SAPDBPNP Berechtigungsprüfung zu scharf). Dort finden Sie auch ein Beispiel-Coding.

- **Schalter PNP_SW_SKIP_PERNR verwenden**
  Oder Sie können den Schalter PNP_SW_SKIP_PERNR im Coding zum Zeitpunkt `INITIALIZATION` verwenden. Dieser Schalter steht defaultmäßig auf »`Y`«. Stellen Sie diesen Schalter auf »`N`«, werden Personalnummern nicht mehr übersprungen, sondern es werden die Infotypen zur Verfügung gestellt, für die der Benutzer eine Berechtigung hat.

[+]

Welche Personalnummern wurden geskippt?

Viele Kunden sind irritiert, wenn sie beim Ausführen eines Reports (auf Basis der PNP) plötzlich folgende Fehlermeldung erhalten »Personalnummern wurden vom Datenbanktreiber überlesen ... Anzahl geskippte Personalnummern: ...«.

Ein Anwender mit umfassender Berechtigung sollte diese Fehlermeldung nicht erhalten. Der Fehler kommt aus der allgemeinen Berechtigung. Eventuell ist ein neuer Personalbereich hinzugekommen, für den der Anwender noch keine Berechtigung hat, oder an den Rollen wurde etwas geändert.

Um zu erfahren, welche Personalnummern geskippt wurden, können Sie einen kleinen PNP-Report erstellen, der den Infotyp 0001 mit Mode N ausliest. Per Schalter PNP_SW_SKIP_PERNR = ‚N' werden dann die Personalnummern, für die unzureichende Berechtigung vorliegt, ausgewertet. Diese können Sie sich dann in einem Protokoll anzeigen lassen, was für die Berechtigungsanalyse sehr hilfreich ist.

8.3 Unternehmensspezifische logische Datenbank mit eigener Berechtigungsprüfung

Die logischen Datenbanken des Standards (siehe Abschnitt 5.17.1, »Logische Datenbanken«) und die ihnen zugrunde liegenden Datenstrukturen sind Grundlage für alle beschriebenen Formen der Berichterstattung. Ihre Schwächen, insbesondere in Bezug auf die Aggregations- und Selektionsmöglichkeiten, treten dabei in fast allen Reports wieder auf.

Größere Flexibilität für die Berechtigungsprüfung

Eine Alternative zu den logischen Datenbanken des Standards stellt die unternehmensspezifische logische Datenbank dar. In einer eigenen logischen Datenbank kann ein großer Teil der unternehmensspezifischen Logik gekapselt werden, sodass er nicht für jeden einzelnen Report neu programmiert werden muss. Die Programmierung einer eigenen logischen Datenbank bietet auch für das Berechtigungskonzept nahezu unbegrenzte Flexibilität. Denn der Zugriff auf solche Reports ist nicht durch die Strukturorganisation und die Prüfung auf Personalstammdaten beschränkt. Es können z.B. auch Mitarbeiter anhand verschiedener Kriterien »VIP«-Stufen (z.B. VIP 1 = Vorstand, Geschäftsführer, VIP 2 = Leiter etc.) zugeordnet werden. Abhängig vom Anwenderkreis können außerdem das Selektionsbild, die Auswahl der Felder und die Möglichkeit, das Layout eines Reports zu verändern, gestaltet werden.

Logische Datenbank für das Berichtswesen

Wir beschreiben Ihnen nun, wie in einem Projekt eine kundeneigene logische Datenbank mit einem kundeneigenen Berechtigungskonzept für das Berichtswesen kombiniert wurde.

Den Benutzern von Reports, die mit der kundeneigenen logischen Datenbank arbeiten, werden Rollen zugewiesen. Die Rollen beziehen sich auf die Funktionsträger wie z.B. »Controller«, »Personalbetreuer«, »Vorgesetzter«. Diese Rollen sind nur innerhalb des Personalberichtswesens relevant. Die Rollen enthalten die berechtigten Reports.

Möglichkeiten im Berechtigungskonzept

Je Report können per Customizing-Tabelle folgende Prüfungen spezifiziert werden:

- **Zugriffskennzeichen**
  Auf welche Mitarbeiter besteht ein Zugriff? Dies erfolgt durch Zuordnung der Mitarbeiter je Stelle (Vorstand, Abteilungsleiter etc.) zu einer Zugriffsstufe.
- **Strukturberechtigung**
  Auf welche Organisationseinheit besteht ein Zugriff? Dies erfolgt durch die Definition verschiedener Stufen wie z.B. 1 = alle Organisationseinheiten, 2 = direkt zugeordnete Organisationseinheiten, 3 = nur eigene Organisationseinheiten etc.
- **Selektionsvariante**
  Welche Selektionskriterien stehen zur Verfügung? Dies erfolgt durch die Definition von Selektionsvarianten mit zulässigen Selektionsfeldern.
- **Filterkriterium**
  Auf welche Mitarbeitergruppen besteht ein Zugriff? Dies erfolgt durch die Zuordnung der Mitarbeiter nach unterschiedlichen Kennzeichen (z.B. Behinderung, Vertriebsmitarbeiter) zu einem Filterkriterium.
- **Ausgabevariante**
  Welche Berichtsinhalte sollen ausgegeben werden? Dies erfolgt durch die Steuerung von Kennzeichen je Berichtsinhalt im Programm.
- **Projektionsmodus**
  Sollen Umorganisationen kompensiert werden, sodass eine Vergleichbarkeit unterschiedlicher Stichtage möglich ist?
- **Layoutvariante**
  Sollen definierte Layoutvarianten verändert und gespeichert werden können (z.B. durch Unterscheidung in End-User, Key-User und Power-User)?

Zuordnung der Rolle zum Benutzer

In einem kundeneigenen PA-Infotyp »Rolle Personalberichtswesen« wird die Rolle dem Benutzer zeitraumbezogen zugeordnet. Der Benutzer kann sowohl mehrere Rollen als auch nur einen Ausschnitt aus einer Rolle zugewiesen bekommen, indem die Menge der berechtigten Reports im Einzelfall innerhalb einer Rolle eingeschränkt wird. Das hat den Vorteil, dass Änderungen an diesem Infotyp automatisch revisionssicher protokolliert werden.

Eine ausführliche Vorstellung der Möglichkeiten einer unternehmensspezifischen logischen Datenbank finden Sie im SAP PRESS-Buch *HR-Reporting mit SAP*.

8.4 Berechtigungen für Programmierer

Programmierung nur im Entwicklungssystem

Programmierung sollte ausschließlich in einem Entwicklungssystem vorgenommen werden, schon allein um zu verhindern, dass beim Testen datenverändernder Programme falsche Daten in Infotypen, Tabellen oder Cluster des Produktivsystems gelangen. Außerdem ist es kaum zu verhindern, dass ein Programmierer Zugriff auf alle Daten bekommt, die in einem System abgelegt sind. Daher ist es in der Regel sinnvoll, in sämtlichen Mandanten eines Entwicklungssystems nur anonymisierte Daten zu verwenden.

SAP liefert die Rolle SAP_BC_DWB_ABAPDEVELOPER für Programmierer aus. Diese Rolle enthält alle Berechtigungen für die Programmierung, allerdings keine Berechtigungen für Personaldaten. Zum Testen müssen diese zusätzlich vergeben werden.

Da in einem Entwicklungssystem keine echten Personaldaten vorhanden sein sollten, kann mit den Berechtigungen auch großzügig umgegangen werden. So können Sie alle Berechtigungen aus dem Profil SAP_ALL in eine eigene Rolle kopieren und daraus alle Berechtigungen löschen, die die Programmierer nicht haben dürfen (z. B. die Benutzerverwaltung). Es muss dann nur sichergestellt sein, dass diese Rolle nur im Entwicklungssystem vergeben wird.

In einem Integrationssystem oder Produktivsystem sollten Programmierer keine Berechtigung haben, Workbench-Objekte zu entwickeln. Auch das Recht, Programme zu debuggen, darf nicht vergeben werden, da hierbei eine Veränderung von Daten möglich ist. Nur in Verbindung mit einer reinen Anzeigeberechtigung für Entwicklungsobjekte (Berechtigungsobjekt S_DEVELOP, ABAP Workbench) kann die Debugging-Berechtigung auch in Produktivsystemen erteilt werden, da dann keine Veränderung von Daten beim Debugging zugelassen ist.

Fehlersuche in der Produktion

Um dem Programmierer trotzdem die Möglichkeit zu geben, in kritischen Situationen eingreifen zu können, ist es sinnvoll, im Produktivsystem Notfall-User mit geheimen Passwörtern anzulegen. Diese geheimen Passwörter werden nur bekannt gegeben, wenn ein Notfall eingetreten und sofortiges Handeln im Produktivsystem erforderlich ist. Um in diesen Fällen Missbrauch zu verhindern, kann ein zweiter Mitarbeiter aus der Fachabteilung bei der »Rettungsaktion« mit anwesend sein und die Arbeit des Programmierers kontrollieren. Anschließend wird der Notfall-User wieder deaktiviert.

Missbrauch verhindern

Um missbräuchliches Lesen oder Ändern von Daten zu vermeiden, muss auf folgende Punkte besonders geachtet werden:

- Wenn der Entwickler beim Lesen von Tabellen den `SELECT`-Befehl mit dem Zusatz `CLIENT SPECIFIED` verwendet, kann er Daten anderer Mandanten desselben Systems lesen. Üblicherweise ist es verboten, mit diesem Zusatz zu arbeiten, da damit auch Infotyptabellen verarbeitet werden können, auf die der Programmierer möglicherweise gar keinen Zugriff haben soll. Deshalb ist es sinnvoll, Programme in regelmäßigen Abständen auf diesen Zusatz zu überprüfen.
- Programme gelangen per Transport aus dem Entwicklungssystem in die anderen Systeme. Hier kann die Maßnahme getroffen werden, dass nur die SAP-Basis oder eine ähnliche Institution die Berechtigung hat, Workbench-Objekte zu transportieren. Vor der Freigabe und dem eigentlichen Transport ins Produktivsystem sollten die Programme daraufhin geprüft werden, ob sie den internen Programmierrichtlinien entsprechen.
- Die Einhaltung solcher Programmierrichtlinien kann auch durch regelmäßige Stichproben oder durch regelmäßigen Einsatz entsprechender Analysereports überprüft werden. Im Standard stehen hierfür zur Verfügung:
  - **Transaktion S_ALR_87101287**
    (Report RSABAPSC, Statische Programmanalyse zur Suche nach ABAP-Sprachbefehlen)
    Hier kann immer nur ein einzelner Report ausgewertet werden.
  - **Programm RPINCL10**
    (Stringsuche in Reports)
    Ermöglicht die generische Suche z. B. in Reports mit Namen ZP* über beliebige Strings.

Programmierrichtlinien

Sinnvolle Programmierrichtlinien aus dem Blickwinkel der Berechtigungen könnten sein:

- Verbot des Zusatzes `CLIENT SPECIFIED`
- Verbot von `SELECT`-Befehlen auf Tabellen mit Anwendungsdaten (also in HCM insbesondere PA*, PB*, HRP*) mit Ausnahmeregelung
- Verbot des Aufrufs von Funktionsbausteinen ohne Berechtigungsprüfung sowie des Ausschaltens von Berechtigungsprüfungen per Funktionsbaustein, wieder mit Ausnahmeregelung

8.5 Download aus Reports

Das Berechtigungsobjekt S_GUI (Berechtigung für GUI-Aktivitäten) prüft u.a. den Export von Daten z.B. an MS Excel. Mit zwei Anforderungen an die Programmierung in diesem Kontext möchten wir uns hier auseinandersetzen.

Download-Button verschwinden lassen

Der Download von HCM-Daten z.B. in MS Excel erleichtert in vielen Fällen die Arbeit, wird aber datenschutzrechtlich und unter Mitbestimmungsgesichtspunkten häufig kritisch gesehen. In Abschnitt 2.8.4, »User-Exit für die Download-Berechtigung«, haben wir beschrieben, wie Sie das Objekt S_GUI so vergeben können, dass Benutzer nur ausgewählte HCM-Daten nach Excel exportieren können. Wenn Sie diese Berechtigung trotzdem nicht vergeben möchten, kann sich der Excel-Button zum »roten Tuch« entwickeln. Bei fehlender Berechtigung bewirkt dieser Button ja nichts, und die Anwender wundern sich bzw. sind verärgert, da trotz eines Klicks darauf nichts geschieht (siehe Abbildung 8.2).

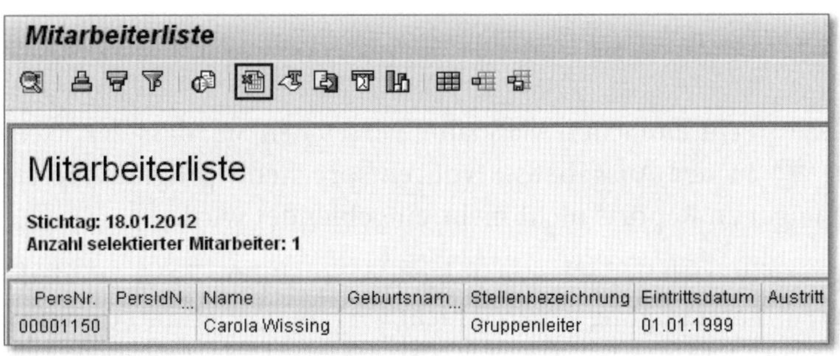

Abbildung 8.2 Excel-Button in Ausgabeliste

Listing 8.7 zeigt die Möglichkeit, für Kundenreports die Anzeige des Buttons zu unterdrücken. Definieren Sie zunächst die folgende FORM-Routine (siehe Listing 8.6):

```
FORM set_pf_status USING rt_extab TYPE slis_t_extab.
  DATA: func LIKE rsmpe-func.
  func = '&vexcel'.
  APPEND func TO rt_extab.
* Status setzen
  SET pf_status 'standard_fullscr_hr' EXCLUDING rt_extab.
ENDFORM.                    "set_pf_status
```

Listing 8.6 Unterdrückung der Anzeige des Excel-Buttons

Die Formroutine SET_PF_STATUS muss nun noch an den Funktionsbaustein REUSE_ALV_GRID_DISPLAY übergeben werden (siehe Listing 8.7).

```
* Display List
CALL FUNCTION 'REUSE_ALV_GRID_DISPLAY'
  EXPORTING
       i_background_id    = 'ALV_BACKGROUND'
       i_buffer_active    = 'X'
       i_callback_program = g_repid
       i_callback_pf_status_set = 'SET_PF_STATUS'
       i_structure_name   = 'SFLIGHT'
       is_layout          = gs_layout
       i_save             = g_save
       is_variant         = gs_variant
       it_events          = gt_events[]
  IMPORTING
       e_exit_caused_by_caller = g_exit_caused_by_caller
       es_exit_caused_by_user  = gs_exit_caused_by_user
  TABLES
       t_outtab = gt_outtab
  EXCEPTIONS
       program_error = 1
       OTHERS        = 2.
```

Listing 8.7 Unterdrücken der Anzeige des Buttons für Download an MS Excel

Mit dieser recht einfachen Maßnahme erreichen Sie, dass der Excel-Button  in der Ausgabeliste von entsprechend programmierten kundeneigenen Reports nicht mehr eingeblendet wird.

Download nur in Ausnahmefällen

Häufig ergibt sich jedoch die folgende Situation: Zwar wird die Download-Berechtigung generell nicht vergeben, aber für bestimmte Reports mit bestimmten Daten sollen ausgewählte Benutzer doch einen Download ausführen dürfen. Hierfür haben Sie in Ihrem kundeneigenen Reporting zwei Möglichkeiten:

- Sie bauen im Report die auszugebende Tabelle vollständig auf – einschließlich des Trennzeichens für MS Excel. Dann übergeben Sie die Tabelle an den Funktionsbaustein GUI_DOWNLOAD. Diesem geben Sie den Parameter NO_AUTH_CHECK mit dem Wert »X« mit.
- Wenn Sie den Download mit den komfortablen Mitteln des ALV-Grids durchführen und dabei auf die Berechtigungsprüfung verzichten möchten, ist die Programmierung sehr viel aufwendiger. Eine Beschreibung würde hier den Rahmen sprengen, kann aber bei den Autoren angefordert werden.

8.6 Kritische Erfolgsfaktoren

Um auch in Ihrem kundeneigenen Reporting einen sorgfältigen Umgang mit der Berechtigungsprüfung zu gewährleisten, müssen Sie auf die folgenden Punkte achten:

- Sorgen Sie dafür, dass Ihre Entwicklungsrichtlinien klare Vorgaben für den Umgang mit dem Thema Berechtigungen enthalten.
- Achten Sie auf Verfahren, seien sie automatisiert oder durch Prozeduren unterstützt, die die Einhaltung der Entwicklungsrichtlinien kontrollieren.
- Sorgen Sie für eine Regelung von Ausnahmesituationen für Abweichungen von der Richtlinie. Dokumentieren Sie Abweichungen sowie deren Begründung.
- Vergeben Sie sorgfältig die Berechtigungen für Programmentwickler.
- Achten Sie immer auf die Einhaltung der in Ihrem Hause bestehenden Richtlinien für Datenschutz, und beziehen Sie dabei nach Möglichkeit die zuständigen Abteilungen für Datenschutz, Revision und auch die Mitbestimmungsseite mit ein.

Wenn das System den Zugriff auf Daten verwehrt, handelt es sich meist um ein Berechtigungsproblem. In diesem Kapitel erfahren Sie, auf welchen Wegen und mit welchen Werkzeugen Sie Berechtigungsprobleme analysieren können.

9 Fehlersuche

Ihr HCM-System läuft produktiv, die Berechtigungen wurden ausführlich getestet und sind nun ebenfalls produktiv. Häufig dauert es nicht lange, bis die ersten Benutzer anrufen: Sie können bestimmte Daten nicht sehen oder nicht pflegen, obwohl sie dafür eigentlich zuständig sind. Was tun?

In diesem Kapitel zeigen wir Ihnen die Wege und Werkzeuge, mit denen Sie innerhalb der allgemeinen, strukturellen und kontextabhängigen Berechtigungsprüfung Fehler suchen, finden und beheben können.

9.1 Fehlersuche in der allgemeinen Berechtigung

Die allgemeine Berechtigungsprüfung stellt Ihnen zwei Werkzeuge zur Verfügung, die wir im Folgenden erläutern möchten. Danach geben wir Ihnen einige Hinweise, wie Sie darüber hinaus besonders hartnäckigen Fehlern auf die Spur kommen können.

9.1.1 Berechtigungsfehleranalyse mit der Transaktion SU53

Fehler melden mit der Transaktion SU53

Die Transaktion SU53 (Berechtigungsfehleranalyse) sollte jeder Benutzer in seinen Berechtigungen haben. Denn wird eine Transaktion aufgrund fehlender Berechtigung verwehrt, kann er direkt die Transaktion SU53 aufrufen und den Fehler bei der Meldung an den Berechtigungsadministrator anhand der dort angezeigten Informationen beschreiben (siehe Abbildung 9.1).

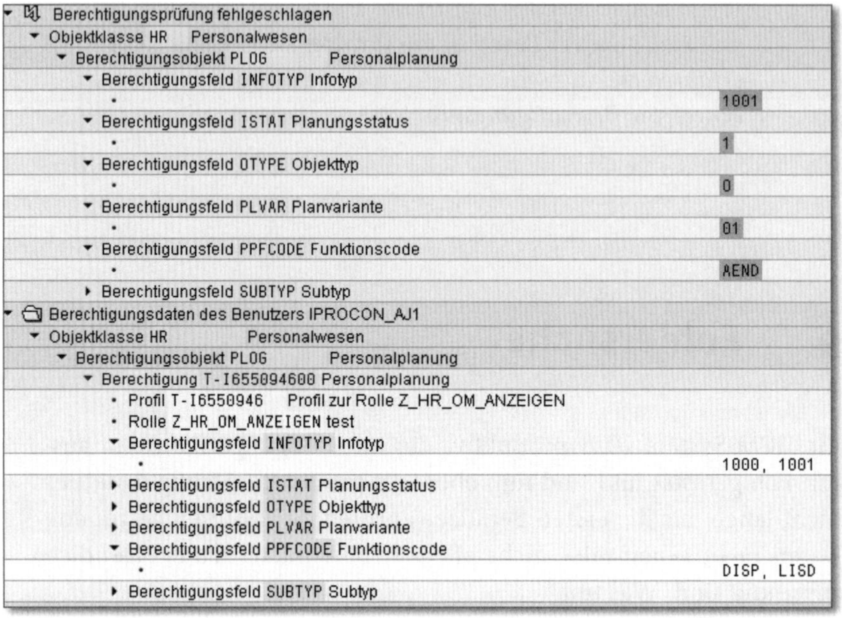

Abbildung 9.1 Ergebnis der Berechtigungsfehleranalyse: Benutzer darf Infotyp 1001 nur anzeigen (DISP), nicht ändern

Der Transaktionscode SU53 kann in allen Modi aufgerufen werden. Er ist aber nur aktuell, wenn er unmittelbar nach der Verweigerung erfolgt. Anstatt den Transaktionscode direkt einzugeben, kann auch der Menüpfad System • Hilfsmittel • Anz. Berecht.prüfung aufgerufen werden.

Erläuterung des Beispiels

Abbildung 9.1 zeigt den Aufruf der SU53 nach dem Versuch, innerhalb der Pflegetransaktion PP01 des Organisationsmanagements die Pflege von Verknüpfungen aufzurufen.

Im oberen Bereich – unter Berechtigungsprüfung fehlgeschlagen – wird gezeigt, welche Berechtigung im Berechtigungsobjekt PLOG (Personalplanung) gefordert ist: Das Ändern (Funktionscode AEND) des Infotyps 1001 für Objekttyp O (Organisationseinheit) mit Planungsstatus 1 (aktiv) und Planvariante 01.

Der untere Bereich – unter Berechtigungsdaten des Benutzers – listet die vorhandenen Berechtigungen des Benutzers in dem geforderten Berechtigungsobjekt auf. Im Beispiel liegt nur die Anzeigeberechtigung (Funktionscodes DISP und LISD) für die Infotypen 1000 und 1001 vor.

[+]

Fehleranalyse für einen anderen Benutzer

In der Transaktion SU53 können Sie über die Funktionstaste F5 in ein Popup verzweigen, in dem Sie einen anderen Benutzer als Ihren eigenen eingeben können. Auf diese Weise können Sie die fehlgeschlagenen Berechtigungsprüfungen eines anderen Benutzers direkt auf Ihrem Bildschirm sehen.

Mängel der Transaktion SU53

Die Berechtigungsfehleranalyse über die Transaktion SU53 allein ist allerdings oftmals unzureichend, um Berechtigungsprüfungen vollständig nachzuvollziehen. Dies hat folgende Gründe:

- Einige Berechtigungsobjekte können nicht sauber ausgewertet werden (z.B. das Berechtigungsobjekt P_PERNR).
- Oft ist der Ablauf der Prüfung wichtig, die Transaktion SU53 gibt aber nur die letzte Prüfung aus. (Diese letzte Prüfung findet oft für das Berechtigungsobjekt P_ABAP statt, der Fehler liegt aber meist weiter zurück.)
- Das Problem besteht nicht bei einem Dialog-User, sondern z.B. bei einem RFC-User.
- Die Transaktion SU53 kann nur eine Aussage über fehlgeschlagene Prüfungen machen, aber keine Aussage darüber, was tatsächlich geprüft wird.

Deshalb stellen wir Ihnen im nächsten Abschnitt eine andere Methode der Fehleranalyse vor, mit der eine Aufzeichnung der geprüften Berechtigungen erstellt werden kann.

9.1.2 Berechtigungstrace

Mit der System-Trace-Funktion (Transaktion ST01) können Sie für beliebige Aktionen sowie für beliebige Benutzer am System die komplette Berechtigungsprüfung aufzeichnen. Dabei werden alle geprüften Berechtigungsobjekte einschließlich der Objektfelder und der getesteten Werte aufgezeichnet. Dies bezeichnet SAP als *Berechtigungstrace*.

Erstellen eines System-Traces

Einen solchen erstellen Sie wie folgt:

1. Wählen Sie im SAP Easy Access-Menü den Pfad Werkzeuge • Administration • Monitor • Traces • SAP-System-Trace, oder starten Sie die Transaktion ST01, und aktivieren Sie die Option Berechtigungsprüfung.

2. Der Trace würde nun die Berechtigungsprüfungen aller Benutzer aufzeichnen. Sie können die Aufzeichnung aber auch auf einen Benutzer beschränken, indem Sie im Menü BEARBEITEN • FILTER • ALLGEMEIN oder den Button allgemeine Filter wählen. Unter TRACE NUR FÜR BENUTZER tragen Sie dann Ihren Benutzernamen oder den Namen des Benutzers ein, der das Problem hat.
3. Starten Sie den Trace, indem Sie den Button Trace an anklicken (siehe Abbildung 9.2).

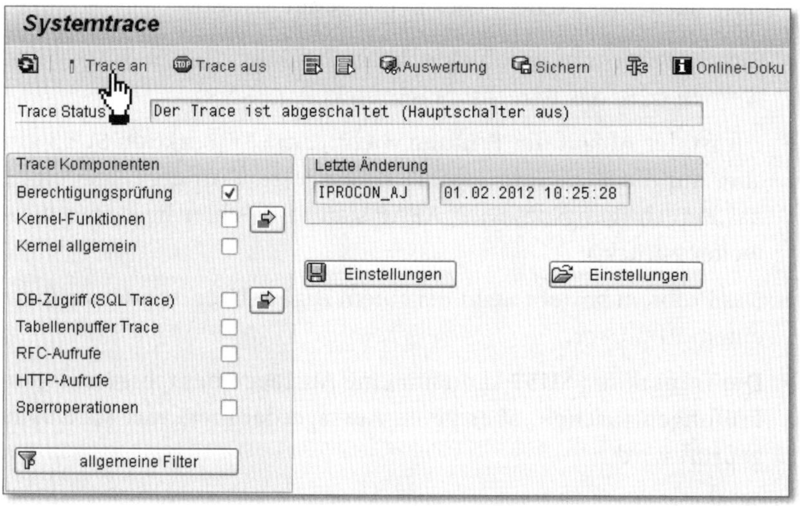

Abbildung 9.2 System-Trace zur Aufzeichnung von Berechtigungsprüfungen starten

4. Führen Sie nun die per Trace zu verfolgenden Aktionen aus, bzw. lassen Sie diese vom betroffenen Benutzer ausführen.
5. Klicken Sie nach Beendigung der Aktionen auf den Button Trace aus und anschließend auf den Button Auswertung.
6. Ändern Sie gegebenenfalls den Benutzernamen, falls ein anderer Benutzer die Aktionen am System ausgeführt hat, und nehmen Sie die Auswertung vor.

Ergebnis des Berechtigungstraces

Nach Ausführung dieser Schritte erhalten Sie eine ausführliche Datei mit den geprüften Objekten (siehe Abbildung 9.3). Der Returncode (RC) hinter dem Objekt gibt an, ob die Prüfung erfolgreich war (0) oder nicht (>0). In der Spalte TEXT stehen die Berechtigungsfelder mit den geprüften (erforderlichen) Werten.

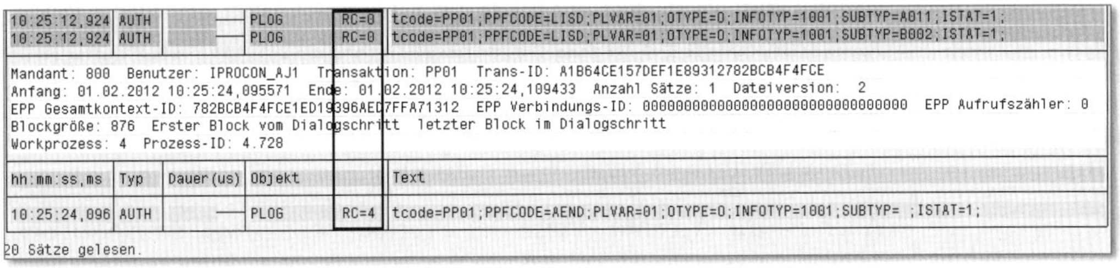

Abbildung 9.3 Auswertung einer Aufzeichnung von Berechtigungsprüfungen (Ausschnitt)

Abbildung 9.3 gibt ein Beispiel mit einem kurzen Ausschnitt einer Trace-Auswertung. Sie zeigt zwei Berechtigungsprüfungen, beide im Berechtigungsobjekt PLOG (siehe unter OBJEKT). Gefordert wurden die folgenden Berechtigungen:

- Anzeige (Funktionscode DISP) in Planvariante 01 für Objekttyp O (Organisationseinheit) bei beliebigen Infotypen, Subtypen und Planungsstatus
- Ändern (Funktionscode AEND) in Planvariante 01 für Objekttyp O (Organisationseinheit) bei beliebigen Infotypen und Subtypen im Planungsstatus 1

Die erste Prüfung war erfolgreich (RC=0), die zweite schlug fehl (RC=4).

Differenzierung durch Returncodes [+]

Eine Differenzierung nicht erfolgreicher Prüfungen durch unterschiedliche Returncodes ist in aller Regel nicht sinnvoll, da die Returncodes so programmspezifisch sind, dass sie ohne sehr viel Hintergrundwissen nicht verstanden werden können.

System-Trace bei der Vergabe von Berechtigungen [+]

Der System-Trace ist nicht nur hilfreich bei der Analyse von Fehlern, er kann Sie auch bei der Vergabe von Berechtigungen unterstützen. Wenn Sie die Aktionen zunächst mit einem Benutzer ausführen, der umfassende Berechtigung hat, können Sie sehen, welche Berechtigungen Sie dem Benutzer zuweisen müssen.

Grenzen des Traces

Beachten Sie, dass auch der System-Trace nicht immer vollständige Berechtigungsdaten zurückliefert. Manchmal werden z. B. Prüfungen auf Objekte durchgeführt, die nicht unbedingt an dieser Stelle benötigt werden. Zum Beispiel prüft die Anzeigetransaktion für die Personalstammdaten PA20 das Berechtigungsobjekt S_GUI (Berechtigung für GUI-Aktivitäten) mit der Aktivität 61 (Exportieren). Das Fehlen dieser Berechtigung (RC=4) wird aber übergangen. Die Prüfung ist also vermutlich in vielen Fällen unnötig.

Auch ist die Art und Weise der Prüfung sehr programmspezifisch. Manche Programmierer führen aus Performancegründen zunächst sehr einfache Berechtigungsprüfungen durch und verfeinern diese erst dort, wo es nötig ist. So wird z.B. beim Einstieg in die Transaktion PA30 als Erstes pauschal geprüft, ob irgendeine Berechtigung in irgendeinem Stammdatenberechtigungsobjekt vorliegt. Erst in einem späteren Programmschritt werden die Berechtigungen für die Infotypen geprüft, die in der Transaktion angezeigt werden.

Somit erfordert das Lesen des Berechtigungstraces sehr gute Kenntnisse der jeweiligen Anwendung und kann nur von einem HCM-Experten durchgeführt werden.

9.1.3 Manuelle Fehlersuche

Report RHUSERRELATIONS

Wenn Ihnen die Fehleranalyse mit den bisher genannten Tools nicht geholfen hat, müssen Sie manuell auf die Suche nach dem Fehler gehen. Dabei hilft es zunächst zu wissen, welche Berechtigungen der Benutzer für ein bestimmtes Objekt hat. Verwenden Sie dazu den Report RHUSERRELATIONS oder die Transaktion SU56 (siehe auch Abschnitt 7.2, »HR-Berechtigungs-Workbench: Überblick und Berechtigungsanalyse je Benutzer«, und Abschnitt 7.3, »Überblick über alle Berechtigungsobjekte eines Benutzers«). Überprüfen Sie mithilfe des Reports RHUSERRELATIONS auch die Einstellungen der Berechtigungshauptschalter.

Analysieren Sie darüber hinaus genau, woraus das Berechtigungsproblem resultiert. Im Folgenden haben wir einige exemplarische Probleme und mögliche Lösungswege aufgeführt:

- **Berechtigungsprobleme treten nur bei bestimmten Infotypen auf**
  Überprüfen Sie die Infotypeinstellungen des Kennzeichens Zugriffsberechtigung in Tabelle T582A (siehe Abschnitt 2.6, »Zuständigkeitszeiträume und Zeitlogik«).

[zB]

Berechtigungsprobleme bei bestimmten Infotypen

Ein Benutzer hat keinen Zugriff auf den Infotyp 0006 (Anschriften) einer Person, für die der Benutzer heute nicht mehr zuständig ist, für die er aber noch Daten aus der Vergangenheit prüfen muss. Eine Ursache könnte sein, dass das Kennzeichen Zugriffsberechtigung (siehe Abbildung 9.4) für den Infotyp 0006 gesetzt ist.

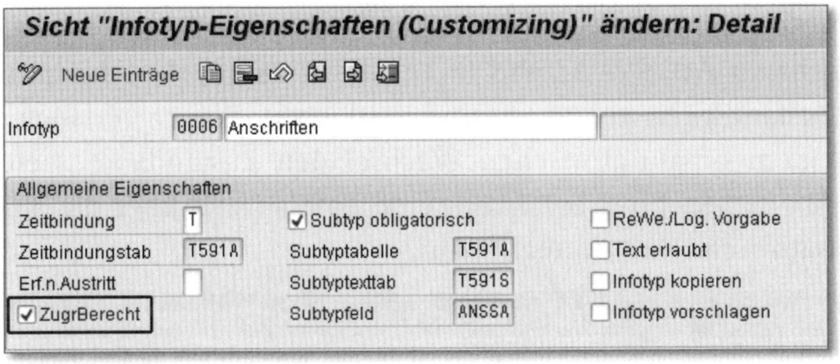

Abbildung 9.4 Schalter Infotyp 0006 für datumsabhängige Berechtigungsprüfung

- **Berechtigungsprobleme treten bei nur einem Benutzer und einer einzigen Personalnummer auf**
  Oftmals ist eine falsche Einstellung des Berechtigungsobjekts P_PERNR die Ursache (siehe Abschnitt 2.3.3, »Weitere Berechtigungsobjekte für Stamm- und Zeitdaten«). Wenn Sie hier unter Interpretation einer zugeordneten Personalnummer nicht ausschließlich ein »I« eintragen (Berechtigung für die eigene Personalnummer), sondern »E« oder »*«, wird immer von »E« ausgegangen (Ausschluss der Berechtigung für die eigene Personalnummer).

[zB]

Berechtigungsprobleme bei bestimmtem Nutzer und Personalnummer

Der schreibende Zugriff für ESS-User auf die eigenen Anschriftsdaten wird über das Berechtigungsobjekt P_PERNR vergeben. Der fälschliche Eintrag von »*« führt dazu, dass die Berechtigung auf diesen Infotyp (0006) negativ vergeben wird (siehe Abbildung 9.5).

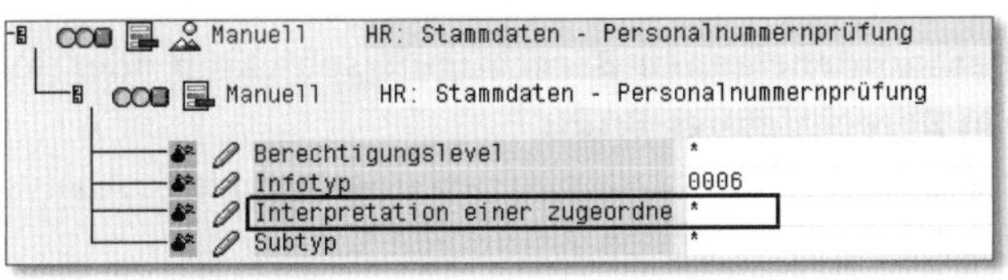

Abbildung 9.5 Falscher Eintrag im Berechtigungsobjekt P_PERNR

- **Mehrere Benutzer haben ein Berechtigungsproblem bei einer einzelnen Personalnummer**
  Sie sollten die organisatorische Zuordnung und die Verknüpfung mit der Organisationsstruktur dieser Personalnummer unter die Lupe nehmen. Nutzen Sie dazu den Infotyp 0001 (Organisatorische Zuordnung) oder die Transaktionen des Organisationsmanagements.

  Überprüfen Sie außerdem die Einstellung zum Berechtigungshauptschalter AUTSW ADAYS in Tabelle T77S0 (siehe Abschnitt 2.6, »Zuständigkeitszeiträume und Zeitlogik«). Dieser verlängert nach einem organisatorischen Wechsel den Zuständigkeitszeitraum für den Sachbearbeiter um eine Toleranzzeit über die alte organisatorische Zuordnung hinaus.

[zB] **Mehrere Benutzer haben Probleme bei einer Personalnummer**

Die Planstelle einer Person oder die Person selbst wurde einer anderen Organisationseinheit zugeordnet. Wenn sich damit z. B. aufgrund einer Änderung des Personalbereichs die zuständigen Sachbearbeiter ändern und die Toleranzzeit 0 oder bereits abgelaufen ist, können die »alten« Sachbearbeiter nicht mehr auf diese Person zugreifen.

- **Berechtigungsprobleme treten in einem unbekannten Programm auf**
  Setzen Sie (die Debugging-Berechtigung vorausgesetzt) einen Breakpoint auf die ABAP-Befehle `AUTHORITY-CHECK` und/oder `MESSAGE`, führen Sie das Programm aus, und analysieren Sie das Programmverhalten.
- **Fehler tritt nach Einspielen von Support Packages auf**
  Bei Fehlern dieser Art empfehlen wir, nach Coding-Änderungen zu suchen – und zwar in den Klassen `CL_HRPAD00AUTH_CHECK_STD` und `CL_HRPAD00AUTH_CHECK_FAST`, im Report SAPFP50P und in der Funktionsgruppe `HRAC`. Kleinere Coding-Teile finden sich auch in den Reports SAPDBPAP, SAPDBPNP sowie SAPFP50M. Alle diese Entwicklungsobjekte enthalten Berechtigungs-Coding.
- **Probleme bei kundeneigenen Berechtigungsobjekten oder Anpassungen in Berechtigungs-BAdIs**
  Stellen Sie durch Setzen von Haltepunkten und sorgfältige Analyse sicher, dass die dort ablaufenden Prüfungen korrekt sind.

9.2 Fehlersuche in der strukturellen Berechtigung

Fehler in der strukturellen Berechtigung zu finden gestaltet sich etwas schwieriger. Hier stehen leider keine Werkzeuge, wie in Abschnitt 9.1, »Fehlersuche in der allgemeinen Berechtigung«, vorgestellt, zur Verfügung.

Transaktion SU53/Berechtigungstrace und strukturelle Berechtigungen [!]

Weder in der Transaktion SU53 noch im Berechtigungstrace tauchen die strukturellen Berechtigungen auf. Da es sich hier um ein reines HCM-Werkzeug handelt, können Sie die Werkzeuge der allgemeinen Berechtigungsprüfung hier nicht nutzen.

Eine gute Hilfe für die Suche nach Fehlern in der strukturellen Berechtigung bietet zunächst der Infobutton in der Transaktion OOSB (Zuordnung von strukturellen Profilen zu Benutzern) (siehe auch Abschnitt 3.2, »Pflege der strukturellen Profile«). Mit diesem Button wird der Report RHAUTH01 aufgerufen, der die im strukturellen Profil enthaltenen Objekttypen mit Objekt-ID auflistet. Wenn in der Liste ein Objekt nicht zu finden ist, verwehrt die strukturelle Berechtigung den Zugriff.

Im Folgenden erläutern wir zwei Beispiele für die Fehlersuche in der strukturellen Berechtigungsprüfung.

9.2.1 Beispiel: Veranstaltungstypen können nicht bearbeitet werden

Der Benutzer CHICAGO kann bestimmte Veranstaltungstypen nicht bearbeiten (z.B. dafür keine Vormerkungen pflegen).

Fehleranalyse

Abbildung 9.6 zeigt die für den Benutzer CHICAGO strukturell zugelassenen Veranstaltungstypen. Wenn ein Veranstaltungstyp hier nicht auftaucht (oder keinen Pflegehaken hat), ist der Zugriff oder zumindest die Änderung verwehrt. Ursache hierfür ist dann, dass der Veranstaltungstyp nicht in dem zugelassenen Auswertungsweg zum jeweiligen Wurzelobjekt enthalten ist.

Darüber hinaus kann es hilfreich sein, das Problem schrittweise einzugrenzen, indem die einzelnen Komponenten eines Profils getrennt werden. Hier mischen sich oft auf recht unübersichtliche Weise Objekttypen, Wurzelobjekte und Auswertungswege. Ein Beispiel für ein solches Vorgehen bei der Fehlersuche beschreiben wir im folgenden Abschnitt.

Berechtigungssichten zeigen

Benutzer: CHICAGO
Berechtigungsprofile des Benutzers: CHICAGO

BerechtProfil	Nr.	PV	OT	Wurz.otype	ObjektId	Wurz.objectID	Aus. Weg	StVek	Tiefe	Pflege	Zeitraum	Begda	Endda	Ausschluß	FB
CHICAGO	080	01	D						0	X					
CHICAGO	010			L	50012249	50000467	L-D-E	12	0	X		29.05.1997	31.12.9999		
CHICAGO	010			L	50013228	50000467	L-D-E	12	0	X		01.01.1997	31.12.9999		
CHICAGO	010			L	50013822	50000467	L-D-E	12	0	X		01.01.1997	31.12.9999		
CHICAGO	010			L	50013824	50000467	L-D-E	12	0	X		01.01.1997	31.12.2003		
CHICAGO	010			L	50013835	50000467	L-D-E	12	0	X		01.01.1997	31.12.9999		
CHICAGO	010			L	50015898	50000467	L-D-E	12	0	X		01.01.2001	31.12.9999		
CHICAGO	010			L	50016253	50000467	L-D-E	12	0	X		01.01.2001	31.12.9999		
CHICAGO	010			L	50016254	50000467	L-D-E	12	0	X		01.01.2001	31.12.9999		
CHICAGO	010			L	50016255	50000467	L-D-E	12	0	X		01.01.2001	31.12.9999		
CHICAGO	010			L	50016257	50000467	L-D-E	12	0	X		01.01.2001	31.12.9999		
CHICAGO	010			L	50016258	50000467	L-D-E	12	0	X		01.01.2001	31.12.2002		
CHICAGO	010			L	50021350	50000467	L-D-E	12	0	X		01.01.2000	31.12.9999		
CHICAGO	010			L	50024214	50000467	L-D-E	12	0	X		01.01.2000	31.12.2002		
CHICAGO	010			L	50024423	50000467	L-D-E	12	0	X		13.07.2000	31.12.9999		
CHICAGO	010			L	50024426	50000467	L-D-E	12	0	X		13.07.2000	31.12.9999		

Abbildung 9.6 Strukturell zugelassene Objekte (Liste aus dem Report RHAUTH01)

9.2.2 Beispiel: Qualifikationen können für bestimmte Benutzer nicht gepflegt werden

Ein Personalentwickler kann für bestimmte Personen keine Qualifikationen pflegen.

In einem ersten Schritt setzen Sie das strukturelle Profil des Benutzers auf SAP* und prüfen damit das Funktionieren der allgemeinen Berechtigungen. Wenn diese in Ordnung sind, sind vermutlich fehlende strukturelle Berechtigungen das Problem. Abbildung 9.7 zeigt das strukturelle Profil des Personalentwicklers. Offensichtlich gibt es sowohl für Qualifikationen als auch für Personen Pflege- und Anzeigerechte je nach Wurzelobjekt.

Profil	Nr.	Planvar.	Objekttyp	ObjektId	Pflege	Ausw. Weg	Statusvek.
PE	5	01	B		☑		
PE	10	01	LB		☑		
PE	15	01	QK	50023467	☑	QUALCATA	12
PE	20	01	QK	50001000	☐	QUALCATA	12
PE	25	01	O	51000032	☑	PERSON	12
PE	30	01	O	51000321	☐	PERSON	12

Abbildung 9.7 Strukturelles Profil mit differenzierten Berechtigungen je Wurzelobjekt

Fehleranalyse

Zur Fehleranalyse könnten Sie im ersten Schritt die Rechte auf Personen probeweise generell vergeben, also ohne Auswertungsweg und Wurzelobjekt. Dann würde klar, ob die strukturellen Rechte für die Qualifikationen stimmen. Im zweiten Schritt wäre der Zweig, der Probleme macht, genau zu untersuchen. Hier muss das Organisationsmanagement oder der Qualifikationskatalog bezüglich folgender Fragestellungen herangezogen werden:

- Stimmt die ID des Wurzelobjekts – und zwar in dem System, in dem das Problem auftritt?
- Gehören die fraglichen Objekte, also hier Person und Qualifikation, zum Wurzelobjekt?
- Liegt möglicherweise eine Zeitraumproblematik vor? Steht also im Feld ZEITRAUM des strukturellen Profils z.B. der Wert »D« (für Stichtag), und die Qualifikation ist erst ab Anfang des nächsten Monats gültig? Lesen Sie hierzu auch Abschnitt 3.6, »Zuordnung der strukturellen Profile zum Benutzer«.

9.3 Fehlersuche in der kontextabhängigen Berechtigung

Fehleranalyse

Auch für die kontextabhängige Berechtigungsprüfung existieren keine speziellen Analysewerkzeuge. Bei Fehlern für bestimmte Benutzer gehen Sie am besten wie folgt vor:

1. Prüfen Sie, ob für diese Benutzer alle strukturellen Profile, die Sie in den für sie gültigen kontextabhängigen Berechtigungsobjekten verwenden, auch in der Transaktion OOSB (Benutzerberechtigungen ändern) eingetragen sind.

[zB]

Strukturelles Profil fehlt in Transaktion OOSB

Sie verwenden das strukturelle Profil ZB_EIGEN (Eigene Organisationseinheit) in den Berechtigungen für die Zeitdaten, Profil ZPA01_GESAMT in den Berechtigungen für Organisationseinheiten, die der Benutzer als Personalsachbearbeiter bearbeiten darf. Wenn Sie das zweite dieser Profile – siehe Abbildung 9.8 – dem Benutzer IPROCON_AJ nicht zugeordnet haben, dann fehlen ihm diese Berechtigungen.

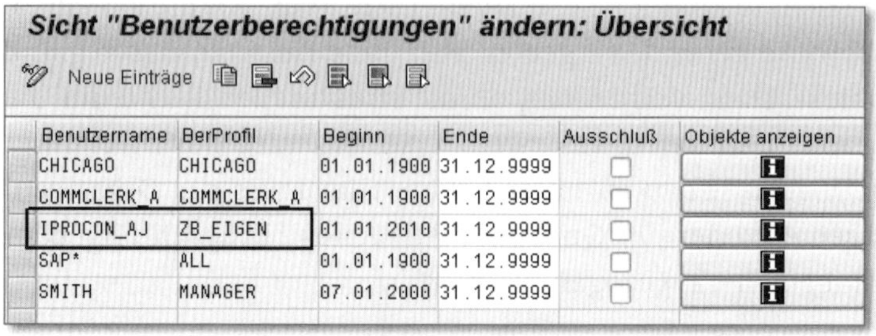

Abbildung 9.8 Fehlendes strukturelles Profil bei kontextabhängiger Berechtigung

[+]

BAdI HRBAS00_GET_PROFL

Dieser Fehlergrund kommt allerdings nur dann infrage, wenn Sie für die Zuordnung der strukturellen Profile nicht das BAdI HRBAS00_GET_PROFL nutzen, wie von uns in Abschnitt 4.2, »Einrichtung und Pflege«, vorgeschlagen.

2. Prüfen Sie die beiden Komponenten der kontextabhängigen Berechtigungen unabhängig voneinander. Setzen Sie zunächst das Feld Berechtigungsprofil in den kontextabhängigen Objekten auf »*«, und testen Sie, ob die allgemeinen Berechtigungen in Ordnung sind.
3. Testen Sie dann nacheinander die verwendeten strukturellen Profile.

Reduzieren Sie nach Möglichkeit immer wieder die Komplexität, auch wenn Sie hinterher die Komponenten wieder zusammenfügen. Bauen Sie die Berechtigungen nacheinander auf, und kombinieren Sie so lange, bis Sie die fehlerhafte Berechtigung gefunden haben.

9.4 Debugging der Berechtigungsprüfung

Sie haben bislang die verschiedenen Möglichkeiten zur Analyse und Beseitigung von Berechtigungsfehlern kennengelernt. Falls Sie das Systemverhalten trotzdem noch nicht verstehen, kann es helfen, die Berechtigungsprüfung im Quellcode Zeile für Zeile zu verfolgen. So können Sie zweifelsfrei ermitteln, warum eine Berechtigung erteilt oder verweigert wird.

Wir zeigen Ihnen in diesem Abschnitt, wie die Berechtigungsprüfung für Infotypen und für Objekte der Personalplanung aufgebaut ist. So können Sie gezielt per Debugging nach den kritischen Stellen suchen.

Aber auch für das grundsätzliche Verständnis der SAP-Berechtigungen kann eine Analyse des Quellcodes hilfreich sein. Für die folgenden Abschnitte sind ABAP-Kenntnisse unumgänglich.

9.4.1 Debugging: Prüfung von Berechtigungen auf Infotypen der Personaladministration

Versionen der Infotypprüfung

Für die Berechtigungsprüfung auf Infotypen gibt es mehrere Versionen in einem System. Standardmäßig werden zwei Versionen ausgeliefert:

- Die ausführliche Prüfung (der Normalfall), diese Prüfung ist in der ABAP-Klasse `CL_HRPAD00AUTH_CHECK_STD` implementiert.
- Die schnelle Prüfung bei Vorliegen des Berechtigungsobjekts P_ABAP (verwendbar für die logischen Datenbanken PNP/PNPCE, siehe auch Abschnitt 5.17.3), diese Prüfung ist in der Klasse `CL_HRPAD00AUTH_CHECK_FAST` implementiert.

Falls Sie das BAdI für die allgemeine Berechtigungsprüfung (`HRPAD00AUTH_CHECK`) implementiert haben, ist als dritte Version Ihre kundeneigene Prüfung implementiert.

Standardprüfung und kundeneigene Prüfung

Wenn Sie unserer Empfehlung aus Abschnitt 2.8.3, »BAdI für die allgemeine Berechtigungsprüfung«, gefolgt sind, haben Sie bei der Implementierung dieses BAdIs die Standardprüfung aufgerufen. Das System geht aber davon aus, dass eine kundeneigene Implementierung als Alternative zur Standardprüfung existiert. Um herauszufinden, ob die Standardprüfung oder die kundeneigene Prüfung aktiv ist, wird die Methode `CL_HRPAD00AUTH_CHECK_FACTORY=>GET_AUTH_CHECKER` aufgerufen. Sie liefert die aktuell im System »gültige« Klasse für die Berechtigungsprüfung.

Die beiden SAP-Klassen zur Berechtigungsprüfung (die Klassen `CL_HRPAD00AUTH_CHECK_STD` und `CL_HRPAD00AUTH_CHECK_FAST`) sind sehr ähnlich aufgebaut. Wir orientieren uns im Folgenden an der ausführlichen Prüfung (die erste der beiden).

Berechtigungsprüfungen auf Infotypen

Einstieg in das Debugging

Der Einstieg in eine Berechtigungsprüfung auf Infotypen erfolgt immer über die Methode `IF_EX_HRPAD00AUTH_CHECK~CHECK_AUTHORIZATION`. Wenn Sie hier einen Breakpoint setzen, werden Sie bei jedem Zugriff auf einen Infotypsatz in den Debugging-Modus gelangen. In der ausführlichen Prüfung wird hier eine weitere Methode CHECK_AUTHORIZATION aufgerufen. Dort findet dann die komplette Prüfung statt.

Was wird geprüft?

Diese komplette Prüfung besteht aus mehreren Teilprüfungen. Nacheinander wird Folgendes geprüft:

- maximale oder minimale Infotypberechtigungen
- Berechtigung auf die eigene Personalnummer (über das Berechtigungsobjekt P_PERNR)
- welche Zeitstrecken über strukturelle Berechtigungen berechtigt sind
- welche Zeitstrecken über Stammdatenberechtigungen berechtigt sind (über die Objekte P_ORGIN, P_ORGXX oder P_NNNNN)
- welche Zeitstrecken über kontextabhängige Stammdatenberechtigungen berechtigt sind (über die Objekte P_ORGINCON, P_ORGXXCON, P_NNNNNCON)
- ob die berechtigten Zeitstrecken gemäß der definierten Zeitlogik ausreichen, um die Berechtigung zu erteilen
- Infotyp 0130 (Prüfverfahren)

Welches der Objekte zur Stammdatenprüfung verwendet wird, hängt von den Berechtigungshauptschaltern ab. Diese Hauptschalter werden im Klassenkonstruktor beim ersten Aufruf der Berechtigungsprüfung ausgelesen.

Über alle Prüfungen hinweg wird der aktuelle Stand der Prüfung in der Variablen IS_AUTHORIZED hinterlegt.

Wann wird Berechtigung erteilt?

Die Berechtigung wird erteilt, wenn eine der folgenden Bedingungen zutrifft:

- Die Prüfung auf maximale Berechtigung war erfolgreich.
- Die Prüfung auf das Objekt P_PERNR war erfolgreich.
- Die Zeitlogik ergibt, dass unter Berücksichtigung der berechtigten Zeitstrecken die Berechtigung auf den Infotyp erteilt werden kann (abhängig vom Infotyp-Customizing in der Tabelle T582A).

  Als Faustregel gilt dabei: Die Berechtigung wird erteilt, wenn eine berechtigte Zeitstrecke aus Stammdatenberechtigungen, struktureller Berechtigung und kontextabhängigen Stammdatenberechtigungen den Zeitraum des Infotypsatzes schneidet (Lesezugriff) bzw. umfasst (Schreibzugriff).

Falls der Infotyp 0130 (Prüfverfahren) verwendet wird, kann durch diesen Infotyp die Berechtigung noch verweigert werden, auch wenn alle anderen Prüfungen positiv ausgefallen sind.

Wann wird Berechtigung verweigert?

Die Berechtigung wird verweigert, wenn eine der folgenden Bedingungen zutrifft:

- Die Prüfung auf minimale Berechtigung war nicht erfolgreich.
- Die Prüfung auf das Objekt P_PERNR hat ergeben, dass der User nicht berechtigt ist.
- Es gibt keine berechtigte Zeitstrecke aus Stammdatenberechtigungen, struktureller Berechtigung oder kontextabhängigen Stammdatenberechtigungen, die den Zeitraum des Infotypsatzes schneidet (Lesezugriff) bzw. umfasst (Schreibzugriff).
- Die Prüfung auf den Infotyp 0130 (Prüfverfahren) verweigert die Berechtigung

Pufferung von Prüfergebnissen

Das Ergebnis einer Prüfung auf einen Infotyp für einen bestimmten Zeitraum wird in einem Puffer zwischengespeichert. Auch die Zwischenergebnisse der einzelnen Prüfungen werden gepuffert. Falls zu einem späteren Zeitpunkt derselbe Infotypsatz mit demselben Gültigkeitszeitraum noch einmal geprüft wird, wird das Ergebnis aus dem Puffer gelesen. In diesem Fall findet keine ausführliche Prüfung mehr statt.

[+]

Den gleichen Sachverhalt ein zweites Mal prüfen

Wenn Sie beim Debuggen den gleichen Sachverhalt zweimal durchgehen möchten, müssen Sie daher vorher die entsprechende Transaktion neu aufrufen, damit die Berechtigungspuffer geleert werden.

Bewerbermanagement

Das gesamte Verfahren ist für Infotypen der Personaladministration und der »alten« Personalbeschaffung fast das gleiche. Nur wird an Stellen, an denen bei der Personaladministration das Berechtigungsobjekt P_ORGIN (o. Ä.) geprüft wird, bei der Personalbeschaffung das Berechtigungsobjekt P_APPL herangezogen. Da die alte Personalbeschaffung in der Praxis eine geringere Rolle spielt, gehen wir hier nur auf die Personaladministration näher ein.

[+] **Ausführliche Dokumentation der Berechtigungsprüfung**

In SAP-Hinweis 902000 finden Sie eine ausführliche Dokumentation zur Berechtigungsprüfung für Infotypen. An diesen Hinweis sind Dokumente angehängt, die den Ablauf der Prüfung, die Zeitlogik sowie kontextsensitive Berechtigungen im Detail beschreiben.

Schritt 1: Prüfung auf maximale oder minimale Infotypberechtigungen

Aus Gründen der Laufzeit prüft das System zuerst, ob der Benutzer maximale oder minimale Berechtigungen hat. Wenn ein Benutzer für alle Personalnummern im System auf den angefragten Infotyp zugreifen darf, sind weitere Prüfungen nicht mehr notwendig. Ebenso ist es möglich, dass ein Benutzer für kein einziges Berechtigungsobjekt auf den Infotyp berechtigt ist. Auch in diesem Fall erübrigen sich weitere Prüfungen.

Prüfung auf die maximale Berechtigung

Die Prüfung auf die maximale Berechtigung wird in der Methode `CHECK_MAX_SUBTY_AUTHORIZATION` durchgeführt und läuft folgendermaßen ab:

1. Diese Methode prüft, ob über das Objekt P_PERNR die eigene Personalnummer ausgeschlossen ist.
2. Ansonsten wird geprüft, ob im Falle struktureller Berechtigung der Objekttyp P ohne Objekt-ID ein zugelassenes Objekt ist (siehe dazu Kapitel 3, »Strukturelle Berechtigungsprüfung«).
3. Ansonsten wird geprüft, ob es ein aktives Berechtigungsobjekt für die Stammdatenprüfung gibt, in dem in allen organisatorischen Feldern ein »*« steht.
4. Am Ende wird noch einmal der Infotyp 0130 (Prüfverfahren) geprüft.

Falls einer der Punkte keine maximale Berechtigung liefert, werden die anderen Punkte nicht mehr durchlaufen.

Prüfung auf die minimale Berechtigung

Die Prüfung auf die minimale Berechtigung wird in der Methode `CHECK_MIN_SUBTY_AUTHORIZATION` durchgeführt. Auch hier wird geprüft, ob der aktuelle Zugriff über das Objekt P_PERNR vorhanden oder ausgeschlossen wird. Danach wird geprüft, ob es überhaupt ein aktives Berechtigungsobjekt für die Stammdatenprüfung gibt, in dem dem aktuellen Infotyp der Zugriff erlaubt ist.

Wenn die maximale oder die minimale Prüfung zu einem Ergebnis kommt, werden außer dem Infotyp 0130 (Prüfverfahren) keine weiteren Prüfungen mehr durchgeführt.

Schritt 2: Prüfung auf Berechtigung für die eigene Personalnummer

Die Prüfung auf die Berechtigung für die eigene Personalnummer wird in der Methode `CHECK_P_PERNR_AUTHORIZATION` durchgeführt. Diese Methode stellt zuerst fest, ob die aktuell betrachtete Personalnummer dem aktuell angemeldeten Benutzer zugeordnet ist (über den Infotyp 0105).

Dann wird das Berechtigungsobjekt P_PERNR daraufhin geprüft, ob für die Kombination aus Lese-/Schreibzugriff, Infotyp und Subtyp eine Berechtigung erteilt oder verweigert wird.

Schritt 3: Prüfung auf Zeitstrecken mit HR-Stammdatenberechtigung

Prüfung in zwei Schritten

Die Prüfung bezüglich der Berechtigung auf HR-Stammdaten wird in zwei Schritten ausgeführt.

1. Im ersten Schritt wird ermittelt, in welchen Zeitstrecken der Benutzer auf den angeforderten Infotypsatz berechtigt ist.
2. Im zweiten Schritt wird geprüft, ob das Gültigkeitsdatum des Infotypsatzes in diesen Zeitstrecken enthalten ist.

Beim Debuggen ist zu beachten, dass die Variable `IS_AUTHORIZED` in diesem Block wenig Aussagekraft hat. Vielmehr müssen Sie nachverfolgen, wie die Tabellen der berechtigten Zeitstrecken gefüllt werden. Für die allgemeine Berechtigungsprüfung wird die interne Tabelle AUTHORIZATION_PERIODS_TAB_PA verwendet, für die strukturelle Prüfung AUTHORIZATION_PERIODS_TAB_OM und für die kontextabhängige Prüfung AUTHORIZATION_PERIODS_TAB_CO.

Organisatorische Zuordnung ermitteln

Die Prüfung beginnt mit der Ermittlung der organisatorischen Zuordnung des Mitarbeiters (Infotyp 0001). Dies geschieht in der Methode `GET_ORG_ASSIGNMENT`. Wenn für den Mitarbeiter keine Zuordnung gefunden werden kann, werden nur partielle Prüfungen ausgeführt, die später beschrieben werden.

Strukturelle Berechtigung

Als Erstes wird danach geprüft, ob und in welchen Zeiträumen strukturelle Berechtigungen vorliegen – wenn die strukturellen Berechtigungen im System aktiviert sind. Diese Prüfung erfolgt in der Methode GET_OM_AUTHORIZATION_PERIODS. Dort wird in der Methode CHECK_OM_MAX_LEVEL_AUTH zuerst geprüft, ob der Objekttyp P ohne Objekt-ID ein zugelassenes Objekt ist. Ist das nicht der Fall, wird die organisatorische Zuordnung der Personalnummer ermittelt, und es wird geprüft, ob sie der Default-Planstelle zugeordnet wurde (siehe Abschnitt 3.8, »Strukturelle Berechtigungsprüfung bei nicht integrierten Personen«). Die Zeitstrecken auf der Default-Planstelle werden in der Tabelle UNINTEGRATED_PERIODS gesichert.

In der Methode GET_OM_AUTH_INTERNAL werden danach die Zeitstrecken ermittelt, für die strukturelle Berechtigung besteht. Die Methode wird zweimal aufgerufen – einmal für die Zeiträume mit Pflegeberechtigung, einmal für die Zeiträume mit Leseberechtigung. In der Methode wird der Baustein RH_AUTHORITY_CHECK_FROM_ADMIN aufgerufen. Dieser Baustein ermittelt, für welche Zeitstrecken die gesuchte Personalnummer ein zugelassenes Objekt ist. Vor dem Auslesen der erlaubten Personalnummern wird die Methode CHECK_AUTH_PLAN1 des BAdIs HRBAS00_STRUAUTH berücksichtigt (siehe Abschnitt 3.10.1, »BAdI HRBAS00_STRUAUTH für die strukturelle Berechtigung«).

Die ermittelten Zeitstrecken werden danach mit den Zeitstrecken kombiniert, in denen die gesuchte Person der Default-Planstelle zugeordnet war.

Allgemeine Berechtigungsprüfung

Nach der Ermittlung der Zeitstrecken für die strukturelle Berechtigung gehen Sie für die allgemeine Berechtigungsprüfung in der Methode GET_PA_AUTHORIZATION_PERIODS ähnlich vor. Es wird zuerst eine Prüfung auf minimale oder maximale Berechtigung durchgeführt. Wenn dabei kein Ergebnis herauskommt, wird in der Methode CHECK_AUTH_OBJ_PA für jeden Satz des Infotyps 0001 (Organisatorische Zuordnung) eine Berechtigungsprüfung durchgeführt. Je nach Stellung der Hauptschalter werden die Objekte P_ORGIN, P_ORGXX oder P_NNNNN geprüft. Danach werden die Zeitabschnitte ermittelt, für die sowohl eine strukturelle als auch eine allgemeine Berechtigung vorliegt. Die Ergebnisse werden in der internen Tabelle AUTHORIZATION_PERIODS_TAB weitergeführt.

Kontextabhängige Berechtigungsprüfung

Auch für die kontextabhängige Berechtigungsprüfung – wenn aktiviert – werden in ähnlicher Weise die berechtigten Zeitstrecken ermittelt (in der Methode GET_CONTEXT_AUTH_PERIODS). Auch hier wird vorher eine Prüfung auf minimale und maximale Berechtigung durchgeführt.

Danach wird für jeden Datensatz der organisatorischen Zuordnung (Infotyp 0001) die Berechtigung geprüft. Bei dieser Prüfung wird zuerst ermittelt, ob die angefragte Personalnummer ein zugelassenes Objekt ist und über welche Profile sie zugelassen ist. Hier werden auch nicht-integrierte Personalnummern berücksichtigt. Die Ermittlung der Profile findet in der Methode GET_STRUCTURAL_PROFILES statt – von dort wird die Methode GET_HRPROFL_TAB und darin der Baustein RH_GET_PROFILES aufgerufen. Die ermittelten Profile werden an die interne Tabelle HRPROFL_TAB angehängt.

Für jedes der ermittelten Profile wird geprüft, ob es ein Berechtigungsobjekt gibt, das für dieses Profil und unter Berücksichtigung der übrigen organisatorischen Daten des Mitarbeiters Berechtigung erteilt (in der Methode CHECK_CONTEXT_AUTH_OBJECTS). Abhängig von den Hauptschaltern werden dabei P_ORGINCON und/oder P_ORGXXCON und/oder P_NNNNNCON berücksichtigt.

Für jeden Infotyp-0001-Satz wurden die passenden Profile ermittelt. Es kann vorkommen, dass für mehrere Infotypsätze die gleichen Profile passen. Daher werden die Zeitstrecken der Profile am Schluss der Methode GET_CONTEXT_AUTH_PERIODS zusammengefasst. Es entsteht eine Liste von Perioden, in denen Kontextberechtigung vorliegt.

Wieder in der Methode CHECK_AUTHORIZATION werden die Zeitstrecken gebildet, in denen sowohl für die kontextabhängige als auch für die kombinierte strukturelle/allgemeine Stammdatenprüfung Berechtigung vorliegt.

Schritt 4: Prüfung auf Zeitlogik

Im vorangegangenen Abschnitt haben Sie gesehen, wie das System Zeitstrecken ermittelt, zu denen eine Berechtigung auf den gewünschten Infotypsatz vorliegt. Anhand dieser Zeitstrecken wird nun ermittelt, ob für die aktuelle Anfrage die Berechtigung erteilt wird. Die Zeitlogik besteht aus zwei Teilen.

Erster Teil

Im ersten Teil – implementiert in der Methode CONSIDER_SY_DATUM – wird die Tabelle der berechtigten Zeitstrecken bearbeitet. Dabei wird berücksichtigt, ob für den Infotyp im Tabellen-View V_T582A die datumsabhängige Prüfung eingeschaltet ist (über das das Feld ZUGR-BERECHT, technisch T582A-VALDT), siehe dazu Abschnitt 2.6, »Zuständigkeitszeiträume und Zeitlogik«. Außerdem wird der Berechtigungshauptschalter AUTSW ADAYS berücksichtigt (über die Variable SY_DATUM_MINUS_ADAYS). Die Methode CONSIDER_SY_DATUM_EXIT des BAdIs HRPAD00AUTH_TIME erlaubt schließlich eine kundeneigene Erweiterung der Zeitlogik.

Zweiter Teil

Der zweite Teil der Zeitlogik ist in der Methode CHECK_AUTHORIZATION weiter unten zu finden. Dort wird geprüft, ob eine berechtigte Zeitstrecke aus PA-Berechtigungen, struktureller Berechtigung und Kontextberechtigung den Zeitraum des Infotypsatzes schneidet (Lesezugriff) beziehungsweise umfasst (Schreibzugriff). In diesem Fall wird die Berechtigung erteilt. Dieses Verhalten kann in der Methode BEGDA_ENDDA_COMPARE_EXIT des BAdIs HRPAD00AUTH_TIME erweitert werden.

Partielle Prüfungen

Prüfungen während einer Einstellungsmaßnahme

Wenn für eine Personalnummer keine organisatorische Zuordnung gefunden werden kann, z.B. während einer Einstellungsmaßnahme, kann die normale ausführliche Prüfung nicht durchgeführt werden. Denn dort wird immer eine Zuordnung erwartet – und sei es, dass der Mitarbeiter der Default-Planstelle zugeordnet ist.

Um dieses Problem zu lösen, werden während einer Einstellungsmaßnahme über die Methode SET_PARTIAL_ORG_ASSIGNMENT organisatorische Daten zu einer neuen Personalnummer in einen Pufferspeicher übertragen. Dieser Puffer wird dann in der Methode CHECK_AUTH_OBJ_PA_PARTIAL ausgelesen, sodass eine Berechtigungsprüfung stattfinden kann. Strukturelle Prüfungen oder Prüfungen auf einen Kontext finden hier nicht statt.

Falls die Pufferspeicher keine Informationen enthalten, wird in der Methode CHECK_MIN_SUBTY_AUTHORIZATION geprüft, ob der Benutzer überhaupt Berechtigung auf den angeforderten Infotyp hat. Wenn das gegeben ist, wird in diesem Fall die Berechtigung auf die Personalnummer erteilt.

Schritt 6: Infotyp 0130 (Prüfverfahren)

Methode CHECK_APPROVAL_AUTH

Der Infotyp 0130 (Prüfverfahren) wird in der Methode CHECK_APPROVAL_AUTH berücksichtigt (siehe dazu Abschnitt 2.7, »Prüfverfahren (Infotyp 0130)«). Dort wird zuerst abgefragt, ob Lesezugriff angefordert wurde, ob das Prüfverfahren für den angeforderten Infotyp eventuell irrelevant ist oder ob maximale Berechtigung besteht (in der Methode CHECK_APPROVAL_MAX_SUBTY_AUTH). In diesen Fällen sind weitere Prüfungen unnötig.

Methode GET_LOWEST_ADMISSIBLE_BEGDA

In der Methode GET_LOWEST_ADMISSIBLE_BEGDA wird ermittelt, welcher der Stichtag ist, ab dem Infotypsätze noch geändert werden dürfen. Dazu wird der Infotyp 0130 eingelesen und eine Berechtigungsprüfung auf die eingelesenen Infotypsätze durchgeführt. Diese Berechtigungsprüfung durchläuft dabei noch einmal alle Schritte (Schritte 1 bis 4), die Sie bislang in diesem Abschnitt 9.4.1, »Debugging: Prüfung von Berechtigungen auf Infotypen der Personaladministration«, kennengelernt haben. Die Zeitlogik wird jetzt nur durchlaufen, wenn die gesamte Prüfung ursprünglich für den Infotyp 0130 aufgerufen wurde.

Der ermittelte Stichtag ist entweder der Tag, der im Infotyp 0130 im Feld Freigegeben bis hinterlegt ist, oder – falls Schreibberechtigung auf den Infotyp 0130 besteht – der 31.12.9999. Zum Schluss wird verglichen, ob der Gültigkeitsbeginn des angefragten Infotypsatzes größer ist als der Stichtag. Wenn dies der Fall ist, wird die Berechtigung erteilt.

9.4.2 Debugging: Prüfung von Berechtigungen auf Objekte der Personalplanung und auf weitere Objekte

Wie in Abschnitt 2.3.5, »Personalplanung (Berechtigungsobjekt PLOG)«, schon ausgeführt wurde, ist mit *Personalplanung* eine ganze Reihe von Teilmodulen gemeint. Es geht in diesem Abschnitt allgemein um Berechtigungsprüfungen für Objekte, die in den HRP*-Datenbanktabellen hinterlegt sind. Im Rahmen der strukturellen oder kontextabhängigen Berechtigungsprüfung werden auch Personalnummern so behandelt, als wären sie Objekte der Personalplanung.

Zwei Teile

Beim Zugriff auf solche Objekte und ihre Infotypen werden das Berechtigungsobjekt PLOG sowie die strukturelle Berechtigung geprüft. Für Personalnummern wird das Berechtigungsobjekt PLOG allerdings nur beim Zugriff auf Verknüpfungen geprüft. Die Prüfung der strukturellen Berechtigung besteht aus zwei Teilen:

1. Es wird zuerst die gesamte Liste der zugelassenen Objekte für einen Benutzer ermittelt.
2. Danach prüft das System, ob das angefragte Objekt in dieser Liste enthalten ist. Dabei wird auch berücksichtigt, ob das Objekt mit oder ohne Pflegeberechtigung zugelassen ist.

Anders als die Prüfung auf Infotypen der Personaladministration, die über die Methode IF_EX_HRPAD00AUTH_CHECK~CHECK_AUTHORIZATION aufgerufen wird, wird die Prüfung auf Objekte der Personalplanung deutlich weniger einheitlich aufgerufen, sodass der Einstieg in das Debugging etwas schwieriger ist.

Prüfung auf das Berechtigungsobjekt PLOG

Die Prüfung auf das Berechtigungsobjekt PLOG wird meistens über den Baustein RH_BASE_AUTHORITY_CHECK durchgeführt. Dieser Baustein prüft, ob er in seinem Puffer die gleiche Anfrage bereits gespeichert hat. Wenn nicht, prüft er, ob der Benutzer für die gegebene Kombination aus Funktionscode, Planvariante, Objekttyp, Infotyp, Subtyp und Planungsstatus eine Berechtigung für das Objekt PLOG hat.

Bausteine für die strukturelle Prüfung

Die strukturelle Prüfung wird hauptsächlich über die folgenden vier Bausteine vorgenommen:

- RH_STRU_AUTHORITY_CHECK: Strukturelle Prüfung allgemein
- RH_STRU_AUTHORITY_CHECK_PP01: Strukturelle Prüfung aus der Objektpflege heraus (Transaktion PP01)
- RH_AUTHORITY_CHECK_FROM_ADMIN:
  Strukturelle Prüfung für Personalnummern
- RH_AUTHORITY_CHECK_ORGEH: Strukturelle Prüfung für Organisationseinheiten (wird in der Berechtigungsprüfung von Personalnummern verwendet, die nicht in das Organisationsmanagement integriert sind)

Schritt 1: Ermittlung der Liste der zugelassenen Objekte

Der erste Schritt bei der strukturellen Prüfung ist die Sammlung, welche Objekte für einen Benutzer überhaupt zugelassen sind.

Einstieg für das Debugging

Diese Liste der zugelassenen Objekte wird programmintern in einer internen Tabelle namens VIEW hinterlegt. Diese Bezeichnung werden wir im weiteren Verlauf auch verwenden. Die Tabelle VIEW wird in der Formroutine `FILL_VIEW` in der Funktionsgruppe `RHAC` gefüllt. Für das Debuggen der strukturellen Berechtigung ist diese Stelle daher ein guter Einstieg.

Lesen der zugelassenen Objekte aus dem Puffer

Diese Formroutine prüft als Erstes, ob die Liste der zugelassenen Objekte bereits ermittelt wurde. Dabei wird gelesen, ob der Benutzer die Tabelle VIEW in dem aktuellen Modus bereits gefüllt hat (dazu wird auch das SAP-Memory ausgelesen). Ist dort nichts zu finden, prüft das System, ob für den Benutzer die Pufferung der zugelassenen Objekte über den Report RHBAUS00 aktiviert ist. Ist das der Fall, werden die Daten von der Datenbank gelesen.

Neuaufbau der Liste der zugelassenen Objekte

Falls keine dieser Möglichkeiten zutrifft, muss die Tabelle VIEW komplett neu aufgebaut werden. Dazu wird in der Methode `AUTHORITY_UNAME` ermittelt, ob dem Benutzer über die Tabelle T77UA oder über die Methode `GET_T77PR_TAB` des BAdIs `HRBAS00_GET_PROFL` ein Berechtigungsprofil zugewiesen wird. Hat der Benutzer kein Profil, werden alle folgenden Prüfungen mit dem Benutzernamen SAP* durchgeführt.

In der Formroutine `FILL_VIEW_0_KOMMA_5` wird noch einmal ermittelt, welche Berechtigungsprofile dem Benutzer zugeordnet sind – sei es über die Tabelle T77UA, sei es über das BAdI `HRBAS00_GET_PROFL`. Diese Berechtigungsprofile werden dann Zeile für Zeile ausgewertet.

Für Zeilen mit einem Funktionsbaustein wird eben dieser Funktionsbaustein aufgerufen, der ein Wurzelobjekt und eventuell weitere erlaubte Objekte ermittelt. Für Einträge mit einem Auswertungsweg wird eben dieser Auswertungsweg ausgewertet. Dazu wird die Formroutine `FILL_VIEW1` und die darin enthaltene Formroutine `FILL_VIEW_ALONG_PATH` aufgerufen. In letzterer `FILL_VIEW_ALONG_PATH` wird auch die Zeitlogik der strukturellen Berechtigung berücksichtigt (der Zeitraum in den strukturellen Profilen sowie der Inhalt des T77S0-Schalters PLOGI ADAYS).

Schritt 2: Auslesen der Liste der zugelassenen Objekte

Nachdem die Tabelle VIEW gefüllt wurde, kann geprüft werden, ob das angefragte Objekt in der Liste enthalten ist. Vor dieser Prüfung wird zuerst das BAdI HRBAS00_STRUAUTH ausgeführt. Beim Aufruf aus der Personaladministration wird die Methode CHECK_AUTH_PLAN1 aufgerufen, ansonsten die Methode CHECK_AUTHORITY_VIEW.

Danach wird – falls das BAdI die Standardprüfung nicht »abschaltet« – die Tabelle VIEW ausgelesen. Dies geschieht in der Formroutine CHECK_VIEW_FROM ADMIN (für Personalnummern) oder in der Formroutine CHECK_VIEW (in allen anderen Fällen). In diesen Routinen wird erst gelesen, ob der angefragte Objekttyp ohne Objekt-ID in der Tabelle VIEW enthalten ist. Wenn das nicht der Fall ist, wird der Objekttyp mit Objekt-ID gelesen. Falls ein entsprechender Eintrag als ausgeschlossen in der Tabelle VIEW aufgelistet ist, wird die Berechtigung sofort verweigert.

Kontextabhängiges Auslesen

Bei der kontextabhängigen Berechtigungsprüfung ist nicht nur relevant, ob das angefragte Objekt im View enthalten ist. Vielmehr ist wichtig, über welches Profil es zugelassen wurde. Um das zu ermitteln, wird der Funktionsbaustein RH_GET_PROFILES aufgerufen. Dieser Baustein berücksichtigt die Methode GET_PROFILES des BAdIs HRBAS00_STRUAUTH. Auch das Performance Management (siehe Abschnitt 5.12) verwendet für seine Berechtigungsprüfung diesen Baustein.

Weitere Berechtigungsprüfungen

Neben Infotypen und Objekten der Personalplanung gibt es verschiedene Berechtigungsobjekte, die geprüft werden können. Es würde zu weit führen, für alle diese Prüfungen zu beschreiben, wie sie zu debuggen sind.

Es gibt aber ein paar Möglichkeiten, wie Sie auch in anderen Anwendungen das Coding für die Berechtigungsprüfung finden und debuggen können.

Suche nach einem Berechtigungsobjekt

Ein Berechtigungsobjekt wird aus ABAP heraus über die Anweisung AUTHORITY_CHECK geprüft. Die Stellen, an denen die Prüfung stattfindet, können gefunden werden, wenn für ein Berechtigungsobjekt der Verwendungsnachweis gestartet wird.

So können Sie versuchen, die Position zu finden, an der die Berechtigungsprüfung erfolgt. An dieser Position können Sie einen Breakpoint setzen und die Berechtigungsprüfung debuggen.

Oft ist die Berechtigungsprüfung in eigenen Klassen oder Funktionsbausteinen gekapselt. Diese Objekte haben meistens die Zeichen AUTH im Namen. Es gibt demnach sehr viele Klassen und Funktionsbausteine, die die Zeichen AUTH enthalten, Sie können die Treffermenge aber deutlich einschränken.

Suche nach Funktionsbausteinen

Häufig gibt es bestimmte Kürzel, mit denen Funktionsbausteine, Funktionsgruppen oder Klassen beginnen. So beginnen Funktionsbausteine im Performance Management mit HRHAP, während Funktionsgruppen im Travel Management am Anfang die Zeichenketten FITV oder HRTV aufweisen.

Die Kombination von Präfixen mit den Zeichen AUTH liefert meistens schon eine überschaubare Trefferliste. Von dort aus können Sie per Verwendungsnachweis oder Breakpoint herausfinden, welche Bausteine im fraglichen Anwendungsfall verwendet werden.

Suche in SAP-Hinweisen

Die dritte Möglichkeit verwendet die Hinweise im SAP-Service-Portal. Wenn Sie in der Hinweissuche den Namen von Berechtigungsobjekten eingeben, können Sie das Ergebnis der Suche in verschiedener Hinsicht auswerten.

Manchmal hängt an so einem Hinweis eine Korrekturanleitung, mit deren Hilfe sich das Entwicklungsobjekt korrigieren lässt, in dem das Berechtigungsobjekt verwendet wird. Es kommt aber auch vor, dass diese Hinweise nähere Beschreibungen zu der Berechtigungsprüfung enthalten.

9.5 Fazit und kritische Erfolgsfaktoren

Fehlersuche ist selten einfach. Dies gilt unbedingt auch für Fehler bei den Berechtigungen. Durch die Vielzahl der verwendeten Werkzeuge von der allgemeinen Prüfung bis zu einer ganzen Reihe von BAdIs und Customizing-Einstellungen ist die Menge der möglichen Ursachen beträchtlich.

Fehler beheben

Ist der Fehler einmal da, helfen nur geduldige Analyse, schrittweises Vorgehen und entweder mit dem Einfachen zu beginnen und nach und nach die gesamte Komplexität aufzubauen oder die komplexe Fehlersituation Schritt für Schritt zu reduzieren. Die Tipps in diesem Kapitel können Sie dabei unterstützen, Ideen zu entwickeln.

Fehler vermeiden

Klüger ist es freilich immer, Fehler gar nicht erst entstehen zu lassen. Dabei ist gerade in den Berechtigungen Ordnung das Allerwichtigste:

- Strukturieren Sie Ihre Rollen übersichtlich und aufgabengerecht.
- Verwenden Sie einheitliche, verständliche Namenskonventionen sowohl für die Rollen als auch für die strukturellen Profile.
- Seien Sie sorgsam im Umgang mit dem Profilgenerator. Stellen Sie ihn so ein, dass er Sie bei der täglichen Pflege nicht irritiert.
- Räumen Sie regelmäßig auf. Entfernen Sie obsolete Berechtigungen, fassen Sie zusammen, und kommentieren Sie Ihre Rollen.

All dies sollte dazu führen, dass Ihre Berechtigungsrollen und -profile nicht komplexer sind, als dies angemessen ist. Dann – und nur dann – sind Fehler beherrschbar.

Knifflige Probleme sind im Zusammenhang mit dem Thema »Berechtigungen« nicht selten. Dieses Kapitel zeigt Ihnen ausgewählte Anforderungen und ihre Lösung in der Praxis.

10 Ausgewählte Problemfelder mit Lösungswegen

Sie haben ein spezielles Problem bei Ihren HCM-Berechtigungen und können es auch nach intensiver Lektüre der bisherigen Kapitel nicht lösen? Ihre letzte Chance, die Antwort in diesem Buch zu finden, ist dieses Kapitel. Wir haben ausgewählte Probleme aus realen Projekten zusammengestellt, teilweise mit Unterstützung der Kunden, deren Lösung wir hier beschreiben (siehe Abschnitte 10.1 bis 10.4).

10.1 Berechtigungen aus dem Organisationsmanagement (Schaeffler KG)

Die Schaeffler Technologies AG & Co. KG ist ein Komponentenhersteller aus der Industrie und Automobilzulieferbranche und verfügt über 180 Standorten in über 50 Ländern weltweit. Das Unternehmen beschäftigt ca. 70.000 Mitarbeiter und erwirtschaftete im Jahr 2011 einen Umsatz von ca. 10,5 Mrd. EUR.

Problem: 35.000 Benutzer und über 100 Systeme

Die administrierte SAP-Landschaft der Schaeffler Technologies AG & Co. KG umfasst über 100 Systeme und ca. 35.000 aktive Benutzer weltweit. Die Benutzer und Rollen in diesen Systemen können nicht zentral administriert werden.

Zentrale Benutzerverwaltung und Zuordnung über das OM

Stattdessen wurde folgender Ansatz gewählt: Die Zentrale Benutzerverwaltung liefert die Rollen und Benutzer in den Systemen. Beantragt werden die Rollen mit einer Webtransaktion vom Vorgesetzten, und genehmigt werden sie von Rollenverantwortlichen. Die Rollen werden im Organisationsmanagement an den Planstellen verknüpft. Das Organisationsmanagement wird in eine Zentrale Benutzerverwaltung übertragen, in der die Benutzer Rechte für die einzelnen Systemgruppen erhalten. Anschließend werden die Rollen mit Benutzerzuordnung in die Systeme verteilt. Einen Ausschnitt der Verteilungsprozesse zeigt Abbildung 10.1.

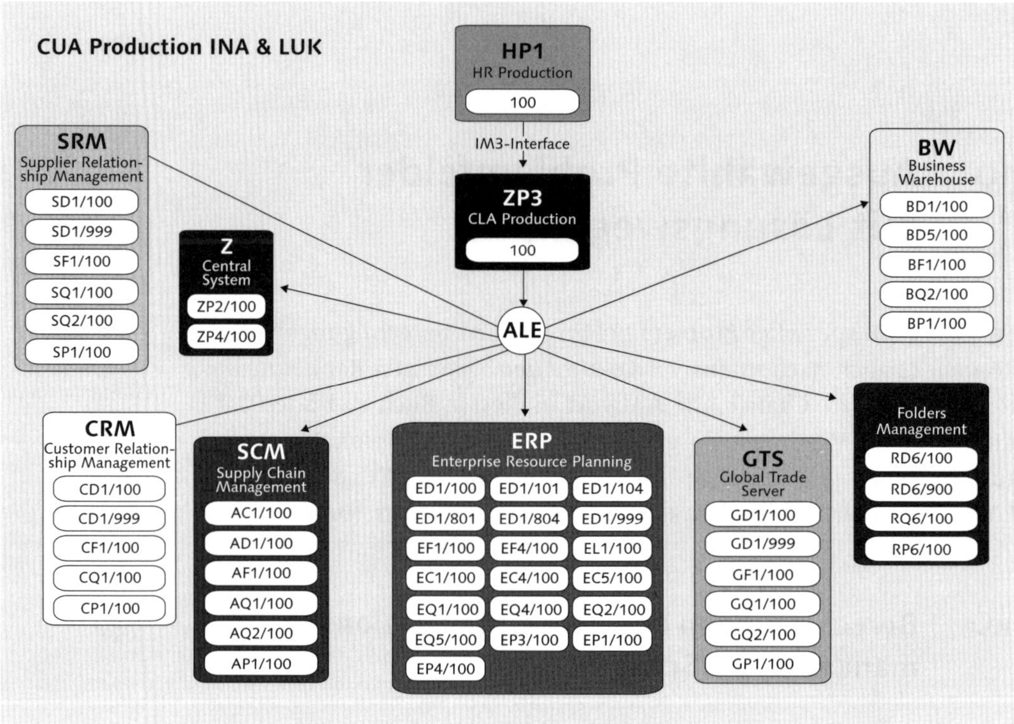

Abbildung 10.1 Verteilung der User-Rollen aus der Zentralen Benutzerverwaltung

Nicht nur HCM-Rollen

Wichtig ist, dass bei der Schaeffler Technologies AG & Co. KG sämtliche Berechtigungsrollen in allen Komponenten mit diesem Verfahren verwaltet werden, also nicht nur das HCM-System betroffen ist.

Verknüpfung von Planstellen und Rollen

Die Verknüpfung der Planstellen mit den Rollen erfolgt im Organisationsmanagement des HCM-Systems. Dabei wird die Verknüpfung zwischen Planstelle und dem Objekttyp AG (Rolle) genutzt. Diese Verknüpfungen können wie folgt geschrieben werden:

- Die Verknüpfungen können in der Rollenpflegetransaktion PFCG erstellt werden, wenn Sie mit dem Button ORG.MANAGEMENT auf der Registerkarte BENUTZER arbeiten (siehe Abschnitt 2.2.1, »Rollenzuordnung«).
- Die Rollen können über eine Pflegeoberfläche des Organisationsmanagements (z.B. Transaktion PPOM_OLD) zugeordnet werden.

- Bei der Schaeffler KG werden zusätzlich Rollen über ein kundeneigenes Programm an die Planstelle vergeben (auch über SAP-Standardfunktionsbausteine). Hier bekommen Planstellen Rechte aufgrund der organisatorischen Zuordnung der Mitarbeiter im Infotyp 0001. Dies wird allerdings nicht für HCM-Daten eingesetzt, da diese als zu sensibel angesehen werden.
- Für HCM gibt es ein Programm, das bestimmte Rollen auf Basis der Stellenzuordnung der Mitarbeiter verteilt. So wird z.B. für die Jobfamily »Leiter« automatisch die Berechtigung für Vorgesetzte vergeben, und jede Führungskraft kann für die eigene Organisationseinheit hierarchisch abwärts die Mitarbeiterdaten in der Organisation einsehen.

Vergabe von Rollen

Mit diesen Verfahren können die Rollen vergeben werden. Es gibt zwei Rollenklassen.

- **Funktionale Rollen**
  In funktionalen Rollen sind die Transaktionen und die technische Berechtigungsobjekte enthalten, also z.B. die Transaktion KS01. Sie werden über das Intranet vom Vorgesetzten beantragt und vom Rollenverantwortlichen aus dem Fachbereich genehmigt. Beispiel: Soll die Rolle für den Planstelleninhaber die Transaktion KS01 enthalten?
- **Organisatorische Rollen**
  Organisatorische Rollen bestimmen, auf welche Daten Sie zugreifen können (also z.B. Kostenstellen im Buchungskreis X). Hier wird aufgrund des Infotyps 0001 die Rollenzuordnung automatisiert ermittelt (außerhalb des HCM-Systems). Die Planstelle erhält die organisatorischen Rollen aufgrund des Standortes des Mitarbeiters, der die Planstelle besetzt.

Verknüpfung zwischen Benutzer und Personen

Die Verknüpfung zwischen SAP-Benutzer und Personalnummer erfolgt, wie im Standard üblich, über den Infotyp 0105 (Kommunikation), Subtyp 0001 (Systembenutzer). Ein kundeneigenes Programm prüft, ob zu jeder Personalnummer, die per Planstelle mit einer Rolle verknüpft ist, ein Benutzerstammsatz angelegt ist. Ist das nicht der Fall, wird der Benutzerstammsatz mithilfe des Funktionsbausteins `BAPI_USER_CREATE` automatisch geschrieben.

Automatisierter Abgleich

Der Abgleich von Planstellen, Rollen und Benutzern erfolgt stündlich durch Einplanung des Reports PFCG_TIME_DEPENDENCY bzw. RHAUTHUPD_NEW (siehe Abschnitt 2.6, »Zuständigkeitszeiträume und Zeitlogik«), wobei ein Häkchen in die Checkbox Abgleichen HR-Organisationsmanagement gesetzt werden muss. Dieser Report grenzt datumsgenau die Zuordnung der Rollen zu den Benutzern ab.

Performance

Kritisch war die Performance des automatischen Abgleichs. Für den Initiallauf wurde ein ganzes Wochenende benötigt. Der stündliche Lauf musste durch Vergabe von Indizes und Erhöhung der Systemressourcen mit viel Arbeit optimiert werden, bevor er praxistauglich war.

Strukturelle Berechtigungen

Wie funktionieren aber die strukturellen Berechtigungen in diesem Konzept? Diese sind leider im Standard nicht direkt mit einer Planstelle verknüpfbar – sieht man einmal von dem nach unserem Kenntnisstand nicht mehr genutzten Infotyp 1017 (PD-Profile) ab. Bei der Schaeffler Technologies AG & Co. KG wurde folgende Lösung gefunden: Strukturelle Profile werden ausschließlich mit Funktionsbausteinen zur dynamischen Ermittlung des Wurzelobjekts angelegt. Die Funktionsbausteine greifen direkt auf das Organisationsmanagement zu. Hierzu gehört unter anderem auch der Funktionsbaustein `RH_GET_MANAGER_ASSIGNMENT`, der im Standard den Vorgesetzten zu einem Mitarbeiter ermittelt (siehe Kapitel 3, »Strukturelle Berechtigungsprüfung«).

Konsequenzen

Nach einmaligem Einrichten der Berechtigungen pro Planstelle (entweder durch Einführung des Konzepts oder bei einem SAP-Roll-out) werden die folgenden Maßnahmen mit folgenden Auswirkungen im Betrieb abgewickelt:

- **Austritt**
  Benutzer des Mitarbeiters verliert alle Rechte.
- **Eintritt und organisatorischer Wechsel bei Wiederbesetzung**
  Benutzer verliert Rollen der alten Planstelle durch Wechsel und bekommt die Rollen der neuen Planstelle zugewiesen (wenn der Vorgänger im SAP-System arbeitete).
- **Eintritt und organisatorischer Wechsel bei neuer Planstelle**
  Planstelle muss Rollen bei Beschreibung der Planstelle erhalten.

Risiken

Folgende Aspekte müssen bei der geschilderten Lösung beachtet werden:

- Die Pflegeprozesse müssen immer im Voraus durchgeführt werden.
- Die Mitarbeiter in der Personalabteilung müssen die Personalmaßnahmen korrekt und zeitnah pflegen (es können nicht einfach alte

Planstellen abgrenzt und neue angelegt werden). Voraussetzung dafür ist natürlich eine sehr präzise Ausbildung in SAP ERP HCM.

- Fehler in der Pflege der Personalwirtschaft können zu Rollenverlusten führen.
- Bei Wechseln in den Zuständigkeiten müssen die Aufgaben so schnell übergeben werden, dass die Datenpflege vollständig durch den neuen Sachbearbeiter erfolgen kann, sobald die alte Berechtigung wegfällt.

Scharfer Schnitt beim Wechsel von Zuständigkeiten [+]

Häufig nehmen Mitarbeiter einen Teil der Aufgaben ihrer alten Planstelle temporär auf die neue Planstelle mit. Dies ist bei der Lösung der Schaeffler Technologies AG & Co. KG nicht möglich: Die Mitarbeiter verlieren mit dem Wechsel komplett ihre alten Rechte.

Was klingt wie ein Pferdefuß, kann sich positiv auswirken: Es entsteht ein systemtechnischer Zwang zur beschleunigten Übergabe an den neuen Mitarbeiter, da nur dieser die Planstellenaufgaben im System übernehmen kann.

Alternativ können alte Rollen zeitbezogen für eine Übergangszeit vergeben werden. Dies ist wiederum aufwendiger für die Administration.

Gesamtprozess

Abbildung 10.2 zeigt im Überblick noch mal den gesamten Prozess, vom Organisationsmanagement bis zur Verteilung der Rollen je Benutzer:

❶ Die Personalabteilung legt Personalstammdaten zu einer Person im HCM-System an.

❷ Daraufhin werden die Personalstammdaten an die User DB übertragen.

❸ Die neuen User-Kennungen werden an das HCM-System übertragen und in den Personalstamm eingespielt.

❹ Das HCM-Organisationsmanagement und der HCM-Personalministamm werden an die Zentrale Benutzerverwaltung (System ZP3) übertragen.

❺ Neue Benutzerstammdaten (SU01-Benutzer) werden aus dem HCM-Stamm in das ZP3 übertragen.

❻ Der Vorgesetzte beantragt Rollen. Dies löst einen Workflow an den Rollengenehmiger aus. Bei Genehmigung wird die Rolle an den Benutzer vergeben.

❼ Die Benutzer mit geänderten Rollen werden via ALE – einer Schnittstellentechnologie der SAP – an die SAP-Systeme verteilt.

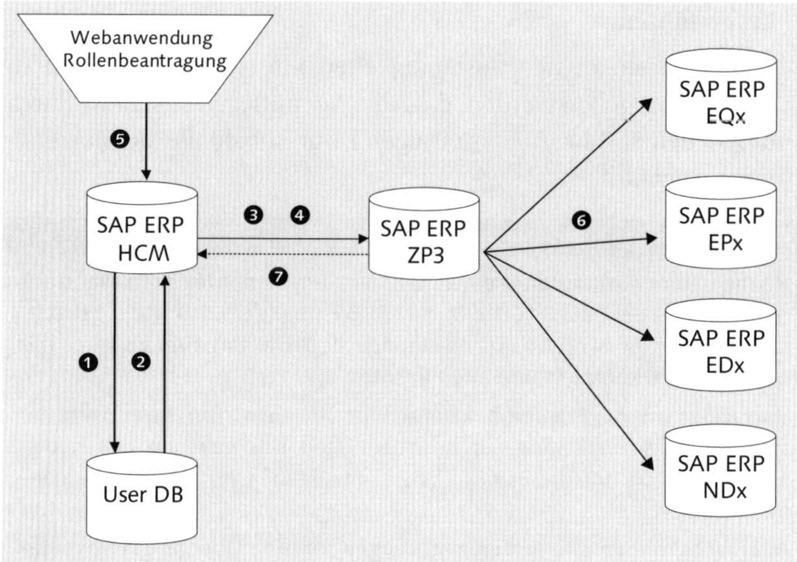

Abbildung 10.2 Prozessüberblick Schaeffler KG

Insgesamt ist die Schaeffler Technologies AG & Co. KG mit dem gewählten Verfahren sehr zufrieden. Der Prozess der Rollenvergabe ist zu 95% automatisiert. Die Benutzer können schnell und ihren Aufgaben gerecht in den SAP-Systemen arbeiten. Und: Das in früheren Zeiten praktisch unvermeidbare Ansammeln von Berechtigungen durch einzelne Benutzer mit kaum mehr kontrollierbaren Auswirkungen gehört der Vergangenheit an.

10.2 Starten von Reports per Kundenprogramm (ThyssenKrupp IT Services GmbH und Kunden)

Die ThyssenKrupp IT Services GmbH (TKIT) in Essen nutzt SAP ERP HCM als integriertes System für Personalverwaltung, Personalentwicklung, Zeitwirtschaft und Entgeltabrechnung. HCM wird als Shared-Service-System betrieben, mit dem die TKIT für andere Gesellschaften die Entgeltabrechnung durchführt und das diese

Gesellschaften auch für eigene personalwirtschaftliche Zwecke einsetzen können.

Beim Aufbau des Berechtigungskonzepts fiel frühzeitig die Entscheidung, das Starten von Reports grundsätzlich nur über Transaktionen zuzulassen. Dies erfordert in der Praxis zwar die Pflege der jeweiligen Transaktionen, ist aber ein sehr sicheres Verfahren, um die streng zweckbezogenen Datenzugriffe der verschiedenen Personalabteilungen, Betriebe und Zeiterfasser sowie des Shared Service Centers über entsprechende Berechtigungen zu implementieren.

Hintergrundprogramme starten

Eine weitere Anforderung war allerdings, dass bestimmte Benutzer des Fachbereichs die Berechtigung benötigen, Programme im Hintergrund auszuführen um Laufzeitfehler bei lang laufenden Programmen zu vermeiden. Wie Sie in Abschnitt 2.4.1, »Prüfung beim Aufrufen von Reports (Berechtigungsobjekt S_PROGRAM)«, lesen können, sind die Standardtransaktionen hierfür nicht gut geschützt.

TKIT entschied sich deshalb, für die zweite Aufgabe die folgende kundeneigene Lösung zu entwickeln und einzusetzen.

Programme werden Sachgebieten zugeordnet

Mithilfe einer kundeneigenen Customizing-Tabelle wurden die zu startenden Programme Sachgebieten zugeordnet. Diese Sachgebiete sind zuvor als Wertebereich der Domäne, die das Tabellenfeld SACHGEBIET technisch beschreibt, durch den Entwickler hinterlegt worden. Die Pflege der kundeneigenen Tabelle erfolgt über einen Pflegedialog, der durch die Angabe einer Berechtigungsgruppe explizit berechtigt wurde. Hierdurch kann eine zweistufige Berechtigungsvergabe für die Ausführung eines Reports erreicht werden (siehe Abbildung 10.3).

Pflegeview für Tabelle Z96_GROUP_REPORT

Sachgebiet	+	Programm
Reporting OM/ZW	14	ZHR_PT_WINTERZUSATZURLAUB
Reporting OM/ZW	15	ZHR_PY_IT0007_ANZ_BU_WK_SCHKZ
Personalmanagement Grundsatzfragen	1	ZHR_PY_LOHNARTENNACHWEIS
Personalmanagement Personalcenter	0	ZHR_PT_00027A
Personalmanagement Personalcenter	5	ZHR_PA_PM_CREATE_APPRAISALS
Personalmanagement Personalcenter	6	ZHR_PA_PM_CREATE_REMIND
Personalmanagement Personalcenter	7	ZHR_PA_PM_CREATE_INFO
Personalmanagement Personalcenter	8	ZHR_PA_PM_RESULT
Personalmanagement Personalcenter	9	ZHR_PA_PM_CREATE_REMIND

Abbildung 10.3 Tabelle mit Sachgebieten und Programmen

Hilfsprogramm zur Programmausführung

Im Selektionsbild des Programms ZHR_SACHGEBIET_PROGRAMM werden die Programme, die in diese Tabelle aufgenommen wurden, zur Auswahl angeboten (siehe Abbildung 10.4). Die Programme können wahlweise direkt im Vordergrund oder im Hintergrund (sofort oder mit Angabe eines Startzeitpunktes) gestartet werden. Für die Durchführung im Hintergrund muss, sofern die Programme Eingaben über einen Selektionsscreen erwarten, eine Variante ausgewählt werden.

Für die Auswahl der Programme werden über eine im Report hinterlegte Wertehilfe ausschließlich im System definierte Objekte angeboten. Varianten zum Report können über die Variantenpflege erstellt bzw. geändert werden. Für die Ausführung im Hintergrund werden Standardfunktionsbausteine verwendet, die auch Rückmeldungen über das Durchführungsergebnis des Reports liefern. Dies ist notwendig, da der ausführende Anwender keine Berechtigung für die Transaktion SM37 (Einfache Jobauswahl) hat und sich auf keinem anderen Weg das Durchführungsergebnis beschaffen kann.

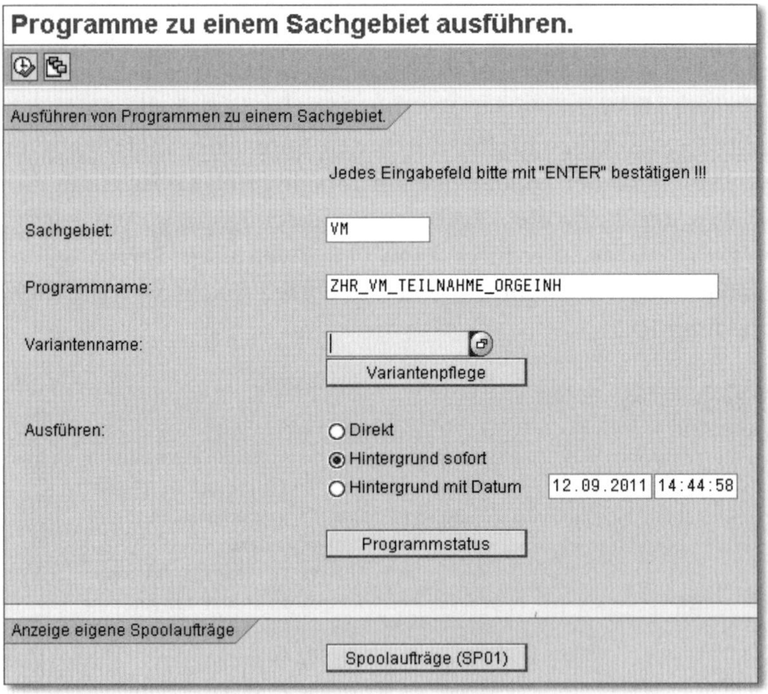

Abbildung 10.4 Report zum Starten von Programmen

Kundeneigenes Berechtigungsobjekt

Um die Endanwender für die Durchführung von Reports, die einem bestimmten Sachgebiet zugewiesen wurden, zu berechtigen, wurde das kundeneigene Berechtigungsobjekt ZHR_SACHGB angelegt (siehe Abbildung 10.5). Es bezieht sich auf die gleiche Domäne wie das Tabellenfeld in der Programmzuordnungstabelle. Hierdurch wird erreicht, dass nur die durch den Entwickler im Wertebereich der Domäne hinterlegten Sachgebiete auch berechtigt werden können.

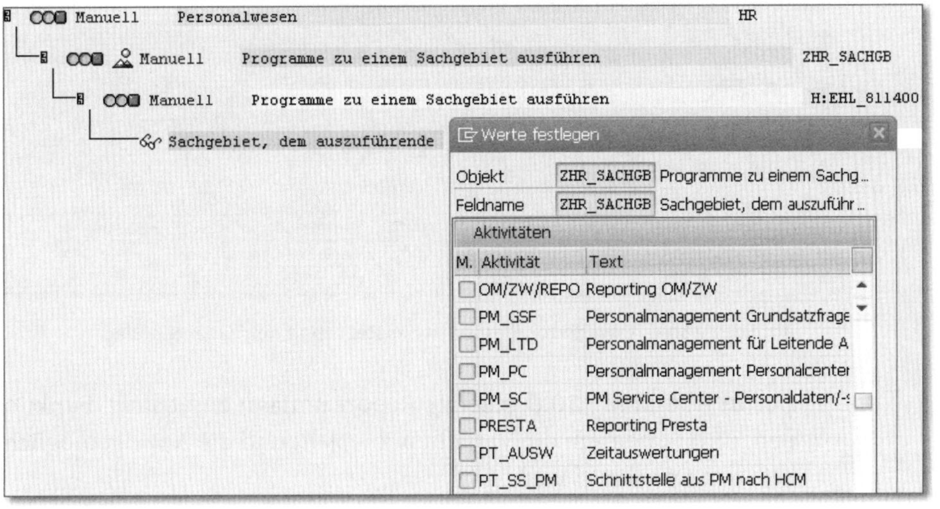

Abbildung 10.5 Kundeneigenes Berechtigungsobjekt für die Zulassung von Sachgebieten

Benutzer benötigen also zum Ausführen von Programmen mit dem kundeneigenen Report zum einen die Transaktionsberechtigung für das Programm ZHR_SACHGEBIET_PROGRAMM, zum anderen die Berechtigung für bestimmte Sachgebiete im Berechtigungsobjekt ZHR_SACHGB.

Die beschriebene Lösung hat den Verwaltungsaufwand in der Berechtigungsadministration deutlich verringert und überhaupt erst die Möglichkeit geschaffen, Programme im Hintergrund selbstständig durch Fachbereichsmitarbeiter ausführen zu lassen, ohne die Berechtigung für die Programmausführung (Transaktion SA38) zu erteilen. Sie deckt jedoch nur die Anforderungen von Benutzern ab, die Reports immer mit der gleichen Variante starten oder nur wenige Anpassungen an vorhandenen Varianten vornehmen müssen. Andere Benutzer, die häufig den Bedarf haben, umfangreiche

Variantenpflege zu betreiben, stoßen schnell an die Grenzen dieser Lösung. Für diese Benutzer wurde basierend auf der gleichen Idee eine weitere kundeneigene Lösung entwickelt (das Selektionsbild sehen Sie in Abbildung 10.6).

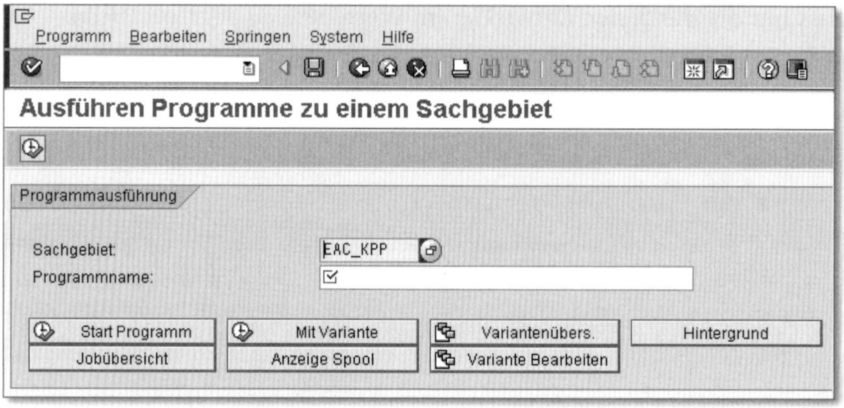

Abbildung 10.6 Erweiterter Einstieg in das Reporting mit Variantenpflege

Der in Abbildung 10.6 gezeigte Report umfasst zusätzliche Funktionen, unter anderem die Variantenübersicht und die Anzeigemöglichkeit von Spoolaufträgen.

10.3 Minimierung der Rollenanzahl und dezentrale Zuordnung (B. Braun)

B. Braun versorgt den Gesundheitsmarkt weltweit mit Produkten für Anästhesie, Intensivmedizin, Kardiologie, extrakorporale Blutbehandlung oder Chirurgie sowie mit Dienstleistungen für Kliniken, niedergelassene Ärzte und den Homecare-Bereich. 2011 erwirtschaftete das Unternehmen mit rund 43.000 Mitarbeitern in 50 Ländern einen Umsatz von rund 4,6 Mrd. EUR.

Dezentrale Administration

Bei B. Braun gibt es viele Unternehmensbereiche, deren Administration in dezentraler Verantwortung liegt. Dazu gehören in erster Linie alle Komponenten, die mit den Strukturen der Personalentwicklung arbeiten, wie das Veranstaltungsmanagement, das Organisationsmanagement, der Qualifikationskatalog sowie der Stellenkatalog für die Personalentwicklung.

Problemfelder

Daraus ergaben sich zwei Problemfelder:

- **Strukturelle Berechtigungsprobleme**
  Die dezentrale Verantwortung zur Bearbeitung eines bestimmten Personenkreises ließ sich bei B. Braun nur sehr ungenau mit den klassischen Berechtigungsfeldern aus dem Infotyp 0001 (Sachbearbeiter, Organisationsschlüssel etc.) abbilden. Eine präzise Abgrenzung war nur über strukturelle Profile (Personen einer Organisationseinheit) zu erreichen.
- **Unschärfe und Intransparenz**
  Die anfängliche Praxis, für jeden Wurzelknoten in einer Struktur (Qualifikationskatalog, Veranstaltungskatalog etc.) ein eigenes Profil anzulegen, führte zu einer relativ hohen Anzahl an Profilen in der Tabelle T77PR (ca. 200) und zu entsprechend vielen Einträgen in der Tabelle T77UA (ca. 1.800), die die Zuordnung der User zu den Profilen abbildet. Das hat bei B. Braun sowohl einen hohen administrativen Aufwand verursacht als auch eine gewisse Intransparenz mit sich gebracht.

SAP-Standard

Der SAP-Standard bietet als mögliche Lösung für das Problem der großen Profilanzahl die Möglichkeit, über einen Funktionsbaustein die Wurzelobjekte dynamisch in den strukturellen Profilen zu ermitteln. Dabei wird, ausgehend vom angemeldeten User, der relevante Knoten in einer Struktur ermittelt. Voraussetzung dafür ist natürlich eine entsprechende Verknüpfung des Users in einer Struktur. Da diese entweder noch gar nicht vorhanden (z.B. im Qualifikationskatalog) oder nicht für die Ermittlung des Wurzelobjekts geeignet war, hat B. Braun zusätzliche kundeneigene Verknüpfungen angelegt. Bei der Definition dieser Verknüpfungen hat man sich an der Funktion des jeweiligen Komponentenverantwortlichen orientiert (siehe Abbildung 10.7).

Abbildung 10.7 Kundeneigene Verknüpfungen für die strukturelle Berechtigung

In den erlaubten Verknüpfungen wurden jeweils nur Verknüpfungen von einer Planstelle zu den relevanten Wurzelobjekttypen zugelassen. Voraussetzung dafür ist, dass der Mitarbeiter einen gültigen Benutzernamen im Infotyp 0105 (Kommunikation) hat und seine Personalnummer mit einer Planstelle verknüpft ist. Im Beispiel des Veranstaltungsbeauftragten wurde die Planstelle mit den Objekttypen L (Veranstaltungsgruppe), QK (Qualifikationsgruppe) sowie O (Organisationseinheit) verknüpft (siehe Abbildung 10.8).

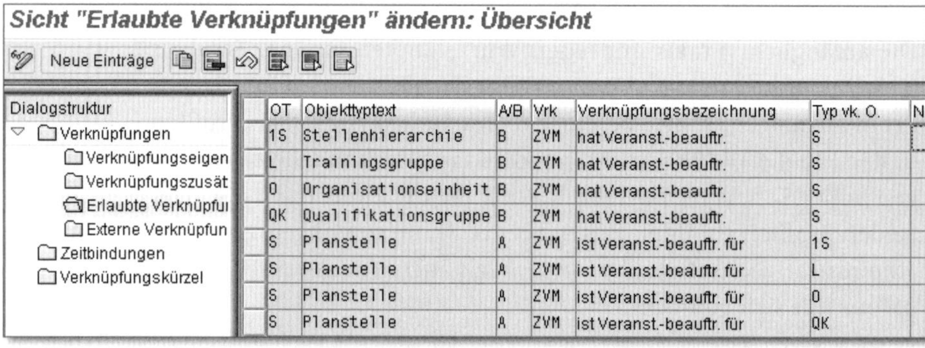

OT	Objekttyptext	A/B	Vrk	Verknüpfungsbezeichnung	Typ vk. O.	N
1S	Stellenhierarchie	B	ZVM	hat Veranst.-beauftr.	S	
L	Trainingsgruppe	B	ZVM	hat Veranst.-beauftr.	S	
O	Organisationseinheit	B	ZVM	hat Veranst.-beauftr.	S	
QK	Qualifikationsgruppe	B	ZVM	hat Veranst.-beauftr.	S	
S	Planstelle	A	ZVM	ist Veranst.-beauftr. für	1S	
S	Planstelle	A	ZVM	ist Veranst.-beauftr. für	L	
S	Planstelle	A	ZVM	ist Veranst.-beauftr. für	O	
S	Planstelle	A	ZVM	ist Veranst.-beauftr. für	QK	

Abbildung 10.8 Erlaubte Verknüpfungen zwischen Objekttypen

Analog zu den oben beschriebenen Verknüpfungen zu der jeweiligen Komponentenverantwortung existieren korrespondierende strukturelle Profile in der Tabelle T77PR (siehe Abbildung 10.9).

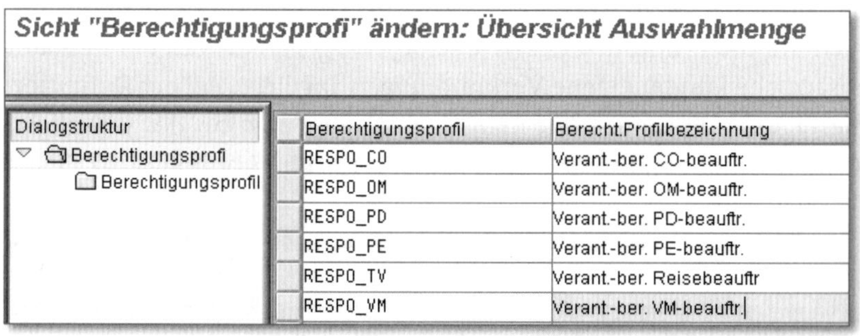

Berechtigungsprofil	Berecht.Profilbezeichnung
RESPO_CO	Verant.-ber. CO-beauftr.
RESPO_OM	Verant.-ber. OM-beauftr.
RESPO_PD	Verant.-ber. PD-beauftr.
RESPO_PE	Verant.-ber. PE-beauftr.
RESPO_TV	Verant.-ber. Reisebeauftr
RESPO_VM	Verant.-ber. VM-beauftr.

Abbildung 10.9 Berechtigungsprofile je Komponentenverantwortung (Tabelle T77PR)

In den strukturellen Profilen werden die berechtigten Objekte über einen eigens dafür angelegten Auswertungsweg ermittelt (siehe Abbildung 10.10).

Sicht "Auswertungsweg (Einzelpflege)" ändern: Übersicht

Neue Einträge

Dialogstruktur
- Auswertungswege
  - Auswertungsweg (E
- Kurzbezeichnungen

Auswertungsweg Z_EVENT Objekte für Veranstaltungsbeauftragten

Nr.	Objekttyp	A/B	Verknüpfung	Verknüpfungsbezeich.	Priorität	Typ verk. Obj.	Skip
1	*	B	008	Inhaber	*	S	☑
2	US	A	208	ist identisch mit	*	P	☐
3	S	A	ZVM	ist Veranst.-beauftr. für	*	L	☐
4	S	A	ZVM	ist Veranst.-beauftr. für	*	QK	☐
5	S	A	ZVM	ist Veranst.-beauftr. für	*	O	☐
6	S	A	ZVM	ist Veranst.-beauftr. für	*	1S	☐
7	S	A	ZDV	kann Veranst.-kat. sehen	*	L	☐
8	S	A	ZDS	kann Stellen-hier. sehen	*	1S	☐
9	S	A	ZDQ	kann Quali.-kat. sehen	*	QK	☐

Abbildung 10.10 Auswertungsweg mit kundeneigenen Verknüpfungen

Darüber hinaus wird über einen kundeneigenen Funktionsbaustein das Wurzelobjekt ermittelt (siehe Abbildung 10.11).

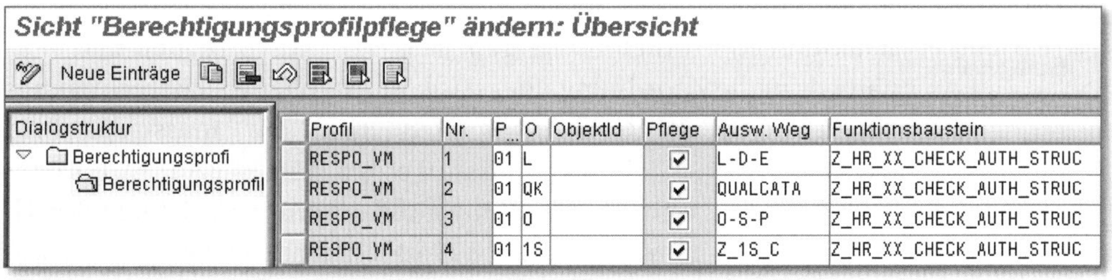

Sicht "Berechtigungsprofilpflege" ändern: Übersicht

Neue Einträge

Dialogstruktur
- Berechtigungsprofi
  - Berechtigungsprofil

Profil	Nr.	P...	O	ObjektId	Pflege	Ausw. Weg	Funktionsbaustein
RESPO_VM	1	01	L		☑	L-D-E	Z_HR_XX_CHECK_AUTH_STRUC
RESPO_VM	2	01	QK		☑	QUALCATA	Z_HR_XX_CHECK_AUTH_STRUC
RESPO_VM	3	01	O		☑	O-S-P	Z_HR_XX_CHECK_AUTH_STRUC
RESPO_VM	4	01	1S		☑	Z_1S_C	Z_HR_XX_CHECK_AUTH_STRUC

Abbildung 10.11 Strukturelles Profil mit Funktionsbaustein

Einführung der Kontextberechtigung

Für alle komponentenspezifischen strukturellen Profile bzw. Auswertungswege ist eine Verknüpfung zu einer Organisationseinheit vorgesehen. Mit dieser Verknüpfung wird über das kontextabhängige Berechtigungsobjekt die Ablösung der herkömmlichen Berechtigungen – basierend auf dem Infotyp 0001 (Organisatorische Zuordnung) – realisiert und das Problem der Unschärfe behoben. Wenn ein Anwender mehrere Komponentenverantwortlichkeiten innehat, wird über die Kontextabhängigkeit eine Abgrenzung des Personenzugriffs sichergestellt, abhängig vom aktuellen Aufgabenbereich.

SAP* überprüfen

Nach der Aktivierung der Prüfung auf das kontextabhängige Berechtigungsobjekt P_ORGINCON (Schalter AUTSW INCON in der Tabelle T77S0) sollte unbedingt das Profil unter dem Eintrag SAP* in der Tabelle T77UA geprüft werden. Es muss sichergestellt sein, dass dieses

Profil nicht den Objekttyp P enthält, da sonst Anwender ohne Zuordnung eines strukturellen Profils Zugriff auf alle Personen haben.

Performanceoptimierung

Darüber hinaus sollte im Vorfeld besonderes Augenmerk auf eventuelle Performanceprobleme gelegt werden. Der Standard bietet für Anwender mit sehr komplexen strukturellen Berechtigungen die Möglichkeit, Benutzerdaten im SAP-Memory zu speichern. Eine detaillierte Beschreibung hierfür erhalten Sie über den IMG-Pfad Personalmanagement • Organisationsmanagement • Grundeinstellungen • Berechtigungsverwaltung • Strukturelle Berechtigung • Benutzerdaten im SAP-Memory speichern.

Generell bleibt zur Umstellung noch zu sagen, dass nicht zwangsläufig jeder Anwender ein strukturelles Profil in dem kontextabhängigen Berechtigungsobjekt hinterlegt haben muss. Bei Nichtvorhandensein wird der Eintrag SAP* aus der Tabelle T77UA gezogen, sodass in den klassischen Bereichen (PA, PY, PT etc.) die herkömmliche Berechtigungsprüfung weiterverwendet werden kann.

Problem: Zu viele Rollen im Reisemanagement

Ab Release 4.7 ist es möglich, auf die Zuordnung der User zu den strukturellen Profilen in der Tabelle T77UA zu verzichten und alternativ dazu die Zuordnung über das kontextabhängige Berechtigungsobjekt (P_ORGINCON) zu verwenden. Dafür muss das BAdI `HRBAS00_GET_PROFL` implementiert werden. Dieses BAdI ist übrigens auch bei nicht aktivierter Prüfung auf das kontextabhängige Berechtigungsobjekt in der Tabelle T77S0 nutzbar, womit die Tabelle T77UA im Prinzip obsolet wird.

Das Reisemanagement ist bei B. Braun ebenfalls dezentral organisiert. In der Vergangenheit wurde die Abgrenzung über das Feld Kostenstelle im Berechtigungsobjekt P_TRAVL realisiert, was zu einer hohen Anzahl an verschiedenen Rollen und entsprechendem administrativen Aufwand führte.

Erfolg: Nur eine Rolle und ein Profil im Reisemanagement

Im Bereich Travel Management bietet das BAdI `FITV_PERSNO_AUTH_CHK` eine alternative Möglichkeit, Personenberechtigungen über strukturelle Profile zu vergeben. Nach der Implementierung des BAdIs reichten eine Rolle und ein strukturelles Profil für alle Reisebeauftragten aus. Die laufende Berechtigungsadministration wird im Fachbereich von einem Power-User über die Pflege der kundeneigenen Verknüpfungen sowie die Vergabe der Rolle realisiert. Dafür wurden IT-seitig unterstützende Pflegetransaktionen bzw. Reporting-Möglichkeiten bereitgestellt.

Eigene Pflegetransaktion für Verknüpfungen

Die Pflege der kundeneigenen Verknüpfungen erfolgt dezentral durch zu benennende Power-User. Dafür wurden eigene Pflegetransaktionen geschaffen, die alle den Baustein `RH_OM_MAINTAIN_STRUCTURE` verwenden (siehe Abbildung 10.12).

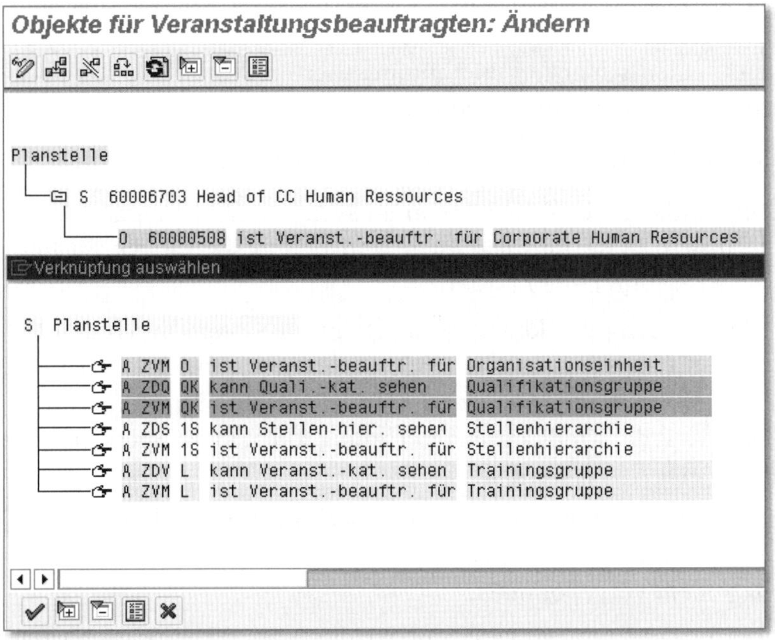

Abbildung 10.12 Eigene Transaktion für dezentrale Verknüpfungspflege

Darüber hinaus erhielten die Berechtigungsbeauftragten einer Komponente entsprechende Reporting-Tools an die Hand (z.B. Liste aller VM-Beauftragten, Ermittlung des zuständigen VM-Beauftragten für einen Mitarbeiter etc). Dies ließ sich über eigene »maßgeschneiderte« Reports bzw. Transaktionen relativ einfach realisieren.

10.4 Schlanke Berechtigung für Reiseassistenten (SMA Solar Technology AG)

SMA Solar Technology AG ist weltweit führend in der Entwicklung, der Produktion und dem Vertrieb von Solar-Wechselrichtern. Das Unternehmen ist in 19 Ländern auf vier Kontinenten in allen wichtigen Photovoltaikmärkten präsent. SMA beschäftigt mehr als 5.500 Mitarbeiter und erzielte 2011 einen Umsatz von 1,7 Mrd. EUR.

10.4.1 Implementierung des Reisemanagements in SAP NetWeaver Portal

Die SMA Solar Technology AG hat Mitte 2010 ein Reisemanagementprojekt gestartet. Bis zu diesem Zeitpunkt wurde die Reiseabrechnung bereits im System durch die Reisekostenstelle durchgeführt, der vorgelagerte Prozess war jedoch papierbasiert. Ziel des Projekts war es, einen schlanken und automatisierten Prozess für das Reisekostenmanagement zu etablieren.

Funktionen

Folgende Anforderungen hatte das Unternehmen an das Projekt:

- Die Eckdaten der Reise können im System erfasst werden (als Reiseantrag), diese Informationen sind Grundlage für die Buchung der Reise durch die Assistenz.
- Die Erfassung der Reisespesen erfolgt im System durch den Reisenden (oder dessen Assistenz). Bei Reisen ohne Belege ist eine Schnellerfassung vorgesehen (vor allem für Servicetechniker). Daten aus der Kreditkartenabrechnung sollen in die Spesenabrechnung eingelesen werden.
- Der Genehmigungsprozess soll über einen Workflow erfolgen. Die Ermittlung des Genehmigers wird über das Organisationsmanagement vorgenommen.
- Ein aussagekräftiges Reporting ist die Basis für eine nachhaltige Kostenreduzierung.

Die Assistenz hat im Reisemanagementprozess bei SMA eine spezielle Rolle. Sie unterstützt nicht nur Mitarbeiter aus ihrem Bereich bei der Reisemittelbeschaffung, sondern erfasst teilweise auch die Spesen für diese Mitarbeiter. Wie diese Anforderung im Hinblick auf die Berechtigungsprüfung umgesetzt wurde, erläutern wir im Folgenden.

10.4.2 Zuständige Assistenz für die Beschaffung der Reisemittel finden

Der Reisende kann bei der Erfassung des Reiseantrags angeben, ob er Hilfe bei der Buchung der Reisemittel benötigt. Dazu wurde im letzten Schritt des Reiseantrags (also vor dem Sichern und Senden) ein Radiobutton per Erweiterung der Web-Dynpro-Anwendung eingefügt. Dieser ist vorbelegt mit der Option ICH BENÖTIGE KEINE UNTERSTÜTZUNG BEI DER BUCHUNG VON REISEMITTELN. Ändert der Mitarbeiter die Option auf ICH BENÖTIGE UNTERSTÜTZUNG BEI DER BUCHUNG VON REI-

SEMITTELN DURCH EINE ASSISTENTIN werden in der Auswahlhilfe zwei Assistenten vorgeschlagen: Erstens die hauptamtlich für ihn zuständige Assistenz, die als Vorschlagswert angezeigt wird, und zweitens die jeweilige Vertretung. Diese Vorauswahl ermöglicht die kundeneigene Verknüpfung ZT1 im Organisationsmanagement (siehe Abbildung 10.13). Die kundeneigene Verknüpfung wird in der Regel von der Planstelle der Assistenz des Sekretariats zur Organisationseinheit angelegt sowie in Ausnahmefällen von der Planstelle der Assistenz zur Planstelle des Mitarbeiters. Somit lässt sich zum Reisenden immer die jeweils zuständige Assistenz ermitteln, indem man ausgehend von der Organisationseinheit des Mitarbeiters die ZT1-Verknüpfung zurückverfolgt. Die jeweils ausgewählte Assistenz erhält nach Versenden des Reiseantrags eine Benachrichtigungs-E-Mail.

Abbildung 10.13 Vorbelegung der Assistentin aufgrund der Verknüpfung im OM

Die kundeneigenen Verknüpfungen wurden folgendermaßen angelegt:

1. Anlegen der Verknüpfung AZT1/BZT1 (Hauptsekretariat) bzw. AZT2/BZT2 (Vertretersekretariat)
2. Anlegen des Subtyps zum Infotyp 1001
3. Anlegen der Zeitbindung

Sie erreichen die Verknüpfungspflege über den IMG-Pfad PERSONALMANAGEMENT • ORGANISATIONSMANAGEMENT • ERWEITERTE DATENMODELLIERUNG • VERKNÜPFUNGSPFLEGE • VERKNÜPFUNGEN ANLEGEN.

Damit diese beiden Assistenten in der Auswahlhilfe erscheinen, mussten die beiden genannten Verknüpfungen im Organisationsmanagement gepflegt werden: Die AZT1-Verknüpfung führt von der Planstelle der Hauptassistenz zur zuständigen Organisationseinheit, und die

AZT2-Verknüpfung führt von der Planstelle der Vertretungsassistenz zur zuständigen Organisationseinheit. Die BZT*-Verknüpfungen führen jeweils von der Organisationseinheit zurück zur Assistenz-Planstelle.

10.4.3 Weitere Funktionen der kundeneigenen Verknüpfung

Verknüpfung im OM schlägt drei Fliegen mit einer Klappe

Die kundeneigenen Verknüpfungen für Assistenten und ihre Vertreter wurden außerdem für das dynamische Einblenden des Links EIGENE MITARBEITER im Reisemanagement-Menü genutzt. Über diesen Link können Assistenten die Reisen anderer Mitarbeiter bearbeiten. Darüber hinaus haben wir die Verknüpfung für die strukturelle Berechtigungsprüfung eingesetzt, damit Assistenten nur auf Mitarbeiter ihres Zuständigkeitsbereichs Zugriff haben.

Link »Eigene Mitarbeiter« nur für Assistenten sichtbar

Die Anforderung, den Link EIGENE MITARBEITER nur für die zuständige Assistenz-Position sichtbar zu machen, konnte außerhalb der Berechtigungsprüfung umgesetzt werden. Damit der Link nur für Mitarbeiter mit Assistentenfunktion sichtbar ist (siehe Abbildung 10.14), wurde der Funktionsbaustein `HRXSS_SER_GETAREAMENUDATA` erweitert. User mit Assistenzfunktion werden über die kundeneigene Verknüpfung ZT1 (bearbeitet Reisen für) und ZT2 für die Vertretersekretariate ermittelt. Dazu wird zum angemeldeten Benutzer die Planstelle gelesen und nach einer gültigen Verknüpfung AZT1 bzw. AZT2 zum Systemdatum gesucht.

Abbildung 10.14 Dynamisches Menü aufgrund einer Verknüpfung im OM

Die Erweiterung, die Sie am Ende des Funktionsbausteins HRXSS_SER_GETAREAMENUDATA sehen, bewirkt, dass nur Assistenten mit einer gültigen ZT*-Verknüpfung an ihrer Planstelle den Link Eigene Mitarbeiter sehen (siehe Listing 10.1).

```
ENHANCEMENT 1 ZHR_DYN_MENUE_TRAVELMGMT.    "active version
* Der Link "Eigene Mitarbeiter" soll nur für Assistenten
sichtbar sein
  DATA: lv_plans TYPE plans,
        lv_sobid TYPE sobid,
        lv_plvar TYPE plvar.

  FIELD-SYMBOLS: <lv_serviceinfo> TYPE rhxss_ser_serviceinfo_
s.

*  Planstelle der angemeldeten Person ermitteln
  SELECT SINGLE plans FROM pa0001 INTO lv_plans
     WHERE pernr = personnelnumber
       AND begda <= sy-datum
       AND endda >= sy-datum
       AND sprps = space.

  IF sy-subrc = 0.

CALL FUNCTION 'RH_GET_ACTIVE_WF_PLVAR'
 EXPORTING
   ASK_PLVAR_DIALOG         = ' '
   SET_DEFAULT_PLVAR        = 'X'
 IMPORTING
   ACT_PLVAR                = lv_plvar
 EXCEPTIONS
   NO_ACTIVE_PLVAR          = 1
   OTHERS                  = 2.

* jetzt nach der Assistentenverknüpfung im OM suchen
    SELECT SINGLE sobid FROM hrp1001 INTO lv_sobid
                       WHERE otype = 'S'
                         AND objid = lv_plans
                         AND plvar = lv_plvar
                         AND rsign = 'A'
                         AND ( relat = 'ZT1'
                          OR relat = 'ZT2')
                         AND istat = '1'
                         AND begda <= sy-datum
                         AND endda >= sy-datum.
* nix gefunden?
    IF lv_sobid IS INITIAL.
* Link "Meine Mitarbeiter" ausblenden
      LOOP AT serviceinfo ASSIGNING <lv_serviceinfo>
                            WHERE servicekey = 'ZHR_EMPLOYEE_
```

```
TRAVEL_ASSISTANT_12'.
        DELETE serviceinfo INDEX sy-tabix.
      ENDLOOP.
    ENDIF.
  ENDIF.

ENDENHANCEMENT.
```

Listing 10.1 Implizite Erweiterung des Funktionsbausteins HRXSS_SER_GETAREAMENUDATA

Eingeschränkte strukturelle Berechtigung für Assistentinnen ohne strukturelles Profil

Jede Assistenz darf im Portal nur die Mitarbeiter auswählen, für die sie zuständig ist. Das wurde über die kundeneigenen Verknüpfungen im Organisationsmanagement – also über eine strukturelle Berechtigung – realisiert.

Pflege in Tabelle T77UA durch BAdI ersetzt

Damit die strukturelle Berechtigung im Reisemanagement genutzt werden kann, musste das BAdI `FITV_PERSNO_AUTH_CHK` implementiert werden. In unserem Fall wurde das BAdI so ausgeprägt, dass wir keine zusätzlichen strukturellen Profile für Assistenten anlegen mussten und die Zuordnung in der Tabelle T77UA (Benutzer zu strukturelles Profil) nicht mehr nötig war.

Das BAdI wird für jeden in der Mitarbeiterliste selektierten Mitarbeiter einzeln durchlaufen. Im ersten Schritt haben wir für den angemeldeten Benutzer (die Assistentin) die Planstelle ermittelt und geprüft, ob es ausgehend von dieser Planstelle ZT1- oder ZT2-Verknüpfungen zu Organisationseinheiten oder Planstellen gibt. Lag eine Verknüpfung vor, haben wir im Fall von Planstellen die Inhaber ermittelt und im Fall von Organisationseinheiten per Auswertungsweg ZSBESX alle direkt und indirekt zugeordneten Personen. Der Auswertungsweg, der die Personen der Organisationseinheit ermittelt, wird über den Pflege-View V_T77AW angelegt (siehe Tabelle 10.1). In der ersten Zeile werden alle untergeordneten Organisationseinheiten ermittelt. In der zweiten Zeile werden zu diesen Organisationseinheiten die Planstellen ermittelt, und schließlich werden die Inhaber dieser Planstellen – die Personen, für die die Assistenz zuständig ist, ausgewertet.

Objekt	A/B	Verknüpfung	Verknüpfungs-bezeichnung	Priorität	Typ des verknüpften Objekts
O	B	002	ist Linien-Vorgesetzter von	*	O
O	B	003	umfasst	*	S
S	A	008	Inhaber	*	P

Tabelle 10.1 Auswertungsweg ZSBESX

Konnte für den selektierten Mitarbeiter keine Zuständigkeit ermittelt werden, schlägt die Prüfung fehl (`e_rcode` = 4). Das System gibt dann die in Abbildung 10.15 gezeigte Fehlermeldung aus.

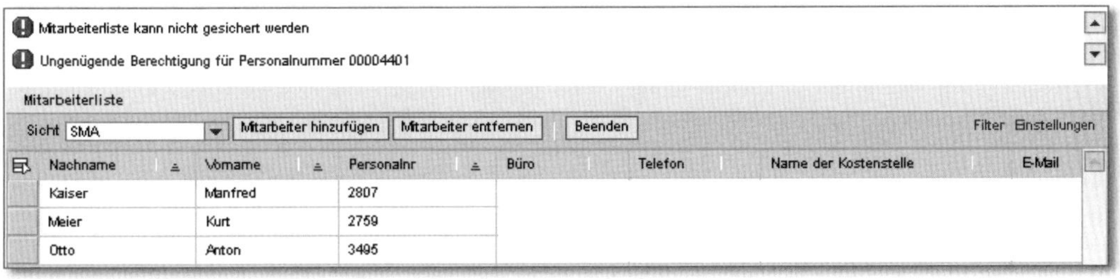

Abbildung 10.15 Fehlgeschlagene Berechtigung aufgrund fehlender Verknüpfung im Organisationsmanagement

Listing 10.2 zeigt eine der möglichen Implementierungen des BAdIs `FITV_PERSNO_AUTH_CHK`. In diesem Beispiel wird nicht nur die strukturelle Berechtigung für die Assistenten im Reisemanagement geprüft, sondern gleichzeitig die Zuordnung des strukturellen Profils zum User der Assistenz »simuliert«.

```
* Planstelle des angemeldeten Benutzers
    SELECT SINGLE plans FROM pa0001 INTO lv_plans
                         WHERE pernr = lv_pernr
                           AND sprps = ' '
                          AND begda <= sy-datum
                          AND endda >= sy-datum.
    IF sy-subrc = 0.
* Assistenzverknüpfungen im Reisemanagement lesen
    SELECT sclas sobid FROM hrp1001 INTO CORRESPONDING FIELDS
OF TABLE lt_result
                              WHERE otype = 'S'
                                AND objid = lv_plans
                                AND plvar = lv_plvar
```

```
                                  AND rsign = 'A'
                                  AND ( relat = 'ZT1'
                                   OR relat = 'ZT2' )
                                  AND begda <= sy-datum
                                  AND endda >= sy-datum.

    IF lt_result[] IS INITIAL. " alle, die keine Assist.verkn.
haben, dürfen im Reisemgmt. jeden sehen

        e_rcode = 0.

      ELSE.

        IF e_rcode <> 0.
* zuerst die Z-Verknüpfungen mit den OEs
          LOOP AT lt_result ASSIGNING <lv_result>
                                     WHERE sclas = 'O'.
* und die Personen in den OEs lesen
            " 60 Tage Übergangsfrist
            lv_begda = sy-datum - 60.

            CALL FUNCTION 'RH_STRUC_GET'
              EXPORTING
                act_otype       = <lv_result>-sclas
                act_objid       = <lv_result>-sobid
                act_wegid       = 'ZSBESX'
                act_begda       = lv_begda
                authority_check = space
              TABLES
                result_tab      = lt_result_tab
              EXCEPTIONS
                no_plvar_found  = 1
                no_entry_found  = 2
                OTHERS          = 3.

            IF sy-subrc = 0.
             LOOP AT lt_result_tab ASSIGNING <lv_result_tab>
                                           WHERE otype = 'P'
                                          AND objid = i_persno.
              ENDLOOP.
* die selektierte Pernr ist mir über die Z-Verkn. zugeordnet
              IF sy-subrc = 0.
                e_rcode = 0.
                EXIT.
              ENDIF.

            ENDIF.

          ENDLOOP.

          IF e_rcode <> 0.
```

```
* und jetzt die Z-Verknüpfungen mit den S
          LOOP AT lt_result ASSIGNING <lv_result>
                                      WHERE sclas = 'S'.
* und die Personen auf den Planstellen lesen
            CALL FUNCTION 'RH_STRUC_GET'
              EXPORTING
                act_otype        = <lv_result>-sclas
                act_objid        = <lv_result>-sobid
                act_wegid        = 'A008'
                authority_check  = space
              TABLES
                result_tab       = lt_result_tab
              EXCEPTIONS
                no_plvar_found   = 1
                no_entry_found   = 2
                OTHERS           = 3.

            IF sy-subrc = 0.
            LOOP AT lt_result_tab ASSIGNING <lv_result_tab>
                                          WHERE otype = 'P'
                                        AND objid = i_persno.
              ENDLOOP.
              IF sy-subrc = 0.
                e_rcode = 0.
                EXIT.
              ENDIF.
            ENDIF.
          ENDLOOP.
        ENDIF.
      ENDIF.
    ENDIF.
```

Listing 10.2 Coding-Beispiel – Auszug aus BAdI FITV_PERSNO_AUTH_CHK

10.5 Bestimmte Felder in Infotypen ausblenden

Häufig kommt bei dezentraler Pflege die Frage auf: Können wir nicht für bestimmte Anwender die Oberfläche der Infotypen anders gestalten, also Felder ausblenden oder von Eingabe- zu Ausgabefeldern machen?

Felder werden für bestimmte Benutzergruppen zu Anzeigefeldern [zB]

Sie wollen das Feld Zusatzkennzeichen Zeit im Infotyp 0007 (Sollarbeitszeit) dezentral pflegen lassen. Diese Benutzer dürfen aber keine anderen Felder dieses Infotyps pflegen. Diese Felder müssten also für die Benutzergruppe zu reinen Anzeigefeldern werden.

Benutzerparameter UGR

Bevor Sie nun mit kundeneigener Programmierung beginnen, sollten Sie prüfen, ob der Benutzerparameter UGR in Verbindung mit der Infotypsteuerung für die Bildmodifikation hier nicht die Lösung darstellt.

Die Infotypbildsteuerung erreichen Sie im IMG über PERSONALMANAGEMENT • PERSONALADMINISTRATION • ANPASSUNG DER OBERFLÄCHEN • BILDMODIFIKATIONEN ÄNDERN. Die dortigen Standardeinträge für das Einzelbild des Infotyps 0007 sehen Sie in Abbildung 10.16.

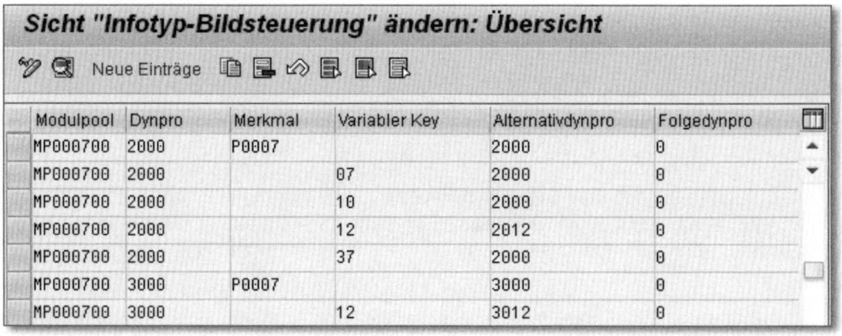
Sicht "Infotyp-Bildsteuerung" ändern: Übersicht

Neue Einträge

Modulpool	Dynpro	Merkmal	Variabler Key	Alternativdynpro	Folgedynpro
MP000700	2000	P0007		2000	0
MP000700	2000		07	2000	0
MP000700	2000		10	2000	0
MP000700	2000		12	2012	0
MP000700	2000		37	2000	0
MP000700	3000	P0007		3000	0
MP000700	3000		12	3012	0

Abbildung 10.16 Varianten für Infotyp 0007

Bevor wir auf den Benutzerparameter UGR zu sprechen kommen, sollten Sie verstehen, wie es zu verschiedenen Bildschirmvarianten kommen kann und wie entschieden wird, wann welche Variante zum Einsatz kommt. Das in der ersten Zeile von Abbildung 10.16 dargestellte Merkmal P0007 gibt den *variablen Key* aus. Der variable Key in Verbindung mit der Infotypnummer ist der Schlüssel für die Bildsteuerung. Den Inhalt der Bildsteuerung für z.B. den variablen Key 17 sehen Sie in Abbildung 10.17. Abweichend vom Standard wird das Feld ZUSATZKENNZEICHEN ZEIT ausgeblendet und das Feld ARBEITSWOCHE zum Muss-Feld definiert.

Benutzerparameter UGR

Was hat das bisher Gesagte nun mit dem Benutzerparameter UGR zu tun? Nun, genau dieser Parameter kann – neben anderen Eigenschaften – im Merkmal P0007 ebenso wie in allen anderen Merkmalen für die Infotypbildsteuerung abgefragt werden. Wie in Abbildung 10.18 zu sehen ist, könnten Sie an der Benutzergruppe festmachen, welcher variable Key gezogen wird. Somit könnten Sie eine Variante des Dynpros pflegen, das – gemäß dem obigen Beispiel – alle Felder mit Ausnahme des Feldes ZUSATZKENNZEICHEN ZEIT zu Anzeigefeldern macht.

Sicht "Infotyp-Bildsteuerung" ändern: Detail

Neue Einträge

Modulpool	MP000700	Variabler Key	10
Standarddynpro	2000	Merkmal	
Alternativdynpro	2000	Merkmal	
Folgedynpro			

Bildsteuerung

GRP	Feldname	Kurzbeschreibung des Dynprofelds	Stan	Muß	Ka...	Ausg	Ausb	Init
001	P0007-SCHKZ	Arbeitszeitplanregel	◉	○	○	○	○	○
002	P0007-ZTERF	Mitarbeiterstatus für Personalze	◉	○	○	○	○	○
003	P0007-EMPCT	Arbeitszeitanteil	◉	○	○	○	○	○
004	P0007-TEILK	Kennzeichen Teilzeitkraft	◉	○	○	○	○	○
004	P0007-TEILK	Kennzeichen Teilzeitkraft						
005	P0007-ARBST	Tägliche Arbeitsstunden	◉	○	○	○	○	○
006	P0007-MINTA	Minimale Arbeitstunden pro Tag	◉	○	○	○	○	○
007	P0007-MAXTA	Maximale Arbeitstunden pro Tag	◉	○	○	○	○	○
008	P0007-WOSTD	Wochenstunden	◉	○	○	○	○	○
009	P0007-MINWO	Minimale Arbeitsstunden pro Woch	◉	○	○	○	○	○
010	P0007-MAXWO	Maximale Arbeitsstunden pro Woch	◉	○	○	○	○	○
011	P0007-MOSTD	Monatsstunden	◉	○	○	○	○	○
012	P0007-MINMO	Minimale Arbeitsstunden pro Mona	◉	○	○	○	○	○
013	P0007-MAXMO	Maximale Arbeitsstunden pro Mona	◉	○	○	○	○	○
014	P0007-JRSTD	Jahresarbeitsstunden	◉	○	○	○	○	○
015	P0007-MINJA	Minimale Arbeitsstunden pro Jahr	◉	○	○	○	○	○
016	P0007-MAXJA	Maximale Arbeitsstunden pro Jahr	◉	○	○	○	○	○
017	P0007-WKWDY	Wöchentliche Arbeitstage	◉	○	○	○	○	○
018	P0007-DYSCH	Dynamische Erstellung des Tagesa	◉	○	○	○	○	○
018	P0007-DYSCH	Dynamische Erstellung des Tagesa						
019	P0007-KZTIM	Zusätzliches Kennzeichen für die	○	○	○	◉	○	○
020	P0007-WWEEK	Arbeitswoche	○	◉	○	○	○	○

Abbildung 10.17 Variabler Key 17: Ausblenden und Muss-Feld

Merkmal P0007 bearbeiten : Entscheidungsbaum

Langtext bei Fehler

Befehl

Zeile	Variables Argument	F	D	Operationen
000310	3000 12		D	USERG
000320	**			&P0007=01,
000330	10			&P0007=10,

Abbildung 10.18 Merkmal P0007 mit Abfrage auf die Benutzergruppe

[!] **Benutzer dürfen die Berechtigung nicht selbst pflegen**

Wenn Sie die Berechtigungen in der beschriebenen Weise an die Benutzergruppe knüpfen, müssen Sie dafür sorgen, dass die Benutzer diese nicht selbst pflegen können. Transaktionen wie SU2 und SU3 (Pflege eigener Benutzervorgaben) dürften ihnen nicht zugeordnet werden. Sonst könnte es passieren, dass die Benutzer sich selbst eine Benutzergruppe zuordnen können, die ihnen für sie nicht erlaubte Daten anzeigt.

10.6 Unterstützung des Arbeitsablaufs beim Vier-Augen-Prinzip

Das *Vier-Augen-Prinzip* (siehe Abschnitt 2.3.2, »Infotypberechtigungen in der Personaladministration«) ist oft wichtig, um die Datenqualität zu verbessern. Es kann allerdings leicht zu Verzögerungen in der Bearbeitung führen. Wir stellen Ihnen zwei Möglichkeiten vor, wie Sie den Prozessablauf beim Vier-Augen-Prinzip beschleunigen können. Die erste Möglichkeit nutzt das Konzept der dynamischen Maßnahmen. Die zweite nutzt einen Prüfreport, in dem das Genehmigen der Änderungen zu einem beliebigen Zeitpunkt gebündelt durchgeführt werden kann.

10.6.1 E-Mail-Versand mithilfe dynamischer Maßnahmen

Wie kann gewährleistet werden, dass z.B. Sätze des Infotyps 0008 (Basisbezüge), die von dem einen Sachbearbeiter zunächst gesperrt geschrieben werden, zügig durch einen anderen Sachbearbeiter geprüft und freigegeben werden?

Dynamische Maßnahmen

Nutzen Sie hierzu die *dynamischen Maßnahmen*, deren Customizing Sie unter Personalmanagement • Personaladministration • Anpassung der Arbeitsabläufe • Dynamische Massnahmen finden.

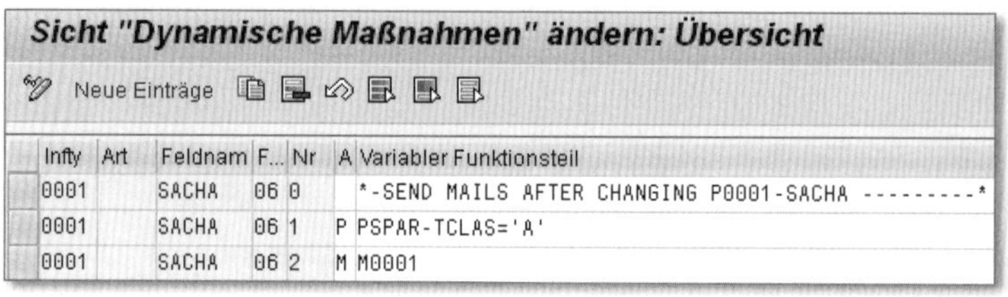

Abbildung 10.19 Muster für E-Mail per dynamischer Maßnahme

Abbildung 10.19 zeigt ein Muster, wie bei Änderungen im Feld SACHBEARBEITER ABRECHNUNG eine E-Mail verschickt wird. Das Verschicken wird durch das Merkmal M0001 bestimmt – eines der Mustermerkmale, die das Verschicken von E-Mails aus dynamischen Maßnahmen zum Zweck haben. Die Dokumentation hierzu finden Sie im Merkmal MOESS. Die Mustermerkmale zeigen verschiedene Beispielkonstellationen, die Sie für Ihre Belange anpassen können und müssen.

E-Mail versenden

Wenn Sie also bei Änderungen eines Infotyps im Status GESPERRT eine E-Mail verschicken möchten, nutzen Sie die Tabelle für die dynamischen Maßnahmen mit folgenden Hilfsmitteln:

- Sie erkennen den Status GESPERRT in der Tabelle für die dynamischen Maßnahmen daran, dass das Sperrkennzeichen, Feldname SPRPS (z. B. P0008-SPRPS), auf »X« steht.
- Empfänger ist hierbei z. B. einer der Sachbearbeiter aus Infotyp 0001. Das Merkmal verwendet dann die Übergabewerte RECV1/2/3 (siehe Dokumentation zu MOESS). Die Zuordnung der SAP-Benutzernamen zu den Sachbearbeitern des Infotyps 0001 sehen Sie in Abbildung 10.20 (IMG-Pfad PERSONALMANAGEMENT • PERSONALADMINISTRATION • ORGANISATORISCHE DATEN • ORGANISATORISCHE ZUORDNUNG • SACHBEARBEITER FESTLEGEN). Die E-Mail-Adresse des Empfängers wird aus dessen Eintrag in Infotyp 0105 (Kommunikation) ermittelt. Der Subtyp, in der Regel 0010 (Email), wird über den Rückgabewert »SUBTY« des Merkmals bestimmt.
- Die E-Mail kann als »ausführbar« verschickt werden durch Übergabe der Felder TCODE etc. (siehe Dokumentation zu Merkmal MOESS). Dadurch wird in der E-Mail ein Link auf den gesperrten Satz des Infotyps 0008 mitgegeben. Der Empfänger kann also direkt aus der E-Mail (im SAP Business Workplace) auf den Infotypsatz springen, ihn prüfen und dann freigeben.

Gruppe	Sachbearbeiter	Name des Sachbearb.	Anrede	Telefon	SAP Name
****	CJD	Chris Dahlenburg		+612 6214 0340	I014928
****	CPH	Carl Hubbard		+612 9935 4832	I026275
****	DJG	Derren Green		+613 9862 7197	I028715
****	PAY	Carol Chapelski		6471	CHAPELSKI

Abbildung 10.20 Zuordnung von SAP-Benutzern zu Sachbearbeitern aus Infotyp 0001

Die hier beschriebene Verwendung dynamischer Maßnahmen bei Infotypänderungen erleichtert den Arbeitsablauf in der Stammdatenpflege immer dann, wenn eine Änderung erst nach Freigabe durch einen anderen Sachbearbeiter abgeschlossen ist.

10.6.2 Prüfreport für das Genehmigen von Änderungen

»Showstopper«

Sensible Stammdatenänderungen wie z.B. Änderungen an Gehaltsdaten müssen in der Regel von einem zweiten Sachbearbeiter geprüft werden. Das kann über das klassische Vier-Augen-Prinzip erfolgen. Der Nachteil dabei ist, dass die Stammdatenänderung nicht wirksam ist und ausgewertet wird, solange die Freigabe nicht erfolgt ist. Solch eine Prozessverzögerung wird spätestens dann kritisch, wenn die Gehaltsanpassung nicht pünktlich zur Auszahlung kommt. Da man davon ausgehen kann, dass die Eingaben zu nahezu 100% korrekt sind und die Prüfung eher der Qualitätssicherung dient, ist es in diesem Fall unkritisch, die Änderung an den Stammdaten sofort wirksam werden zu lassen. Die Erfassung erfolgt somit ohne Setzen des Sperrkennzeichens.

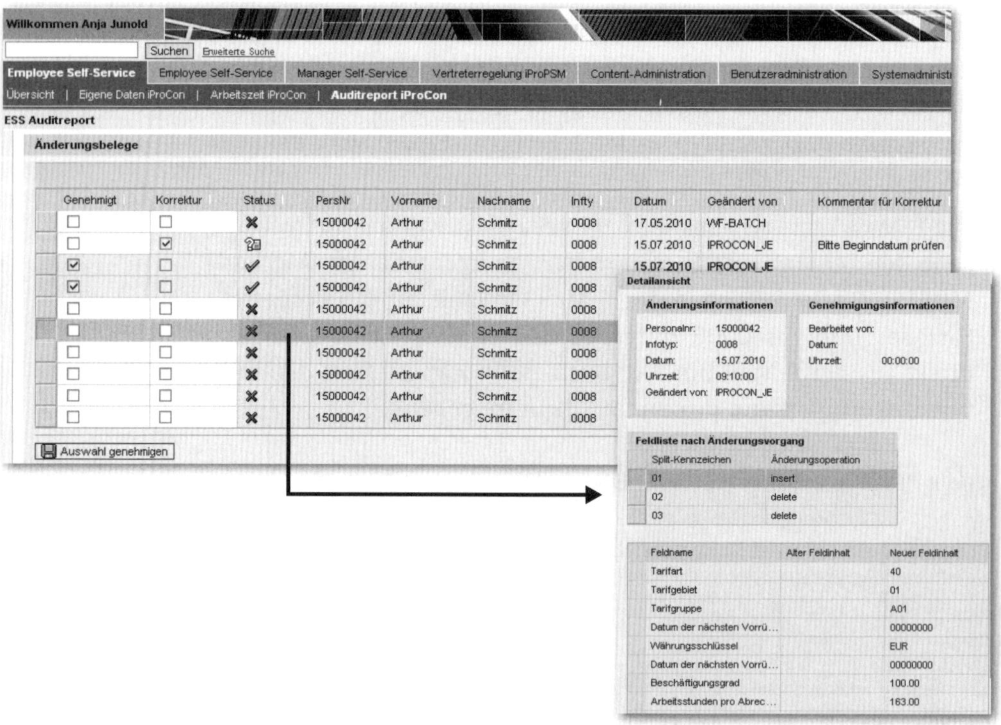

Abbildung 10.21 Infotyp 8 wurde hinzugefügt – Genehmigung per ESS-Auditreport

Prozessbeschleunigung durch Audit-Report

Um dennoch eine nachträgliche Prüfung zu gewährleisten, sind einige unserer Kunden dazu übergegangen, einen Prüfreport einzusetzen (siehe Abbildung 10.21). Der Prüfreport wertet die Änderungsbelege aus und kann auch für stichprobenartige Prüfungen eingesetzt werden. Solch einen Report kann man sowohl im Backend als auch als Webanwendung bereitstellen.

Der Vorteil: Die Prozesse bleiben im Fluss, und die Dokumentation der Prüfung erfolgt im System. Darüber hinaus wird der Aufwand für Kontrollen durch die gebündelte und gegebenenfalls stichprobenartige Prüfung reduziert. Für dieses Tool bietet die iProCon ein Template an (*kontakt@iprocon.de*).

10.7 Berechtigungsrelevante Schalter in Querys

Mit sogenannten *Schaltern* können Sie die Verarbeitungslogik eines InfoSets beeinflussen. Unter den *allgemeinen Schaltern*, die stets Auswirkung auf alle im InfoSet enthaltenen Infotypen haben, befindet sich der Schalter PROC_PERNR_PARTIAL_AUT. Wird dieser Schalter im InfoSet gesetzt, werden auch Personen verarbeitet, für die nur eine Teilberechtigung vorliegt.

Denn grundsätzlich schließt die Query Personalnummern komplett aus, wenn in der Auswertung ein Infotyp enthalten ist, für den der Benutzer nur einen Teil der Subtypen sehen darf. Das heißt, der Benutzer sieht selbst die berechtigten Subtypen für diese Personen nicht.

Nur für PNP

Dies betrifft nur InfoSets, die auf Basis der logischen Datenbanken PNP bzw. PNPCE erstellt wurden.

Ein Benutzer mit voller Berechtigung erhält das Ergebnis, das in Abbildung 10.22 dargestellt ist. Zur Mitarbeiterin Anna Baumart existieren in diesem Beispiel also zwei Sätze des Infotyps 0021, zur Mitarbeiterin Anja Junold sind keine Sätze gepflegt.

PersNr	Name des Mitarbeiters...	Bezeichnung	Vorname
08000002	Anja Junold		
08000003	Anna Baumart	Ehegatte	Hans
08000003	Anna Baumart	Kind	Maja

Abbildung 10.22 Ergebnis mit voller Berechtigung auf Infotyp 0021

Hat der Benutzer für Infotyp 0021 (Familie/Bezugsperson) nur Berechtigung für den Subtyp 1 (Ehegatte), erhält er das Ergebnis gemäß Abbildung 10.23. Er sieht somit nicht einmal den Ehegatten der Mitarbeiterin Anna Baumart, obwohl er für den Subtyp 1 Berechtigung besitzt. Das ist das Standardverhalten der Query.

PersNr	Name des Mitarbeiters ...	Bezeichnung	Vorname
08000002	Anja Junold		

Abbildung 10.23 Ergebnis bei Teilberechtigung und ohne Schalter

Erst nach Einbau des Schalters PROC_PERNR_PARTIAL_AUT im zugrunde liegenden InfoSet kann der Benutzer den Subtyp EHEGATTE sehen (siehe Abbildung 10.24).

PersNr	Name des Mitarbeiters ...	Bezeichnung	Vorname
08000002	Anja Junold		
08000003	Anna Baumart	Ehegatte	Hans

Abbildung 10.24 Ergebnis bei Teilberechtigung mit Schalter

[+]

Beschreibung der Schalter

Eine ausführliche Beschreibung zu sämtlichen Schaltern finden Sie in der Dokumentation des IMG unter PERSONALMANAGEMENT • PERSONALINFORMATIONSSYSTEM • HR-EINSTELLUNGEN FÜR SAP QUERY • INFOSETS FÜR HR ANLEGEN.

Einbau eines Schalters

Der Einbau eines Schalters erfolgt über Zusatz-Coding im InfoSet. Wählen Sie dazu in der InfoSet-Pflege den Button ZUSÄTZE, danach im rechten Bildschirmbereich die Registerkarte CODING und unter CODINGABSCHNITT den Eintrag DATA (siehe Abbildung 10.25). Der Verweis `[Common]` in eckigen Klammern steht für alle Infotypen:

```
*$HR$ [Common]
*$HR$ PROC_PERNR_PARTIAL_AUT = 'X'
```

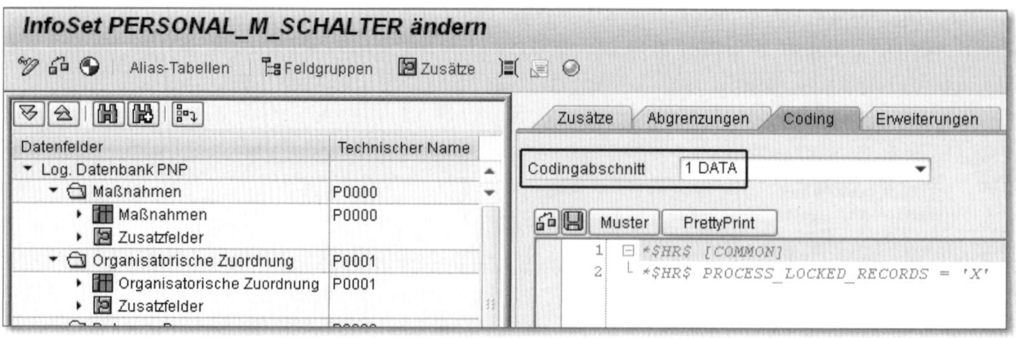

Abbildung 10.25 Schalter in ein InfoSet einbauen

SAP-Hinweis 305118 [+]

Die Schalter sind seit R/3 Enterprise verfügbar. Für frühere Releasestände beachten Sie den SAP-Hinweis 305118 (Behebung diverser Query-Probleme in HR).

Querys erneut generieren [+]

Nach dem Einbau oder Ändern von Schaltern müssen Sie bereits bestehende Querys noch einmal generieren, ein erneutes Ausführen allein genügt nicht. Zum Generieren wählen Sie in der Transaktion SQ01 die Query aus und wählen dann QUERY • WEITERE FUNKTIONEN • PROGRAMM GENERIEREN.

10.8 Transaktionsvarianten

Oberflächenbearbeitung von Transaktionen

Mithilfe von Transaktionsvarianten können Sie ähnlich der Bildmodifikation bei Infotypen (Tabelle T588M) Oberflächen verändern, d.h. Felder ausblenden, Felder zu Muss-Feldern deklarieren, aber auch Feldinhalte vorgeben oder Inhalte nur anzeigen. Sie haben außerdem die Möglichkeit, Buttons und Menüfunktionen zu deaktivieren. Durch das Anlegen einer Transaktionsvariante erstellen Sie eine geänderte Version einer ausführbaren Transaktion. Diese geänderte Transaktion können Sie einerseits als Standardtransaktion aktivieren. Dann sieht jeder bei Aufruf des Standard-Transaktionscodes (z.B. PA30, Personalstammdaten pflegen) die geänderte Version. Oder Sie können dieser Variantentransaktion einen neuen Transaktionscode, z.B. ZPA30, zuweisen und diesen nur bei bestimmten Benutzern über die Rollenpflege (Transaktion PFCG, siehe Kapitel 2, »Allgemeine Berechtigungsprüfung«) in das Benutzermenü hängen.

Einsatzmöglichkeiten

Der Einsatz von Transaktionsvarianten kam für die Autoren bislang bei folgenden Kundenanforderungen zum Einsatz:

- **Reisemanagement**
  Die Oberfläche des Reiseantrags der Transaktion TRIP (Reisemanager) kann anders als die der Reisekostenabrechnung nicht im Customizing bearbeitet werden. Die Anforderung, das eine oder andere nicht benötigte Feld (oftmals Tätigkeitsart oder Vorschüsse) auszublenden, besteht jedoch nahezu immer. Ihnen bleibt dafür nur die Möglichkeit einer Variantentransaktion, die in der Regel als Standardtransaktion aktiviert wird.

- **Stammdatenpflege**
  Einige Benutzer sollen in der Transaktion PA30 (Personalstammdaten pflegen) keine Auswahlmöglichkeit von weiteren Infotypen erhalten, sondern nur die auf den Registerkarten angebotenen Infotypen auswählen dürfen. (Die Bearbeitung der nicht erlaubten Infotypen kann gleichwohl über ein Berechtigungsobjekt ausgeschlossen werden.)
- **Schemata, Regeln und Merkmale nur anzeigen**
  Sie wollen einigen Benutzern für die Transaktionen PE01 (Personalrechenschemen), PE02 (Personalrechenregel) sowie PE03 (HR: Merkmale) nur Anzeigeberechtigung erteilen. Da die dafür ausgelieferten Berechtigungsobjekte P_PE01 und P_PE02 (noch) nicht funktionieren, können Sie eine Variantentransaktion erstellen, bei der Sie sämtliche Buttons und Menüfunktionen zum Ändern ausblenden (siehe Abbildung 10.26).

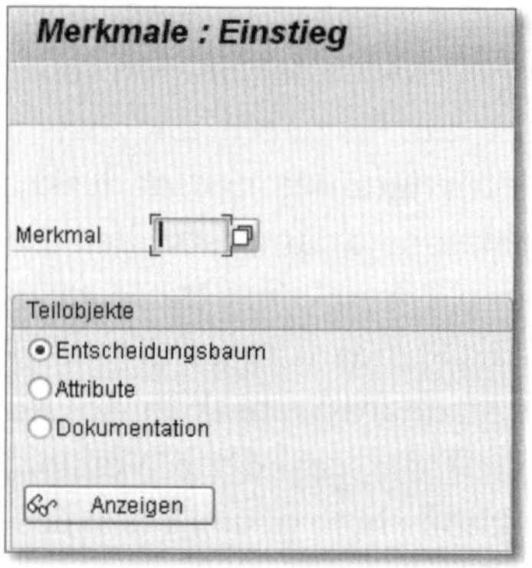

Abbildung 10.26 Ergebnis der Variantentransaktion – nur Anzeigen von Merkmalen möglich

Die Vorgehensweise zur Umsetzung der Anforderung, Schemata, Regeln und Merkmale nur zur Anzeige zu berechtigen, beschreiben wir im Folgenden.

Anlegen einer Transaktionsvariante

Um eine Transaktionsvariante mit ausgeblendeten ÄNDERN-Buttons in der Transaktion PE03 anzulegen, gehen Sie wie folgt vor:

1. Wählen Sie die Transaktion SHDO für das Anlegen mandantenübergreifender Transaktionsvarianten aus (siehe Abbildung 10.27). (Für mandantenabhängige Transaktionsvarianten wählen Sie im Menü SPRINGEN • MANDANTENABHÄNGIGE TRANSAKTIONSVARIANTEN aus, was der Transaktion SHDO_MANDT entspricht.)

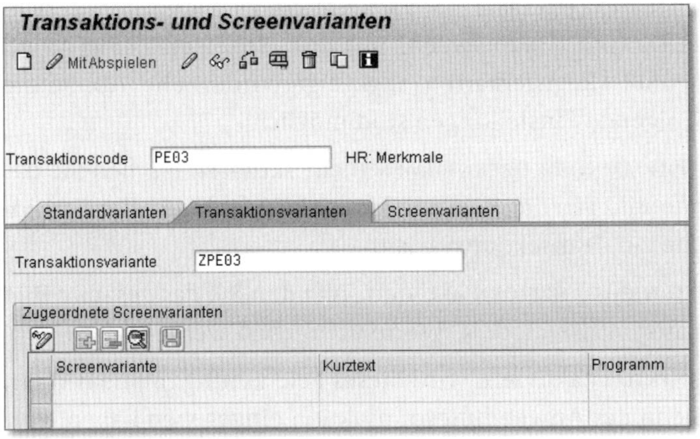

Abbildung 10.27 Transaktion SHDO – Einstiegsbild

2. Geben Sie im Feld TRANSAKTIONSCODE den Standardtransaktionscode PE03 ein, und wählen Sie im Feld TRANSAKTIONSVARIANTE einen neuen Namen im Kundennamensraum (beginnend mit Y oder Z) aus, z.B. ZPE03.
3. Wählen Sie den Button ANLEGEN. Die Anwendungstransaktion wird aufgerufen.

Transaktionsvariante [+]

Eine Transaktionsvariante setzt sich seit Release 4.6A aus einer Reihe von Screenvarianten zusammen.

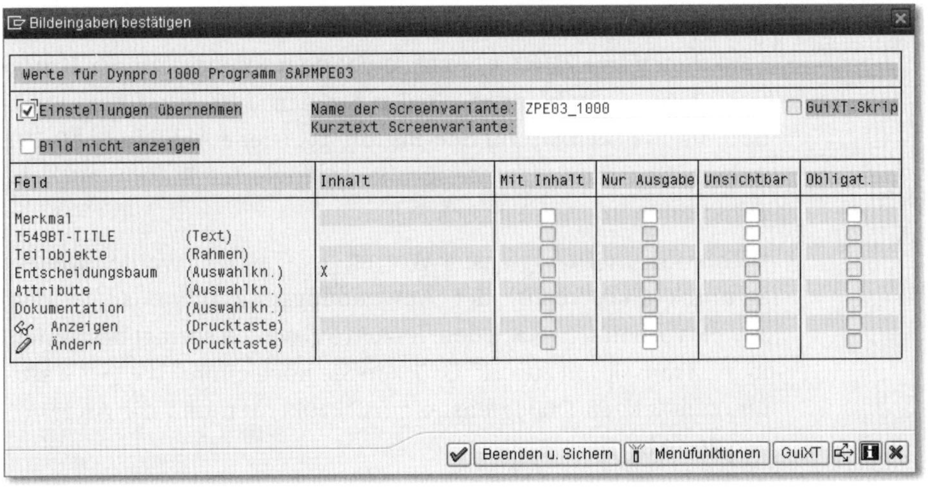

Abbildung 10.28 Screenvariante anlegen

4. Drücken Sie die [↵]-Taste. Es erscheint ein Dialogfenster, in dem das erste Dynpro (Hauptscreen) mit den einzelnen Feldern und gegebenenfalls Registerkarten angezeigt wird (siehe Abbildung 10.28). Folgende Einstellungen sind möglich:
   - Ist Einstellungen übernehmen nicht aktiviert, löschen Sie das gesamte Bild aus der Variante bzw. die Zuordnung der Screenvariante zur Transaktionsvariante.
   - Ist Bild nicht anzeigen aktiviert, blenden Sie das gesamte Bild aus (dafür müssen i. d. R. Werte übergeben werden).
   - Ist Mit Inhalt aktiviert, wird dieses Feld künftig mit dem Wert, den Sie in der Anwendungstransaktion eingegeben haben, vorbelegt. Der Wert steht in der Spalte Inhalt.
   - Ist Nur Ausgabe aktiviert, ist es künftig nicht mehr eingabebereit.
   - Ist Unsichtbar aktiviert, wird das Feld künftig ausgeblendet.
   - Ist Obligatorisch aktiviert, wird aus dem Feld ein Muss-Eingabefeld.
   - Nur für Tabellen: Ist Spaltenreihenfolge/Spaltenbreite übernehmen aktiviert, wird die veränderte Spaltenreihenfolge und/oder Spaltenbreite auf dem Dynpro übernommen.
5. Vergeben Sie, falls nicht bereits vorgeschlagen, einen Namen für die Screenvariante (z.B. *<Name der Transaktionsvariante>_(<Mandant>)_<Dynpro-Nummer>*) sowie einen Kurztext.
6. Wählen Sie gegebenenfalls den Button Menüfunktionen, um Funktionen wie Zurück, Abbrechen oder Symbole in der Drucktastenleiste auszublenden. Stellen Sie den Cursor auf eine Funktion, und klicken Sie auf den Button (siehe Abbildung 10.29). Achten Sie darauf, dass Sie für die deaktivierten Buttons auch die Funktionen im Menü ausschalten.
7. Wählen Sie im Dialogfenster Weiter [↵]-Taste. Es werden weitere Dynpros (Subscreens) der Anwendungstransaktion aufgerufen, soweit vorhanden. Nach dem letzten Subscreen springt das System in die Transaktion zurück. Drücken Sie noch einmal die [↵]-Taste, um zum letzten Dialogfenster zurückzukehren und die Änderungen zu sichern.

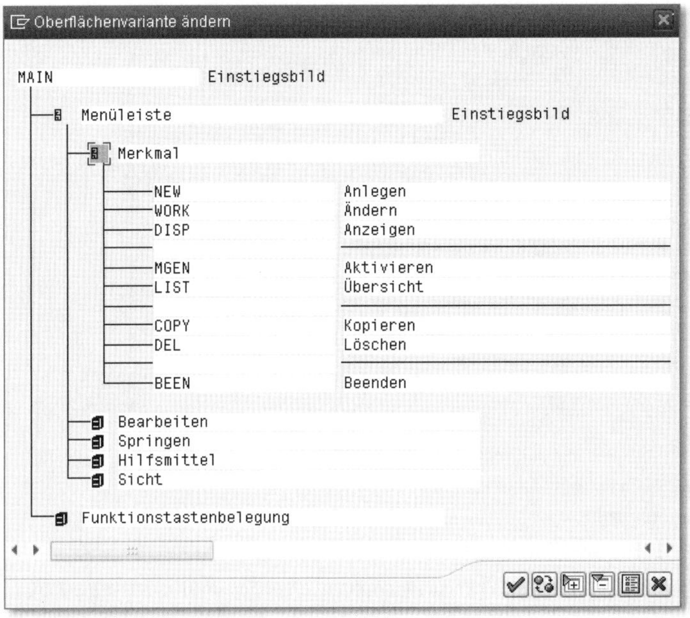

Abbildung 10.29 Funktionscodes deaktivieren

8. Zum Verlassen der Anwendungstransaktion wählen Sie im Dialogfenster Beenden und Sichern. Es erscheint eine Liste aller Bilder der Anwendungstransaktion, für die neue Screenvarianten angelegt werden (dorthin gelangen Sie auch über den Ändern-Button im Einstiegsbild der Transaktion SHDO). Nehmen Sie hier gegebenenfalls noch Änderungen vor, vergeben Sie einen Kurztext für die Transaktionsvariante, und sichern Sie schließlich. (Hinweis: Es handelt sich hier um Workbench-Objekte.)

Eigener Transaktionscode

Um dieser Variantentransaktion eine ausführbare Transaktion zuzuweisen, gehen Sie wie folgt vor:

1. Wählen Sie im Menü des Einstiegsbildes Springen • Anlegen Variantentransaktion.
2. Vergeben Sie im Feld Transaktionscode den gewünschten Namen aus dem Kundennamensraum, und wählen Sie die Option Transaktion mit Variante (Variantentransaktion) (siehe Abbildung 10.30).
3. Drücken Sie die [↵]-Taste, und wählen Sie im nächsten Bild GUI-Eigenschaften erben. Sichern Sie Ihre Einstellungen.

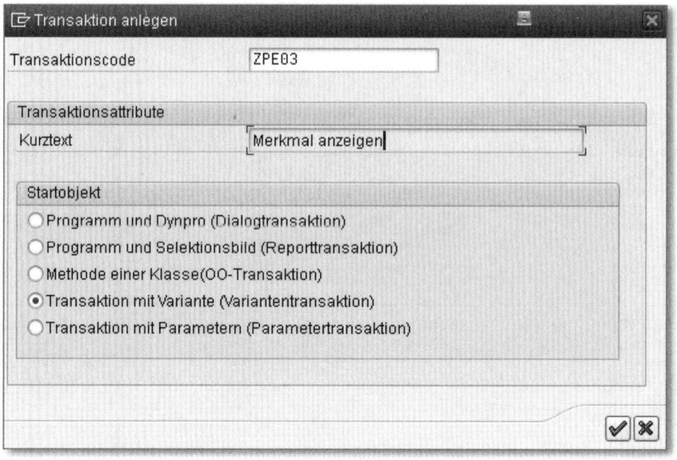

Abbildung 10.30 Anlegen einer Variantentransaktion (ausführbarer Transaktionscode)

4. Sie können nun diesen Transaktionscode in der Rollenpflege PFCG in das Benutzermenü hängen. Der Profilgenerator schlägt dieselben Berechtigungsobjekte wie für die Standardtransaktion vor, nur im Objekt S_TCODE steht der Code der Variantentransaktion.

Ändern einer Transaktionsvariante

Zum Ändern einer Transaktionsvariante haben Sie zwei Möglichkeiten:

- Ändern Sie die Werte über den Button Ändern mit Abspielen. Die Transaktion wird dann aufgerufen, und es können Parameter geändert werden, die Informationen zur Laufzeit der Anwendungstransaktion benötigen, sowie Inhalte übernommen/Vorschlagswerte definiert werden.
- Ändern Sie die Werte über den Button Ändern (ohne Abspielen), können nur die Ausgabeeigenschaften der Feldwerte geändert werden.

10.9 Fazit

Das Thema Berechtigungen in SAP ERP HCM ist sehr komplex. Wie es in der Praxis angegangen und bewältigt wird und wie teilweise sehr weitreichende Anforderungen an das Berechtigungswesen mit den SAP-Werkzeugen umgesetzt werden, haben wir Ihnen gemeinsam mit einigen unserer Kunden zu Beginn dieses Kapitels gezeigt.

Wie Sie weitere Werkzeuge des HCM-Systems nutzen können, um Berechtigungsprobleme zu lösen, davon haben wir im weiteren Verlauf des Kapitels berichtet.

Wir hoffen, Ihnen damit und auch mit dem gesamten Buch Hinweise gegeben zu haben:

- wie Sie die Standardwerkzeuge der HCM-Berechtigungen intelligent einsetzen können
- wo und wie Ihnen Erweiterungen am besten helfen
- wie Sie erfinderisch verschiedene Werkzeuge des HCM-Systems einsetzen können, um Ihre Berechtigungsprobleme effektiv zu lösen

Anhang

A Transaktionen für die Berechtigungsverwaltung

Tabelle A zeigt die Transaktionen für die Berechtigungsverwaltung.

Transaktions-kürzel	Bedeutung
HRAUTH	HR-Berechtigungs-Workbench
HRUSER	Einrichten und Pflegen von ESS-Benutzern
OOAC	Berechtigungshauptschalter
OOSB	Zuordnung strukturelle Profile zu Benutzern
OOSP	Pflege der strukturellen Profile
PFCG	Pflege der Standardrollen (aber auch Sammelrollen und Referenzrollen sowie Zuordnung zum Benutzer)
SU01	Benutzerpflege
SU01D	Benutzerpflege (nur Anzeigen)
SU03	Pflege von Berechtigungen und Profilen
SU21	Pflege der Berechtigungsobjekte (Entwicklung)
SU24	Pflege des Profilgenerators
SU53	Analyse der Berechtigungsprüfung durch den Benutzer
SU56	Eingetragene Berechtigungen im Puffer des angemeldeten Benutzers (Ändern des Benutzers möglich)
SUIM	Benutzerinformationssystem
ST01	Berechtigungstrace (was wird geprüft?)

Tabelle A Transaktionen für die Berechtigungsverwaltung

B Berechtigungsobjekte des HCM-Systems

Tabelle B zeigt alle Berechtigungsobjekte des HCM-Systems mit Verweis auf den jeweiligen Abschnitt in diesem Buch.

Technischer Name	Bezeichnung	Behandelt in Abschnitt
F_TRAVL	Reiseplanung	5.21
P_ABAP	HR: Reporting	5.17.3
P_APPL	HR: Bewerber	5.14
P_ASRCONT	Berechtigung für Prozessinhalt	5.8
P_B2A	HR-B2A: B2A-Manager	5.2.1
P_CATSXT	HR: Arbeitszeitblatt für Dienstleister Typ/Stufenprüfung	5.6
P_CERTIF	HR: Bescheinigungswesen	5.2.2
P_CH_PK	HR-CH: Pensionskasse: Kontenzugriff	5.3
P_DBAU_SKV	HR: DBAU: Baulohn Deutschland – Sozialkassenverfahren	5.2.1
P_DE_BW	HR-DE: Bescheinigungswesen SAPscript	5.2.2
P_DEL_PERN	Löschen von Personalnummern auf Produktivsystemen	2.4.9
P_ENCTYPE	HR: PBC – Finanzierung	5.5
P_ENGINE	HR: PBC – Berechtigung für automatische Obligoerstellung	5.5
P_EXMGRP	HR: PBC – Ausnahmen für Finanzierungsregeln	5.5
P_FINADM	HR: PBC – Änderungen in der Finanzierungsvergangenheit	5.5
P_HAP_DOC	Beurteilungssysteme: Beurteilung	5.12
P_HRF_INFO	HR: Berechtigungsprüfung Infodatenpflege für HR-Forms	5.2.3
P_HRF_META	HR: Berechtigungsprüfung Metadatenpflege für HR-Forms	5.2.3

Tabelle B Berechtigungsobjekte des HCM-Systems mit Referenz auf die entsprechenden Abschnitte in diesem Buch

Technischer Name	Bezeichnung	Behandelt in Abschnitt
P_LSO_FOUP	Berechtigungsobjekt für die Nachbereitung einer Teilnahme	5.22
P_LSO_TU	Berechtigung für LSO-Contentmanagement	5.22
P_NNNNN	Kundeneigenes Objekt	2.8.1
P_NNNNNCON	Kundeneigenes Objekt (Kontext)	4.2
P_ORGIN	HR: Stammdaten	2.3.2
P_ORGINCON	HR: Stammdaten mit Kontext	4.2
P_ORGXX	HR: Stammdaten – erweiterte Prüfung	2.3.3
P_ORGXXCON	HR: Stammdaten – erweiterte Prüfung mit Kontext	4.2
P_PBSPWE	Berechtigung für Process Workbench Engine (PWE)	5.2.1
P_PCLX	HR: Cluster	2.3.4
P_PCR	HR: Personalverwaltungssatz	5.2.1
P_PEPSVAR	Personaleinsatzplanung: benutzer-unabhängige Sortiervarianten	5.15
P_PERNR	HR: Stammdaten – Personalnummernprüfung	2.3.3
P_PYEVDOC	HR: Abrechnungsbeleg	5.2.1
P_PYEVRUN	HR: Buchungslauf	5.2.1
P_RCF_ACT	Aktivitäten im E-Recruiting	5.7.2
P_RCF_APPL	Anwendungen im E-Recruiting	5.7.2
P_RCF_POOL	Direkter Zugriff auf den Talent Pool	5.7.2
P_RCF_STAT	Objektstatus im E-Recruiting	5.7.2
P_RCF_VIEW	Datenübersicht im E-Recruiting	5.7.2
P_RCF_WL	Zugriff auf Arbeitsvorräte	5.7.2
P_TCODE	HR: Transaktionscode	2.3.1
P_TRAVL	Reisekostenabrechnung	5.21
PLOG	Personalplanung	2.3.5
S_MWB_FCOD	Erlaubte Funktionscodes für Manager's Desktop	5.10
S_WF_SUBST	Bearbeitung von Vertretungsregeln	2.4.7
S_WF_WI	Bearbeitung von Work Items	2.4.7

Tabelle B Berechtigungsobjekte des HCM-Systems mit Referenz auf die entsprechenden Abschnitte in diesem Buch (Forts.)

C Berechtigungsschalter

Abbildung C zeigt die sogenannten Berechtigungshauptschalter, die über die Transaktion OOAC gepflegt werden.

Sicht "HR: Berechtigungshauptschalter" ändern: Übersicht

Dokumentation

Systemschalter (aus Tabelle T77S0)

Gruppe	sm. Kürzel	Wert Kürz.	Beschreibung
AUTSW	ADAYS	15	HR: Toleranzzeit der Berechtigungsprüfung
AUTSW	APPRO	0	HR: Prüfverfahren
AUTSW	DFCON	1	HR: Defaultplanstelle (Kontext)
AUTSW	INCON	0	HR: Stammdaten (Kontext)
AUTSW	NNCON	0	HR: Kundeneigene Berechtigungsprüfung (Kontext)
AUTSW	NNNNN	0	HR: Kundeneigene Berechtigungsprüfung
AUTSW	ORGIN	1	HR: Stammdaten
AUTSW	ORGPD	1	HR: Strukturelle Berechtigungsprüfung
AUTSW	ORGXX	0	HR: Stammdaten - erweiterte Prüfung
AUTSW	PERNR	1	HR: Stammdaten - Personalnummernprüfung
AUTSW	XXCON	0	HR: Stammdaten - erweiterte Prüfung (Kontext)

Abbildung C Pflege der Berechtigungshauptschalter in der Transaktion OOAC

Hinzu kommen noch folgende weitere Schalter, die nur direkt in der Tabelle T77S0 gepflegt werden können:

- **HAP00 AUTHO**
  Aktivierung des Feldes Berechtigungsprofil im Berechtigungsobjekt P_HAP_DOC des Performance Managements
- **HRFPM NOPAU**
  Abschalten der Berechtigungsprüfung bei der Bestimmung der benötigten Stellenanteile in den Transaktionen des Stellenplanmanagements
- **PEINS AUTH**
  Deaktivieren der vollständigen Berechtigungsprüfung schon beim Einstieg in den Soll-Plan der Personaleinsatzplanung (Transaktion PP61)
- **PLOGI ADAYS**
  Toleranzzeit der strukturellen Berechtigungsprüfung
- **PPVAC STRAU**
  Aktivierung der strukturellen Berechtigung in der »alten« Bewerberverwaltung

Tabelle C zeigt, wo diese Schalter im Buch behandelt werden.

Berechtigungsschalter	Bedeutung	Behandelt in Abschnitt
AUTSW ADAYS	Toleranzzeit	2.6, 3.7
AUTSW APPRO	Prüfverfahren	2.7.2
AUTSW DFCON	Defaultplanstelle (Kontext)	3.8
AUTSW INCON	Stammdaten (Kontext)	4.2
AUTSW NNCON	Kundeneigenes Objekt (Kontext)	4.2
AUTSW NNNNN	Kundeneigenes Objekt	2.8.1
AUTSW ORGIN	Stammdaten	2.3.2
AUTSW ORGPD	Stammdaten, strukturell	3.5, 3.8
AUTSW ORGXX	Stammdaten, erweitert	2.3.3
AUTSW PERNR	Stammdaten, Personalnummer	2.3.3
AUTSW XXCON	Stammdaten, erweitert (Kontext)	4.2
HAP00 AUTHO	Performance Management	5.12
HRFPM NOPAU	Budgetplanung und -bewirtschaftung (öffentlicher Dienst)	5.4
PEINS AUTH	Personaleinsatzplanung	5.15
PLOGI ADAYS	Toleranzzeit strukturelle Prüfung	3.7
PPVAC STRAU	Bewerber (alt), strukturell	5.14

Tabelle C Berechtigungsschalter des HCM-Systems mit Referenz auf die entsprechenden Abschnitte in diesem Buch

D Business Add-ins

Tabelle D führt die Business Add-ins des HCM-Systems mit Referenz auf den jeweiligen Abschnitt auf.

Technischer Name	Bedeutung	Behandelt in Abschnitt
HRASR00AUTH_CHECK	HR Administrative Services	5.8
HRBAS00_CL_AUTHC	Portalanwendungen des Talent Managements	5.16
HRBAS00_GET_PROFL	Kontextabhängige Berechtigungsprüfung: Profilzuordnung	4.2
HRBAS00_RHBAUS00	Strukturelle Berechtigungsprüfung: Performanceoptimierung	3.10.2
HRBAS00_STRUAUTH	Strukturelle Berechtigungsprüfung	3.10.1
HRCATS_APPR_CUST	CATS: Einstellungen für die Genehmigung verfeinern (z. B. Berechtigungsprüfung für ausgewählte Sätze)	5.6
HRHAP00_AUTHORITY	Performance Management	5.12
HRPADAUTH_AC_UNIT	Performanceoptimierung bei Kontextberechtigung	4.3
HRPAD00AUTH_CHECK	Allgemeine Berechtigungsprüfung	2.8.3
HRPAD00CHECK_TIME	Zeitlogik in der allgemeinen Berechtigungsprüfung	2.6
HRPAY00_AUTH_TCODE	Berechtigungsprüfung nach Transaktionscode für Reports ohne logische Datenbank	5.17.2
HRPAY00_B_AUTH_WERKS	Berechtigungsprüfung nach Transaktionscode und Personalbereich/-teilbereich für Reports ohne logische Datenbank	5.17.2
HRPDV00APPRAISAL0005	Beurteilungen (alt)	5.4

Tabelle D Business Add-ins des HCM-Systems mit Referenz auf die entsprechenden Abschnitte in diesem Buch

Technischer Name	Bedeutung	Behandelt in Abschnitt
HR_PY_AUTH_PU01	Löschen von Abrechnungs-ergebnissen	5.2.5
FITV_PERSNO_AUTH_CHK	Strukturelle Berechtigung im Reisemanagement nutzen	3.10.3

Tabelle D Business Add-ins des HCM-Systems mit Referenz auf die entsprechenden Abschnitte in diesem Buch (Forts.)

E Transaktionen und PFKEY in LSO/Veranstaltungsmanagement

Das BAdI HRBAS00_STRUAUTH (siehe Abschnitt 3.10, »Erweiterungen«) erlaubt es, die strukturelle Berechtigungsprüfung für bestimmte Aktionen in Learning Solution/Veranstaltungsmanagement auszuschalten. Tabelle E enthält die uns bekannten Benutzeraktionen (entsprechend dem Inhalt in der Systemvariablen SY-PFKEY).

SY-PFKEY	Beschreibung
INSE	Buchen
PINP	Buchen
PV00	Buchen
LPIN	Buchen Liste
PV07	Buchen Liste
PREP	Ersetzen
PV03	Ersetzen
IN20	Fixieren
IN40	Nachbereiten
DEL	Stornieren
PDEL	Stornieren
PV04	Stornieren
ALVPOPUP	Stornieren Vormerkungen
PIPR	Vormerken
PREB	Vormerken Trainingstyp
PV02	Vormerken Trainingstyp
PREL	Vormerken Liste
PRLI	Vormerken Liste
PV16	Vormerken Liste
PV06	Vormerkliste Trainingstyp
PV01	Umbuchen

Tabelle E Benutzeraktionen des BAdIs HRBAS00_STRUAUTH

SY-PFKEY	Beschreibung
PMOV	Umbuchen
PROF_P	Zuordnen Qualifikationen

Tabelle E Benutzeraktionen des BAdIs HRBAS00_STRUAUTH (Forts.)

Hinzu kommen die Transaktionen PSV1, PSV2, PSV3 und gegebenenfalls die Transaktion PPPM.

F Glossar

Allgemeine Berechtigungsprüfung Im Gegensatz zu den HCM-spezifischen Berechtigungsprüfungen (Prüfverfahren, strukturelle Berechtigung und kontextabhängige Berechtigung) ist die allgemeine Berechtigungsprüfung ein Teil der SAP NetWeaver-Basis. Derartige Berechtigungsprüfungen finden sich in allen Komponenten von SAP ERP.

Benutzer Anmeldename, der in Verbindung mit einem Passwort den Zugang zum SAP-System erlaubt. Einem Benutzer werden u.a. die → *Berechtigungsrollen* zugeordnet.

Berechtigung Ein vom Kunden mit Inhalten gefülltes → *Berechtigungsobjekt* nennt man eine Berechtigung.

Berechtigungs(haupt)schalter Es gibt eine ganze Reihe von Schaltern, mit denen Sie Einfluss auf die Berechtigungsprüfungen nehmen können. Berechtigungsschalter nennt man die Einstellungen, die über die zentrale Steuertabelle T77S0 gemacht werden. Berechtigungshauptschalter wiederum sind Berechtigungsschalter, die über die Transaktion OOAC (HR: Berechtigungshauptschalter) gepflegt werden können.

Berechtigungsobjekt Ein Berechtigungsobjekt ist ein Programmbaustein, der ganz bestimmte Daten schützt. Es enthält bis zu zehn Felder, mit denen Sie definieren können, was genau Sie in diesen Daten schützen möchten. Eine Aufstellung der in diesem Buch besprochenen HCM-Berechtigungsobjekte finden Sie in Anhang B, »Berechtigungsobjekte des HCM-Systems«.

Berechtigungsprofil Die Kombination verschiedener → *Berechtigungen* ergibt ein Berechtigungsprofil, das wiederum zu einer → *Rolle* gehört. Das Berechtigungsprofil selbst ist eine rein technische Größe.

Berechtigungstrace Zur Fehlersuche und zur Analyse der benötigten Berechtigungen dient der Berechtigungstrace. Er ist ein Bestandteil des System-Traces und wird über die Transaktion ST01 (System-Trace) gestartet. Siehe auch Kapitel 9, »Fehlersuche«.

Business Add-In (BAdI) Mit BAdIs haben Sie die Möglichkeit, über den SAP-Standard hinausgehende Anforderungen an die Berechtigungsprüfung umzusetzen, ohne dafür Modifikationen vornehmen zu müssen. BAdIs erlauben es, an von der SAP vordefinierten Stellen in das Standard-Coding einzugreifen und kundeneigene Prüfungen zu implementieren. Eine Aufstellung der in diesem Buch erklärten BAdIs finden Sie in Anhang D, »Business Add-Ins«.

Datumsabhängigkeit Berechtigungen, die sich auf Personen beziehen, haben in der Regel einen organisatorischen Bezug. Sie beinhalten eine Zuständigkeit für z.B. einen Personalbereich oder (über die strukturelle Berechtigung) für eine Organisationseinheit. Da die Zugehörigkeit einer Person zu einer organisatorischen Größe zeitabhängig ist, muss auch bei einer Berechtigung immer klar sein, für welchen Zeitraum sie gilt bzw. welches Zugehörigkeitsdatum sie als Bezugsgröße hat. Hierüber lesen Sie ausführlich in den Abschnitten 2.6 und 3.7.

Kontextabhängige oder kontextsensitive Berechtigungsprüfung Kapitel 4, »Kontextabhängige Berechtigungsprüfung«, beschäftigt sich ausführlich mit diesem Werkzeug, das → *allgemeine* und → *strukturelle Berechtigungsprüfung* verbindet. Die kontextabhängige Prüfung macht es möglich, dass ein Benutzer für unterschiedliche organisatorische Zuständigkeiten auf unterschiedliche Infotypen zugreifen darf.

Organisationsebene Die Organisationsebene ist ein spezifisches Konstrukt der Referenzrolle. Der Inhalt von Organisationsebenen wird beim Ableiten von Rollen (siehe auch Referenzrolle) nicht mit vererbt. Es ist somit das einzige Unterscheidungsmerkmal in abgeleiteten Rollen. Im Standard von SAP ERP HCM gibt es nur die Planvariante als Organisationsebene. Es besteht jedoch die Möglichkeit, andere Felder zur Organisationsebene zu definieren (siehe Kapitel 2, »Allgemeine Berechtigungsprüfung«).

Performanceoptimierung Berechtigungsprüfungen sind oft komplex und deshalb nicht immer mit hoher Performance gesegnet. Dies gilt insbesondere für die → *strukturelle Berechtigungsprüfung*. Der Optimierung von deren Performance haben wir einen Abschnitt in Kapitel 3, »Strukturelle Berechtigungsprüfung«, gewidmet.

Profilgenerator Beim Anlegen einer → *Rolle* in der Transaktion PFCG (Rollenpflege) beginnen Sie häufig damit, im Menü Transaktionen einzutragen. Wenn Sie von dort in die Pflege der → *Berechtigungen* wechseln, schlägt der Profilgenerator auf Basis der von Ihnen eingegebenen Transaktionen → *Berechtigungen* in verschiedenen → *Berechtigungsobjekten* vor. Das Customizing des Profilgenerators ist in Kapitel 2, »Allgemeine Berechtigungsprüfung«, beschrieben.

Prüfverfahren Die Prüfverfahren sind ein HCM-spezifisches Werkzeug, mit dem Sie zumindest teilweise einen zeitraumbezogenen Zugriffsschutz für Stammdaten realisieren können. Näheres dazu finden Sie in Kapitel 2, »Allgemeine Berechtigungsprüfung«.

Referenzbenutzer Das Konzept der Referenzbenutzer dient allgemein der Vereinfachung der Berechtigungspflege. Sie definieren zunächst einen Benutzer als Referenzbenutzer. Dann weisen Sie dem Referenzbenutzer einen anderen Benutzer zu, der damit alle Attribute des Referenzbenutzers erbt. Referenzbenutzer werden im E-Recruiting für die externen Kandidaten verwendet (siehe Abschnitt 5.7.3, »Benutzertypen«).

Referenzrolle Im Rahmen der Vererbung von Rolleneigenschaften ist die Referenzrolle diejenige → *Rolle*, in der die Menüeinträge und die Berechtigungen gepflegt werden und die diese Eigenschaften an die abgeleiteten Rollen vererbt. In den abgeleiteten Rollen werden nur noch die Organisationsebenen gepflegt. Das Konzept der Referenzrolle dient der Vereinfachung der Rollenadministration (siehe auch Kapitel 2, »Allgemeine Berechtigungsprüfung«).

Rolle Rollen werden den → *Benutzern* zugeordnet und sind die Träger der → *allgemeinen Berechtigungsprüfung*. Mit *Rolle* ist in der Regel die Einzelrolle gemeint. Mehrere Einzelrollen können zu einer → *Sammelrolle* zusammengefasst werden.

Sammelrolle Anstatt mehreren Benutzern mit gleichen Funktionen dieselben → *Rollen* einzeln zuzuordnen, können Sie diese auch in einer Sammelrolle zusammenfassen. Sie müssen dann nur eine Sammelrolle zuordnen. Eine Sammelrolle kann beliebig viele Einzelrollen enthalten. Sammelrollen enthalten selbst keine → *Berechtigungen*. Lesen Sie hierzu auch Kapitel 2, »Allgemeine Berechtigungsprüfung«.

Stammdatenberechtigung Alle Berechtigungsprüfungen, die den Zugriff auf die Infotypen der Personaladministration und Zeitwirtschaft regeln.

Strukturelle Berechtigungsprüfung Die strukturelle Berechtigungsprüfung gibt es nur im HCM-System. Sie nutzt die Strukturen des Organisationsmanagements und ähnlicher Hierarchien zur Differenzierung der Berechtigungsprüfung in Bezug auf den Zuständigkeitsbereich. Wir haben diesem Thema ein eigenes Kapitel gewidmet (Kapitel 3, »Strukturelle Berechtigungsprüfung«).

Systemberechtigungen Neben den reinen HCM-Berechtigungen spielen bei einem Berechtigungskonzept für das HCM-System auch eine Reihe von Systemberechtigungen eine Rolle. Dies sind → *Berechtigungen* für Basisfunktionen aus den unterschiedlichsten Bereichen, z.B. das Abspielen von Batch-Input-Mappen oder Schnittstellenberechtigungen für Webzugriffe. Eine Auseinandersetzung damit finden Sie in Abschnitt 2.4, »Erforderliche Systemberechtigungen«.

Vererbung von Rollen Siehe *Referenzrolle*.

Zeitraumbezug von Berechtigungen Siehe *Datumsabhängigkeit*.

G Literaturempfehlungen

Im Folgenden sind einige Publikationen aufgeführt, die zur fachlichen Vertiefung der behandelten Themen geeignet sind oder weiterführende Themen im SAP ERP-Umfeld abdecken.

G.1 Bücher

Weiterführende Literatur zum Thema Berechtigungen:

- Lehnert, Volker; Stelzner, Katharina; John, Peter; Otto, Anna: SAP-Berechtigungswesen. 2., aktualisierte und erweiterte Auflage, Bonn: SAP PRESS 2012.
- Linkies, Mario; Karin, Horst: Sicherheit und Risikomanagement für SAP-Systeme. 2., aktualisierte und erweiterte Auflage, Bonn: SAP PRESS 2010.

Grundlagenwissen zu SAP ERP HCM:

- Edinger, Jörg; Haßmann, Richard; Heitz, Gerold: Personalabrechnung mit SAP. 2., aktualisierte und erweiterte Auflage, Bonn: SAP PRESS 2012.
- Edinger, Jörg; Krämer, Christian; Lübke, Christian; Ringling, Sven: Personalwirtschaft mit SAP ERP HCM. 3., aktualisierte und erweiterte Auflage, Bonn: SAP PRESS 2008.
- Esch, Martin; Figaj, Hans-Jürgen: Personaleinsatzplanung mit SAP ERP HCM. 2., aktualisierte und erweiterte Auflage, Bonn: SAP PRESS 2010.
- Figaj, Hans-Jürgen; Haßmann, Richard; Junold, Anja: HR-Reporting mit SAP. Bonn: SAP PRESS 2007.
- Goetsch, Harald; Herrmann, Sven; Knapp, Daniel: Personalwirtschaft mit SAP NetWeaver Portal. Bonn: SAP PRESS 2008.
- Haßmann, Richard; Krämer, Christian; Richter, Jens: Personalplanung und -entwicklung mit SAP ERP HCM. 2., aktualisierte und erweiterte Auflage, Bonn: SAP PRESS 2009.

- Junold, Anja; Buckowitz, Christian; Cuello, Nathalie; Möller, Sven-Olaf: Praxishandbuch SAP-Personalwirtschaft. 3., aktualisierte und erweiterte Auflage, Bonn: SAP PRESS 2011.
- Kauf, Stefan; Papadopoulou, Viktoria: Formulargestaltung in SAP ERP HCM. Bonn: SAP PRESS 2009.
- Masters, Jeremy; Kotsakis, Christos; Krishnamoorthy, Venki: E-Recruiting with SAP ERP HCM, Boston: Galileo Press 2010.

G.2 Artikel

Ringling, Sven: Berechtigungen SAP – Herausforderung beim dezentralen Einsatz. In: CoPers, 01 (2007). S. 30 – 31.

G.3 Webseiten

- *help.sap.com (Achtung: kein »www davorsetzen)*
  Hilfeportal der SAP AG, enthält Hilfedateien zu allen SAP-Produkten in verschiedenen Releaseständen (kostenfrei, Navigation in Englisch, aber Dokumentation selbst mehrsprachig abrufbar – auch in Deutsch).
- *www.admanus.de/LDB*
  praxiserprobte Lösungen rund um SAP ERP HCM
- *www.admanus.de/newsletter*
  Newsletter zu SAP ERP HCM und HR-Prozessen (kostenfrei)
- *www.dsag.de*
  Seite der Deutschen SAP Anwendergruppe. Foren zu allen SAP-Themen, Materialien zum Download und Veranstaltungshinweise (größtenteils nur für DSAG-Mitglieder zugänglich. Mitgliedschaft kostenpflichtig).
- *www.hrexpertonline.com*
  Online-Datenbank des Newsletters HREXPERT, Fachartikel rund um SAP ERP HCM (kostenpflichtig, englischsprachig)
- *www.sap.com/community*
  Foren zu allen SAP-Themen (HCM-Forum sehr gut frequentiert), Materialien zum Download, Online-Events, Newsletter (größtenteils für Mitglieder, Anmeldung kostenfrei; englischsprachig)

- *www.sap.de*
  Deutschsprachige Seite der SAP AG. Ein sehr breites Angebot an Dokumentationen, Whitepapers, Live-Demos, Newslettern, Links, Support-Seiten etc. (teilweise allgemein zugänglich, teilweise nur für Kunden, teilweise kostenpflichtig. Teile der Dokumentation nur in englischer Sprache vorhanden).
- *www.sap.info*
  Online-Ausgabe des Magazins SAP INFO. Artikel zu allen Themen rund um das Angebot der SAP AG und Newsletter (kostenfrei).

H Die Autoren

Martin Esch ist Geschäftsführer der Projektkultur GmbH (*www.projektkultur.com*), eines auf Personalwirtschaft und SAP ERP HCM spezialisierten Beratungshauses innerhalb des AdManus-Beratungsnetzwerks (*www.admanus.de*). Er beschäftigt sich seit 1993 mit IT-gestützter Personalwirtschaft im SAP-Umfeld und hat als Berater zahlreiche Projekte hierzu durchgeführt. Einer seiner Beratungsschwerpunkte sind die Berechtigungen im HCM-System.

Martin Esch ist ebenfalls Autor des Buches *Personaleinsatzplanung mit SAP* (SAP PRESS 2010).

Anja Junold ist seit 2002 SAP ERP HCM-Beraterin bei der iProCon GmbH (*www.iprocon.de*) und verfügt über nationale und internationale Praxiserfahrung in Personalabteilungen. Die iProCon GmbH bietet Dienstleistungen rund um SAP ERP HCM an. Das Referenzmodell HR-Leistungsbaum ist ein Produkt der iProCon und kann unter der folgenden Adresse bestellt werden: *www.iprocon.de/referenzmodell.*

Anja Junold ist ebenfalls Autorin der Bücher *Praxishandbuch SAP-Personalwirtschaft* (SAP PRESS 2011) und *HR-Reporting mit SAP* (SAP PRESS 2007).

Joost Klüßendorf arbeitet seit 2006 bei der Projektkultur GmbH (*www.projektkultur.com*) und ist Seniorberater für SAP ERP HCM. Er verfügt über Erfahrungen als Berater und Entwickler in zahlreichen HCM-Projekten. Neben seinem Spezialgebiet Performance Management hat er sich in den letzten Jahren verstärkt in die technischen Aspekte der HCM-Berechtigungen eingearbeitet.

Index

C

D

E

F

G

H

I

J

K

L

M

N

O

P

Q

R

S

SAP PRESS

Sagen Sie uns Ihre Meinung und gewinnen Sie einen von 5 SAP PRESS-Buchgutscheinen, die wir jeden Monat unter allen Einsendern verlosen. Zusätzlich haben Sie mit dieser Karte die Möglichkeit, unseren aktuellen Katalog und/oder Newsletter zu bestellen. Einfach ausfüllen und abschicken. Die Gewinner der Buchgutscheine werden persönlich von uns benachrichtigt. Viel Glück!

MITMACHEN & GEWINNEN!

▶ **Wie lautet der Titel des Buches, das Sie bewerten möchten?**

▶ **Wegen welcher Inhalte haben Sie das Buch gekauft?**

▶ **Haben Sie in diesem Buch die Informationen gefunden, die Sie gesucht haben? Wenn nein, was haben Sie vermisst?**

☐ Ja, ich habe die gewünschten Informationen gefunden.
☐ Teilweise, ich habe nicht alle Informationen gefunden.
☐ Nein, ich habe die gewünschten Informationen nicht gefunden.
Vermisst habe ich:

▶ **Welche Aussagen treffen am ehesten zu?** (Mehrfachantworten möglich)

☐ Ich habe das Buch von vorne nach hinten gelesen.
☐ Ich habe nur einzelne Abschnitte gelesen.
☐ Ich verwende das Buch als Nachschlagewerk.
☐ Ich lese immer mal wieder in dem Buch.

▶ **Wie suchen Sie Informationen in diesem Buch?** (Mehrfachantworten möglich)

☐ Inhaltsverzeichnis
☐ Marginalien (Stichwörter am Seitenrand)
☐ Index/Stichwortverzeichnis
☐ Buchscanner (Volltextsuche auf der Galileo-Website)
☐ Durchblättern

▶ **Wie beurteilen Sie die Qualität der Fachinformationen nach Schulnoten von 1 (sehr gut) bis 6 (ungenügend)?**

☐ 1 ☐ 2 ☐ 3 ☐ 4 ☐ 5 ☐ 6

▶ **Was hat Ihnen an diesem Buch gefallen?**

▶ **Was hat Ihnen nicht gefallen?**

▶ **Würden Sie das Buch weiterempfehlen?**

☐ Ja ☐ Nein
Falls nein, warum nicht?

▶ **Was ist Ihre Haupttätigkeit im Unternehmen?**
(z.B. Management, Berater, Entwickler, Key-User etc.)

▶ **Welche Berufsbezeichnung steht auf Ihrer Visitenkarte?**

▶ **Haben Sie dieses Buch selbst gekauft?**

☐ Ich habe das Buch selbst gekauft.
☐ Das Unternehmen hat das Buch gekauft.